浙江省专升本考试指导系列教程

数　学

浙江省专升本教材编写组　主编

中国铁道出版社
CHINA RAILWAY PUBLISHING HOUSE

内 容 简 介

本书紧贴专升本考试大纲进行编写。全书共分六章,分别为:函数、极限与连续,一元函数微分学,一元函数积分学,常微分方程,无穷级数,向量代数与空间解析几何,覆盖了数学专升本考试的所有内容,具有极大的参考性和针对性。

本书适合作为全日制专科学生专升本考试的辅导教材,也可作为在职人员参加自考或成人高考取得本科学历的辅导教材。

图书在版编目(CIP)数据

数学/浙江省专升本教材编写组主编. —北京:中国
铁道出版社,2017.12
浙江省专升本考试指导系列教程
ISBN 978 - 7 - 113 - 24011 - 0

Ⅰ.①数… Ⅱ.①浙… Ⅲ.①高等数学-成人高等
教育-升学参考资料 Ⅳ.①O13

中国版本图书馆 CIP 数据核字(2017)第 292658 号

书　　名:	浙江省专升本考试指导系列教程 **数　学**
作　　者:	浙江省专升本教材编写组　主编

策　　划:	潘星泉	
责任编辑:	潘星泉　徐盼欣	读者热线:(010) 63550836
封面设计:	MXK DESIGN STUDIO	
责任校对:	张玉华	
责任印制:	郭向伟	

出版发行: 中国铁道出版社 (100054,北京市西城区右安门西街 8 号)
网　　址: http://www.tdpress.com/51eds/
印　　刷: 中煤 (北京) 印务有限公司
版　　次: 2017 年 12 月第 1 版　2017 年 12 月第 1 次印刷
开　　本: 850 mm×1 168 mm　1/16　印张: 12.75　字数: 365 千
书　　号: ISBN 978 - 7 - 113 - 24011 - 0
定　　价: 39.80 元

前言

乐图教育发展集团,是精心从事浙江专升本培训的教育机构,秉承"追求卓越、创新研发、课程最优、成绩最好"的办学理念,恪守"一切为了考生"的教学宗旨,坚持"成长、成功、成就"的培训理念,全力以赴成为全国专升本培训的优秀品牌。

为了让广大考生拥有更专业、更有针对性、更适合的复习教材,乐图教育特邀请浙江及全国专升本大学数学辅导知名专家团队编写本教材,并由浙江省专升本命题研究专家审定及前专升本命题人、阅卷人实测,是集体智慧打造的备考教材。

一、教材编写特色

1. 权威性高。本教材由命题专家和阅卷专家联袂打造,精确把握考试命题思路,为考生提供权威的试题和解答方法,以求短时间内全面提升考生应试能力。

2. 针对性强。本教材紧扣浙江普通专升本大学数学考试最新大纲(2017年),针对《浙江省专升本考试大纲》考点、历年考查重点、难点和高频考点进行理论、例证、命题等多角度、多形式的分析,以强化考生对大纲考查内容的理解和掌握。

3. 易于理解和提升。本教材与其他教材相比,更注重学生的特点,从教材知识点的布局,到考点的解析,再到解题方法的思路设计,都是围绕学生的现实水平和期望达到的水平来策划,清晰明了,易于考生理解和吸收,从而快速提升学生分数及考试名次。

二、教材内容安排

1. 新考纲要点。开章明义,使考生对本章的知识要点及考点等有一个整体的把控。在此基础上,分而学之,各个击破。在整体的把控之下,由浅到深,由易到难,划分各个章节的小目标,集中精力,逐个突破,直至最后拿下所有考点。每一小目标分别实现三"点":

(1)清楚特点:清楚小节的考试特点,包括题型设置、分值、难易程度以及出题率等。

(2)把握考点:把握小节的考点,并由考点辐射与之相关的知识点,从而使考生融会贯通,灵活掌握。

(3)强攻突破点:在清楚特点、把握考点的基础上,强攻各类题型的解题思路和突破口,真正让考生学会如何解答该类试题。

本教材对一个考试大纲要求的知识点进行全面阐述,对考试重点、难点以及常考知识点进行深度剖析,对考试常犯的错误给出相应的注意事项,加强考生对基本概念、原理的理解和运用。

2.经典题型。对于知识点的重点、难点和易考点给出具有代表性的例题,并对例题的解题思路、答题方法、注意事项进行精辟的分析,让考生吃透考点并掌握解题方法。

3.综合练习。在每章的最后,精心设计了一定数量与考试大纲要求难度相当的题目进行模拟练习,使考生在熟练掌握基本知识的基础上,轻松解答真题。

本教材主要由刘翔、王文庆编写,在编写、出版该教材的过程中,得到很多高校一线教师的大力支持,在此表示感谢! 并向书中引用过、参考过的文献作者表示感谢!

编者

2017 年 11 月

目录

第一章 函数、极限与连续

新考纲要点

1. 理解函数的概念,会求函数的定义域、表达式及函数值,了解函数的四大性质,会判断所给函数的类型.

2. 会求单调函数的反函数,注意两个函数间自变量与因变量之间的关系.

3. 理解和掌握函数的四则运算与复合运算,熟练掌握复合函数的复合过程.

4. 理解极限的概念,能根据极限概念分析函数的变化趋势. 会求函数在一点处的左极限与右极限,了解函数在一点处极限存在的充分必要条件,掌握极限的四则运算法则.

5. 理解无穷小量、无穷大量的概念,掌握无穷小量的性质、无穷小量与无穷大量的关系,会进行无穷小量阶的比较(高阶、低阶、同阶和等阶). 会运用等价无穷小量代换求极限.

6. 熟练掌握用两个重要极限求极限的方法. 最重要的是要明白它们的标准形式,利用它们来简化求极限.

7. 理解函数在一点处连续与间断的概念,掌握判断简单函数在一点的连续性,理解函数在一点连续与极限存在的关系,会求函数的间断点及确定其类型.

8. 掌握闭区间上连续函数的性质,会简单运用介值定理.

第一节 函 数

一、函数的概念

1. 函数的定义

定义 1 给定两个数集 D 和 M,若有对应法则 f,使对 D 内每一个数 x,都有唯一一个数 $y \in M$ 与它对应,则称 f 是定义在数集 D 上的**函数**,记作

$$y = f(x), \quad x \in D,$$

数集 D 称为函数 f 的**定义域**,常记为 D_f,即 $D = D_f$. x 所对应的 y,称为 f 在点 x 的**函数值**,常记为 $f(x)$. 全体函数值的集合 $f(D) = \{y \mid y = f(x), x \in D\}$ 称为函数 f 的**值域**,一般记为 R_f. 通常取 $M = \mathbf{R}$.

注 1:函数是一个变量对另一个变量的依赖关系.

注 2:$y = C$(C 为常数)称为常量函数,其中自变量为 x.

函数的概念有两个基本要素:定义域与对应法则(或称依赖关系).

我们把如何求函数的定义域归结如下:

(1) 若 $f(x)$ 是整式,则函数的定义域是实数集 $\mathbf{R}$;

(2) 若 $f(x)$ 是分式,则函数的定义域是使分母不等于 0 的实数集;

(3) 若 $f(x)$ 是由几部分的数学式构成的,则函数的定义域是使各部分数学式都有意义的实数集合;

(4) 若 $f(x)$ 是二次根式,则函数的定义域是使根号内的式子大于或等于 0 的实数集合;

(5)若$f(x)$是由实际问题抽象出来的,则函数的定义域应符合实际问题.

几个常用的定义域:

(1)$y=\dfrac{1}{x}$,定义域为$x\neq 0$;$y=\sqrt[2n]{x}(n\in \mathbf{N}^*)$,定义域为$x\geqslant 0$;

(2)$y=\log_a x(a>0,a\neq 1)$,定义域为$x>0$;

(3)$y=\sin x$ 或 $y=\cos x$,定义域为$(-\infty ,+\infty)$;

(4)$y=\tan x$,定义域为$x\neq k\pi +\dfrac{\pi}{2},k\in \mathbf{Z}$;

(5)$y=\cot x$,定义域为$x\neq k\pi ,k\in \mathbf{Z}$.

函数符号的运用问题,此类问题可分为三类:

(1)已知函数$f(x)$和$g(x)$的表达式,求函数$f(g(x))$的表达式.

(2)已知函数$f(g(x))$的表达式,求函数$f(x)$的表达式.

这类问题的求解有两种途径:

①令$u=g(x)$,从中反解出$x=\varphi (u)$,再求出$f(u)$的表达式,然后将u换为x,即得函数$f(x)$的表达式.

②将函数$f(g(x))$的表达式凑成$g(x)$的函数关系式,然后将所有$g(x)$的位置换成x,即可得$f(x)$.

(3)已知函数$f(x)$和$f(g(x))$的表达式,求函数$g(x)$.

2. 函数的表示法

(1)解析法,如$y=f(x)$.

(2)图像法.

(3)表格法.

3. 分段函数

在定义域内不同的区间上用不同的解析式表示的函数,称为分段函数.

例如,函数$y=\begin{cases}-x, & x<0\\ 0, & x=0\\ x, & x>0\end{cases}$的定义域是$D=(-\infty ,+\infty)$,其图形如图 1-1 所示.

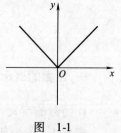

图　1-1

【例1】　求下列函数的定义域:

(1)$y=\log_{x+1}(4-x^2)$;　　(2)$f(x)=\dfrac{1}{1+\dfrac{1}{1+\dfrac{1}{x}}}$.

精析:(1)因为原函数为对数函数形式,所以x必须满足以下条件:

$$\begin{cases}4-x^2>0\\ x+1>0\\ x+1\neq 1\end{cases}\Rightarrow \begin{cases}-2<x<2\\ x>-1\\ x\neq 0\end{cases};$$

(2)函数若要有意义,必满足以下条件

$$x\neq 0,\quad 1+\dfrac{1}{x}\neq 0,\quad 1+\dfrac{1}{1+\dfrac{1}{x}}\neq 0,$$

故函数的定义域为$x\in \mathbf{R}$但$x\neq \left\{0,-1,-\dfrac{1}{2}\right\}$.

【例2】　下列各对函数是否相同?为什么?

(1)$f(x)=\lg x^4,g(x)=4\lg x$;(2)$f(x)=x,g(x)=\sqrt{x^2}$;(3)$f(x)=\sqrt{1-\cos^2 x},g(x)=\sin x$.

精析:(1)不相同,两个函数的定义域不同;

(2)不相同,反例:$f(-1)=-1,g(-1)=1$,两个函数求出来的结果不同;

(3)不相同,两个函数的值域不同.

二、函数四大性质

1. 单调性

定义 2　设函数 $y=f(x)$ 在某区间内有定义,如果对于该区间内任意两点 $x_1,x_2(x_1<x_2)$,恒有 $f(x_1)<f(x_2)[f(x_1)>f(x_2)]$,则称函数 $y=f(x)$ 在该区间内**单调增加**(**减少**).

单调增加与单调减少同称为单调.函数的单调性不能脱离区间而言,如果没有指明区间而说"$f(x)$ 为单调函数",应理解为函数 $f(x)$ 在其定义域区间上为单调函数.

判定函数 $f(x)$ 单调性的常见方法如下:

1)依定义判定

在给定的区间内任意取两点 $x_1,x_2(x_1<x_2)$,比较 $f(x_1)$ 与 $f(x_2)$ 的大小,如果在某区间内总有 $f(x_2)-f(x_1)>0$,则函数 $f(x)$ 在该区间内单调增加;如果在某区间内总有 $f(x_2)-f(x_1)<0$,则函数 $f(x)$ 在该区间内单调减少.

2)依导数的符号判定

如果在某区间内总有 $f'(x)>0$,则函数 $f(x)$ 在该区间内单调增加;如果在某区间内总有 $f'(x)<0$,则函数 $f(x)$ 在该区间内单调减少.

通常用第 2 种方法来判定函数的单调性.

2. 奇偶性

定义 3　设函数 $y=f(x)$ 在定义区间 D 关于原点对称(即若 $x\in D$,则有 $-x\in D$).如果对于 D 内任意一点 x,恒有 $f(-x)=-f(x)[f(x)=f(-x)]$,则称函数 $f(x)$ 为 D 内的**奇函数**(偶函数).

(1)奇函数的图形关于原点对称,偶函数的图形关于 y 轴对称.

(2)两个奇(偶)函数之和仍为奇(偶)函数,两个奇(偶)函数之积必为偶函数;奇函数与偶函数之积必为奇函数.

判定函数奇偶性的方法是利用定义域或上述性质.

【例 3】　判别函数 $f(x)=\ln(x+\sqrt{1+x^2})$ 的奇偶性.

精析:首先,函数 $f(x)=\ln(x+\sqrt{1+x^2})$ 的定义域关于原点对称.因为

$$f(-x)=\ln(-x+\sqrt{1+x^2})=\ln\frac{1}{x+\sqrt{1+x^2}}=-\ln(x+\sqrt{1+x^2})=-f(x),$$

所以函数 $f(x)=\ln(x+\sqrt{1+x^2})$ 为奇函数.

注:判断函数奇偶性时若 $f(x)$ 与 $f(-x)$ 的关系不好直接比较,通常利用 $f(-x)+f(x)$ 或 $f(-x)-f(x)$ 来判定.

3. 周期性

定义 4　若存在 $T>0$,对于任意 x,恒有 $f(x+T)=f(x)$,则称函数 $y=f(x)$ 为**周期函数**,使上述关系成立的最小正数 T,称为函数 $f(x)$ 的**最小正周期**,简称为函数 $f(x)$ 的**周期**.

4. 有界性

定义 5　设函数 $y=f(x)$ 在某区间内有定义,若存在 $M>0$,对于该区间内任意的 x,恒有 $|f(x)|\leqslant M$,则称函数 $f(x)$ 在该区间内为**有界函数**.

如果没有指明区间,而说"$f(x)$ 为有界函数",则要理解为函数 $f(x)$ 在其定义域区间内为有界函数.

【例4】　设函数 $y = f(x)$ 的定义域为 $(-\infty, +\infty)$,则函数 $y = \dfrac{1}{2}[f(x) - f(-x)]$ 在其定义域上是(　　).

　　A.偶函数　　　　　　　B.奇函数　　　　　　　C.周期函数　　　　　　　D.有界函数

答案:B.

精析: $f(-x) = \dfrac{1}{2}[f(-x) - f(x)] = -f(x)$,所以函数 $y = \dfrac{1}{2}[f(x) - f(-x)]$ 在其定义域上是奇函数,故选 B.

三、初等函数

1. 基本初等函数

1)常值函数 $y = C$

常值函数的定义域是 $(-\infty, +\infty)$,由于无论 x 取何值时,都有 $y = C$,所以它的图像是过点 $(0, C)$ 且平行于 x 轴的一条直线,它是偶函数,如图 1-2 所示.

2)幂函数 $y = x^{\mu}$(μ 为实数)

幂函数的定义域随 μ 而异,但不论 μ 为何值,$y = x^{\mu}$ 在 $(0, +\infty)$ 内总有定义,且图像都通过点 $(1, 1)$.

当 $\mu = 0$ 时,$y = 1$ 是常数函数.

当 $\mu > 0$ 时,在第一象限内,函数单调增加,如 $y = x$,$y = x^2$,$y = x^{\frac{1}{2}}$,如图 1-3(a)所示.

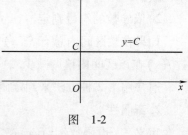

图　1-2

当 $\mu < 0$ 时,在第一象限内,函数单调减少,如 $y = x^{-1}$,$y = x^{-2}$,如图 1-3(b)所示.

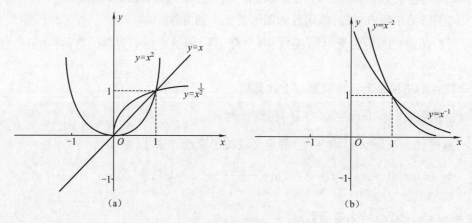

(a)　　　　　　　　　　　(b)

图　1-3

3)指数函数 $y = a^x$($a > 0, a \neq 1$)

指数函数的定义域为 $(-\infty, +\infty)$,值域为 $(0, +\infty)$.指数函数 $y = a^x$ 的图像都经过点 $(0, 1)$(见图 1-4).

当 $a > 1$ 时,函数单调增加.

当 $0 < a < 1$ 时,函数单调减少.

其中,函数 $y = e^x$ 的底数 $e = 2.71828\cdots$ 是我们在以后学习中要提到的一个重要极限的值,它是一个无理数.指数函数在实际问题中经常遇到.

4）对数函数 $y = \log_a x (a > 0, a \neq 1)$

对数函数的定义域为 $(0, +\infty)$，值域为 $(-\infty, +\infty)$，所有对数函数 $y = \log_a x$ 的图形都经过点 $(1, 0)$（见图 1-5）.

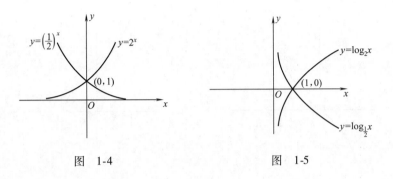

图 1-4   图 1-5

当 $a > 1$ 时，函数单调增加.

当 $0 < a < 1$ 时，函数单调减少.

其中，以 e 为底的对数函数称为自然对数，简记为 $y = \ln x$；而以 10 为底的对数函数称为常数函数，简记为 $y = \lg x$.

对数函数与指数函数互为反函数.

5）三角函数

正弦函数 $y = \sin x$ 与余弦函数 $y = \cos x$ 的定义域为 $(-\infty, +\infty)$，值域均为 $[-1, 1]$，都以 2π 为周期.

因为 $\sin(-x) = -\sin x, \cos(-x) = \cos x$，所以 $y = \sin x$ 为奇函数，$y = \cos x$ 为偶函数；又因为 $|\sin x| \leq 1, |\cos x| \leq 1$，所以 $y = \sin x$ 和 $y = \cos x$ 都是有界函数，如图 1-6 所示.

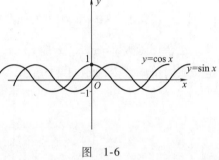

图 1-6

正切函数 $y = \tan x$ 的定义域为 $x \neq \frac{\pi}{2} + kx (k \in \mathbf{Z})$ 的一切实数，余弦函数 $y = \cot x$ 的定义域为 $x \neq k\pi (k \in \mathbf{Z})$ 的一切实数，它们的值域均为 $(-\infty, +\infty)$，都以 π 为周期，$y = \tan x$ 和 $y = \cot x$ 都无界，如图 1-7 所示.

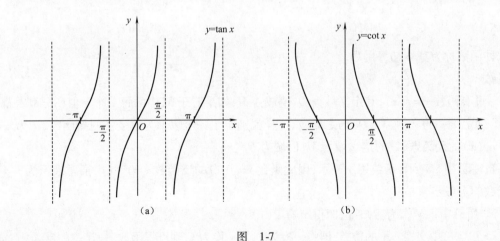

（a）   （b）

图 1-7

6）反三角函数

反正弦函数 $y = \arcsin x$ 是 $y = \sin x$ 在区间 $\left[-\frac{\pi}{2}, \frac{\pi}{2}\right]$ 上的反函数，定义域是 $[-1, 1]$，值域是 $\left[-\frac{\pi}{2}, \frac{\pi}{2}\right]$，在定义域内单调增加，如图 1-8 所示.

反余弦函数 $y = \arccos x$ 是 $y = \cos x$ 在区间 $[0, \pi]$ 上的反函数,定义域是 $[-1,1]$,值域是 $[0, \pi]$,在定义域内单调减少,如图 1-9 所示.

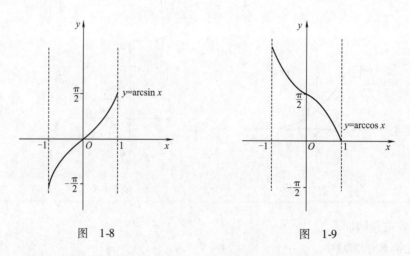

图　1-8	图　1-9

反正切函数 $y = \arctan x$ 是 $y = \tan x$ 在区间 $\left(-\dfrac{\pi}{2}, \dfrac{\pi}{2}\right)$ 上的反函数,定义域是 $(-\infty, +\infty)$,值域是 $\left(-\dfrac{\pi}{2}, \dfrac{\pi}{2}\right)$,在定义域内单调增加,如图 1-10 所示.

反余切函数 $y = \text{arccot}\, x$ 是 $y = \cot x$ 在区间 $(0, \pi)$ 上的反函数,定义域是 $(-\infty, +\infty)$,值域是 $(0, \pi)$,在定义域内单调减少,如图 1-11 所示.

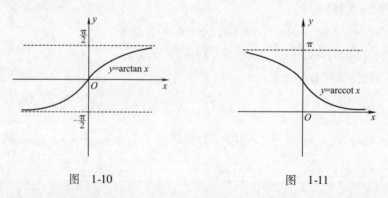

图　1-10	图　1-11

以上六种函数称为基本初等函数.

2. 反函数

定义 6　设有函数 $y = f(x)$,其定义域为 D,值域为 M,如果对于 M 中的每一个 y 值 $(y \in M)$,都可以从关系式 $y = f(x)$ 确定唯一的 x 值 $(x \in D)$ 与之对应,这样就确定了一个以 y 为自变量的新函数,记为 $x = f^{-1}(y)$,称为函数 $y = f(x)$ 的**反函数**,它的定义域为 M,值域为 D.

习惯上自变量用 x 表示,函数用 y 表示,因此函数 $y = f(x)$ 的反函数 $x = f^{-1}(y)$ 通常表示为 $y = f^{-1}(x)$.

求反函数的一般步骤是:

(1) 在 $y = f(x)$ 中将 y 作为已知量,即得 $x = f^{-1}(y)$.

(2) 在 $x = f^{-1}(y)$ 中交换 x, y 的位置,即将 x 换为 y,将 y 换为 x,则可得函数 $y = f(x)$ 的反函数 $y = f^{-1}(x)$.

反函数图像的特点:函数 $y = f(x)$ 与其反函数 $y = f^{-1}(x)$ 这两条曲线在平面直角坐标系上关于直线 $y = x$ 对称.

3. 复合函数

定义 7　如果 y 是 u 的函数 $y = f(u)$,而 u 又是 x 的函数 $u = \varphi(x)$,且 $\varphi(x)$ 的值域全部或部分地包含在

$f(u)$ 的定义域内，那么 y 称为 x 的**复合函数**，记作 $y=f(\varphi(x))$，其中 u 称为**中间变量**.

4. 函数的四则运算

给定两个函数 $f(x)(x\in D_1)$ 和 $g(x)(x\in D_2)$，记 $D=D_1\cap D_2$，并设 $D\neq\varnothing$，我们定义 $f(x)$ 与 $g(x)$ 上的和、差、积运算如下：

$$F(x)=f(x)+g(x),\quad x\in D;$$
$$G(x)=f(x)-g(x),\quad x\in D;$$
$$H(x)=f(x)g(x),\quad x\in D.$$

若在 D 中剔除使 $g(x)=0$ 的 x 值，即令

$$D^*=D_1\cap\{x\mid g(x)\neq0,x\in D_2\}\neq\varnothing,$$

可在 D^* 上定义 $f(x)$ 和 $g(x)$ 的商的运算如下：

$$L(x)=\frac{f(x)}{g(x)},\quad x\in D^*.$$

注：若 $D=D_1\cap D_2=\varnothing$，则 $f(x)$ 与 $g(x)$ 不能进行四则运算. 例如，设 $f(x)=\sqrt{1-x^2}$，$x\in D_1=\{x\mid|x|\leqslant1\}$，$g(x)=\sqrt{x^2-4}$，$x\in D_2=\{x\mid|x|\geqslant2\}$，由于 $D_1\cap D_2=\varnothing$，所以表达式 $f(x)+g(x)=\sqrt{1-x^2}+\sqrt{x^2-4}$ 是没有意义的.

为以后叙述方便，函数 $f(x)$ 和 $g(x)$ 的和、差、积、商分别写作

$$f(x)+g(x),\quad f(x)-g(x),\quad f(x)g(x),\quad \frac{f(x)}{g(x)}.$$

5. 复合运算

设有两个函数

$$y=f(u),\quad u\in D,$$
$$u=g(x),\quad x\in E,$$

记 $E^*=\{x\mid g(x)\in D\}\cap E$，若 $E^*\neq\varnothing$，则对每一个 $x\in E^*$，可通过函数 $g(x)$ 对应 D 内唯一的一个值 u，而 u 又通过函数 $f(x)$ 对应唯一的一个值 y，这就确定了一个定义在 E^* 上的函数，它以 x 为自变量，y 为因变量，记作

$$y=f(g(x)),\quad x\in E^*,$$

称为函数 $f(x)$ 和 $g(x)$ 的复合函数，并称 $f(x)$ 为外函数，$g(x)$ 为内函数，式中的 u 为中间变量. 函数 u 的复合运算也可简单写作 $f\cdot g$.

例如，函数 $y=f(u)=\sqrt{u}$，$u\in D=[0,+\infty)$ 与函数 $y=g(x)=1-x^2$，$x\in E=\mathbf{R}$ 的复合函数为 $y=f(g(x))=\sqrt{1-x^2}$ 或 $f\cdot g=\sqrt{1-x^2}$，其定义域 $E^*=[-1,1]\subset E$.

复合函数也可由多个函数相继复合而成. 例如，由三个函数 $y=\cos u$，$u=\sqrt{v}$ 与 $v=1-x^2$，$x\in[-1,1]$，复合而成的函数为 $y=\cos\sqrt{1-x^2}$，$x\in[-1,1]$.

6. 初等函数

定义8　由基本初等函数与常数经过有限次的四则运算和有限次复合运算所构成，并能用一个解析式表示的函数称为**初等函数**.

例如，$y=2x^2+5+\cos x$，$y=3\mathrm{e}^{x^2}$ 等都是初等函数，但函数

$$y=\begin{cases}\mathrm{e}^x+2, & x<0\\ 3x^2+x-1, & x\geqslant0\end{cases}$$

是分段函数，它不是初等函数

【例 5】　求函数 $y = 5^{2x+1}$ 的反函数.

精析：由函数 $y = 5^{2x+1}$ 解得

$$2x + 1 = \log_5 y,$$

即 $x = \dfrac{\log_5 y - 1}{2}(y > 0)$ 是其反函数. 自变量 y 改写成 x，则反函数为

$$y = \frac{\log_5 x - 1}{2} \quad (x > 0).$$

【例 6】　指出下列复合函数是由哪些简单函数复合而成的.

$(1) y = 3^{\sin \frac{1}{x}}$；　　　　　　$(2) y = \cos(3\sqrt{x} + 4)$.

精析：(1) 设 $y = 3^u, u = \sin v, v = \dfrac{1}{x}$，则原函数可看成由 $y = 3^u, u = \sin v, v = \dfrac{1}{x}$ 三个函数复合而成的.

(2) 设 $y = \cos u, u = 3\sqrt{x} + 4$，则原函数由 $y = \cos u, u = 3\sqrt{x} + 4$ 复合而成.

【例 7】　设 $f\left(\dfrac{1-x}{x}\right) = \dfrac{1}{x} + \dfrac{x^2}{2x^2 - 2x + 1} - 1 (x \neq 0)$，求 $f(x)$.

精析：令 $\dfrac{1-x}{x} = t$，则 $x = \dfrac{1}{t+1}$，于是

$$f(t) = (t+1) + \frac{\left(\dfrac{1}{t+1}\right)^2}{2\left(\dfrac{1}{t+1}\right)^2 - 2\left(\dfrac{1}{t+1}\right) + 1} - 1 = t + \frac{1}{t^2 + 1}.$$

由于函数关系与变量选用什么字母表示无关，故所求的函数为

$$f(x) = x + \frac{1}{x^2 + 1}.$$

若已知某些基本初等函数的定义域且复合函数又能分解为若干个基本初等函数，则复合函数的定义域也可相应确定.

【例 8】　设函数 $y = f(x)$ 的定义域是 $(0,3)$，求 $y = f(\lg x)$ 的定义域.

精析：$y = f(\lg x)$ 由 $y = f(u), u = \lg x$ 复合而成，因 $y = f(u)$ 的定义域为 $(0,3)$，故必有 $u = \lg x$ 的值域是 $(0,3)$，即 $\lg x \in (0,3)$，所以函数 $y = f(\lg x)$ 的定义域为 $(1,1\,000)$.

第二节　极　　限

一、数列极限

1. 数列极限的定义

定义 1　设 $\{a_n\}$ 为数列，a 为定数，若对任意的正数 ε，总存在正整数 N，使得当 $n > N$ 时有 $|a_n - a| < \varepsilon$，则称数列 $\{a_n\}$ **收敛** 于 a，定数 a 称为数列 $\{a_n\}$ 的**极限**，并记作

$$\lim_{n \to \infty} a_n = a \quad 或 \quad a_n = (n \to \infty). \tag{1-1}$$

式 $(1-1)$ 读作"当 n 趋近于无穷大时，a_n 的极限等于 a 或 a_n 趋近于 a".

2. 数列极限的性质

定理 1（唯一性）　收敛数列的极限必唯一.

定理 2（有界性）　收敛数列必有界.

定理 3（夹逼定理）　若三个数列 $\{x_n\}, \{y_n\}, \{z_n\}$ 满足 $x_n \leq y_n \leq z_n, n \geq N(N$ 为正整数)，且 $\lim_{n \to \infty} x_n = \lim_{n \to \infty} z_n = a$，

则$\lim\limits_{n\to\infty} y_n = a$.

定理4（单调有界性） 单调有界数列必定收敛.

定理5（四则运算定理） 设$\lim\limits_{n\to\infty} x_n = A$，$\lim\limits_{n\to\infty} y_n = B$，则

（1）$\lim\limits_{n\to\infty}(\alpha x_n \pm \beta y_n) = \alpha A \pm \beta B$（$\alpha,\beta$为常数）；

（2）$\lim\limits_{n\to\infty}(x_n \cdot y_n) = AB$；

（3）$\lim\limits_{n\to\infty} \dfrac{x_n}{y_n} = \dfrac{A}{B}$ （$B\neq 0$）.

【例1】 已知三个数列$\{a_n\}$，$\{b_n\}$和$\{c_n\}$满足$a_n \leqslant b_n \leqslant c_n$（$n\in \mathbf{N}^*$），且$\lim\limits_{n\to\infty} a_n = a$，$\lim\limits_{n\to\infty} c_n = c$（$a,c$为常数，且$a<c$），则数列$\{b_n\}$必定（ ）.

A. 无界   B. 有界   C. 发散   D. 收敛

答案：B.

精析：因为$a_n \leqslant b_n \leqslant c_n$，且$\lim\limits_{n\to\infty} a_n = a$，$\lim\limits_{n\to\infty} c_n = c$，有$\lim\limits_{n\to\infty} a_n \leqslant \lim\limits_{n\to\infty} b_n \leqslant \lim\limits_{n\to\infty} c_n$，即$a \leqslant \lim\limits_{n\to\infty} b_n \leqslant c$，故$\{b_n\}$必定有界.

二、函数极限

1. 函数极限的定义

（1）当$x\to\infty$时，函数$f(x)$的极限分三种情况：

定义2 如果当$x\to\infty$时，函数$f(x)$无限趋近于一个确定的常数A，则称常数A为函数$f(x)$当$x\to\infty$时的极限，记作$\lim\limits_{x\to\infty} f(x) = A$或者$f(x)\to A(x\to\infty)$.

定义3 如果当$x\to+\infty$时，函数$f(x)$无限趋近于一个确定的常数A，则称常数A为函数$f(x)$当$x\to+\infty$时的极限，记作$\lim\limits_{x\to+\infty} f(x) = A$或者$f(x)\to A(x\to+\infty)$.

定义4 如果当$x\to-\infty$时，函数$f(x)$无限趋近于一个确定的常数A，则称常数A为函数$f(x)$当$x\to-\infty$时的极限，记作$\lim\limits_{x\to-\infty} f(x) = A$或者$f(x)\to A(x\to-\infty)$.

（2）当$x\to x_0$时，函数$f(x)$的极限：

定义5 设函数$f(x)$在x_0的某个去心邻域内有定义，如果当$x\to x_0$时，函数$f(x)$无限趋近于某一确定的常数A，则称A为函数$f(x)$当$x\to x_0$时的极限，记为$\lim\limits_{x\to x_0} f(x) = A$或$f(x)\to A(x\to x_0)$.

2. 左极限与右极限

定义6 如果函数$f(x)$在x_0的某一个左侧区间$(x_0-\delta, x_0)$有定义，当x从x_0的左侧趋近于x_0（记作$x_0\to x_0^-$）时，函数$f(x)$无限趋近于某一个确定的常数A，则称A为函数$f(x)$当$x\to x_0$时的左极限，记为$\lim\limits_{x\to x_0^-} f(x) = A$或者$f(x_0^-) = A$.

定义7 如果函数$f(x)$在x_0的某一个右侧区间$(x_0, x_0+\delta)$有定义，当x从x_0的右侧趋近于x_0（记作$x_0\to x_0^+$）时，函数$f(x)$无限趋近于某一个确定的常数A，则称A为函数$f(x)$当$x\to x_0$时的右极限，记为$\lim\limits_{x\to x_0^+} f(x) = A$或者$f(x_0^+) = A$.

【例2】 判断下列极限是否存在，若存在请求出：

（1）$\lim\limits_{x\to\infty}\left(1 + \dfrac{2}{x}\right)$；   （2）$\lim\limits_{x\to\infty} \dfrac{|x|(x+2)}{x^2}$；

（3）$f(x) = \begin{cases} x-1, & x<0 \\ 0, & x=0 \\ x+1, & x>0 \end{cases}$ 当$x\to 0$时$f(x)$的极限.

精析:(1) $\lim\limits_{x\to\infty}\left(1+\dfrac{2}{x}\right)=1$.

(2)因为
$$\lim\limits_{x\to+\infty}\dfrac{|x|(x+2)}{x^2}=\lim\limits_{x\to+\infty}\dfrac{x^2+2x}{x^2}=\lim\limits_{x\to+\infty}\left(1+\dfrac{2}{x}\right)=1,$$
$$\lim\limits_{x\to-\infty}\dfrac{|x|(x+2)}{x^2}=\lim\limits_{x\to-\infty}\dfrac{-x^2-2x}{x^2}=\lim\limits_{x\to-\infty}\left(-1-\dfrac{2}{x}\right)=-1,$$
所以 $\lim\limits_{x\to\infty}\dfrac{|x|(x+2)}{x^2}$ 不存在.

(3)当 $x\to0$ 时 $f(x)$ 的左极限 $\lim\limits_{x\to0^-}f(x)=\lim\limits_{x\to0^-}(x-1)=-1$,右极限 $\lim\limits_{x\to0^+}f(x)=\lim\limits_{x\to0^+}(x+1)=1$,因为左极限与有极限存在但不相等,所以 $\lim\limits_{x\to0}f(x)$ 不存在.

【例3】 设函数 $f(x)=\begin{cases}\dfrac{x^2-1}{x-1}, & x\neq1 \\ 1, & x=1\end{cases}$,试求 $\lim\limits_{x\to1^+}f(x),\lim\limits_{x\to1^-}f(x),\lim\limits_{x\to1}f(x)$.

精析:极限定义中的 $x\to x_0$ 是指 x 无限地趋近于 x_0,但 $x\neq x_0$,故
$$\lim\limits_{x\to1^+}f(x)=\lim\limits_{x\to1^+}\dfrac{x^2-1}{x-1}=\lim\limits_{x\to1^+}(x+1)=2,$$
$$\lim\limits_{x\to1^-}f(x)=\lim\limits_{x\to1^-}\dfrac{x^2-1}{x-1}=\lim\limits_{x\to1^-}(x+1)=2,$$
即 $f(1^-)=f(1^+)=2$,从而 $\lim\limits_{x\to1}f(x)=2$.

【例4】 设 $f(x)=\begin{cases}x, & |x|\leqslant1 \\ x^2-2, & |x|>1\end{cases}$,求 $f(x)$ 在 $x\to1$ 与 $x\to-1$ 的极限.

精析:因为 $\lim\limits_{x\to1^+}f(x)=\lim\limits_{x\to1^+}(x^2-2)=-1,\lim\limits_{x\to1^-}f(x)=\lim\limits_{x\to1^-}x=1$,故 $\lim\limits_{x\to1}f(x)$ 不存在.
因为 $\lim\limits_{x\to-1^+}f(x)=\lim\limits_{x\to-1^+}x=-1,\lim\limits_{x\to-1^-}f(x)=\lim\limits_{x\to-1^-}(x^2-2)=-1$,故 $\lim\limits_{x\to-1}f(x)=-1$.

【例5】 设 a,b 为常数,若 $\lim\limits_{x\to\infty}\left(\dfrac{ax^2}{x+1}+bx\right)=2$,则 $a+b=$ _____.

答案:0.

精析:$\lim\limits_{x\to\infty}\left(\dfrac{ax^2}{x+1}+bx\right)=\lim\limits_{x\to\infty}\dfrac{(a+b)x^2+bx}{x+1}=2$,故 $a+b=0,b=2$.

3.函数极限的性质

定理6(唯一性)　设 A 与 B 都是函数 $f(x)$ 在点 x_0 处的极限,则 $A=B$.

定理7(局部有界性)如果 $\lim\limits_{x\to x_0}f(x)=A$,那么存在常数 $M>0$ 和 $\delta>0$,使得当 $0<|x-x_0|<\delta$ 时,有 $|f(x)|\leqslant M$.

定理8(四则运算定理)　设 $\lim\limits_{x\to x_0}f(x)=A,\lim\limits_{x\to x_0}g(x)=B$,则:

(1)$\lim\limits_{x\to x_0}[f(x)\pm g(x)]=\lim\limits_{x\to x_0}f(x)\pm\lim\limits_{x\to x_0}g(x)=A\pm B$;

(2)$\lim\limits_{x\to x_0}[f(x)\cdot g(x)]=\lim\limits_{x\to x_0}f(x)\cdot\lim\limits_{x\to x_0}g(x)=A\cdot B$;

(3)若又有 $B\neq0$,则 $\lim\limits_{x\to x_0}\dfrac{f(x)}{g(x)}=\dfrac{\lim\limits_{x\to x_0}f(x)}{\lim\limits_{x\to x_0}g(x)}=\dfrac{A}{B}$.

注:此定理可推广到有限个函数的情形,且必须在极限都存在的情况下才可以进行.

可以得到以下推论:

推论 1　如果 $\lim\limits_{x \to x_0} f(x)$ 存在，而 C 为常数，则 $\lim\limits_{x \to x_0}[Cf(x)] = C\lim\limits_{x \to x_0} f(x)$.

推论 2　如果 $\lim\limits_{x \to x_0} f(x)$ 存在，而 n 是正整数，则 $\lim\limits_{x \to x_0}[f(x)]^n = [\lim\limits_{x \to x_0} f(x)]^n$.

补充公式：$\lim\limits_{x \to x_0} \dfrac{a_0 x^m + a_1 x^{m-1} + \cdots + a_m}{b_0 x^n + b_1 x^{n-1} + \cdots + b_n} = \begin{cases} \dfrac{a_0}{b_0}, & n = m \\ 0, & n > m \\ \infty, & n < m \end{cases}$，其中 $a_0 \neq 0, b_0 \neq 0, m, n$ 为非负整数.

【例 6】　求 $\lim\limits_{x \to 1}(4x - 2)$.

精析：直接代入计算：$\lim\limits_{x \to 1}(4x - 2) = \lim\limits_{x \to 1} 4x - \lim\limits_{x \to 1} 2 = 4\lim\limits_{x \to 1} x - 2 = 4 \times 1 - 2 = 2.$

【例 7】　求 $\lim\limits_{x \to 1} \dfrac{x^2 - 2}{x^2 - x + 2}$.

精析：分母的极限不为零，故可直接代入计算

$$\lim_{x \to 1} \frac{x^2 - 2}{x^2 - x + 2} = \frac{\lim\limits_{x \to 1}(x^2 - 2)}{\lim\limits_{x \to 1}(x^2 - x + 2)} = \frac{\lim\limits_{x \to 1} x^2 - \lim\limits_{x \to 1} 2}{\lim\limits_{x \to 1} x^2 - \lim\limits_{x \to 1} x + \lim\limits_{x \to 1} 2}.$$

$$= \frac{(\lim\limits_{x \to 1} x)^2 - 2}{(\lim\limits_{x \to 1} x)^2 - 1 + 2} = \frac{1 - 2}{1 - 1 + 2} = -\frac{1}{2}.$$

【例 8】　求 $\lim\limits_{x \to 1}\left(\dfrac{1}{1-x} - \dfrac{3}{1-x^3}\right)$.

精析：当 $x \to 1$ 时，$\dfrac{1}{1-x}$ 和 $\dfrac{3}{1-x^3}$ 的极限都不存在（分母为 0），这时可以先通分变形，再求极限.

$$\frac{1}{1-x} - \frac{3}{1-x^3} = \frac{1 + x + x^2 - 3}{1 - x^3} = \frac{(x+2)(x-1)}{(1-x)(x^2+x+1)} = -\frac{x+2}{x^2+x+1},$$

所以
$$\lim_{x \to 1}\left(\frac{1}{1-x} - \frac{3}{1-x^3}\right) = \lim_{x \to 1}\left(-\frac{x+2}{x^2+x+1}\right) = -1.$$

【例 9】　求 $\lim\limits_{x \to 3} \dfrac{(x-3)^2}{x^2 - 9}$.

精析：当 $x \to 3$ 时，分子和分母的极限均为零，于是分子和分母不能分别取极限. 但分子和分母中有公因子 $x - 3$，于是当 $x \to 3$ 时，$x \neq 3, x - 3 \neq 0$，可约去这个不为零的公因子，所以

$$\lim_{x \to 3} \frac{(x-3)^2}{x^2 - 9} = \lim_{x \to 3} \frac{x-3}{x+3} = \frac{\lim\limits_{x \to 3}(x-3)}{\lim\limits_{x \to 3}(x+3)} = \frac{0}{6} = 0.$$

【例 10】　求 $\lim\limits_{x \to 3} \sqrt{\dfrac{x-3}{x^2 - 9}}$.

精析：函数 $\sqrt{\dfrac{x-3}{x^2-9}}$ 是由 $y = \sqrt{u}, u = \varphi(x) = \dfrac{x-3}{x^2-9}$ 复合而成的，因此求 $\lim\limits_{x \to 3} \sqrt{\dfrac{x-3}{x^2-9}}$ 时，先求 $\lim\limits_{x \to x_0} \varphi(x)$，即

$\lim\limits_{x \to 3} \dfrac{x-3}{x^2-9} = \dfrac{1}{6}$，再求 $\lim\limits_{u \to a} f(u)$，即 $\lim\limits_{u \to \frac{1}{6}} \sqrt{u} = \sqrt{\dfrac{1}{6}} = \dfrac{\sqrt{6}}{6}$，于是 $\lim\limits_{x \to 3} \sqrt{\dfrac{x-3}{x^2-9}} = \dfrac{\sqrt{6}}{6}$.

三、无穷小与无穷大

1. 无穷小与无穷大的定义

定义 8　如果函数 $f(x)$ 当 $x \to x_0$（或 $x \to \infty$）时的极限为零，则称函数 $f(x)$ 为 $x \to x_0$（或 $x \to \infty$）时的**无穷小量**，简称**无穷小**.

例如,因为$\lim\limits_{x\to 0}\sin x=0$,所以函数$\sin x$是当$x\to 0$时的无穷小.

又如,因为$\lim\limits_{x\to 1}(2x-2)=0$,所以函数$2x-2$是当$x\to 1$时的无穷小.

注1:无穷小与很小的数不一样. 例如,当$x\to 0$时x是无穷小量,但是任意小的常数不是无穷小量;

注2:无穷小量是对某一过程而言的,一定要说明自变量的变化趋势,这点务必注意. 例如,$\sqrt{1-x}$是$x\to 1$时的无穷小,但却不是$x\to 0$时的无穷小.

定义9　如果当$x\to x_0$(或$x\to\infty$)时,函数$f(x)$的绝对值无限增大,则称函数$f(x)$为$x\to x_0$(或$x\to\infty$)时的**无穷大量**,简称**无穷大**,记为

$$\lim_{\substack{x\to x_0\\(x\to\infty)}}f(x)=\infty.$$

例如,函数$y=\dfrac{1}{2-x}$,当$x\to 2$时,$y\to\infty$,所以$y=\dfrac{1}{2-x}$是当$x\to 2$时的无穷大.

又如,函数$y=\tan x$,当$x\to-\dfrac{\pi}{2}$时,$y\to-\infty$,所以$y=\tan x$是当$x\to-\dfrac{\pi}{2}$时的负无穷大.

注1:无穷大是变量,不能与很大的数混淆;

注2:$\lim\limits_{x\to x_0}f(x)=\infty$是极限不存在的一种特殊情形;

注3:当说某个函数是无穷大时,必须指出极限过程;

注4:当$x\to x_0^+$,$x\to x_0^-$,$x\to+\infty$,$x\to-\infty$时可得到相应的无穷大的定义.

2. 无穷小与极限、无穷大的关系

1)无穷小与极限的关系

$\lim\limits_{x\to x_0}f(x)=A\Leftrightarrow f(x)=A+\alpha(x)$,其中$\lim\limits_{x\to x_0}\alpha(x)=0.$

2)无穷小与无穷大的关系

在同一极限过程中,若函数$f(x)$为无穷小,且$f(x)\neq 0$,则$\dfrac{1}{f(x)}$为无穷大;若函数$f(x)$为无穷大,则$\dfrac{1}{f(x)}$为无穷小.

例如,当$x\to 0$时,函数$f(x)=\dfrac{3}{x}$是无穷大.

3. 无穷小的性质

性质1　有限个无穷小的代数和仍为无穷小.

性质2　有界函数与无穷小的积仍为无穷小.

性质3　常数与无穷小之积仍为无穷小.

性质4　有限个无穷小之积仍为无穷小.

注1:无穷多个无穷小量的代数和未必是无穷小量,如当$n\to\infty$时$\dfrac{1}{n^2}$,$\dfrac{2}{n^2}$,$\cdots$,$\dfrac{n}{n^2}$均为无穷小,但

$\lim\limits_{n\to\infty}\left(\dfrac{1}{n^2}+\dfrac{2}{n^2}+\cdots+\dfrac{n}{n^2}\right)=\lim\limits_{n\to\infty}\dfrac{n(n+1)}{2n^2}=\lim\limits_{n\to\infty}\left(\dfrac{1}{2}+\dfrac{1}{2n}\right)=\dfrac{1}{2}$;

注2:两个无穷小之商未必是无穷小,如当$x\to 0$时,x与$2x$皆为无穷小,但由$\lim\limits_{x\to 0}\dfrac{2x}{x}=2$知,当$x\to 0$时,$\dfrac{2x}{x}$不是无穷小.

4. 无穷小的比较

设同一变化趋势下$\lim\alpha(x)=0$,$\lim\beta(x)=0$,则:

(1)若$\lim\dfrac{\alpha(x)}{\beta(x)}=0$,则称$\alpha(x)$是比$\beta(x)$**高阶**的无穷小,记为$\alpha(x)=o[\beta(x)]$;

（2）若 $\lim \dfrac{\alpha(x)}{\beta(x)} = \infty$，则称 $\alpha(x)$ 是比 $\beta(x)$ **低阶**的无穷小；

（3）若 $\lim \dfrac{\alpha(x)}{\beta(x)} = C(C\neq 0)$，则称 $\alpha(x)$ 与 $\beta(x)$ 是**同阶**无穷小；

（4）若 $\lim \dfrac{\alpha(x)}{\beta(x)} = 1$，则称 $\alpha(x)$ 与 $\beta(x)$ 是**等价无穷小**，记为 $\alpha(x) \sim \beta(x)$.

5. 常见的等价无穷小

当 $x \to 0$ 时，有：

（1）$\sin x \sim x$；　　　　　　（2）$\tan x \sim x$；

（3）$\arcsin x \sim x$；　　　　　（4）$\arctan x \sim x$；

（5）$\ln(1+x) \sim x$；　　　　　（6）$e^x - 1 \sim x$；

（7）$a^x - 1 \sim x \ln a$；　　　　（8）$1 - \cos x \sim \dfrac{1}{2}x^2$；

（9）$(1+\beta x)^\alpha - 1 \sim \alpha\beta x$；　（10）$\sqrt[n]{1+x} - 1 \sim \dfrac{1}{n}x$；

（11）$\log_a(1+x) \sim \dfrac{1}{\ln a}x$　$(a > 0)$.

6. 等价无穷小的重要性质

（1）在同一极限过程中，若 $\alpha(x) \sim \alpha^*(x)$，$\beta(x) \sim \beta^*(x)$，则 $\lim \dfrac{\alpha(x)}{\beta(x)} = \dfrac{\alpha^*(x)}{\beta^*(x)}$.

该结论表明，在求 $\dfrac{0}{0}$ 型未定式的极限过程中，分子与分母都可用各自的等价无穷小因子来替换，常称这种做法为等价无穷小因子替换.

（2）在同一极限过程中，若 $\alpha(x) \sim \beta(x)$，$\beta(x) \sim \gamma(x)$，则 $\alpha(x) \sim \gamma(x)$，这个性质称为等价无穷小的传递性.

【例 11】 求极限 $\lim\limits_{x \to \infty} \dfrac{\arctan 3x}{2x}$.

精析：当 $x \to \infty$ 时，分子和分母的极限都不存在，因此关于商的极限运算法则不能应用. 若把 $\dfrac{\arctan 3x}{2x}$ 视为 $\arctan 3x$ 与 $\dfrac{1}{2x}$ 的乘积，由于 $\dfrac{1}{2x}$ 是当 $x \to \infty$ 时的无穷小，而 $|\arctan 3x| < \dfrac{\pi}{2}$ 是有限变量，因此根据有界变量与无穷小乘积仍为无穷小，知

$$\lim_{x \to \infty} \frac{\arctan 3x}{2x} = \lim_{x \to \infty} \frac{1}{2x} \cdot \arctan 3x = 0.$$

【例 12】 求 $\lim\limits_{x \to 0} \dfrac{\sin 2x}{\tan 8x}$.

精析：当 $x \to 0$ 时，$\sin 2x \sim 2x$，$\tan 8x \sim 8x$，所以

$$\lim_{x \to 0} \frac{\sin 2x}{\tan 8x} = \lim_{x \to 0} \frac{2x}{8x} = \frac{1}{4}.$$

【例 13】 求 $\lim\limits_{x \to 0} \dfrac{(x+1)\sin 4x}{\arcsin 8x}$.

精析：在函数 $f(x) = \dfrac{(x+1)\sin 4x}{\arcsin 8x}$ 中，含有 $\arcsin 8x$ 和 $\sin 4x$ 两个无穷小因子，且当 $x \to 0$ 时，$\sin 4x \sim 4x$，$\arcsin 8x \sim 8x$，因此用等价无穷小替换，得

$$\lim_{x \to 0} \frac{(x+1)\sin 4x}{\arcsin 8x} = \lim_{x \to 0} \frac{(x+1) \cdot 4x}{8x} = \lim_{x \to 0} \frac{x+1}{2} = \frac{1}{2}.$$

7. 曲线的渐近线

若曲线 c 上的动点 P 沿着曲线无限地远离原点时,点 P 与某定直线 l 的距离趋于 0,则称直线 l 为曲线 c 的**渐近线**. 若 l 的斜率存在,则称它为**斜渐近线**.

设曲线 $y = f(x)$ 有斜渐近线 $y = kx + b$,则 $k = \lim\limits_{x \to \infty} \dfrac{f(x)}{x} \Big[$ 或 $k = \lim\limits_{x \to +\infty} \dfrac{f(x)}{x}$ 或 $k = \lim\limits_{x \to -\infty} \dfrac{f(x)}{x} \Big]$,$b = \lim\limits_{x \to \infty}(f(x) - kx) \Big[$ 或 $b = \lim\limits_{x \to +\infty}(f(x) - kx)$ 或 $b = \lim\limits_{x \to -\infty}(f(x) - kx) \Big]$.

特别地,如果 $k = 0$,则称 $y = b$ 为**水平渐近线**.

若函数 f 满足: $\lim\limits_{x \to x_0} f(x) = \infty$ (或 $\lim\limits_{x \to x_0^+} f(x) = \infty$,$\lim\limits_{x \to x_0^-} f(x) = \infty$),则直线 $x = x_0$ 称为 $y = f(x)$ 的**垂直渐近线**.

【例 14】 求曲线 $f(x) = \dfrac{x^3}{x^2 + 2x - 3}$ 的渐近线.

精析:设斜渐近线为 $y = kx + b$,则

$$k = \lim_{x \to \infty} \frac{f(x)}{x} = \lim_{x \to \infty} \frac{x^3}{x^3 + 2x^2 - 3x} = 1,$$

$$b = \lim_{x \to \infty}(f(x) - kx) = \lim_{x \to \infty} \left(\frac{x^3}{x^2 + 2x - 3} - x \right) = -2,$$

所以斜渐近线为 $y = x - 2$. 又由 $f(x) = \dfrac{x^3}{(x+3)(x-1)}$,易见 $\lim\limits_{x \to -3} f(x) = \infty$,$\lim\limits_{x \to 1} f(x) = \infty$,所以此曲线有垂直渐近线 $x = -3$ 和 $x = 1$.

【例 15】 当 $x \to 0$ 时,下列无穷小量中,与 x 等价的是(　　　).

A. $1 - \cos x$　　　　　B. $\sqrt{1 + x^2} - 1$　　　　　C. $\ln(x + 1) + x^2$　　　　　D. $e^{x^2} - 1$

答案:C.

精析: $1 - \cos x \sim \dfrac{1}{2}x^2$,$\sqrt{1 + x^2} - 1 \sim \dfrac{1}{2}x^2$,$e^{x^2} - 1 \sim x^2$,故选 C.

【例 16】 当 $x \to 0$ 时,下列无穷小量中,与 x 不等价的无穷小量是(　　　).

A. $\ln(x + 1)$　　　　　B. $\arcsin x$　　　　　C. $1 - \cos x$　　　　　D. $\sqrt{1 + 2x} - 1$

答案:C.

精析:由于 $1 - \cos x \sim \dfrac{1}{2}x^2$,故选 C.

【例 17】 计算 $\lim\limits_{x \to \infty} x \sin x (e^{\frac{1}{x}} - 1)$.

精析:原式 $= \lim\limits_{x \to \infty} \dfrac{\sin(e^{\frac{1}{x}} - 1)}{\dfrac{1}{x}} = \lim\limits_{x \to \infty} \dfrac{\cos(e^{\frac{1}{x}} - 1) \cdot e^{\frac{1}{x}} \cdot \left(-\dfrac{1}{x^2} \right)}{-\dfrac{1}{x^2}} = \lim\limits_{x \to \infty} \cos(e^{\frac{1}{x}} - 1) e^{\frac{1}{x}} = 1.$

四、两个重要极限

1. 第一个重要极限: $\lim\limits_{x \to 0} \dfrac{\sin x}{x} = 1$

我们注意到,当 $x \to 0$ 时,函数 $\dfrac{\sin x}{x}$ 的分子和分母都趋近于零,因此不能够用极限的四则运算法则计算.

当 $x \to 0$ 时,函数 $\dfrac{\sin x}{x}$ 的变化趋势见表 1-1.

表 1-1

x	$\pm\dfrac{\pi}{8}$	$\pm\dfrac{\pi}{16}$	$\pm\dfrac{\pi}{64}$	$\pm\dfrac{\pi}{128}$	$\pm\dfrac{\pi}{512}$	$\cdots$	$\to 0$
$\dfrac{\sin x}{x}$	0.974 495	0.993 589	0.999 598	0.999 899	0.999 993	$\cdots$	$\to 1$

上述数据显示,当 $x \to 0$ 时,$\dfrac{\sin x}{x} \to 1$,即极限 $\lim\limits_{x \to 0}\dfrac{\sin x}{x}=1$.

特点:所讨论的函数分母为一个无穷小量,分子为这个无穷小量的正弦函数,只要是这种类型的函数,其极限均为 1(注:当然自变量的变化趋势要一样),因此,使用这个结论时应注意以下几点:

(1)类型为 $\dfrac{0}{0}$ 型(即分子分母均为无穷小量);

(2)推广形式是 $\lim\limits_{x \to x_0}\dfrac{\sin \alpha}{\alpha}=1$(其中 α 为 $x \to x_0$ 时的无穷小量,它可以是一个式子,$x \to x_0$ 这一趋势也可以变成左趋势、右趋势或无穷趋势);

(3)等价形式是 $\lim\limits_{x \to 0}\dfrac{x}{x \sin x}=1$.

2. 第二个重要极限: $\lim\limits_{x \to \infty}\left(1+\dfrac{1}{x}\right)^{x}=\mathrm{e}$

我们注意到,函数 $\left(1+\dfrac{1}{x}\right)^{x}$ 既不是幂函数,也不是指数函数,我们称之为幂指函数. 当 $x \to \infty$ 时,函数 $\left(1+\dfrac{1}{x}\right)^{x}$ 的变化趋势见表 1-2.

表 1-2

x	10	100	1 000	10 000	100 000	1 000 000	$\cdots$	$\to +\infty$
$\left(1+\dfrac{1}{x}\right)^{x}$	2.593 74	2.704 81	2.716 92	2.718 15	2.718 27	2.718 28	$\cdots$	$\to \mathrm{e}$

x	-10	-100	$-1\,000$	$-10\,000$	$-100\,000$	$-1\,000\,000$	$\cdots$	$\to -\infty$
$\left(1+\dfrac{1}{x}\right)^{x}$	2.867 97	2.732 00	2.796 4	2.718 42	2.718 30	2.718 28	$\cdots$	$\to \mathrm{e}$

上述数据显示,当 $x \to \infty$ 和 $x \to -\infty$ 时,总有 $\left(1+\dfrac{1}{x}\right)^{x} \to \mathrm{e}$,即 $\lim\limits_{x \to \infty}\left(1+\dfrac{1}{x}\right)^{x}=\mathrm{e}$. 这里的 e 是一个无理数,其值为 $2.718\ 281\ 828\ 459\ 045\cdots$.

特点:所讨论的函数是一个幂的形式,底为 1 加上一个无穷小量 α,指数为这个无穷小量 α 的倒数,只要是这种类型的函数其极限均为 e(注:当然自变量的变化趋势要一样),因此,使用这个结论时应注意以下几点:

(1)类型为 $(1+0)^{\infty}$ 型;

(2)推广形式是 $\lim\limits_{x \to x_0}(1+\alpha)^{\frac{1}{\alpha}}$(其中 α 为 $x \to x_0$ 时的无穷小量,它可以是一个式子,$x \to x_0$ 这一趋势也可以变成左趋势、右趋势或无穷趋势);

(3)等价形式是 $\lim\limits_{x \to 0}(1+x)^{\frac{1}{x}}=\mathrm{e}$.

【例18】 求极限 $\lim\limits_{x \to 0} \dfrac{1-\cos x}{3x^2}$.

精析：$\lim\limits_{x \to 0} \dfrac{1-\cos x}{3x^2} = \lim\limits_{x \to 0} \dfrac{2\sin^2 \frac{x}{2}}{3x^2} = \dfrac{1}{6}\lim\limits_{x \to 0} \dfrac{\sin^2 \frac{x}{2}}{\left(\frac{x}{2}\right)^2} = \dfrac{1}{6}\lim\limits_{x \to 0}\left(\dfrac{\sin \frac{x}{2}}{\frac{x}{2}}\right)^2$

$$= \dfrac{1}{6}\left(\lim\limits_{x \to 0}\dfrac{\sin \frac{x}{2}}{\frac{x}{2}}\right)^2 = \dfrac{1}{6}.$$

【例19】 求极限 $\lim\limits_{x \to 2}\dfrac{\sin(x-2)}{x^2-4}$.

精析：$\lim\limits_{x \to 2}\dfrac{\sin(x-2)}{x^2-4} = \lim\limits_{x \to 2}\dfrac{\sin(x-2)}{(x-2)(x+2)} = \lim\limits_{x \to 2}\dfrac{\sin(x-2)}{(x-2)} \cdot \lim\limits_{x \to 2}\dfrac{1}{x+2} = 1 \cdot \dfrac{1}{4} = \dfrac{1}{4}$.

【例20】 求极限 $\lim\limits_{x \to 0}(1-3x)^{\frac{1}{x}}$.

精析：令 $-3x = t$，则 $x = -\dfrac{t}{3}$，且当 $x \to 0$ 时，$t \to 0$，所以

$$\lim\limits_{x \to 0}(1-3x)^{\frac{1}{x}} = \lim\limits_{t \to 0}(1+t)^{-\frac{3}{t}} = \lim\limits_{t \to 0}\left[(1+t)^{\frac{1}{t}}\right]^{-3} = \left[\lim\limits_{t \to 0}(1+t)^{\frac{1}{t}}\right]^{-3} = e^{-3}.$$

【例21】 求极限 $\lim\limits_{x \to \infty}\left(1-\dfrac{1}{x}\right)^{4x+3}$.

精析：令 $-x = t$，则当 $x \to \infty$ 时，有 $t \to \infty$，所以

$$\lim\limits_{x \to \infty}\left(1-\dfrac{1}{x}\right)^{4x+3} = \lim\limits_{x \to \infty}\left(1+\dfrac{1}{t}\right)^{-4t+3} = \lim\limits_{t \to \infty}\left(1+\dfrac{1}{t}\right)^3 \cdot \lim\limits_{t \to \infty}\left[\left(1+\dfrac{1}{t}\right)^t\right]^{-4}$$
$$= 1 \cdot e^{-4} = e^{-4}.$$

【例22】 求极限 $\lim\limits_{x \to \infty}\left(\dfrac{x+1}{x}\right)^{2x}$.

精析：$\lim\limits_{x \to \infty}\left(\dfrac{x+1}{x}\right)^{2x} = \lim\limits_{x \to \infty}\left(1+\dfrac{1}{x}\right)^{2x} = \lim\limits_{x \to \infty}\left[\left(1+\dfrac{1}{x}\right)^x\right]^2$

$$= \left[\lim\limits_{x \to \infty}\left(1+\dfrac{1}{x}\right)^x\right]^2 = e^2.$$

【例23】 下列极限运算中，正确的是(　　　).

A. $\lim\limits_{x \to \infty}\dfrac{\sin x}{x} = 1$ 　　　　 B. $\lim\limits_{x \to \infty}e^{-x} = \infty$ 　　　　 C. $\lim\limits_{x \to 0^-}e^{\frac{1}{x}} = 0$ 　　　　 D. $\lim\limits_{x \to 0}\left(1+\dfrac{1}{x}\right)^x = e$

答案：C.

精析：对于选项 A，由于 $\sin x$ 为有界量，当 $x \to \infty$ 时，$\dfrac{1}{x} \to 0$，无穷小量与有界量的乘积仍为无穷小量，故 $\lim\limits_{x \to \infty}\dfrac{\sin x}{x} = 0$；对于选项 B，$\lim\limits_{x \to +\infty}e^{-x} = 0$，$\lim\limits_{x \to -\infty}e^{-x} = +\infty$；对于 C 选项，$\lim\limits_{x \to 0^-}e^{\frac{1}{x}} = e^{\lim\limits_{x \to 0^-}\frac{1}{x}} = 0$，故选 C.

【例24】 极限 $\lim\limits_{n \to \infty}2x\sin\dfrac{3}{x} = ($　　　$)$.

A. 6 　　　　 B. 3 　　　　 C. 2 　　　　 D. 0

答案：A.

精析：$\lim\limits_{x \to \infty}2x\sin\dfrac{3}{x} = \lim\limits_{x \to \infty}\dfrac{\sin \frac{3}{x}}{\frac{3}{x}} \cdot 6 = 6$.

【例 25】 计算 $\lim\limits_{x \to +\infty} \left(\dfrac{1}{1+x} \right)^{\frac{1}{\ln x}}$.

精析：$\lim\limits_{x \to +\infty} \left(\dfrac{1}{1+x} \right)^{\frac{1}{\ln x}} = \lim\limits_{x \to +\infty} e^{\frac{1}{\ln x} \cdot \ln \frac{1}{1+x}} = e^{\lim\limits_{x \to +\infty} \frac{\ln(1+x)}{\ln x}}$

$\xlongequal{\text{洛必达法则}} e^{-\lim\limits_{x \to +\infty} \frac{x}{1+x}} = e^{-1}.$

第三节 连 续

一、连续性概念

1. 连续性的定义

定义 1 设函数 $y = f(x)$ 在点 x_0 及其附近内有定义，如果

$$\lim_{\Delta x \to 0} \Delta y = \lim_{\Delta x \to 0} [f(x_0 + \Delta x) - f(x_0)] = 0,$$

则称函数 $y = f(x)$ 在点 x_0 处**连续**，x_0 称为函数 $f(x)$ 的**连续点**.

在上述定义中，设 $x_0 + \Delta x = x$，则当 $\Delta x \to 0$ 时，有 $x \to x_0$，而

$$\Delta y = f(x_0 + \Delta x) - f(x_0) = f(x) - f(x_0),$$

也可写成 $\lim\limits_{\Delta x \to 0} \Delta y = \lim\limits_{\Delta x \to 0} [f(x) - f(x_0)] = 0$，即 $\lim\limits_{\Delta x \to 0} f(x) = f(x_0)$，则称函数 $y = f(x)$ 在点 x_0 处**连续**.

定义 2 设函数 $y = f(x)$ 在点 x_0 处及其附近内有定义，如果有 $\lim\limits_{x \to x_0} f(x) = f(x_0)$，则称函数 $y = f(x)$ 在点 x_0 处**连续**.

定义 2 指出了函数 $y = f(x)$ 在 x_0 处连续要满足下面三个条件：

(1) 函数 $y = f(x)$ 在点 x_0 及其附近内有定义；

(2) $\lim\limits_{x \to x_0} f(x)$ 存在；

(3) $\lim\limits_{x \to x_0} f(x)$ 等于函数 $f(x)$ 在点 x_0 处的函数值，即 $\lim\limits_{x \to x_0} f(x) = f(x_0)$.

如果函数 $y = f(x)$ 在区间 (a, b) 内每点都连续，则称 $y = f(x)$ 为区间 (a, b) 内的**连续函数**.

2. 左连续与右连续

若 $\lim\limits_{x \to x_0^-} f(x) = f(x_0)$，则称函数 $f(x)$ 在点 x_0 处**左连续**.

若 $\lim\limits_{x \to x_0^+} f(x) = f(x_0)$，则称函数 $f(x)$ 在点 x_0 处**右连续**.

若函数 $f(x)$ 在开区间 (a, b) 内连续，且在 $x = a$ 处右连续，在 $x = b$ 处左连续，则称函数 $y = f(x)$ 在闭区间 $[a, b]$ 上**连续**.

3. 连续函数的运算及性质

(1) 设函数 $f(x)$，$g(x)$ 在点 x_0 处连续，则 $f(x) \pm g(x)$ 在点 x_0 处连续.

(2) 设函数 $f(x)$，$g(x)$ 在点 x_0 处连续，则 $f(x) \cdot g(x)$ 在点 x_0 处连续.

特别地，当函数 $f(x)$ 在点 x_0 处连续时，$kf(x)$ 在点 x_0 处也连续.

(3) 设函数 $f(x)$，$g(x)$ 在点 x_0 处连续，且 $g(x_0) \neq 0$，则 $\dfrac{f(x)}{g(x)}$ 在点 x_0 处也连续.

(4) 设 $y = f(u)$，$u = g(x)$ 可以复合为 $y = f(g(x))$. 若 $u = g(x)$ 在点 x_0 处连续，而 $y = f(u)$ 在点 $u_0 = g(x_0)$ 处连续，则复合函数 $y = f(g(x))$ 在点 x_0 处连续.

定理 1 函数 $f(x)$ 在点 x_0 处连续的充分必要条件是函数 $f(x)$ 在点 x_0 处左连续且右连续.

定理 2 基本初等函数在其定义域内为连续函数.

定理 3　初等函数在其定义区间内为连续函数.

【例 1】　考察函数

$$f(x) = \begin{cases} x+1, & x>0 \\ 1, & x=0 \\ \dfrac{2}{1-x}, & x<0 \end{cases} \quad \text{的连续性.}$$

精析：$\lim\limits_{x\to 0^-} f(x) = \lim\limits_{x\to 0^-} \dfrac{2}{1-x} = 2$，$\lim\limits_{x\to 0^+} f(x) = \lim\limits_{x\to 0^+} (x+1) = 1$，左右极限不相等，所以 $f(x)$ 在点 $x=0$ 处不连续.

【例 2】　求下列极限：

(1) $\lim\limits_{x\to\infty} x[\ln(x+1) - \ln x]$；

(2) $\lim\limits_{x\to\infty} \dfrac{4x^2-2}{\sqrt{x^4-3x^2+2}}$.

精析：(1) $\lim\limits_{x\to\infty} x[\ln(x+1) - \ln x] = \lim\limits_{x\to\infty} x\ln\left(1+\dfrac{1}{x}\right) = \lim\limits_{x\to\infty} \ln\left(1+\dfrac{1}{x}\right)^x$

$$= \ln \lim\limits_{x\to\infty} \left(1+\dfrac{1}{x}\right)^x = \ln \mathrm{e} = 1;$$

(2) $\lim\limits_{x\to\infty} \dfrac{4x^2-2}{\sqrt{x^4-3x^2+2}} = \dfrac{\lim\limits_{x\to\infty}\left(4-\dfrac{2}{x^2}\right)}{\sqrt{\lim\limits_{x\to\infty}\left(1-\dfrac{3}{x^2}+\dfrac{2}{x^4}\right)}} = \dfrac{4}{1} = 4.$

注：如果函数 $f(x)$ 是初等函数，且点 x_0 在 $f(x)$ 的定义区间内，那么 $\lim\limits_{x\to x_0} f(x) = f(x_0)$，因此计算 $f(x)$ 当 $x\to x_0$ 时的极限，只要计算对应的函数值 $f(x_0)$ 就可以了.

【例 3】　求 $\lim\limits_{x\to 0} \arcsin\left(\dfrac{1-\cos x}{\frac{1}{2}x^2}\right)$.

精析：函数 $\arcsin\left(\dfrac{1-\cos x}{\frac{1}{2}x^2}\right)$ 可视为函数 $y=\arcsin u$，$u=\dfrac{1-\cos x}{\frac{1}{2}x^2}$ 复合而成的复合函数. 在点 $x=0$ 处 $f(x)$ 无定义，但是 $\lim\limits_{x\to 0} \dfrac{1-\cos x}{\frac{1}{2}x^2} = 1 = u_0$，所以

$$\lim\limits_{x\to 0} \arcsin\left(\dfrac{1-\cos x}{\frac{1}{2}x^2}\right) = \arcsin\lim\limits_{x\to 0}\left(\dfrac{1-\cos x}{\frac{1}{2}x^2}\right) = \arcsin 1 = \dfrac{\pi}{2}.$$

【例 4】　求 $\lim\limits_{x\to 0} \dfrac{\log_a(1+3x)}{3x}$.

精析：$\lim\limits_{x\to 0} \dfrac{\log_a(1+3x)}{3x} = \lim\limits_{x\to 0} \log_a(1+3x)^{\frac{1}{3x}} = \log_a \mathrm{e} = \dfrac{1}{\ln a}.$

【例 5】　设函数

$$f(x) = \begin{cases} a + \dfrac{\sin 3x}{2x}, & x<0 \\ b, & x=0, \\ \dfrac{2(\sqrt{1+x}-1)}{x}, & x>0 \end{cases}$$

求 a,b 的值,使得 $f(x)$ 成为在 $(-\infty,+\infty)$ 内的连续函数.

精析: 当 $x \in (-\infty,0)$ 时,$f(x) = a + \dfrac{\sin 3x}{2x}$ 是初等函数,根据初等函数的连续性,可知 $f(x)$ 连续.

当 $x \in (0,+\infty)$ 时,$f(x) = \dfrac{2(\sqrt{1+x}-1)}{x}$ 也是初等函数,所以也是连续的.

在 $x=0$ 处,$f(0) = b$,又

$$f(0^-) = \lim_{x \to 0^-} f(x) = \lim_{x \to 0^-}\left(a + \frac{\sin 3x}{2x}\right) = a + \frac{3}{2},$$

$$f(0^+) = \lim_{x \to 0^+} f(x) = \lim_{x \to 0^-}\left(\frac{2(\sqrt{1+x}-1)}{x}\right) = 1.$$

若使 $f(x)$ 在 $(-\infty,+\infty)$ 上连续函数,则 $a + \dfrac{3}{2} = b = 1 \Rightarrow a = -\dfrac{1}{2}, b = 1$.

综上,当 $a = -\dfrac{1}{2}, b = 1$ 时,$f(x)$ 在 $(-\infty,+\infty)$ 上内为连续函数.

4. 函数间断点的定义

设函数 $f(x)$ 在点 x_0 的某去心邻域内有定义. 如果函数 $f(x)$ 有下列三种情形之一,则函数 $f(x)$ 在点 x_0 处**不连续**,且点 x_0 称为 $f(x)$ 的**间断点或不连续点**.

(1)在点 $x = x_0$ 处没有定义;

(2)在点 $x = x_0$ 处有定义,但 $\lim\limits_{x \to x_0} f(x)$ 不存在;

(3)在点 $x = x_0$ 处有定义,且 $\lim\limits_{x \to x_0} f(x)$ 存在,但 $\lim\limits_{x \to x_0} f(x) \neq f(x_0)$.

5. 函数间断点的分类

(1)如果函数 $f(x)$ 在点 x_0 处极限存在,但不等于该点处的函数值,即 $\lim\limits_{x \to x_0} f(x) = A \neq f(x_0)$,或者极限存在,但函数 $f(x)$ 在点 x_0 处无定义,则称 $x = x_0$ 为函数的**可去间断点**.

例如,函数 $f(x) = \dfrac{x^3-8}{x-2}$ 在 $x=2$ 处没有定义,所以 $x=2$ 是函数的间断点,又因为

$$\lim_{x \to 1} f(x) = \lim_{x \to 1}\frac{x^3-8}{x-2} = \lim_{x \to 1}(x^2+2x+4) = 3,$$

所以 $x=1$ 是函数 $f(x)$ 的可去间断点.

(2)如果函数 $f(x)$ 在点 x_0 处的左、右极限存在但不相等,则称 $x = x_0$ 为函数 $f(x)$ 的**跳跃间断点**.

可去间断点和跳跃间断点统称为**第一类间断点**.

(3)如果函数 $f(x)$ 在点 x_0 处的左、右极限中至少有一个不存在,则称 $x = x_0$ 为函数 $f(x)$ 的**第二类间断点**.

①当 $x \to x_0^-$ 或 $x \to x_0^+$ 时,函数 $f(x) \to \infty$,则称 x_0 为函数 $f(x)$ 的**无穷间断点**.

例如,函数 $f(x) = \dfrac{1}{x-1}$ 在 $x=1$ 处无定义,所以 $x=1$ 为函数 $f(x)$ 的无穷间断点. 因为 $\lim\limits_{x \to 1} f(x) = \infty$,所以 $x=1$ 为函数 $f(x)$ 的第二类间断点,因为 $\lim\limits_{x \to 1} f(x) = \infty$,所以又称 $x=1$ 为函数 $f(x)$ 的无穷间断点.

②当 $x \to x_0$ 时,函数 $f(x)$ 的极限不存在,呈上下振荡情形,则称 x_0 为函数 $f(x)$ 的**振荡间断点**.

【例6】 考察函数 $y = f(x) = \dfrac{1}{x+2}$ 在点 $x = -2$ 处的连续性.

精析: 因为 $f(x) = \dfrac{1}{x+2}$ 在 $x = -2$ 处没有定义,所以 $x = -2$ 是 $f(x) = \dfrac{1}{x+2}$ 的一个间断点. 又因为

$\lim\limits_{x \to -1} \dfrac{1}{x+2} = \infty$，所以点 $x = -2$ 为 $f(x)$ 的无穷间断点.

【例7】 求下列函数的间断点，并判断其类型.

$(1) f(x) = \dfrac{x}{\sin x}$；　　　　　$(2) f(x) = \lim\limits_{n \to \infty} \dfrac{x^{n+2} - x^n}{x^n + x^{-n-1}}$.

精析：$(1) f(x) = \dfrac{x}{\sin x}$ 的间断点为 $\sin x = 0$，即 $x = k\pi (k = 0, \pm 1, \pm 2, \cdots)$；

因为 $\lim\limits_{x \to 0} \dfrac{x}{\sin x} = 1$，$\lim\limits_{x \to k\pi} \dfrac{x}{\sin x} = \infty (k = \pm 1, \pm 2, \cdots)$，所以 $x = 0$ 是可去间断点；$x = k\pi (k = \pm 1, \pm 2, \cdots)$ 是无穷间断点.

(2) 显然，$x \neq 0$，$x \neq -1$. $f(x) = \lim\limits_{n \to \infty} \dfrac{x^{n+2} - x^n}{x^n + x^{-n-1}} = \begin{cases} 0, & |x| < 1 \\ x^2 - 1, & |x| > 1 \\ 0, & x = 1 \end{cases}$

因为 $f(0 - 0) = f(0 + 0) = 0$；$f(-1 - 0) = 0$，$f(-1 + 0) = 0$，所以 $x = 0$ 和 $x = -1$ 是可去间断点.

【例8】 $x = 0$ 是函数 $f(x) = \begin{cases} \mathrm{e}^{\frac{1}{x}}, & x < 0 \\ 0, & x \geq 0 \end{cases}$ 的（　　）.

A. 连续点　　　　　　　　　　　　　　B. 第一类可去间断点

C. 第一类跳跃间断点　　　　　　　　　D. 第二类间断点

答案：A.

精析：$\lim\limits_{x \to 0^-} \mathrm{e}^{\frac{1}{x}} = \mathrm{e}^{\lim\limits_{x \to 0^-} \frac{1}{x}} = 0$，$\lim\limits_{x \to 0^+} f(x) = 0$ 且 $f(0) = 0$，故 $x = 0$ 是函数 $f(x)$ 的连续点.

【例9】 若函数 $f(x) = \begin{cases} \lim\limits_{x \to 0} (1 + ax)^{\frac{1}{x}}, & x \geq 0 \\ 2 + x, & x < 0 \end{cases}$ 在 $x = 0$ 处连续，则 $a = $（　　）.

A. $-\ln 2$　　　　　　　B. $\ln 2$　　　　　　　C. 2　　　　　　　D. x^2

答案：B.

精析：$\lim\limits_{x \to 0^+} f(x) = \lim\limits_{x \to 0^+} (1 + ax)^{\frac{1}{x}} = \mathrm{e}^a$，$\lim\limits_{x \to 0^-} f(x) = \lim\limits_{x \to 0^-} (2 + x) = 2$，由于 $f(x)$ 在 $x = 0$ 处连续，故 $\mathrm{e}^a = 2 \Rightarrow a = \ln 2$.

【例10】 $x = 0$ 是函数 $f(x) = \begin{cases} (1 - 2x)^{\frac{1}{x}}, & x < 0 \\ \mathrm{e}^2 + x, & x \geq 0 \end{cases}$ 的（　　）.

A. 可去间断点　　　　　B. 跳跃间断点　　　　　C. 连续点　　　　　　D. 第二类间断点

答案：B.

精析：$\lim\limits_{x \to 0^-} f(x) = \lim\limits_{x \to 0^-} (1 - 2x)^{\frac{1}{x}} = \lim\limits_{x \to 0^-} (1 - 2x)^{-\frac{1}{2x} \cdot (-2)} = \mathrm{e}^{-2}$，$\lim\limits_{x \to 0^+} f(x) = \lim\limits_{x \to 0^+} (\mathrm{e}^2 + x) = \mathrm{e}^2$，由于 $\lim\limits_{x \to 0^-} f(x) \neq \lim\limits_{x \to 0^+} f(x)$，所以 $x = 0$ 是 $f(x)$ 的跳跃间断点.

【例11】 要使函数 $f(x) = \dfrac{1}{x-1} - \dfrac{2}{x^2-1}$ 在 $x = 1$ 处连续，应补充定义 $f(1) = $ _____.

答案：$\dfrac{1}{2}$.

精析：$\lim\limits_{x \to 1} \left(\dfrac{1}{x-1} - \dfrac{2}{x^2-1} \right) = \lim\limits_{x \to 1} \dfrac{x-1}{(x+1)(x-1)} = \dfrac{1}{2}$，故要使 $f(x)$ 在 $x = 1$ 处连续应补充定义 $f(1) = \dfrac{1}{2}$.

二、函数连续的性质

定理 4(连续函数的四则运算) 若函数 f 和 g 在 x_0 处连续,则 $f \pm g$, $f \cdot g$, f/g(这里 $g(x_0) \neq 0$)也都在 x_0 处连续.

定理 5 若函数 f 在点 x_0 处连续,g 在 u_0 处连续,$u_0 = f(x_0)$,则复合函数 $g(f(x))$ 在点 x_0 处连续. 即连续函数的复合函数仍然连续.

注 1:根据连续性的定义,上述定理的结论可表为

$$\lim_{x \to x_0} g(f(x)) = g(\lim_{x \to x_0} f(x)) = g(f(x_0)).$$

注 2:若复合函数的内函数 f 当 $x \to x_0$ 时极限为 a,而 $a \neq f(x_0)$ 或 f 在点 x_0 处无定义(即 x_0 为 f 的可去间断点),又外函数 g 在 $u = a$ 处连续,则仍可用上述定理来求复合函数的极限,即有

$$\lim_{x \to x_0} g(f(x)) = g(\lim_{x \to x_0} f(x)).$$

常用此性质(即由极限符合和函数和好顺序的互换)来求某些复合函数的极限.

$$\lim_{x \to 1} \sin(1 - x^2) = \sin(\lim_{x \to 1}(1 - x^2)) = \sin 0 = 0.$$

【**例 12**】 求下列极限:

$(1) \lim\limits_{x \to 0} \sqrt{3 - \dfrac{\sin 2x}{x}}$; $(2) \lim\limits_{x \to \infty} \sqrt{4 - \dfrac{\sin x}{x}}$;

$(3) \lim\limits_{x \to \pi} x^{\cos x}$; $(4) \lim\limits_{x \to 0} \sin 2^x$.

精析:$(1) \lim\limits_{x \to 0} \sqrt{3 - \dfrac{\sin 2x}{x}} = \sqrt{3 - \lim\limits_{x \to 0} \dfrac{\sin 2x}{x}} = \sqrt{3 - 2} = 1$;

$(2) \lim\limits_{x \to \infty} \sqrt{4 - \dfrac{\sin x}{x}} = \sqrt{4 - \lim\limits_{x \to \infty} \dfrac{\sin x}{x}} = \sqrt{4 - 0} = 2$;

$(3) \lim\limits_{x \to \pi} x^{\cos x} = \lim\limits_{x \to \pi} e^{\cos x \ln x} = e^{\lim\limits_{x \to \pi} \cos x \ln x} = e^{-\ln x} = \dfrac{1}{\pi}$;

$(4) \lim\limits_{x \to 0} \sin 2^x = \sin(\lim\limits_{x \to 0} 2^x) = \sin 2^0 = \sin 1$.

三、闭区间上连续函数的性质

定理 6(最大值和最小值定理) 如果函数 $f(x)$ 在闭区间 $[a, b]$ 上连续,则函数 $f(x)$ 在闭区间 $[a, b]$ 上必定取得最大值和最小值.

定理 7(有界性定理) 若函数 $f(x)$ 在闭区间 $[a, b]$ 上连续,则函数 $f(x)$ 在闭区间 $[a, b]$ 上必有界.

定理 8(介值定理) 设函数 $f(x)$ 在闭区间 $[a, b]$ 上连续,M 和 m 分别是函数 $f(x)$ 在闭区间 $[a, b]$ 上的最大值和最小值,则对于满足 $m < \mu < M$ 的任何实数 μ,至少存在一点 $\varepsilon \in (a, b)$ 使得 $f(\varepsilon) = \mu$.

推论(零点定理) 如果函数 $f(x)$ 在闭区间 $[a, b]$ 上连续,且 $f(a) \cdot f(b) < 0$,则在开区间 (a, b) 内至少存在函数 $f(x)$ 的一个零点,即至少有一点 $\xi (a < \xi < b)$ 使 $f(\xi) = 0$.

【**例 13**】 证明方程 $x^3 - 4x + 1 = 0$ 在区间 $(0, 1)$ 内至少有一个根.

证明:函数 $f(x) = x^3 - 4x + 1$ 在闭区间 $[0, 1]$ 上连续,又 $f(0) = 1 > 0$,$f(1) = -2 < 0$,根据零点定理,在 $(0, 1)$ 内至少有一个点 ξ,使得 $f(\xi) = 0$,即 $\xi^3 - 4\xi + 1 = 0 (0 < \xi < 1)$,这说明方程 $x^3 - 4x + 1 = 0$ 在区间 $(0, 1)$ 内至少有一个根是 ξ.

注:在证明方程根的存在问题时,第一步设辅助函数(只要将方程改为函数即可),再用零点定理便可解决问题.

【例 14】　证明方程 $2^x \cdot x = 1$ 至少有一个小于 1 的正根.

证明:不妨设 $f(x) = 2^x \cdot x - 1$,显然 $f(x)$ 在 $[0,1]$ 上连续,又 $f(0) = -1 < 0$, $f(1) = 1 > 0$,则由零点定理可知:在 $(0,1)$ 内至少有一点 ξ,使得 $f(\xi) = 0$,故方程 $2^x \cdot x = 1$ 至少有一个小于 1 的正根.

【例 15】　若 $f(x)$ 和 $g(x)$ 均在闭区间 $[a,b]$ 上连续,且 $f(a) < g(a)$, $f(b) > g(b)$,证明:在 (a,b) 内至少存在一点 ξ,使得 $f(\xi) = g(\xi)$.

分析:已知 $f(a) - g(a) < 0$, $f(b) - g(b) > 0$,要证 $f(\xi) - g(\xi) = 0$,就要作辅助函数 $F(x) = f(x) - g(x)$.

证明:作辅助函数 $F(x) = f(x) - g(x)$.

由已知有 $F(x)$ 在 $[a,b]$ 上连续,且 $F(a) < 0$, $F(b) > 0$,则由零点定理得在 (a,b) 内至少存在一点 ξ,使得 $F(\xi) = 0$,即 $f(\xi) = g(\xi)$.

四、初等函数的连续性

基本初等函数在它们的定义域内都是连续的.

一切初等函数在其定义区间内都是连续的.所谓定义区间,就是包含在定义域内的区间.

根据函数 $f(x)$ 在点 x_0 处连续的定义,如果已知 $f(x)$ 在点 x_0 处连续,那么求 $f(x)$ 当 $x \to x_0$ 的极限时,只要求 $f(x)$ 在点 x_0 处的函数值就行了.因此,上述关于初等函数连续性的结论提供了求极限的一个方法,这就是:如果 $f(x)$ 是初等函数,且 x_0 是 $f(x)$ 定义区间内的点,则 $\lim\limits_{x \to x_0} f(x) = f(x_0)$.

例如,点 $x_0 = 0$ 是初等函数 $f(x) = \sqrt{1 - x^2}$ 的定义区间 $[-1,1]$ 上的点,所以 $\lim\limits_{x \to 0} \sqrt{1 - x^2} = \sqrt{1} = 1$;又如,点 $x_0 = \dfrac{\pi}{2}$ 是初等函数 $f(x) = \ln \sin x$ 的一个定义区间 $(0, \pi)$ 内的点,所以 $\lim\limits_{x \to \frac{\pi}{2}} \ln \sin x = \ln \sin \dfrac{\pi}{2} = 0$.

【例 16】　求 $\lim\limits_{x \to 0} \dfrac{\sqrt{1 + 2x^2} - 1}{x}$.

精析: $\lim\limits_{x \to 0} \dfrac{\sqrt{1 + 2x^2} - 1}{x} = \lim\limits_{x \to 0} \dfrac{(\sqrt{1 + 2x^2} - 1)(\sqrt{1 + 2x^2} + 1)}{x(\sqrt{1 + 2x^2} + 1)}$

$$= \lim\limits_{x \to 0} \dfrac{2x}{\sqrt{1 + 2x^2} + 1} = \dfrac{0}{2} = 0.$$

【例 17】　求 $\lim\limits_{x \to 0} \dfrac{a^{2x} - 1}{2x}$.

精析:令 $a^{2x} - 1 = t$,则 $x = \dfrac{\log_a(1 + t)}{2}$, $x \to 0$ 时, $t \to 0$,于是

$$\lim\limits_{x \to 0} \dfrac{a^{2x} - 1}{2x} = \lim\limits_{x \to 0} \dfrac{t}{\log_a(1 + t)} = \ln a.$$

【例 18】　求 $\lim\limits_{x \to 0}(1 - 3x)^{\frac{2}{\sin x}}$.

精析:因为 $(1 - 3x)^{\frac{2}{\sin x}} = (1 - 3x)^{\frac{1}{3x} \cdot \frac{x}{\sin x} \cdot 6} = e^{6 \cdot \frac{x}{\sin x} \cdot \ln(1 - 3x)^{\frac{1}{3x}}}$,所以

$$\lim\limits_{x \to 0}(1 - 3x)^{\frac{2}{\sin x}} = e^{\lim\limits_{x \to 0}\left[6 \cdot \frac{x}{\sin x} \cdot \ln(1 - 3x)^{\frac{1}{3x}}\right]} = e^{-6}.$$

经典题型

1. 求函数的定义域

【例 1】　如果函数 $f(x)$ 的定义域为 $[0,2]$,则函数 $\varphi(x) = f(x) + f(\sqrt{1 - x})$ 的定义域为 _____.

答案: $[0,1]$.

精析: 由题意可知, 函数 $f(x)$ 的定义域为 $[0,2]$, 则 $\begin{cases} 0 \leqslant x \leqslant 2 \\ 0 \leqslant \sqrt{1-x} \leqslant 2 \end{cases}$, 解之得 $0 \leqslant x \leqslant 1$, 即函数 $\varphi(x) = f(x) +$ $f(\sqrt{1-x})$ 的定义域为 $[0,1]$.

【例2】　函数 $f(x) = \sqrt{x+2} + \ln(3-x)$ 的定义域为(　　).

A. $[-3,2]$　　　　　B. $[-3,2)$　　　　　C. $[-2,3)$　　　　　D. $[-2,3]$

答案: C.

精析: 由题设可知 $\begin{cases} x+2 \geqslant 0 \\ 3-x > 0 \end{cases} \Rightarrow \begin{cases} x \geqslant -2 \\ x < 3 \end{cases}$, 即选 C.

【例3】　如果函数 $f(x)$ 的定义域为 $[0,2]$, 则函数 $g(x) = f(x) + f(\ln x)$ 的定义域为 _____.

答案: $[1,2]$.

精析: 由题意得 $\begin{cases} 0 \leqslant x \leqslant 2 \\ 0 \leqslant \ln x \leqslant 2 \end{cases}$, 解得 $1 \leqslant x \leqslant 2$. 故函数 $g(x) = f(x) + f(\ln x)$ 的定义域为 $[1,2]$.

【例4】　设函数 $f(x)$ 的定义域为 $[0,1]$, $g(x) = \ln x - 1$, 则复合函数 $f[g(x)]$ 的定义域为(　　).

A. $(0,1]$　　　　　B. $[0,1)$　　　　　C. (e, e^2)　　　　　D. $[e, e^2]$

答案: D.

精析: 由函数 $f(x)$ 的定义域为 $[0,1]$ 知 $g(x) \in [0,1]$, 即 $0 \leqslant \ln x - 1 \leqslant 1 \Rightarrow 1 \leqslant \ln x \leqslant 2 \Rightarrow e \leqslant x \leqslant e^2$.

2. 无穷小的比较

【例5】　当 $x \to 0$ 时, 下列无穷小量中与 x 等价的是(　　).

A. $2x^2 - x$　　　　　B. $\sqrt[3]{x}$　　　　　C. $\ln(1+x)$　　　　　D. $\sin^2 x$

答案: C.

精析: 由于 $\lim\limits_{x \to 0} \dfrac{\ln(1+x)}{x} = \lim\limits_{x \to 0} \dfrac{x}{x} = 1$, 则根据等价无穷小定义得, 当 $x \to 0$ 时, $\ln(1+x)$ 与 x 等价.

【例6】　当 $x \to 0$ 时, 下列函数中(　　)是其他三个的高阶无穷小.

A. x^2　　　　　B. $1 - \cos x$　　　　　C. $x - \tan x$　　　　　D. $\ln(1+x^2)$

答案: C.

精析: 因为 $1 - \cos \sim \dfrac{1}{2} x^2$, $\ln(1+x^2) \sim x^2$, 所以选项 B 和选项 D 不满足题设条件.

又因为 $\lim\limits_{x \to 0} \dfrac{x - \tan x}{x^2} = \lim\limits_{x \to 0} \dfrac{1 - \dfrac{1}{\cos^2 x}}{2x} = \lim\limits_{x \to 0} \dfrac{\cos^2 x - 1}{2x} \cdot \dfrac{1}{\cos^2 x} = -\lim\limits_{x \to 0} \dfrac{\sin^2 x}{2x} \cdot \dfrac{1}{\cos^2 x} = 0$. 所以当 $x \to 0$ 时函数 $x - \tan x$ 是其他三个函数的高阶无穷小.

【例7】　当 $x \to 0$ 时, $2x + a\sin x$ 与 x 是等阶无穷小, 则常数 a 等于 _____.

答案: -1.

精析: 由题意得 $\lim\limits_{x \to 0} \dfrac{2x + a\sin x}{x} = \lim\limits_{x \to 0} 2 + a \lim\limits_{x \to 0} \dfrac{\sin x}{x} = 2 + a = 1$, 所以 $a = -1$.

【例8】　当 $x \to 0$ 时, $a = \sqrt{1+x} - \sqrt{1-x}$ 是无穷小量, 则(　　).

A. a 是比 $2x$ 高阶的无穷小　　　　　　　　　　B. a 是比 $2x$ 低阶的无穷小

C. a 与 $2x$ 是同阶但非等价无穷小　　　　　　D. a 与 $2x$ 是等价无穷小

答案: C.

精析：$\lim\limits_{x\to 0}\dfrac{a}{2x}=\lim\limits_{x\to 0}\dfrac{\sqrt{1+x}-\sqrt{1-x}}{2x}=\lim\limits_{x\to 0}\dfrac{1+x-1+x}{2x(\sqrt{1+x}+\sqrt{1-x})}$

$=\lim\limits_{x\to 0}\dfrac{1}{\sqrt{1+x}+\sqrt{1-x}}=\dfrac{1}{2}\neq 1.$

【例9】 当 $x\to 0$ 时，$\sin x$ 与 $\sqrt{1+ax}-\sqrt{1-ax}$ 是等价无穷小，则常数 a 等于 _____.

答案：1.

精析：由题意可知，$\lim\limits_{x\to 0}\dfrac{\sin x}{\sqrt{1+ax}-\sqrt{1-ax}}=\lim\limits_{x\to 0}\dfrac{\sin x\cdot(\sqrt{1+ax}+\sqrt{1-ax})}{2ax}=\dfrac{2}{2a}=\dfrac{1}{a}=1$，则 $a=1$.

【例10】 当 $x\to\infty$ 时，函数 $f(x)$ 与 $\dfrac{x}{3}$ 是等价无穷小，则极限 $\lim\limits_{x\to\infty}2xf(x)$ 等于 _____.

答案：6.

精析：因为函数 $f(x)$ 与 $\dfrac{x}{3}$ 是等价无穷小，即 $f(x)\sim\dfrac{x}{3}$.所以 $\lim\limits_{x\to\infty}2xf(x)=\lim\limits_{x\to\infty}2x\cdot\dfrac{3}{x}=6.$

3. 两个重要极限

【例11】 求极限 $\lim\limits_{x\to 0}\dfrac{(1-\cos x)\sin x}{2x^3}$.

精析：$\lim\limits_{x\to 0}\dfrac{(1-\cos x)\sin x}{2x^3}=\lim\limits_{x\to 0}\dfrac{\sin x\cdot\dfrac{1}{2}x^2}{2x^3}=\lim\limits_{x\to 0}\dfrac{1}{4}\cdot\dfrac{\sin x}{x}=\dfrac{1}{4}.$

【例12】 求极限 $\lim\limits_{x\to 0}\dfrac{\tan x^2}{x\sin x}$.

精析：$\lim\limits_{x\to 0}\dfrac{\tan x^2}{x\sin x}=\lim\limits_{x\to 0}\dfrac{\sin x^2}{x^2}=1.$

【例13】 求极限 $\lim\limits_{x\to 0}(1-3x^2)^{\frac{2}{x^2}}$.

精析：令 $-3x^2=t$，则 $x^2=-\dfrac{t}{3}$，且当 $x^2\to 0$ 时 $t\to 0$，所以

$$\lim\limits_{x\to 0}(1-3x^2)^{\frac{2}{x^2}}=\lim\limits_{t\to 0}(1+t)^{-\frac{6}{t}}=\lim\limits_{t\to 0}[(1+t)^{\frac{1}{t}}]^{-6}=[\lim\limits_{t\to 0}(1+t)^{\frac{1}{t}}]^{-6}=e^{-6}.$$

【例14】 求极限 $\lim\limits_{x\to\infty}\left(1-\dfrac{1}{x}\right)^{2x+1}$.

精析：令 $-x=t$，则当 $x\to\infty$ 时，有 $t\to\infty$，所以

$$\lim\limits_{x\to\infty}\left(1-\dfrac{1}{x}\right)^{2x+1}=\lim\limits_{t\to\infty}\left(1+\dfrac{1}{t}\right)^{-2t+1}=\lim\limits_{t\to\infty}\left(1+\dfrac{1}{t}\right)\cdot\lim\limits_{t\to\infty}\left[\left(1+\dfrac{1}{t}\right)^{t}\right]^{-2}=1\cdot e^{-2}=e^{-2}.$$

【例15】 计算 $\lim\limits_{x\to\infty}\left(\dfrac{x-1}{x+1}\right)^{x+1}$.

精析：$\lim\limits_{x\to\infty}\left(\dfrac{x-1}{x+1}\right)^{x+1}=\lim\limits_{x\to\infty}\left(1+\dfrac{-2}{x+1}\right)^{\frac{x+1}{-2}\cdot(-2)}=\left[\lim\limits_{x\to\infty}\left(1+\dfrac{-2}{x+1}\right)^{\frac{x+1}{-2}}\right]^{-2}=e^{-2}.$

【例16】 极限 $\lim\limits_{x\to\infty}\left(\dfrac{x}{x-1}\right)^{2x}$ 的值为（   ）.

A. e   B. $\dfrac{1}{e}$ C. e^2 D. 0

答案：C.

精析：$\lim\limits_{x\to\infty}\left(\dfrac{x}{x-1}\right)^{2x}=\lim\limits_{x\to\infty}\left(1+\dfrac{1}{x-1}\right)^{2x}=\lim\limits_{x\to\infty}\left(1+\dfrac{1}{x-1}\right)^{(x-1)\cdot\frac{2x}{x-1}}=e^{\lim\limits_{x\to\infty}\frac{2x}{x-1}}=e^2.$

【例17】　极限$\lim\limits_{x \to 0}(1 + \sin x)^{\frac{3}{x}} =$ _____.

答案：e^3.

精析：$\lim\limits_{x \to 0}(1 + \sin x)^{\frac{3}{x}} = \lim\limits_{x \to 0}(1 + \sin x)^{\frac{1}{\sin x} \cdot \frac{3 \sin x}{x}} = \lim\limits_{x \to 0}\left[(1 + \sin x)^{\frac{1}{\sin x}}\right]^{\frac{3 \sin x}{x}}$

$$= \left[\lim\limits_{x \to 0}(1 + \sin x)^{\frac{1}{\sin x}}\right]^{\lim\limits_{x \to 0}\frac{3 \sin x}{x}} = e^3.$$

【例18】　求极限$\lim\limits_{x \to \infty}\left(\dfrac{x^2 + 2}{x^2 - 3}\right)^{\frac{x^2 + 5}{2}}$.

精析：$\lim\limits_{x \to \infty}\left(\dfrac{x^2 + 2}{x^2 - 3}\right)^{\frac{x^2 + 5}{2}} = \lim\limits_{x \to \infty}\left(1 + \dfrac{5}{x^2 - 3}\right)^{\frac{x^2 + 5}{2}}$

$$= \lim\limits_{x \to \infty}\left(1 + \dfrac{1}{\dfrac{x^2 - 3}{5}}\right)^{\frac{x^2 + 5}{2}} = \lim\limits_{x \to \infty}\left(1 + \dfrac{1}{\dfrac{x^2 - 3}{5}}\right)^{\frac{x^2 - 3}{5} \cdot \frac{5}{2} + 4}$$

$$= \lim\limits_{x \to \infty}\left(1 + \dfrac{1}{\dfrac{x^2 - 3}{5}}\right)^{\frac{x^2 - 3}{5} \cdot \frac{5}{2}} \cdot \lim\limits_{x \to \infty}\left(1 + \dfrac{1}{\dfrac{x^2 - 3}{5}}\right)^{4}$$

$$= \left[\lim\limits_{x \to \infty}\left(1 + \dfrac{1}{\dfrac{x^2 - 3}{5}}\right)^{\frac{x^2 - 3}{5}}\right]^{\frac{5}{2}} = e^{\frac{5}{2}}.$$

4. 函数的连续性

【例19】　已知函数$f(x) = \begin{cases} a + bx^2, & x \leq 0 \\ \dfrac{\sin bx}{x}, & x > 0 \end{cases}$　在$x = 0$处连续，则常数a与b满足（　　　）

A. $a > b$　　　　　　　B. $a < b$　　　　　　　C. $a = b$　　　　　　　D. a与b为任意实数

答案：C.

精析：由题意可知，函数$y = f(x)$在点$x = 0$处连续，因

$$\lim\limits_{x \to 0^+}\frac{\sin bx}{x} = b \lim\limits_{x \to 0^+}\frac{\sin bx}{bx} = b, \quad \lim\limits_{x \to 0^-}(a + bx^2) = a, \quad f(0) = a,$$

所以$a = b$.

【例20】　设函数$f(x) = \begin{cases} \dfrac{\sin 2x + e^{2ax} - 1}{x}, & x \neq 0 \\ 3a, & x = 0 \end{cases}$　在$(-\infty, +\infty)$内连续，则$a =$ _____.

答案：2.

精析：由初等函数连续性的性质知，一切初等函数在其定义区间内皆连续. 因$x \neq 0$时，函数$f(x) = \dfrac{\sin 2x + e^{2ax} - 1}{x}$，所以函数$f(x)$在$x \neq 0$时是处处连续的，要使函数$f(x)$在$(-\infty, +\infty)$内连续，只需使其在$x = 0$处连续即可. 由已知题设必有$\lim\limits_{x \to 0}f(x) = f(0)$，即$\lim\limits_{x \to 0}\dfrac{\sin 2x + e^{2ax} - 1}{x} = f(0)$. 因

$$\lim\limits_{x \to 0}\frac{\sin 2x + e^{2ax} - 1}{x} = \lim\limits_{x \to 0}\left(\frac{\sin 2x}{x} + \frac{e^{2ax} - 1}{x}\right) = \lim\limits_{x \to 0}\left(\frac{2x}{x} + \frac{2ax}{x}\right) = 2 + 2a,$$

而$f(0) = 3a$，于是$2 + 2a = 3a$，得$a = 2$.

【例21】　设函数$f(x) = \begin{cases} 2x + a, & x \leq 0 \\ e^x(\sin x + \cos x), & x > 0 \end{cases}$　在$(-\infty, +\infty)$内连续，则$a = $（　　　）.

A. −1　　　　　　　　　B. 0　　　　　　　　　C. 1　　　　　　　　　D. e

答案：C.

精析：由题意可得，$\lim\limits_{x\to 0^-}(2x+a)=a$，$\lim\limits_{x\to 0^+}e^x(\sin x+\cos x)=1$.

又因为函数 $f(x)=\begin{cases} 2x+a, & x\leqslant 0 \\ e^x(\sin x+\cos x), & x>0 \end{cases}$ 连续，所以 $a=1$.

【例22】　设函数 $f(x)=\begin{cases} \dfrac{\sin 3x}{x}+b, & x<0 \\ a+1, & x=0 \\ 2x, & x>0 \end{cases}$ 在 $x=0$ 处连续，则常数 a 与 b 的值为（　　）.

A. $a=-1,b=-3$　　　B. $a=-3,b=-1$　　　C. $a=-1,b=3$　　　D. $a=-1,b=-\dfrac{1}{3}$

答案：A.

精析：由题意可知，函数 $y=f(x)$ 在 $x=0$ 处连续，因 $\lim\limits_{x\to 0^-}\left(\dfrac{\sin 3x}{x}+b\right)=3+b$，$\lim\limits_{x\to 0^+}2x=0$，则 $3+b=0=f(0)=a+1$，所以 $a=-1,b=-3$.

5. 函数的间断点

【例23】　$x=0$ 是函数 $f(x)=2^{\frac{1}{x}}-1$ 的（　　）.

A. 连续点　　　　　　　　　　　　　　　B. 可去间断点

C. 跳跃间断点　　　　　　　　　　　　　D. 第二类间断点

答案：D.

精析：函数 $y=2^{\frac{1}{x}}-1$ 在 $x=0$ 处无定义，且 $\lim\limits_{x\to 0^+}(2^{\frac{1}{x}}-1)=+\infty$，$\lim\limits_{x\to 0^-}(2^{\frac{1}{x}}-1)=-1$，所以 $x=0$ 为函数 $f(x)=2^{\frac{1}{x}}-1$ 的第二类间断点.

【例24】　对于函数 $y=\dfrac{x^2-4}{x(x-2)}$，下列结论中正确的是（　　）.

A. $x=0$ 是第一类间断点，$x=2$ 是第二类间断点

B. $x=0$ 是第二类间断点，$x=2$ 是第一类间断点

C. $x=0$ 是第一类间断点，$x=2$ 是第一类间断点

D. $x=0$ 是第二类间断点，$x=2$ 是第二类间断点

答案：B.

精析：因为 $\lim\limits_{x\to 0}\dfrac{x^2-4}{x(x-2)}=\infty$，所以 $x=0$ 为第二类间断点；

又因 $\lim\limits_{x\to 2}\dfrac{x^2-4}{x(x-2)}=\lim\limits_{x\to 2}\dfrac{(x+2)(x-2)}{x(x-2)}=\lim\limits_{x\to 2}\dfrac{x+2}{x}=2$，所以 $x=2$ 为第一类间断点.

【例25】　设函数 $f(x)=\begin{cases} x\sin\dfrac{1}{x}, & x\neq 0 \\ 0, & x=0 \end{cases}$，则 $x=0$ 是函数 $f(x)$ 的（　　）.

A. 可去间断点　　　　　　　　　　　　　B. 跳跃间断点

C. 无穷间断点　　　　　　　　　　　　　D. 连续点

答案：D.

精析：因为 $\sin\dfrac{1}{x}$ 为有界量，当 $x\to 0$ 时，无穷小量 x 与 $\sin\dfrac{1}{x}$ 的乘积仍为无穷小量，故 $\lim\limits_{x\to 0}x\sin\dfrac{1}{x}=0$，

$f(0) = 0$,则根据函数连续性的定义可知,$x = 0$ 是函数 $f(x)$ 的连续点.

【例26】 设函数 $f(x) = \begin{cases} e^{\frac{1}{x-1}}, & x < 1 \\ \ln x, & x \geq 1 \end{cases}$,则 $x = 1$ 是函数 $f(x)$ 的( ).

A. 可去间断点   B. 跳跃间断点

C. 无穷间断点   D. 连续点

答案:D.

精析:因为 $\lim\limits_{x \to 1^+} f(x) = \lim\limits_{x \to 1^+} \ln x = 0$,$\lim\limits_{x \to 1^-} f(x) = \lim\limits_{x \to 1^-} e^{\frac{1}{x-1}} = 0$,则 $\lim\limits_{x \to 1^+} f(x) = \lim\limits_{x \to 1^-} f(x) = f(1) = 0$,所以函数 $f(x)$ 在 $x = 1$ 处连续.

6. 其他题型

【例27】 函数 $f(x) = 2 + \ln(2x+1)$ 的反函数 $f^{-1}(x) = $ _____.

答案:$\dfrac{1}{2}(e^{x-2} - 1)$,$x \in \mathbf{R}$.

精析:由已知 $y = 2 + \ln(2x+1)$,求得 $x = \dfrac{1}{2}(e^{y-2} - 1)$;

将 x, y 互换,得到反函数的关系式 $y = \dfrac{1}{2}(e^{x-2} - 1)$;

根据指数函数的性质,其定义域为全体实数 R.

【例28】 设函数 $f(x) = 2x + 5$. 则 $f(f(x) - 1) = $ _____.

答案:$4x + 13$.

精析:$f(f(x) - 1) = 2[f(x) - 1] + 5 = 2f(x) + 3 = 2(2x+5) + 3 = 4x + 13$.

【例29】 下列函数中为奇函数的是( ).

A. $f(x) = \dfrac{e^x + e^{-x}}{2}$ B. $f(x) = x \tan x$

C. $f(x) = \ln(x + \sqrt{x^2 + 1})$ D. $f(x) = \dfrac{x}{1-x}$

答案:C.

精析:对于 C 选项,有

$$f(-x) = \ln(-x + \sqrt{x^2+1}) = \ln\left[\frac{(\sqrt{x^2+1} - x)(\sqrt{x^2+1} + x)}{\sqrt{x^2+1} + x}\right]$$

$$= \ln\left(\frac{1}{\sqrt{x^2+1} + x}\right) = -\ln(\sqrt{x^2+1} + x) = -f(x).$$

所以函数 $f(x) = \ln(x + \sqrt{x^2+1})$ 为奇函数.

【例30】 下列函数相同的是( ).

A. $y = \dfrac{x^2}{x}$,$y = x$ B. $y = \sqrt{x^2}$,$y = x$

C. $y = x$,$y = (\sqrt{x})^2$ D. $y = |x|$,$y = \sqrt{x^2}$

答案:D.

精析:确定函数的两要素为定义域和对应法则,因为 D 选项中两函数的定义域相同,$y = \sqrt{x^2} = |x|$,则两函数的对应法则相同,所以 D 选项中两函数相同.

综合练习一

一、选择题

1. 函数 $f(x) = \sqrt{x+2} + \ln(3-x)$ 的定义域为（　　）.

　A. $[-3,2]$ 　　　　　　　 B. $[-3,2)$ 　　　　　 C. $[-2,3)$ 　　　　　 D. $[-2,3]$

2. 设函数 $f(x) = \dfrac{1}{1-x}$，则 $f(f(f(x))) = $（　　）.

　A. $\dfrac{1}{x}$ 　　　　　　　 B. $\dfrac{1}{1-x}$ 　　　　　 C. $\dfrac{1}{1-x^2}$ 　　　　　 D. x

3. 下列各项函数中表示同一函数的是（　　）

　A. $f(x) = \sqrt{x^2}, g(x) = x$ 　　　　　　　　　 B. $f(x) = (\sqrt{x})^2, g(x) = x$

　C. $f(x) = \ln x^2, g(x) = 2\ln|x|$ 　　　　　　　 D. $f(x) = e^{\ln x}, g(x) = x$

4. 函数 $f(x) = |x\sin x|e^{\cos x}$，在 $(-\infty, +\infty)$ 上是（　　）.

　A. 有界函数 　　　　　　 B. 偶函数 　　　　　 C. 单调函数 　　　　　 D. 周期函数

5. 函数 $f(x) = \dfrac{e^x - 1}{e^x + 1}\ln\dfrac{1-x}{1+x}$ 是（　　）.

　A. 奇函数 　　　　　　　　　　　　　　　 B. 偶函数

　C. 非奇非偶函数 　　　　　　　　　　　 D. 不能确定奇偶性

6. 设函数 $f(x) = 1 + 3^x$ 的反函数为 $g(x)$，则 $g(10) = $（　　）.

　A. -2 　　　　　　　 B. -1 　　　　　 C. 2 　　　　　 D. 3

7. 设 $f(x) = \dfrac{\sin(x+1)}{1+x^2}$，$-\infty < x < +\infty$，则此函数是（　　）.

　A. 有界函数 　　　　　　 B. 奇函数 　　　　　 C. 偶函数 　　　　　 D. 周期函数

8. 函数 $y = x^2 + 1$，$x \in (-\infty, 0]$ 的反函数是（　　）.

　A. $y = \sqrt{x} - 1$，$x \in [1, +\infty)$ 　　　　　　 B. $y = -\sqrt{x} - 1$，$x \in [0, +\infty)$

　C. $y = -\sqrt{x-1}$，$x \in [1, +\infty)$ 　　　　　 D. $y = \sqrt{x-1}$，$x \in [0, +\infty)$

9. 下列函数中，$f(x)$ 与 $g(x)$ 表示同一个函数的是（　　）.

　A. $f(x) = x, g(x) = \sqrt[3]{x^3}$ 　　　　　　　　 B. $f(x) = x, g(x) = (\sqrt{x})^2$

　C. $f(x) = 1, g(x) = \dfrac{x}{2}$ 　　　　　　　　 D. $f(x) = 1, g(x) = x^0$

10. 设 $f(x)$ 的定义域为 $[0,1]$，则函数 $f\left(x + \dfrac{1}{4}\right) + f\left(x - \dfrac{1}{4}\right)$ 的定义域是（　　）.

　A. $[0,1]$ 　　　　 B. $\left[-\dfrac{1}{4}, \dfrac{5}{4}\right]$ 　　　 C. $\left[-\dfrac{1}{4}, \dfrac{1}{4}\right]$ 　　　 D. $\left[\dfrac{1}{4}, \dfrac{3}{4}\right]$

11. 函数 $y = \ln\dfrac{1-x}{1+x}$ 是（　　）.

　A. 偶函数 　　　　　　　　　　　　　　　 B. 奇函数

　C. 非奇非偶函数 　　　　　　　　　　　 D. 非奇非偶的非周期函数

12. 下列函数中为偶函数的是（　　）.

　A. $x + \sin x$ 　　　　 B. $x\cos 3x$ 　　　　 C. $2^x + 2^{-x}$ 　　　　 D. $2^x - 2^{-x}$

13. 设函数 $f(x)$ 在 $(-1,0)\cup(0,1)$ 有定义,若极限 $\lim\limits_{x\to0} f(x)$ 存在,则下列结论中正确的是(　　).

A. 存在正数 δ , $f(x)$ 在 $(-\delta,\delta)$ 内有界　　　B. 存在正数 δ , $f(x)$ 在 $(-\delta,0)\cup(0,\delta)$ 内有界

C. $f(x)$ 在 $(-1,1)$ 内有界　　　　　　　　　D. $f(x)$ 在 $(-1,0)\cup(0,1)$ 内有界

14. 下列极限存在的是(　　).

A. $\lim\limits_{x\to\infty}\dfrac{x(x+1)}{x^2}$　　　　B. $\lim\limits_{x\to0}\dfrac{1}{2^x-1}$　　　　C. $\lim\limits_{x\to0} e^{\frac{1}{x}}$　　　　D. $\lim\limits_{x\to+\infty}\sqrt{\dfrac{x^2+1}{x}}$

15. $\lim\limits_{x\to\infty} e^x = ($　　$)$.

A. 0　　　　　　　　B. $+\infty$　　　　　　　　C. ∞　　　　　　　　D. 不存在

16. $\lim\limits_{x\to\infty}\dfrac{x^2-1}{x-1} e^{\frac{1}{x-1}} = ($　　$)$

A. ∞　　　　　　　　B. $+\infty$　　　　　　　　C. 0　　　　　　　　D. 不存在

17. $\lim\limits_{x\to2}\dfrac{|x-2|}{x-2} = ($　　$)$.

A. -1　　　　　　　　B. 1　　　　　　　　C. ∞　　　　　　　　D. 不存在

18. 已知 $\lim\limits_{x\to2}\dfrac{x^2+ax+b}{x^2-x-2} = 2$,则 a,b 的值是(　　).

A. $a=-8,b=2$　　　　　　　　B. $a=2,b$ 为任意值

C. $a=2,b=-8$　　　　　　　　D. a,b 均为任意值

19. $\lim\limits_{x\to\infty}\dfrac{x^2+2x-\sin x}{2x^2+\sin x} = ($　　$)$.

A. $\dfrac{1}{2}$　　　　　　　　B. 2　　　　　　　　C. 0　　　　　　　　D. 不存在

20. 下列变量在给定变化过程中,不是无穷大量的是(　　).

A. $e^{-\frac{1}{x}}$ 　 $(x\to0^-)$　　　　　　　　B. $\dfrac{x}{\sqrt{x^3+1}}$ 　 $(x\to+\infty)$

C. $\lg x$ 　 $(x\to0^+)$　　　　　　　　D. $\lg x$ 　 $(x\to+\infty)$

21. 下列极限中,极限值等于 1 的是(　　).

A. $\lim\limits_{x\to\infty}\dfrac{\left(1-\dfrac{1}{x}\right)^x}{e}$　　　B. $\lim\limits_{x\to0}\dfrac{\sin x}{x}$　　　C. $\lim\limits_{x\to\infty}\dfrac{x(x+1)}{x^2}$　　　D. $\lim\limits_{x\to\infty}\dfrac{\arctan x}{x}$

22. 极限 $\lim\limits_{x\to0}\dfrac{x^2\sin\dfrac{1}{x}}{\sin x} = ($　　$)$.

A. 1　　　　　　　　B. ∞　　　　　　　　C. 不存在　　　　　　　　D. 0

23. 当 $x\to0$ 时,下列无穷小量中与 x 不等价的是(　　).

A. $x-10x^2$　　　　　　　　B. $\dfrac{\ln(1+x^2)}{x}$

C. e^x-2x^2-1　　　　　　　　D. $\sin(2\sin x+x^2)$

24. 当 $x\to0$ 时, $\sec x-1$ 是 $\dfrac{x^2}{2}$ 的(　　).

A. 高阶无穷小　　　　　　　　B. 低阶无穷小

C. 同阶但不是等价无穷小　　　　　　　　D. 等价无穷小

25. 当 $n \to \infty$ 时, $\sin^2 \dfrac{1}{n}$ 与 $\dfrac{1}{n^k}$ 是等价无穷小, 则 $k = ($ $)$.

A. 2   B. $\dfrac{1}{2}$ C. 1   D. 3

26. 如果 $\lim\limits_{x \to 0} \dfrac{3\sin mx}{2x} = \dfrac{2}{3}$, 则 $m = ($ $)$.

A. $\dfrac{2}{3}$ B. $\dfrac{3}{2}$ C. $\dfrac{4}{9}$ D. $\dfrac{9}{4}$

27. $\lim\limits_{x \to 1} \dfrac{\sin(x^2 - 1)}{x - 1} = ($ $)$.

A. 1   B. 2   C. $\dfrac{1}{2}$ D. 0

28. 当 $x \to 0$ 时, 下列变量与 $\sin^2 x$ 为等价无穷小的是(   ).

A. $\sqrt{x}$ B. x C. x^2 D. x^3

29. 函数 $f(x) = \begin{cases} \mathrm{e}^{-\frac{1}{x-1}}, & x \neq 1 \\ 0, & x = 1 \end{cases}$ 在点 $x = 1$ 处(   ).

A. 连续   B. 不连续, 但右连续

C. 不连续, 但左连续   D. 左、右连续

30. 曲线 $y = \dfrac{4x}{(x-1)^2}$ 的渐近线的条数为(   )

A. 1   B. 2   C. 3   D. 4

31. 曲线 $y = x\sin\dfrac{1}{x}($ $)$.

A. 只有垂直渐近线   B. 只有水平渐近线

C. 既有垂直又有水平渐近线   D. 既无水平又无垂直渐近线

32. 当 $x \to \infty$ 时, $x^3 \sin x$ 是(   ).

A. 无穷大量   B. 有界量   C. 无界量   D. 单调增加的量

33. 函数 $y = \ln(x + \sqrt{1 + x^2})$ 的反函数是(   ).

A. $\dfrac{1}{2}(\mathrm{e}^x - \mathrm{e}^{-x})$ B. $\dfrac{1}{2}(\mathrm{e}^x + \mathrm{e}^{-x})$ C. $\dfrac{\mathrm{e}^x - \mathrm{e}^{-x}}{\mathrm{e}^x + \mathrm{e}^{-x}}$ D. $\dfrac{\mathrm{e}^x + \mathrm{e}^{-x}}{\mathrm{e}^x - \mathrm{e}^{-x}}$

34. 极限 $\lim\limits_{n \to \infty}\left(\dfrac{1}{n}\sin n - n\sin\dfrac{1}{n}\right) = ($ $)$.

A. -1 B. 0   C. 1   D. ∞

35. 当 $x \to 0$ 时, $f(x) = \sqrt{1 + x} - \sqrt{1 - x}$ 是无穷小量, 则(   ).

A. $f(x)$ 是比 $2x$ 高阶的无穷小量

B. $f(x)$ 是比 $2x$ 低阶的无穷小量

C. $f(x)$ 是与 $2x$ 同阶的无穷小量, 但不是等价的无穷小量

D. $f(x)$ 是与 $2x$ 等价的无穷小量

36. 曲线 $y = 2\ln\dfrac{x+3}{x} - 3$ 的水平渐近线是(   ).

A. $y = -3$ B. $y = -1$ C. $y = 0$ D. $y = 2$

37. 已知函数 $f(x) = \begin{cases} x^k \sin \dfrac{1}{x}, & x > 0 \\ 0, & x \leqslant 0 \end{cases}$ 在 $x = 0$ 处连续，则常数 k 的取值范围为（　　）.

A. $k \leqslant 0$ 　　　　　　 B. $k > 0$ 　　　　　　 C. $k > 1$ 　　　　　　 D. $k > 2$

38. 设 $f(x) = \dfrac{x^3 - x}{\sin \pi x}$，则（　　）.

A. 有无穷多个第一类间断点 　　　　　　　　 B. 只有一个可去间断点

C. 有两个跳跃间断点 　　　　　　　　　　　 D. 有三个可去间断点

39. 若函数 $f(x)$ 为连续函数，且 $f(0) = 1, f(1) = 0$，则 $\lim\limits_{x \to \infty} f\left(x \sin \dfrac{1}{x}\right) = $（　　）.

A. -1 　　　　　　 B. 0 　　　　　　 C. 1 　　　　　　 D. 不存在

40. 设函数 $f(x) = \begin{cases} (1-x)^{\frac{1}{x}}, & x \neq 0 \\ \mathrm{e}, & x = 0 \end{cases}$，则 $x = 0$ 是 $f(x)$ 的（　　）.

A. 连续点 　　　　　　 B. 可去间断点 　　　　　　 C. 跳跃间断点 　　　　　　 D. 无穷间断点

41. 若函数 $f(x) = \begin{cases} \dfrac{1}{1 + \mathrm{e}^{\frac{1}{x}}}, & x \neq 0 \\ k, & x = 0 \end{cases}$ 在 $x = 0$ 处左连续，则 $k = $（　　）

A. 0 　　　　　　 B. $\dfrac{1}{2}$ 　　　　　　 C. 1 　　　　　　 D. 2

42. 若定义在区间 $(-1, 1)$ 上的连续函数为 $f(x) = \begin{cases} \dfrac{\ln(1+x) - \ln(1-x)}{x}, & x \neq 0 \\ k, & x = 0 \end{cases}$，那么 $k = $（　　）.

A. 0 　　　　　　 B. $\dfrac{1}{2}$ 　　　　　　 C. 1 　　　　　　 D. 2

43. 已知函数 $f(x) = \begin{cases} \dfrac{\sqrt{x+1} - 1}{\sqrt{|x|}}, & x \neq 0 \\ 0, & x = 0 \end{cases}$，那么 $x = 0$ 是函数 $f(x)$ 的（　　）.

A. 连续点 　　　　　　 B. 可去间断点 　　　　　　 C. 跳跃间断点 　　　　　　 D. 无穷间断点

44. 设函数 $f(x) = \begin{cases} \dfrac{1}{x} \sin x, & x < 0 \\ a, & x = 0 \\ x \sin \dfrac{1}{x} + b, & x > 0 \end{cases}$，则在 $x = 0$ 处，下列结论不一定正确的是（　　）.

A. 当 $a = 1$ 时，$f(x)$ 左连续 　　　　　　 B. 当 $a = b$ 时，$f(x)$ 右连续

C. 当 $b = 1$ 时，$f(x)$ 必连续 　　　　　　 D. 当 $a = b = 1$ 时，$f(x)$ 必连续

45. 函数 $y = \dfrac{1}{\ln |x|}$ 的间断点有（　　）.

A. 1 个 　　　　　　 B. 2 个 　　　　　　 C. 3 个 　　　　　　 D. 4 个

二、填空题

1. 设 $f(x) = \begin{cases} x^2, & x \leqslant 0 \\ x^2 + x, & x > 0 \end{cases}$，则 $f(-x) = $ _____.

2. 如果函数 $f(x)$ 的定义域为 $[1, 2]$，则函数 $f(x-3)$ 的定义域为 _____.

3. 若函数 $f(x)$ 的反函数图像过点 $(1,5)$，则函数 $y=f(x)$ 的图像必过点_____.

4. 已知 $f(x)=\sin x$，$f(\varphi(x))=1-x^2$，则 $\varphi(x)=$_____，定义域为_____.

5. 已知函数 $f(x)=\begin{cases}1, & |x|\leqslant 1 \\ 0, & |x|>1\end{cases}$，则 $f(f(x))=$_____.

6. 函数 $f(x)=\sqrt{x+\sqrt{x^2}}$ 的复合函数 $f(f(x))=$_____.

7. 设 $f(x-1)=x^2$，则 $f(x+1)=$_____.

8. 函数 $f(x)=\sqrt{2+x-x^2}+\arcsin\left(\lg\dfrac{x}{10}\right)$ 的定义域为_____.

9. 函数 $y=8^x$ 的反函数_____.

10. 极限 $\lim\limits_{x\to+\infty} x\left[\sqrt{x^2+2x+5}-(x+1)\right]=$_____.

11. $\lim\limits_{n\to\infty}\left(1+\dfrac{1}{n}\right)^{n+1\,000}$ 的值是_____.

12. 若 $\lim\limits_{n\to\infty} a_n=k$，则 $\lim\limits_{n\to\infty} a_{2n}=$_____.

13. $\lim\limits_{n\to\infty}\left(\dfrac{1}{n^2+n+1}+\dfrac{1}{n^2+n+2}+\cdots+\dfrac{1}{n^2+n+n}\right)=$_____.

14. 设 $\lim\limits_{x\to\infty}\dfrac{(x+1)^{95}(ax+1)^5}{(x^2+1)^{50}}=8$，则 a 的值为_____.

15. $\lim\limits_{x\to0}\sqrt[x]{1+2x}=$_____.

16. 函数 $y=\dfrac{4}{x-2}$ 的水平渐近线为_____，垂直渐近线为_____.

17. 曲线 $y=\mathrm{e}^{\frac{1}{x^2}}\arctan\dfrac{x^2+x+1}{(x+1)(x-2)}$ 的水平渐近线为_____，垂直渐近线为_____.

18. $\lim\limits_{x\to\infty}\dfrac{1}{x}\sin x=$_____.

19. $\lim\limits_{x\to0}\sin\dfrac{1}{x}=$_____.

20. $\lim\limits_{x\to+\infty}(\sqrt{x^2+x}-x)=$_____.

21. $\lim\limits_{x\to\infty}\left(\cos x\cdot\tan\dfrac{1}{x}+\dfrac{2x^2+x+1}{x^2-1}\right)=$_____.

22. $\lim\limits_{n\to\infty}(2^{\frac{1}{n}}-2^{\frac{1}{n+1}})=$_____.

23. 已知极限 $\lim\limits_{x\to1}\dfrac{(a+b)x+b}{\sqrt{3x+1}-\sqrt{x+3}}=4$，则 $a=$_____，$b=$_____.

24. 设 $y=\dfrac{\ln x}{x^2-3x+2}$，则函数 y 的可去间断点为_____.

25. 函数 $y=\sin\sqrt{x+\sqrt{1-x^2}}$ 的连续区间为_____.

26. 设函数 $f(x)=\begin{cases}\mathrm{e}^x, & x\leqslant 0 \\ a+x, & x>0\end{cases}$，要使 $f(x)$ 在 $x=0$ 处连续，则 $a=$_____.

27. 函数 $y=\dfrac{\sin x}{x^2(x-1)}-\mathrm{e}^x$ 的连续区间是_____.

28. 函数 $f(x)=\dfrac{x-1}{x^2+5x-6}$ 的连续区间为_____.

29. 设函数 $y = \dfrac{x^2 - 1}{x^2 - 3x + 2}$，函数 y 的可去间断点为_____．

30. $x = -1$ 是函数 $f(x) = \begin{cases} |x - 1|, & |x| \le 1 \\ \cos\dfrac{\pi x}{2}, & |x| > 1 \end{cases}$ 的_____间断点．

三、计算题

1. 求下列函数的定义域：

$(1)\, y = \dfrac{\ln(x - 2)}{x^2 - 4x + 3}$；

$(2)\, y = \dfrac{1}{\sqrt{x + 2}} + \sqrt{x(x - 1)}$；

$(3)\, y = \sqrt{\ln(2 - x)}$；

$(4)\, y = \arctan x + \sqrt{1 - |x|}$；

$(5)\, y = \dfrac{1}{x^2 - 1} + \arcsin x + \sqrt{x}$；

$(6)\, y = \sqrt{\sin x}$；

$(7)\, y = \arcsin\dfrac{x - 1}{2}$；

$(8)\, y = \sqrt{x - 1} + \dfrac{x}{x^2 - 4}$．

2. 求下列极限：

$(1)\, \lim\limits_{x \to \infty} x\tan\dfrac{2}{x}$；

$(2)\, \lim\limits_{x \to +\infty} 2^x \sin\dfrac{1}{2^x}$；

$(3)\, \lim\limits_{x \to 1} \dfrac{\sin^2(x - 1)}{x - 1}$；

$(4)\, \lim\limits_{x \to 0}(1 - 2x)^{\frac{3}{x}}$；

$(5)\, \lim\limits_{x \to \infty}\left(1 + \dfrac{2}{x}\right)^{x + 2}$；

$(6)\, \lim\limits_{x \to \infty}\left(\dfrac{2x + 3}{2x + 1}\right)^{x + 1}$．

3. 求下列极限：

$(1)\, \lim\limits_{x \to \infty} \dfrac{x^3 + x}{x^3 - 3x^2 + 4}$；

$(2)\, \lim\limits_{x \to \infty} \dfrac{2^{n+1} + 3^{n+1}}{2^n + 3^n}$ （n 为自然数）；

$(3)\, \lim\limits_{x \to 1} \dfrac{x^2 - 3x + 2}{x^2 - 4x + 3}$；

$(4)\, \lim\limits_{x \to 1}\left(\dfrac{2}{x^2 - 1} - \dfrac{1}{x - 1}\right)$；

$(5)\, \lim\limits_{x \to \infty} \dfrac{x - \cos x}{x}$；

$(6)\, \lim\limits_{x \to 1}\left[1 + \dfrac{(-1)^x}{x}\right]$；

$(7)\, \lim\limits_{x \to +\infty}\left(\sqrt{x + 5} - \sqrt{x}\right)$；

$(8)\, \lim\limits_{x \to 1} \dfrac{\sqrt{x + 2} - \sqrt{3}}{x - 1}$．

4. 求下列极限：

$(1)\, \lim\limits_{x \to 0} x^2 \sin\dfrac{1}{x^2}$；

$(2)\, \lim\limits_{x \to \infty} \dfrac{\sin x + \cos x}{x}$．

5. 求下列极限：

$(1)\, \lim\limits_{x \to 0} \dfrac{\sin kx}{x}$ （$k \ne 0$）；

$(2)\, \lim\limits_{x \to 0} \dfrac{1 - \cos x}{x\tan x}$；

$(3)\, \lim\limits_{x \to \infty}\left(1 + \dfrac{2}{n}\right)^{3n}$；

$(4)\, \lim\limits_{n \to \infty}\left(\dfrac{n + 1}{n}\right)^{n - 2}$；

$(5)\, \lim\limits_{n \to \infty}\left(\dfrac{n + 1}{n - 1}\right)^{3n + 2}$．

6. 已知 a, b 为常数，且 $\lim\limits_{x \to \infty} \dfrac{ax^2 + bx + 5}{3x + 2} = 5$，求 a, b 的值．

7. 已知 a, b 为常数，且 $\lim\limits_{x \to 2} \dfrac{ax + b}{x - 2} = 2$，求 a, b 的值．

8.利用等价无穷小计算下列极限:

(1) $\lim\limits_{x\to 0^+}\dfrac{\sin 3x}{\sqrt{1-\cos x}}$;

(2) $\lim\limits_{x\to 0}\dfrac{\ln(1+4x^2)}{\sin x^2}$;

(3) $\lim\limits_{x\to 0}\dfrac{1-e^{3x}}{\tan 2x}$;

(4) $\lim\limits_{x\to 0}\dfrac{\tan ax}{\tan bx}$;

(5) $\lim\limits_{x\to 0}\dfrac{x}{\sin\frac{x}{2}}$.

9.已知 $\lim\limits_{x\to +\infty}(\sqrt{3x^2+4x+1}-ax-b)=0$,求 a,b 的值.

10.求极限 $\lim\limits_{x\to\infty}\left(\sin\dfrac{2}{x}+\cos\dfrac{1}{x}\right)^x$.

11.求极限 $\lim\limits_{x\to 0}\left(\dfrac{2+e^{\frac{1}{x}}}{1+e^{\frac{4}{x}}}+\dfrac{\sin x}{|x|}\right)$.

12.函数 $f(x)=\begin{cases}\dfrac{\ln(1+x)}{x}, & 0<x<1\\ a, & x=0 \\ \dfrac{\sin kx}{x}, & x<0\end{cases}$ 连续,求 a,k.

13.求极限 $\lim\limits_{x\to\infty}\left(\dfrac{3+x}{6+x}\right)^{\frac{x-1}{2}}$.

14.设 $f(x)=\begin{cases}\sin x\cdot\arctan\dfrac{1}{x}+\dfrac{1}{x}\ln(1+3x), & -\dfrac{1}{3}<x<0\\ a, & x\geqslant 0\end{cases}$,若 $f(x)$ 在 $x=0$ 处连续,求 a 的值.

15.求极限 $\lim\limits_{x\to -\infty}\dfrac{\sqrt{4x^2+x-1}+x-1}{\sqrt{x^2+\cos x}}$.

16.设函数 $f(x)=\begin{cases}(x+1)\arctan\dfrac{1}{x^2-1}, & x\neq\pm 1\\ 0, & x=\pm 1\end{cases}$,讨论 $f(x)$ 在 $x=\pm 1$ 处的连续性.

17.求极限 $\lim\limits_{n\to\infty}\left(\dfrac{\sqrt[n]{a}+\sqrt[n]{b}}{2}\right)^n$.

18.求极限 $\lim\limits_{x\to 0}(x+e^x)^{\frac{1}{x}}$.

19.求极限 $\lim\limits_{n\to\infty}(\sin\sqrt{n+1}-\sin\sqrt{n})$.

20.求极限 $\lim\limits_{n\to\infty}\sin\pi\sqrt{n^2+1}$.

21.求极限 $\lim\limits_{n\to\infty}\left(1+\dfrac{1}{2^2}\right)\left(1+\dfrac{1}{2^4}\right)\cdots\left(1+\dfrac{1}{2^{2n}}\right)$.

四、综合题

1.证明:若 $\forall x,y\in \mathbf{R}$,有 $f(x+y)=f(x)+f(y)$,且 $f(x)$ 在 $x=0$ 处连续,则函数 $f(x)$ 在 $\mathbf{R}$ 上连续.

2.设 $f(x)=\begin{cases}\dfrac{\sin ax}{x}+(1+ax)^{\frac{1}{x}}, & x\neq 0\\ a+2, & x=0\end{cases}$,确定 a 的值使得 $f(x)$ 在 $x=0$ 处连续.

3. 设 $x_1, x_2, \cdots, x_n \in [0, 1]$，令 $f(x) = \dfrac{|x - x_1| + |x - x_2| + \cdots + |x - x_n|}{n}$，求证：存在 $x_0 \in [0, 1]$，使得 $f(x_0) = \dfrac{1}{2}$.

4. 讨论函数 $f(x) = \lim\limits_{n \to \infty} \dfrac{x^2 + x^3 e^{nx}}{x + e^{nx}}$ 的连续性（n 为正数）.

5. 设函数 $f(x)$ 在 $[0, 1]$ 上连续，并且对 $[0, 1]$ 上的任意 x 所对应的函数值 $f(x)$ 均为 $0 \leqslant f(x) \leqslant 1$，证明：在 $[0, 1]$ 上至少存在一点 ξ，使得 $f(\xi) = \xi$.

6. 设函数 $f(x)$ 在闭区间 $[0, 2a](a > 0)$ 上连续，且 $f(0) = f(2a) \neq f(a)$，求证：在开区间 $(0, a)$ 上至少存在一点 ξ，使得 $f(\xi) = f(\xi + a)$.

7. 已知 $f(x) = \lim\limits_{n \to \infty} \dfrac{\ln(e^n + x^n)}{n}(x > 0)$，求 $f(x)$.

8. 设 $f(x) = \begin{cases} \dfrac{1}{x} \ln(1 - x), & x < 0 \\ 0, & x = 0 \\ \dfrac{\sin x}{x - 1}, & x > 0, x \neq 1 \end{cases}$，指出函数的间断点及其类型，并写出连续区间.

参考答案一

一、选择题

1. C.   2. D.   3. C.   4. B.   5. B.   6. C.   7. A.   8. C.   9. A.   10. D.

11. B.   12. C.   13. B.   14. A.   15. D.   16. D.   17. D.   18. C.   19. A.   20. B.

21. C.   22. D.   23. D.   24. D.   25. A.   26. C.   27. B.   28. C.   29. B.   30. B.

31. B.   32. C.   33. A.   34. A.   35. C.   36. A.   37. B.   38. D.   39. B.   40. B.

41. C.   42. D.   43. A.   44. C.   45. C.

二、填空题

1. $\begin{cases} x^2, & x \geqslant 0 \\ x^2 - x, & x < 0 \end{cases}$.   2. $[4, 5]$.   3. $(5, 1)$.   4. $\arcsin(1 - x^2); x \in [-\sqrt{2}, \sqrt{2}]$.

5. 1.   6. $\sqrt{2}\left(x + \sqrt{x^2}\right)^{\frac{1}{4}}$.   7. $x^2 + 4x + 4$.   8. $[1, 2]$.

9. $y = \dfrac{\ln x}{3 \ln 2}$ $(x > 0)$.   10. 2.   11. e.   12. k.

13. $\dfrac{1}{2}$.   14. $\sqrt[5]{8}$.   15. e^2.   16. $y = 0; x = 2$.

17. $y = \dfrac{\pi}{4}; x = 0$.   18. 0.   19. 0.   20. $\dfrac{1}{2}$.

21. 2.   22. 0.   23. 4; -2.   24. $x = 1$.

25. $\left[-\dfrac{\sqrt{2}}{2}, 1\right]$.   26. 1.   27. $(-\infty, 0) \cup (0, 1) \cup (1, +\infty)$.

28. $(-\infty, -6) \cup (-6, 1) \cup (1, +\infty)$.   29. $x = 1$.   30. 跳跃.

三、计算题

1. (1) $(2, 3) \cup (3, +\infty)$;   (2) $(-2, 0] \cup (1, +\infty)$;

(3)$(-\infty,1]$;   (4)$[-1,1]$;

(5)$[0,1)$;   (6)$[2k\pi,(2k+1)\pi],k\in\mathbf{Z}$;

(7)$[-1,3]$;   (8)$[1,2)\cup(2,+\infty)$.

2.(1)2;   (2)1;   (3)0;   (4)e^{-6};   (5)e^2;   (6)e.

3.(1)1;   (2)3;   (3)$\dfrac{1}{2}$;   (4)$-\dfrac{1}{2}$;   (5)1;   (6)0;   (7)0;   (8)$\dfrac{\sqrt{3}}{6}$.

4.(1)0;(提示:无穷小量与有界量之积为无穷小量)

(2)0.(提示:无穷小量与有界量之积为无穷小量)

5.(1)$\lim\limits_{x\to0}\dfrac{\sin kx}{x}=\lim\limits_{x\to0}\dfrac{\sin kx}{kx}\cdot k=k$;

(2)由三角恒等式:$1-\cos x=2\sin^2\dfrac{x}{2}$,于是

$$\lim_{x\to0}\frac{1-\cos x}{x\tan x}=\lim_{x\to0}\frac{2\sin^2\dfrac{x}{2}}{x^2}=\lim_{x\to0}\left(\frac{\sin\dfrac{x}{2}}{x}\right)^2\cdot\frac{1}{2}=\frac{1}{2};$$

(3)$\lim\limits_{n\to\infty}\left(1+\dfrac{2}{n}\right)^{3n}=\lim\limits_{n\to\infty}\left[\left(1+\dfrac{1}{\dfrac{n}{2}}\right)^{\frac{n}{2}}\right]^6=\mathrm{e}^6$;

(4)$\lim\limits_{n\to\infty}\left(\dfrac{n+1}{n}\right)^{n-2}=\lim\limits_{n\to\infty}\dfrac{\left(1+\dfrac{1}{n}\right)^n}{\left(1+\dfrac{1}{n}\right)^2}=\dfrac{\mathrm{e}}{1}=\mathrm{e}$;

(5)$\lim\limits_{n\to\infty}\left(\dfrac{n+1}{n-1}\right)^{3n+2}=\lim\limits_{n\to\infty}\left(1+\dfrac{2}{n-1}\right)^{3(n-1)+5}=\lim\limits_{n\to\infty}\left(1+\dfrac{2}{n-1}\right)^{3(n-1)}\cdot\lim\limits_{n\to\infty}\left(1+\dfrac{2}{n-1}\right)^5=\lim\limits_{n\to\infty}\left[\left(1+\dfrac{1}{\dfrac{n-1}{2}}\right)^{\frac{n-1}{2}}\right]^6=\mathrm{e}^6$.

6.$a=0,b=15$.

7.$a=2,b=-4$.

8.(1)$3\sqrt{2}$;   (2)4;   (3)$-\dfrac{3}{2}$;   (4)$\dfrac{a}{b}$;   (5)2.

9.$\sqrt{3x^2+4x+1}-ax-b=x\left(\sqrt{3+\dfrac{4}{x}+\dfrac{1}{x^2}}-a-\dfrac{b}{x}\right)$ $(x>0)$,

当$x\to+\infty$时,极限存在,则必有$\lim\limits_{x\to\infty}x\left(\sqrt{3+\dfrac{4}{x}+\dfrac{1}{x^2}}-a-\dfrac{b}{x}\right)=0$,即$\sqrt{3}-a=0$,则$a=\sqrt{3}$.

将$a=\sqrt{3}$代入原极限式,有

$$b=\lim_{x\to+\infty}(\sqrt{3x^2+4x+1}-\sqrt{3}x)=\lim_{x\to+\infty}\frac{4x+1}{\sqrt{3x^2+4x+1}+\sqrt{3}x}=\frac{4}{2\sqrt{3}}=\frac{2\sqrt{3}}{3}.$$

10.令$t=\dfrac{1}{x}$,则有

$$\lim_{x\to\infty}\left(\sin\frac{2}{x}+\cos\frac{1}{x}\right)^x=\lim_{t\to0}(\sin 2t+\cos t)^{\frac{1}{t}}=\mathrm{e}^{\lim\limits_{t\to0}\frac{1}{t}\ln(\sin 2t+\cos t)}=\mathrm{e}^{\lim\limits_{t\to0}\frac{2\cos 2t-\sin t}{\sin 2t+\cos t}}=\mathrm{e}^2.$$

11.$\lim\limits_{x\to0^-}\left(\dfrac{2+\mathrm{e}^{\frac{1}{x}}}{1+\mathrm{e}^{\frac{4}{x}}}+\dfrac{\sin x}{|x|}\right)=\lim\limits_{x\to0^-}\left(\dfrac{2+\mathrm{e}^{\frac{1}{x}}}{1+\mathrm{e}^{\frac{4}{x}}}-\dfrac{\sin x}{x}\right)=1$.

$$\lim_{x\to 0^+}\left(\frac{2+\mathrm{e}^{\frac{1}{x}}}{1+\mathrm{e}^{\frac{4}{x}}}+\frac{\sin x}{|x|}\right)=\lim_{x\to 0^+}\left(\frac{2+\mathrm{e}^{\frac{1}{x}}}{1+\mathrm{e}^{\frac{4}{x}}}+\frac{\sin x}{x}\right)=\lim_{x\to 0^+}\left(\frac{\frac{2}{\mathrm{e}^{\frac{4}{x}}}+\frac{1}{\mathrm{e}^{\frac{3}{x}}}}{\frac{1}{\mathrm{e}^{\frac{4}{x}}}+1}+\frac{\sin x}{x}\right)=1.$$

所以 $\lim\limits_{x\to 0}\left(\dfrac{2+\mathrm{e}^{\frac{1}{x}}}{1+\mathrm{e}^{\frac{4}{x}}}+\dfrac{\sin x}{|x|}\right)=1.$

12. 由题意可得 $\lim\limits_{x\to 0^+}f(x)=\lim\limits_{x\to 0^+}\dfrac{\ln(1+x)}{x}=1$，$\lim\limits_{x\to 0^-}f(x)\dfrac{\sin kx}{x}=k.$ 因为 $f(x)$ 连续，所以有 $\lim\limits_{x\to 0^+}f(x)=\lim\limits_{x\to 0^-}f(x)=$ $f(0)$，从而有 $k=a=1.$

13. $\lim\limits_{x\to\infty}\left(\dfrac{3+x}{6+x}\right)^{\frac{x-1}{2}}=\lim\limits_{x\to\infty}\left(1-\dfrac{3}{6+x}\right)^{-\frac{6+x}{3}\left(-\frac{3}{6+x}\right)\left(\frac{x-1}{2}\right)}=\mathrm{e}^{-\lim\limits_{x\to\infty}\frac{3(x-1)}{2(6+x)}}=\mathrm{e}^{-\frac{3}{2}}.$

14. 要使 $f(x)$ 在 $x=0$ 处连续，必有 $a=\lim\limits_{x\to 0^+}f(x)=\lim\limits_{x\to 0^-}f(x)=f(0)$；所以

$$a=\lim_{x\to 0^-}\left[\sin x\cdot\left(\arctan\frac{1}{x}\right)+\frac{\ln(1+3x)}{x}\right]=\lim_{x\to 0^-}\sin x\cdot\arctan\frac{1}{x}+\lim_{x\to 0^-}\frac{\ln(1+3x)}{x}=0+3=3.$$

15. $\lim\limits_{x\to-\infty}\dfrac{\sqrt{4x^2+x-1}+x-1}{\sqrt{x^2+\cos x}}=\lim\limits_{x\to-\infty}\dfrac{-\sqrt{4+\dfrac{1}{x}-\dfrac{1}{x^2}}+1-\dfrac{1}{x}}{-\sqrt{1+\dfrac{\cos x}{x^2}}}=\dfrac{-2+1}{-1}=1.$

16. 由题意可得 $\lim\limits_{x\to-1}f(x)=\lim\limits_{x\to-1}(x+1)\arctan\dfrac{1}{x^2-1}=0=f(0)$，所以 $f(x)$ 在 $x=-1$ 处连续. 而

$$\lim_{x\to 1^+}f(x)=\lim_{x\to 1^+}(x+1)\arctan\frac{1}{x^2-1}=2\cdot\frac{\pi}{2}=\pi,$$

$$\lim_{x\to 1^-}f(x)=\lim_{x\to 1^-}(x+1)\arctan\frac{1}{x^2-1}=2\cdot\left(-\frac{\pi}{2}\right)=-\pi,$$

即 $\lim\limits_{x\to 1^+}f(x)\neq\lim\limits_{x\to 1^-}f(x)$，所以 $f(x)$ 在 $x=1$ 处不连续.

17. $\lim\limits_{n\to\infty}\left(\dfrac{\sqrt[n]{a}+\sqrt[n]{b}}{2}\right)^n=\lim\limits_{n\to\infty}\mathrm{e}^{n\ln\frac{\sqrt[n]{a}+\sqrt[n]{b}}{2}}=\lim\limits_{n\to\infty}\mathrm{e}^{\frac{\ln\left(a^{\frac{1}{n}}+b^{\frac{1}{n}}\right)-\ln 2}{\frac{1}{n}}}$

$\qquad\qquad=\lim\limits_{x\to 0}\mathrm{e}^{\frac{\ln(a^x+b^x)-\ln 2}{x}}=\lim\limits_{x\to 0}\mathrm{e}^{\frac{a^x\ln a+b^x\ln b}{a^x+b^x}}=\mathrm{e}^{\frac{\ln a+\ln b}{2}}=\sqrt{ab}.$

18. $\lim\limits_{x\to 0}(x+\mathrm{e}^x)^{\frac{1}{x}}=\lim\limits_{x\to 0}\mathrm{e}^{\frac{1}{x}\ln(x+\mathrm{e}^x)}=\lim\limits_{x\to 0}\mathrm{e}^{\frac{\ln(x+\mathrm{e}^x)}{x}}=\lim\limits_{x\to 0}\mathrm{e}^{\frac{1+\mathrm{e}^x}{x\mathrm{e}^x}}=\mathrm{e}^2.$

19. $\lim\limits_{n\to\infty}(\sin\sqrt{n+1}-\sin\sqrt{n})=\lim\limits_{n\to\infty}2\cos\dfrac{\sqrt{n+1}+\sqrt{n}}{2}\sin\dfrac{\sqrt{n+1}-\sqrt{n}}{2}$

$\qquad\qquad=\lim\limits_{n\to\infty}2\cos\dfrac{\sqrt{n+1}+\sqrt{n}}{2}\sin\dfrac{1}{2\sqrt{n+1}+\sqrt{n}}=0.$

20. $\lim\limits_{n\to\infty}\sin\pi\sqrt{n^2+1}=\lim\limits_{n\to\infty}\left[\sin\pi\sqrt{n^2+1}-\sin n\pi\right]$

$\qquad\qquad=\lim\limits_{n\to\infty}2\cos\dfrac{\pi(\sqrt{n^2+1}+n)}{2}\sin\dfrac{\pi(\sqrt{n^2+1}-n)}{2}$

$\qquad\qquad=\lim\limits_{n\to\infty}2\cos\dfrac{\pi(\sqrt{n^2+1}+n)}{2}\sin\dfrac{\pi}{2(\sqrt{n^2+1}+n)}$

$\qquad\qquad=0.$

（因为当 $n \to \infty$，$2\cos\dfrac{\pi(\sqrt{n^2+1}+n)}{2}$ 是有界函数，$\lim\limits_{n \to \infty}\dfrac{\pi}{2(\sqrt{n^2+1}+n)}=0$）

21. $\lim\limits_{n \to \infty}\left(1+\dfrac{1}{2^2}\right)\left(1+\dfrac{1}{2^4}\right)\cdots\left(1+\dfrac{1}{2^{2n}}\right)=\lim\limits_{n \to \infty}\dfrac{\left(1-\dfrac{1}{2^2}\right)\left(1+\dfrac{1}{2^2}\right)\left(1+\dfrac{1}{2^4}\right)\cdots\left(1+\dfrac{1}{2^{2n}}\right)}{1-\dfrac{1}{2^2}}$

$$=\lim\limits_{n \to \infty}\dfrac{1-1/2^{2^{n+1}}}{3/4}=\dfrac{4}{3}\lim\limits_{n \to \infty}\left[1-\dfrac{1}{2^{2n+1}}\right]=\dfrac{4}{3}.$$

四、综合题

1. 对任意 $x \in \mathbf{R}$，由 $f(x+y)=f(x)+f(y)$，知，令 $y=\Delta x$，则
$$f(x+\Delta x)=f(x)+f(\Delta x).$$

两边取极限得　　　　　　　　　　$\lim\limits_{\Delta x \to 0}f(x+\Delta x)=f(x)+\lim\limits_{\Delta x \to 0}f(\Delta x).$

而 $f(x)$ 在 $x=0$ 连续，即　　　　　　$\lim\limits_{\Delta x \to 0}f(\Delta x)=f(0)=0.$

故　　　　　　　　　　　　$\lim\limits_{\Delta x \to 0}f(x+\Delta x)=f(x)$，因而函数 $f(x)$ 在 $x \in \mathbf{R}$ 上连续.

2. $\lim\limits_{x \to 0}f(x)=\lim\limits_{x \to 0}\left[\dfrac{\sin ax}{x}+(1+ax)^{\frac{1}{x}}\right]=\lim\limits_{x \to 0}\dfrac{\sin ax}{x}+\lim\limits_{x \to 0}(1+ax)^{\frac{1}{x}}$

$$=a+\lim\limits_{x \to 0}(1+ax)^{\frac{1}{ax}\cdot a}=a+\mathrm{e}^a=f(0)=a+2,$$

所以 $a=\ln 2$.

3. 设 $F(x)=f(x)-\dfrac{1}{2}$，而
$$f(0)=\dfrac{x_1+x_2+\cdots+x_n}{n}, \quad f(1)=1-\dfrac{x_1+x_2+\cdots+x_n}{n},$$

$$F(0)=f(0)-\dfrac{1}{2}=\dfrac{x_1+x_2+\cdots+x_n}{n}-\dfrac{1}{2}, \quad F(1)=f(1)-\dfrac{1}{2}=\dfrac{1}{2}=\dfrac{x_1+x_2+\cdots+x_n}{n},$$

$F(0)=-F(1)$，由零点定理得，至少存在一点 $x_0 \in[0,1]$，使得 $F(x_0)=0$，即 $f(x_0)=\dfrac{1}{2}$.

4. 当 $x>0$，$\lim\limits_{n \to \infty}\mathrm{e}^{nx}=\infty$，$f(x)=\lim\limits_{n \to \infty}\dfrac{x^2+x^3\mathrm{e}^{nx}}{x+\mathrm{e}^{nx}}=x^3$；

当 $x<0$，$\lim\limits_{n \to \infty}\mathrm{e}^{nx}=0$，$f(x)=\lim\limits_{n \to \infty}\dfrac{x^2+x^3\mathrm{e}^{nx}}{x+\mathrm{e}^{nx}}=xf(0)=0.$

故 $f(x)=\begin{cases}x^3, & x>0 \\ x, & x\leqslant 0\end{cases}.$

显然当 $x \neq 0$ 时，$f(x)$ 处处连续；又因为 $\lim\limits_{x \to 0^-}f(x)=\lim\limits_{x \to 0^-}=0=f(0)$，$\lim\limits_{x \to 0^+}f(x)=\lim\limits_{x \to 0^+}=0=f(0)$，故 $f(x)$ 在 $x=0$ 处也连续，综上所述：$f(x)$ 处处连续.

5. 令 $F(x)=f(x)-x$，因为 $f(x)$ 在 $[0,1]$ 上连续，所以 $F(x)$ 在 $[0,1]$ 上也连续，且 $F(0)=f(0)-0=f(0)$，$F(1)=f(1)-1$，又对任意 $x \in[0,1]$，$0\leqslant f(x)\leqslant 1$，所以 $F(0)\geqslant 0$，$F(1)\leqslant 1$.

若 $F(0)=0$，即 $f(0)=0$，则取 $\xi=0$；若 $F(1)=0$，即 $f(1)=1$，则取 $\xi=1$；当 $F(0)\neq 0$，且 $F(1)\neq 0$ 时，$F(0)\cdot F(1)<0$，那么，根据零点定理知，在 $(0,1)$ 上至少存在一点 ξ，使得 $F(\xi)=0$，即 $f(\xi)=\xi$. 综上可知，在 $[0,1]$ 上至少存在一点 ξ，使得 $f(\xi)=\xi$.

6. 令 $F(x)=f(x+a)-f(x)$，$x \in[0,a]$，因为 $f(x)$ 在闭区间 $[0,a]$ 上连续，所以 $F(x)$ 在闭区间 $[0,a]$ 上连续. $F(0)=f(a)-f(0)$，又 $f(0)=f(2a)$，所以

$$F(a) = f(2a) - f(a) = f(0) - f(a),$$

$$F(0) \cdot F(a) = [f(a) - f(0)][f(0) - f(a)] = -[f(a) - f(0)]^2 < 0,$$

由零点定理知,在 $(0, a)$ 内至少存在一点 ξ,即 $F(\xi) = 0$,也即

$$f(\xi + a) - f(\xi) = 0, \quad f(\xi) = f(\xi + a).$$

7. 当 $0 < x < e$ 时,$f(x) = \lim_{n \to \infty} \dfrac{\ln(e^n + x^n)}{n} = \lim_{n \to \infty} \ln \left[e \left(1 + \left(\dfrac{x}{e} \right)^n \right)^{\frac{1}{n}} \right] = 1$;

当 $x > e$ 时,$f(x) = \lim_{n \to \infty} \dfrac{\ln(e^n + x^n)}{n} = \lim_{n \to \infty} \ln \left[x \left(1 + \left(\dfrac{e}{x} \right)^n \right)^{\frac{1}{n}} \right] = \ln x$;

当 $x = e$ 时,$f(x) = \lim_{n \to \infty} \dfrac{\ln(e^n + x^n)}{n} = \lim_{n \to \infty} \ln (2e^n)^{\frac{1}{n}} = 1$.

综上得 $f(x) = \begin{cases} 1, & 0 < x \leq e \\ \ln x, & x > e \end{cases}$.

8. $x = 0, x = 1$ 是间断点.

$$\lim_{x \to 0^-} f(x) = \lim_{x \to 0^-} \frac{1}{x} \ln(1 - x) = \lim_{x \to 0^-} \frac{\ln(1 - x)}{x} = -1;$$

$$\lim_{x \to 0^+} f(x) = \lim_{x \to 0^+} \frac{\sin x}{x - 1} = 0,$$

故 $x = 0$ 是跳跃间断点.

$\lim_{x \to 1} f(x) = \lim_{x \to 1} \dfrac{\sin x}{x - 1} = \infty$,所以 $x = 1$ 是无穷间断点.

所以函数 $f(x)$ 的连续区间为 $(-\infty, 0) \cup (0, 1) \cup (1, +\infty)$.

第二章　一元函数微分学

新考纲要点

1. 理解导数的概念及其几何意义,会求曲线上一点处的切线方程与法线方程.了解左导数与右导数的定义,理解函数的可导性与连续性的关系,会用定义求函数在一点处的导数.

2. 熟记导数的基本公式,会熟练运用函数的四则运算求导法则、复合函数求导法则和反函数求导法则求导.会求分段函数的导数.

3. 熟练掌握隐函数的求导法、对数求导法与参数方程求导法.

4. 理解高阶导数的概念,会求一些简单的函数的 n 阶导数.

5. 理解函数微分的概念,掌握微分运算法则,理解可微与可导的关系,会求函数的一阶微分.

6. 理解罗尔中值定理、拉格朗日中值定理及它们的几何意义.会用罗尔中值定理证明方程根的存在性.会用拉格朗日中值定理证明一些简单的不等式.

7. 掌握洛必达法则,会熟练运用洛必达法则求 $\dfrac{0}{0}, \dfrac{\infty}{\infty}, 0 \cdot \infty, \infty - \infty, 1^{\infty}, 0^{0}$ 和 ∞^{0} 型未定式的极限.

8. 利用导数判定函数的单调性,会求函数的单调区间,会利用函数的单调性证明一些简单的不等式.

9. 理解函数极值的概念,熟练掌握求函数极值和最值的方法,会解决一些简单的应用问题.

10. 会判定曲线的凹凸性,会求曲线的拐点.

11. 会求曲线的渐近线(水平渐近线、垂直渐近线和斜渐近线).

12. 会描绘一些简单函数的图形.

第一节　导数与微分

一、导数的概念

1. 导数的定义

定义 1　设函数 $y = f(x)$ 在点 x_0 的某个邻域内有定义,在点 x_0 处给自变量 x 一个改变量 $\Delta x (\neq 0)$,函数 y 相应地得到改变量 $\Delta y = f(x_0 + \Delta x) - f(x_0)$. 若极限

$$\lim_{\Delta x \to 0} \frac{\Delta y}{\Delta x} = \lim_{\Delta x \to 0} \frac{f(x_0 + \Delta x) - f(x_0)}{\Delta x}$$

存在,则称函数 $y = f(x)$ 在 x_0 处**可导**,该极限值称为函数在点 x_0 处的**导数**,记作

$$f'(x_0), \quad y' \Big|_{x = x_0}, \quad \frac{\mathrm{d}y}{\mathrm{d}x} \Big|_{x = x_0} \text{ 或 } \frac{\mathrm{d}f(x)}{\mathrm{d}x} \Big|_{x = x_0},$$

即

$$f'(x_0) = \lim_{\Delta x \to 0} \frac{\Delta y}{\Delta x} = \lim_{\Delta x \to 0} \frac{f(x_0 + \Delta x) - f(x_0)}{\Delta x}.$$

如果极限 $\lim\limits_{\Delta x \to 0} \dfrac{\Delta y}{\Delta x}$ 不存在,则称函数 $y = f(x)$ 在点 x_0 处**不可导**.

令 $x = x_0 + \Delta x$,即 $\Delta x = x - x_0$,则得到导数的另一种等价的定义:

$$f'(x_0) = \lim_{\Delta x \to 0} \frac{\Delta y}{\Delta x} = \lim_{x \to x_0} \frac{f(x) - f(x_0)}{x - x_0}.$$

导数反映了因变量随自变量的变化而变化的快慢程度,从数量方面刻画了变化率的本质. 一般关于变化率的问题可以转化为导数问题来求解.

注意:在某些问题中,Δx 经常用 h 或者其他变量符号来代替,根据导数定义,若 $y = f(x)$ 在 x_0 处可导,则下列等式是显然成立的.

(1) $\lim\limits_{h \to 0} \dfrac{f(x_0 + h) - f(x_0)}{h} = f'(x_0)$;

(2) $\lim\limits_{h \to 0} \dfrac{f(x_0 + 2h) - f(x_0)}{h} = 2\lim\limits_{h \to 0} \dfrac{f(x_0 + 2h) - f(x_0)}{2h} = 2f'(x_0)$;

(3) $\lim\limits_{h \to 0} \dfrac{f(x_0) - f(x_0 - h)}{h} = \lim\limits_{h \to 0} \dfrac{f(x_0 - h) - f(x_0)}{-h} = f'(x_0)$;

(4) $\lim\limits_{h \to 0} \dfrac{f(x_0 + h) - f(x_0 - h)}{h} = \lim\limits_{h \to 0} \dfrac{f(x_0 + h) - f(x_0) + f(x_0) - f(x_0 - h)}{h} = 2f'(x_0)$.

如果函数 $y = f(x)$ 在开区间 (a, b) 内的每点处都有导数,则称函数 $y = f(x)$ **在区间 (a, b) 内可导**. 此时对于每一个 $x \in (a, b)$,都对应着一个确定的导数 $f'(x)$,从而构成了一个新的函数,这个函数 $f'(x)$ 称为原来函数 $y = f(x)$ 在开区间内的**导函数**,简称**导数**,也可记作 y',$\dfrac{\mathrm{d}y}{\mathrm{d}x}$ 或 $\dfrac{\mathrm{d}f(x)}{\mathrm{d}x}$,即

$$f'(x) = y' = \lim_{\Delta x \to 0} \frac{\Delta y}{\Delta x} = \lim_{\Delta x \to 0} \frac{f(x + \Delta x) - f(x)}{\Delta x}.$$

注意:一个点 x_0 的导数与导函数都可简称为导数,因此在具体问题中的一定要加以区分. 显然,函数 $y = f(x)$ 在点 x_0 处的导数 $f'(x_0)$,就是导函数 $f'(x)$ 在点 $x = x_0$ 处的函数值,即 $f'(x_0) = f'(x)\big|_{x = x_0}$.

2. 左右导数

定义 2 如果函数 $y = f(x)$ 在点 x_0 及其左侧邻域内有定义,若极限

$$\lim_{\Delta x \to 0^-} \frac{\Delta y}{\Delta x} = \lim_{\Delta x \to 0^-} \frac{f(x_0 + \Delta x) - f(x_0)}{\Delta x}$$

存在,则称函数 $y = f(x)$ 在 x_0 处**左导数存在**,该极限值称为函数在点 x_0 处的**左导数**,记为 $f'_-(x_0)$,即

$$f'_-(x_0) = \lim_{\Delta x \to 0^-} \frac{\Delta y}{\Delta x} = \lim_{\Delta x \to 0^-} \frac{f(x_0 + \Delta x) - f(x_0)}{\Delta x}.$$

同理,如果函数 $y = f(x)$ 在点 x_0 及其右侧邻域内有定义,可定义**右导数**为

$$f'_+(x_0) = \lim_{\Delta x \to 0^+} \frac{\Delta y}{\Delta x} = \lim_{\Delta x \to 0^+} \frac{f(x_0 + \Delta x) - f(x_0)}{\Delta x}.$$

左导数与右导数统称为**单侧导数**.

定理 1 函数 $y = f(x)$ 在点 x_0 处可导的充分必要条件是函数 $f(x)$ 在点 x_0 处的左、右导数都存在且相等.

求函数 $y = f(x)$ 在点 x_0 处的导数的一般步骤是:

(1)求函数的改变量 $\Delta y = f(x_0 + \Delta x) - f(x_0)$;

(2)求 $\dfrac{\Delta y}{\Delta x} = \dfrac{f(x_0 + \Delta x) - f(x_0)}{\Delta x}$;

（3）取极限，得 $f'(x_0) = \lim\limits_{\Delta x \to 0} \dfrac{\Delta y}{\Delta x}$（分段函数在分段点处往往需要分别计算左右导数）.

3. 导数的几何意义

函数 $y = f(x)$ 在点 x_0 处的导数 $f'(x_0)$ 在几何上表示曲线 $y = f(x)$ 在点 $M(x_0, f(x_0))$ 处的切线斜率，即 $f'(x_0) = \tan \alpha$，其中 α 是该点切线的倾角（见图 2-1）.

由导数的几何意义可知，若函数 $y = f(x)$ 在点 x_0 处可导，则曲线 $y = f(x)$ 在点 $(x_0, f(x_0))$ 处必定存在切线. 根据直线的点斜式方程，可知曲线 $y = f(x)$ 在点 $(x_0, f(x_0))$ 处的切线方程为

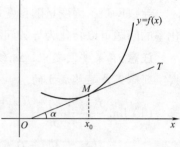

$$y - f(x_0) = f'(x_0)(x - x_0).$$

（1）如果 $f'(x_0) \neq 0$，则此曲线 $y = f(x)$ 在点 $(x_0, f(x_0))$ 处的法线方程为

$$y - f(x_0) = -\frac{1}{f'(x_0)}(x - x_0).$$

图 2-1

（2）如果 $f'(x_0) = 0$，即曲线在点 $(x_0, f(x_0))$ 处有水平切线 $y = f(x_0)$. 则曲线 $y = f(x)$，在点 $(x_0, f(x_0))$ 处的法线方程为 $x = x_0$.

注意：若函数 $y = f(x)$ 在点 x_0 处不可导，也不能说明曲线 $y = f(x)$ 在点 $(x_0, f(x_0))$ 处一定不存在切线. 比如，函数 $y = \sqrt[3]{x}$ 在点 $x = 0$ 处不可导（$f'(0) = \infty$），但函数 $y = \sqrt[3]{x}$ 在点 $x = 0$ 处存在切线，切线方程为 $x = 0$.

4. 可导性与连续性的关系

定理 2　若函数 $y = f(x)$ 在 x_0 点可导，则 $y = f(x)$ 在 x_0 点连续.

证明：设函数 $y = f(x)$ 在 x_0 点可导，则

$$f'(x_0) = \lim_{\Delta x \to 0} \frac{\Delta y}{\Delta x} = \lim_{\Delta x \to 0} \frac{f(x_0 + \Delta x) - f(x_0)}{\Delta x},$$

于是 $\lim\limits_{\Delta x \to 0}[f(x_0 + \Delta x) - f(x_0)] = \lim\limits_{\Delta x \to 0} \dfrac{f(x_0 + \Delta x) - f(x_0)}{\Delta x} \cdot \Delta x = f'(x_0) \lim\limits_{\Delta x \to 0} \Delta x = 0,$

所以 $y = f(x)$ 在 x_0 点连续.

注：上述定理逆命题不成立，即函数 $y = f(x)$ 在 x_0 点连续，但 $y = f(x)$ 在 x_0 点不一定可导. 例如，$f(x) = |x|$ 在 $x = 0$ 处连续但不可导.

【例1】　已知 $f'(3) = 2$，求极限 $\lim\limits_{h \to 0} \dfrac{f(3 - h) - f(3)}{2h}$.

精析：由导数定义，

$$\lim_{h \to 0} \frac{f(3 - h) - f(3)}{2h} = -\frac{1}{2} \lim_{h \to 0} \frac{f(3 - h) - f(3)}{-h} = -\frac{1}{2} f'(3) = -1.$$

【例2】　若 $f'(1) = 2$，则 $\lim\limits_{x \to 0} \dfrac{f(1 + x) - f(1)}{\sin 2x} = ($ 　　$)$.

A. 2　　　　　　　　　B. -2　　　　　　　　　C. 1　　　　　　　　　D. 0

精析：由导数定义及等价无穷小，

$$\lim_{x \to 0} \frac{f(1 + x) - f(1)}{\sin 2x} = \lim_{x \to 0} \frac{f(1 + x) - f(1)}{2x} = \frac{f'(1)}{2} = 1,$$

故选 C.

注意：由导数的定义求极限，一定要分清楚哪个是改变量，哪个是固定的点.

【例3】　求函数 $f(x) = x^3$ 的导数,并求函数曲线在点 $(1,1)$ 处的切线方程和法线方程.

精析:由导数的定义可知

$$f'(x) = \lim_{\Delta x \to 0} \frac{(x + \Delta x)^3 - x^3}{\Delta x} = \lim_{\Delta x \to 0} \frac{3x^2 \Delta x + 3x(\Delta x)^2 + (\Delta x)^3}{\Delta x}$$

$$= \lim_{\Delta x \to 0} \left[3x^2 + 3x\Delta x + (\Delta x)^2 \right] = 3x^2.$$

当 $x = 1$ 时,$f'(1) = 3x^2 \big|_{x=1} = 3$,从而 $f(x) = x^3$ 在 $(1,1)$ 处的切线方程为 $y - 1 = 3(x - 1)$,即 $y = 3x - 2$.法线方程为 $y - 1 = -\frac{1}{3}(x - 1)$,即 $y = -\frac{1}{3}x + \frac{4}{3}$.

【例4】　求曲线 $y = \ln x$ 上与直线 $x + y = 1$ 垂直的切线方程.

精析:与直线 $x + y = 1$ 垂直的直线斜率为 1.

令 $y' = (\ln x)' = \frac{1}{x} = 1$,得 $x = 1$,此时 $y = \ln 1 = 0$,因此该切线方程为 $y = x - 1$.

【例5】　设 $f(x) = \begin{cases} 1 - \cos x, & x \geq 0 \\ x^2, & x < 0 \end{cases}$,求函数 $f(x)$ 在 $x = 0$ 点的导数.

精析:显然函数 $f(x)$ 是分段函数,$x = 0$ 是分段点.则要求在 $x = 0$ 点的导数,需要分别计算左右导数.

$$f'_-(0) = \lim_{\Delta x \to 0^-} \frac{f(\Delta x) - f(0)}{\Delta x} = \lim_{\Delta x \to 0^-} \frac{\Delta x^2 - 0}{\Delta x} = 0,$$

$$f'_+(0) = \lim_{\Delta x \to 0^+} \frac{f(\Delta x) - f(0)}{\Delta x} = \lim_{\Delta x \to 0^+} \frac{1 - \cos \Delta x - 0}{\Delta x} = \lim_{\Delta x \to 0^+} \frac{\frac{1}{2}(\Delta x)^2}{\Delta x} = \lim_{\Delta x \to 0^+} \frac{1}{2}\Delta x = 0.$$

因为左、右导数存在且相等,所以函数 $f(x)$ 在 $x = 0$ 点的导数 $f'(0) = 0$.

【例6】　设函数 $f(x) = \begin{cases} x^\alpha \sin \dfrac{1}{x}, & x > 0 \\ 0, & x = 0 \end{cases}$,($\alpha$ 为实数).试问 α 在什么范围时:(1) $f(x)$ 在点 $x = 0$ 右连续;(2) $f(x)$ 在点 $x = 0$ 处右导数存在.

精析:(1)当 $\alpha > 0$ 时,x^α 是 $x \to 0^+$ 时的无穷小量,而 $\sin \dfrac{1}{x}$ 是有界变量,则

$$\lim_{x \to 0^+} f(x) = \lim_{x \to 0^+} x^\alpha \sin \frac{1}{x} = 0 = f(0),$$

所以当 $\alpha > 0$ 时,$f(x)$ 在点 $x = 0$ 右连续.

(2)当 $\alpha > 1$ 时,由导数定义及无穷小量性质,得

$$f'_+(0) = \lim_{x \to 0^+} \frac{f(x) - f(0)}{x - 0} = \lim_{x \to 0^+} \frac{x^\alpha \sin \dfrac{1}{x}}{x} = \lim_{x \to 0^+} x^{\alpha-1} \sin \frac{1}{x} = 0,$$

所以当 $\alpha > 1$ 时,$f(x)$ 在点 $x = 0$ 处右导数存在.

二、函数的求导法则

1.基本初等函数的导数公式

(1) $(C)' = 0$ （C 为常数）;　　　　(2) $(x^\mu)' = \mu x^{\mu-1}$ （μ 为实数）;

(3) $(\sin x)' = \cos x$;　　　　　　(4) $(\cos x)' = -\sin x$;

(5) $(\tan x)' = \dfrac{1}{\cos^2 x} = \sec^2 x$;　　(6) $(\cot x)' = -\dfrac{1}{\sin^2 x} = -\csc^2 x$;

(7) $(\sec x)' = \sec x\tan x$;　　　　(8) $(\csc x)' = -\csc x\cot x$;

(9) $(a^x)' = a^x\ln a$;　　　　　　(10) $(e^x)' = e^x$;

(11) $(\log_a x)' = \dfrac{1}{x\ln a}$;　　　　(12) $(\ln x)' = \dfrac{1}{x}$;

(13) $(\arcsin x)' = \dfrac{1}{\sqrt{1-x^2}}$;　　(14) $(\arccos x)' = -\dfrac{1}{\sqrt{1-x^2}}$;

(15) $(\arctan x)' = \dfrac{1}{1+x^2}$;　　　(16) $(\text{arccot } x)' = -\dfrac{1}{1+x^2}$.

2. 导数的四则运算法则

设函数 $u(x), v(x)$ 可导,则:

(1) $(u \pm v)' = u' \pm v'$;

(2) $(uv)' = u'v + uv'$;

(3) $(Cu)' = Cu'$,其中 C 为任意常数;

(4) 当 $v \neq 0$ 时,$\left(\dfrac{u}{v}\right)' = \dfrac{u'v - uv'}{v^2}$;

(5) 当 $v \neq 0$ 时,$\left(\dfrac{C}{v}\right)' = -\dfrac{Cv'}{v^2}$,其中 C 为任意常数.

注意:乘积的求导公式 $(uv)' = u'v + uv'$ 可推广到有限个可导函数的乘积上去.例如:设函数 $u(x)$,
$v(x), w(x)$ 可导,则

$$(uvw)' = u'vw + uv'w + uvw'.$$

3. 反函数的导数

定理 3　若单调连续函数 $x = \varphi(y)$ 在点 y 处可导,且 $\varphi'(y) \neq 0$,则它的反函数 $y = f(x)$ 在对应点 x 可
导,且有 $f'(x) = \dfrac{1}{\varphi'(y)}$,或记为 $\dfrac{\mathrm{d}y}{\mathrm{d}x} = \dfrac{1}{\dfrac{\mathrm{d}x}{\mathrm{d}y}}$.

上述结论可简单记为:反函数的导数等于直接函数导数的倒数.

4. 复合函数的求导法则

设函数 $u = \varphi(x)$ 在 x 处可导,$y = f(u)$ 在 $u = \varphi(x)$ 可导,则复合函数 $y = f(\varphi(x))$ 在点 x 处可导,且
$$(f(\varphi(x)))' = f'(\varphi(x)) \cdot \varphi'(x),$$

也可记为
$$\frac{\mathrm{d}y}{\mathrm{d}x} = \frac{\mathrm{d}y}{\mathrm{d}u} \cdot \frac{\mathrm{d}u}{\mathrm{d}x} = f'(u) \cdot \varphi'(x) = y'_u \cdot u'_x,$$

即复合函数的导数等于复合函数对中间变量的导数乘以中间变量对自变量的导数.

复合函数求导法则可推广到有限次复合的复合函数情形.例如,对 $y = f(u)$, $u = \varphi(v)$, $v = \psi(x)$,则有
$$\frac{\mathrm{d}y}{\mathrm{d}x} = \frac{\mathrm{d}y}{\mathrm{d}u} \cdot \frac{\mathrm{d}u}{\mathrm{d}v} \cdot \frac{\mathrm{d}v}{\mathrm{d}x} = f'(u) \cdot \varphi'(v) \cdot \psi'(x).$$

注意记号 $(f(\varphi(x)))'$ 与 $f'(\varphi(x))$ 的区别,前者是复合函数 $f(\varphi(x))$ 对自变量 x 求导,后者是外层函
数 $f(u)$ 对变量 u 求导,然后再用 $u = \varphi(x)$ 代入.

【例 7】　求下列函数的导数:

(1) $y = x^3 + 4\sqrt{x}\cos x$;(2) $y = x^3\ln x \cdot \cos x$;

(3) $y = \tan x$.

精析:(1) $y' = (x^3 + 4\sqrt{x}\cos x)' = (x^3)' + (4\sqrt{x}\cos x)'$

$$= 3x^2 + 4(\sqrt{x})'\cos x + 4\sqrt{x}(\cos x)'$$

$$= 3x^2 + \frac{2}{\sqrt{x}}\cos x - 4\sqrt{x}\sin x \ ;$$

（2）$y' = (x^3\ln x \cdot \cos x)'$

$$= (x^3)'\ln x \cdot \cos x + x^3(\ln x)' \cdot \cos x + x^3\ln x \cdot (\cos x)'$$

$$= 3x^2\ln x \cdot \cos x + x^3 \cdot \frac{1}{x}\cos x - x^3\ln x \cdot \sin x$$

$$= x^2(3\ln x \cdot \cos x + \cos x - x\ln x \cdot \sin x) \ ;$$

（3）$y' = (\tan x)' = \left(\dfrac{\sin x}{\cos x}\right)' = \dfrac{(\sin x)'\cos x - \sin x(\cos x)'}{\cos^2 x}$

$$= \frac{\cos^2 x + \sin^2 x}{\cos^2 x} = \frac{1}{\cos^2 x} = \sec^2 x \ ,$$

即 $(\tan x)' = \sec^2 x$.

【例8】 求下列函数的导数.

（1）$y = (1 - 2x)^7$；　（2）$y = \sin^2 x$；

（3）$y = \sqrt{1 - x^2}$；　（4）$y = \ln\sin(e^x)$.

精析：（1）函数 $y = (1 - 2x)^7$ 是由 $y = u^7$ 及 $u = (1 - 2x)$ 两个函数复合而成的，而

$$y'_u = (u^7)' = 7u^6 \ , \quad u'_x = (1 - 2x)' = -2 \ ,$$

所以
$$y' = 7u^6 \cdot (-2) = -14(1 - 2x)^6 \ .$$

（2）函数 $y = \sin^2 x$ 是由函数 $y = u^2$ 及 $u = \sin x$ 复合而成的，而

$$y'_u = (u^2)' = 2u \ , \quad u'_x = (\sin x)' = \cos x \ ,$$

所以
$$y' = 2u \cdot \cos x = 2\sin x \cdot \cos x = \sin 2x \ .$$

注意：对复合函数的分解过程掌握熟练之后，就不必再写出中间变量，只需按照函数复合的次序由外及里逐层求导，直接得出最后结果.

（3）$y' = (\sqrt{1 - x^2})' = \left[(1 - x^2)^{\frac{1}{2}}\right]' = \dfrac{1}{2} \cdot \dfrac{1}{\sqrt{1 - x^2}} \cdot (1 - x^2)' = -\dfrac{x}{\sqrt{1 - x^2}}$.

（4）$y' = [\ln\sin(e^x)]' = \dfrac{1}{\sin e^x}(\sin e^x)' = \dfrac{\cos e^x (e^x)'}{\sin e^x} = e^x\cot e^x$.

【例9】 已知函数 $y = \ln(x + \sqrt{x^2 + a^2})$，其中 a 为常数，求 y'.

精析：$y' = [\ln(x + \sqrt{x^2 + a^2})]' = \dfrac{1}{x + \sqrt{x^2 + a^2}}(x + \sqrt{x^2 + a^2})'$

$$= \frac{1}{x + \sqrt{x^2 + a^2}}\left[1 + \frac{1}{2}\frac{1}{\sqrt{x^2 + a^2}}(x^2 + a^2)'\right]$$

$$= \frac{1}{x + \sqrt{x^2 + a^2}}\left(1 + \frac{x}{\sqrt{x^2 + a^2}}\right) = \frac{1}{\sqrt{x^2 + a^2}}.$$

【例10】 求函数 $y = \arctan e^x - \ln\sqrt{\dfrac{e^{2x}}{e^{2x} + 1}}$ 的导数.

精析：因为 $y = \arctan e^x - \dfrac{1}{2}[2x - \ln(e^{2x} + 1)]$，所以

$$y' = \frac{e^x}{1 + e^{2x}} - 1 + \frac{e^{2x}}{1 + e^{2x}} = \frac{e^x - 1}{1 + e^{2x}}.$$

注：遇到对数函数求导时，往往可以利用对数函数的性质对函数化简，再计算导数.

【例 11】 已知 $f'(x) = \dfrac{1}{x}$，$y = f(\sin^2 x)$，求 $\dfrac{\mathrm{d}y}{\mathrm{d}x}$.

精析： 令 $u = \sin^2 x$，则 $\dfrac{\mathrm{d}u}{\mathrm{d}x} = 2\sin x \cos x$，所以

$$\frac{\mathrm{d}y}{\mathrm{d}x} = \frac{\mathrm{d}y}{\mathrm{d}u} \cdot \frac{\mathrm{d}u}{\mathrm{d}x} = f'(u) \cdot \frac{\mathrm{d}u}{\mathrm{d}x} = \frac{1}{u} \cdot 2\sin x \cos x = 2\frac{\cos x}{\sin x} = 2\cot x.$$

【例 12】 设 $f(x) = \begin{cases} \ln(1 + 2x), & x \le 0 \\ \dfrac{1 - \cos 2x}{x}, & x > 0 \end{cases}$，求 $f'(x)$.

精析： 因为 $f(x)$ 是一个分段函数，所以要分段计算其导数.

当 $x < 0$ 时，$f'(x) = \left[\ln(1 + 2x)\right]' = \dfrac{2}{1 + 2x}$；

当 $x > 0$ 时，$f'(x) = \left(\dfrac{1 - \cos 2x}{x}\right)' = \dfrac{2x\sin 2x - 1 + \cos 2x}{x^2}$；

当 $x = 0$ 时，$f'_-(0) = \lim\limits_{x \to 0^-} \dfrac{f(x) - f(0)}{x} = \lim\limits_{x \to 0^-} \dfrac{\ln(1 + 2x)}{x} = \lim\limits_{x \to 0^-} \dfrac{2x}{x} = 2$，

$$f'_+(0) = \lim_{x \to 0^+} \frac{f(x) - f(0)}{x} = \lim_{x \to 0^+} \frac{\dfrac{1 - \cos 2x}{x}}{x} = \lim_{x \to 0^+} \frac{1 - \cos 2x}{x^2} = \lim_{x \to 0^+} \frac{2x^2}{x^2} = 2.$$

所以，$f'(0) = 2$.

故

$$f'(x) = \begin{cases} \dfrac{2}{1 + 2x}, & x \le 0 \\ \dfrac{2x\sin 2x - 1 + \cos 2x}{x^2}, & x > 0 \end{cases}.$$

注：分段函数在分段点处的导数要用导数的定义求，若分段函数在分段点两侧的表达式不同，则要分别求该点的左右导数，当且仅当左右导数存在且相等时，函数在分段点的导数才存在.

三、隐函数求导法、对数求导法与参数方程求导法

1. 隐函数求导法

若函数的因变量 y 可用自变量 x 的一个表达式 $f(x)$ 直接表示，则函数可称为**显函数**.

例如，函数 $y = x^2 + 5$，$y = \sin x + \ln \cos x$，$y = \dfrac{x^2}{x + 1}$ 都是显函数.

若函数的因变量 y 与自变量 x 的对应关系是由一个方程 $F(x, y) = 0$ 来给出，则函数称为**隐函数**.

例如，方程 $x^2 + 2y - 1 = 0$ 确定了一个隐函数：$y = \dfrac{1 - x^2}{2}$.

又如，方程 $x^2 + y^2 = 1$ 能确定出两个隐函数 $y = \pm\sqrt{1 - x^2}$.

注：一个方程中并不一定只确定出一个函数，有可能确定出多个函数.

有些隐函数可以化为显函数，这个过程称为隐函数的显化.

但有些隐函数，例如，$e^y + xy = e$ 的显化很难，甚至根本不可能化为显函数. 那应该如何来计算隐函数的导数呢？

根据复合函数的求导法则，可以直接由方程 $F(x, y) = 0$ 求出它确定的隐函数的导数. 先通过一个具体的例子来说明它的求法.

【例 13】 求由方程 $e^y + xy = e$ 确定的隐函数的导数 y'.

精析: 将方程两边分别对 x 求导,得

$$e^y \cdot y' + y + x \cdot y' = 0,$$

解出 y',则所求的隐函数的导数为

$$y' = -\frac{y}{x + e^y} \quad (x + e^y \neq 0).$$

隐函数求导方法小结如下:

(1)方程 $F(x,y) = 0$ 两端同时对 x 求导,若遇到 y 的表达式,把 y 看作 x 的函数,即把 y 当作复合函数求导的中间变量来看待,得到一个含有 x,y,y' 的方程;

(2)从求导后的方程中解出 y',其最后结果中允许含有 y.

2. 对数求导法

如果碰到形如 $y = u(x)^{v(x)}$ $(u(x) > 0)$ 的幂指函数或由多个因子通过乘、除、乘方开方构成的比较复杂的函数的求导计算,往往可以使用**对数求导法**.

其过程是先对函数两边同时取对数,化乘、除为加减,乘方、开方为乘积,然后利用隐函数求导法求出 y'.

以幂指函数 $y = u(x)^{v(x)}$ 为例,对数求导法一般步骤如下:

(1)对函数两边同时取对数:

$$\ln y = v(x) \cdot \ln u(x).$$

(2)对等式两端关于 x 求导:

$$(\ln y)' = [v(x) \cdot \ln u(x)]',$$

即

$$\frac{1}{y} \cdot y' = v'(x) \cdot \ln u(x) + \frac{v(x)u'(x)}{u(x)},$$

则

$$y' = y\left[v'(x) \cdot \ln u(x) + \frac{v(x)u'(x)}{u(x)}\right] = u(x)^{v(x)}\left[v'(x) \cdot \ln u(x) + \frac{v(x)u'(x)}{u(x)}\right].$$

注: 对于幂指函数 $y = u(x)^{v(x)}$ $[u(x) > 0]$,也可以先将其写成 $y = e^{v(x)\ln u(x)}$ 的形式,再直接利用复合函数求导法则来求导.

3. 由参数方程确定的函数的导数

设 y 与 x 的函数关系是由参数方程 $\begin{cases} x = \varphi(t) \\ y = \psi(t) \end{cases}$ 确定的,则称此函数关系所表达的函数为由参数方程确定的函数.

例如,由参数方程 $\begin{cases} x = a\cos t \\ y = b\sin t \end{cases}$ 确定了椭圆方程 $\dfrac{x^2}{a^2} + \dfrac{y^2}{b^2} = 1$,即确定了两个函数:

$$y = \pm\sqrt{b^2 - \frac{b^2 x^2}{a^2}}.$$

下面讨论如何由参数方程直接求出它所确定的函数的导数.

设 $x = \varphi(t)$ 具有单调、连续的反函数 $t = \varphi^{-1}(x)$,且此反函数能与函数 $y = \psi(t)$ 构成复合函数 $y = \psi[\varphi^{-1}(x)]$. 若 $x = \varphi(t)$ 和 $y = \psi(t)$ 都可导,则

$$\frac{dy}{dx} = \frac{dy}{dt} \cdot \frac{dt}{dx} = \frac{dy}{dt} \cdot \frac{1}{\dfrac{dx}{dt}} = \frac{\psi'(t)}{\varphi'(t)}.$$

注：如果 $x = \varphi(t), y = \psi(t)$ 具有二阶导数，则

$$\frac{\mathrm{d}^2 y}{\mathrm{d} x^2} = \frac{\mathrm{d}}{\mathrm{d} x}\left(\frac{\mathrm{d} y}{\mathrm{d} x}\right) = \frac{\mathrm{d}}{\mathrm{d} t}\left[\frac{\psi'(t)}{\varphi'(t)}\right]\frac{\mathrm{d} t}{\mathrm{d} x} = \frac{\psi''(t)\varphi'(t) - \psi'(t)\varphi''(t)}{(\varphi'(t))^2} \cdot \frac{1}{\varphi'(t)},$$

即

$$\frac{\mathrm{d}^2 y}{\mathrm{d} x^2} = \frac{\psi''(t)\varphi'(t) - \psi'(t)\varphi''(t)}{(\varphi'(t))^3}.$$

【例 14】　函数 $y = y(x)$ 由方程 $\mathrm{e}^y + 6xy + x^2 = 1$ 确定，求 $y'(0)$.

精析：方程两边对 x 求导得

$$y'\mathrm{e}^y + 6(y + xy') + 2x = 0.$$

令 $x = 0$，由方程得 $\mathrm{e}^y - 1 = 0$，故 $y = 0$，带入上式得

$$y'(0) = 0.$$

【例 15】　求由方程 $xy\ln y + y = \mathrm{e}^{2x}$ 所确定的隐函数的导数 $\dfrac{\mathrm{d} y}{\mathrm{d} x}$.

精析：方程两边对 x 求导得

$$(y + xy')\ln y + xy' + y' = 2\mathrm{e}^{2x},$$

即

$$y'(1 + x + x\ln y) = 2\mathrm{e}^{2x} - y\ln y,$$

所以

$$y' = \frac{\mathrm{d} y}{\mathrm{d} x} = \frac{2\mathrm{e}^{2x} - y\ln y}{1 + x + x\ln y}.$$

【例 16】　求函数 $y = \left(\dfrac{x}{1+x}\right)^x$ 的导数.

精析：两边取对数得

$$\ln y = x[\ln x - \ln(1 + x)],$$

利用隐函数求导法得

$$\frac{1}{y}y' = \ln x - \ln(1 + x) + x\left(\frac{1}{x} - \frac{1}{1+x}\right),$$

故

$$y' = \left(\frac{x}{1+x}\right)^x\left(\ln\frac{x}{1+x} + \frac{1}{1+x}\right).$$

【例 17】　求函数 $y = x^2\sqrt{\dfrac{1+x}{1-x}}$ 的导数.

精析：对函数 $y = x^2\sqrt{\dfrac{1+x}{1-x}}$ 两边取对数得

$$\ln y = \ln x^2 + \ln\sqrt{\frac{1+x}{1-x}} = \ln x^2 + \frac{1}{2}\ln\frac{1+x}{1-x} = 2\ln x + \frac{1}{2}[\ln(1+x) - \ln(1-x)].$$

两边对 x 求导，有　$\dfrac{1}{y}y' = \dfrac{2}{x} + \dfrac{1}{2}\left[\dfrac{1}{1+x} - \dfrac{1}{1-x}(1-x)'\right] = \dfrac{2}{x} + \dfrac{1}{2}\left(\dfrac{1}{1+x} + \dfrac{1}{1-x}\right),$

从而

$$y' = x^2\sqrt{\frac{1+x}{1-x}}\left(\frac{2}{x} + \frac{1}{1-x^2}\right).$$

注：取对数的时候要求真数大于 0，因此原则上对表达式取对数之前要取绝对值，但由于 $(\ln|x|)' = \dfrac{1}{x}$，即取绝对值后的求导结果与不带绝对值的求导结果一样，因此，为了计算简单，在用对数求导法时可不用取绝对值，而直接取对数再求导即可.

【例 18】　设函数 $y = y(x)$ 由参数方程 $\begin{cases} x = t - \ln(1 + t) \\ y = t^3 + t^2 \end{cases}$ 所确定，求 $\dfrac{\mathrm{d} y}{\mathrm{d} x}$.

精析：$\dfrac{\mathrm{d}x}{\mathrm{d}t} = 1 - \dfrac{1}{1+t} = \dfrac{t}{1+t}$，$\dfrac{\mathrm{d}y}{\mathrm{d}t} = 3t^2 + 2t$，则由参数方程求导公式得

$$\frac{\mathrm{d}y}{\mathrm{d}x} = \frac{\dfrac{\mathrm{d}y}{\mathrm{d}t}}{\dfrac{\mathrm{d}x}{\mathrm{d}t}} = \frac{3t^2 + 2t}{\dfrac{t}{1+t}} = (1+t)(3t+2) = 3t^2 + 5t + 2.$$

【例 19】　求椭圆 $\begin{cases} x = a\cos t \\ y = b\sin t \end{cases}$ 在 $t = \dfrac{\pi}{4}$ 点处的切线方程.

精析：由参数方程求导公式得

$$\frac{\mathrm{d}y}{\mathrm{d}x} = \frac{(b\sin t)'}{(a\cos t)'} = \frac{b\cos t}{-a\sin t} = -\frac{b}{a}\cot t.$$

所求切线的斜率为

$$\left.\frac{\mathrm{d}y}{\mathrm{d}x}\right|_{t=\frac{\pi}{4}} = -\frac{b}{a},$$

带入参数方程得，切点的坐标为

$$x_0 = a\cos\frac{\pi}{4} = \frac{\sqrt{2}}{2}a,\quad y_0 = b\sin\frac{\pi}{4} = \frac{\sqrt{2}}{2}b.$$

故切线方程为 $y - \dfrac{\sqrt{2}}{2}b = -\dfrac{b}{a}\left(x - \dfrac{\sqrt{2}}{2}a\right)$，即

$$bx + ay - \sqrt{2}ab = 0.$$

【例 20】　函数 $y = y(x)$ 由参数方程 $\begin{cases} x = 1 + t^2 \\ y = \cos t \end{cases}$ 确定，求 $\dfrac{\mathrm{d}^2 y}{\mathrm{d}x^2}$.

精析：显然有 $\dfrac{\mathrm{d}x}{\mathrm{d}t} = 2t$，$\dfrac{\mathrm{d}y}{\mathrm{d}t} = -\sin t$，所以

$$\frac{\mathrm{d}y}{\mathrm{d}x} = \frac{\dfrac{\mathrm{d}y}{\mathrm{d}t}}{\dfrac{\mathrm{d}x}{\mathrm{d}t}} = -\frac{\sin t}{2t},$$

故

$$\frac{\mathrm{d}^2 y}{\mathrm{d}x^2} = \frac{\dfrac{\mathrm{d}}{\mathrm{d}t}\left(\dfrac{\mathrm{d}y}{\mathrm{d}x}\right)}{\dfrac{\mathrm{d}x}{\mathrm{d}t}} = \frac{\dfrac{\mathrm{d}}{\mathrm{d}t}\left(-\dfrac{\sin t}{2t}\right)}{2t} = \frac{-\dfrac{(\cos t)\cdot 2t - \sin t\cdot 2}{4t^2}}{2t} = \frac{\sin t - t\cos t}{4t^3}.$$

四、高阶导数

1. 高阶导数的定义

定义 3　如果函数 $y = f(x)$ 的导数 $f'(x)$ 在点 x 处的导数 $[f'(x)]'$ 存在，则称 $[f'(x)]'$ 为函数 $y = f(x)$ 的**二阶导数**，记作

$$f''(x),\ y'',\ \frac{\mathrm{d}^2 y}{\mathrm{d}x^2}\quad 或 \quad \frac{\mathrm{d}^2 f(x)}{\mathrm{d}x^2}.$$

类似地，二阶导数 $f''(x)$ 的导数称为**三阶导数**. 一般地，函数的 $n-1$ 阶导数的导数称为 $y = f(x)$ 的 n **阶导数**，记作

$$f^{(n)}(x),\ y^{(n)},\ \frac{\mathrm{d}^n y}{\mathrm{d}x^n}\quad 或 \quad \frac{\mathrm{d}^n f(x)}{\mathrm{d}x^n}.$$

函数 $y = f(x)$ 具有 n 阶导数也称 n **阶可导**，二阶和二阶以上的导数称为**高阶导数**.

求一个函数的 n 阶导数 $f^{(n)}(x)$，一般只需依次求出 $f'(x)$，$f''(x)$，$f'''(x)$，然后通过观察就可以得到它的 n 阶导数 $f^{(n)}(x)$．

2. 高阶导数公式

(1) $(e^x)^{(n)} = e^x$；

(2) $(x^n)^{(n)} = n!$，$(x^m)^{(n)} = 0$（正整数 $m < n$）；

(3) $(\sin x)^{(n)} = \sin\left(x + n \cdot \dfrac{\pi}{2}\right)$；(4) $(\cos x)^{(n)} = \cos\left(x + n \cdot \dfrac{\pi}{2}\right)$；

(5) $[af(x) + bg(x)]^{(n)} = af^{(n)}(x) + bg^{(n)}(x)$，其中 a,b 是任意常数；

(6) $\left(\dfrac{1}{ax+b}\right)^{(n)} = \dfrac{(-1)^n n! a^n}{(ax+b)^{n+1}}$，其中 $a \neq 0$，b 是任意常数

3. 莱布尼茨公式

设 $y = uv$，则 $y' = u'v + uv'$，$y'' = (u'v + uv')' = u''v + 2u'v' + uv''$，

$$y''' = (u''v + 2u'v' + uv'')' = u'''v + 3u''v' + 3u'v'' + uv''',$$

$$(uv)^{(n)} = C_n^0 u^{(n)} v^{(0)} + C_n^1 u^{(n-1)} v^{(1)} + C_n^2 u^{(n-2)} v^{(2)} + \cdots + C_n^k u^{(n-k)} v^{(k)} + \cdots + C_n^n u^{(0)} v^{(n)}$$

$$= \sum_{k=0}^{n} C_n^k u^{(n-k)} v^{(k)}，其中 u^{(0)} = u，v^{(0)} = v.$$

注 1：$C_n^k = \dfrac{n!}{k!(n-k)!}$，$C_n^n = C_n^0 = 1$.

注 2：在莱布尼茨公式中 u，v 的地位对等，所以可以互换.

【**例 21**】　求下列函数的二阶导数：

(1) $y = e^{\sqrt{x}} + 1$；　　　　(2) $y = (1 + x^2)\arctan x$；

(3) $x^2 + y^2 = 1$；　　　　　(4) $y = x^x\ (x > 0)$.

精析：(1) $y' = e^{\sqrt{x}} \cdot \dfrac{1}{2}x^{\frac{1}{2}}$，

$$y'' = (y')' = e^{\sqrt{x}} \cdot \frac{1}{2}x^{-\frac{1}{2}} \cdot \frac{1}{2}x^{-\frac{1}{2}} + e^{\sqrt{x}} \cdot \frac{1}{2} \cdot \left(-\frac{1}{2}\right)x^{-\frac{3}{2}} = \frac{1}{4}e^{\sqrt{x}}\left(x^{-1} - x^{-\frac{3}{2}}\right)；$$

(2) $y' = 2x\arctan x + (1 + x^2) \cdot \dfrac{1}{1+x^2} = 2x\arctan x + 1$，

$$y'' = (y')' = 2\arctan x + 2x \cdot \frac{1}{1+x^2} = 2\left(\arctan x + \frac{x}{1+x^2}\right)；$$

(3) 两边对 x 求导数，得 $2x + 2y \cdot y' = 0$，解得 $y' = -\dfrac{x}{y}$．再对 x 求导数，得

$$y'' = -\frac{y - xy'}{y^2} = -\frac{y - x \cdot \left(-\dfrac{x}{y}\right)}{y^2} = -\frac{x^2 + y^2}{y^3} = -\frac{1}{y^3}；$$

(4) 对 $y = x^x$ 两边取对数，得 $\ln y = x\ln x$，两边对 x 求导数，得

$$\frac{1}{y} \cdot y' = \ln x + x \cdot \frac{1}{x}，$$

所以 $\qquad\qquad\qquad\qquad y' = y(\ln x + 1) = y\ln x + y.$

上式两边再对 x 求导数，得

$$y'' = y'\ln x + y \cdot \frac{1}{x} + y' = (\ln x + 1)^2 y + \frac{y}{x} = (\ln x + 1)^2 x^x + x^{x-1}.$$

【例 22】 求函数 $y = \ln(1-x)$ 的 n 阶导数.

精析: $y' = \dfrac{1}{x-1}$, $y'' = (-1) \times \dfrac{1}{(x-1)^2}$, $y''' = (-1) \times (-2) \times \dfrac{1}{(x-1)^3}$, $\cdots$,

$$y^{(n)} = (-1) \times (-2) \cdots (-n+1) \times \frac{1}{(x-1)^n} = (-1)^{n-1} \frac{(n-1)!}{(x-1)^n} .$$

【例 23】 设 $y = \dfrac{1}{(1-2x)(1+x)}$, 求 $y^{(n)}(0)$.

精析: 因为 $y = \dfrac{1}{3} \left(\dfrac{2}{1-2x} + \dfrac{1}{1+x} \right)$, 所以

$$y^{(n)} = \frac{2}{3} \left(\frac{1}{1-2x} \right)^{(n)} + \frac{1}{3} \left(\frac{1}{1+x} \right)^{(n)} = \frac{2}{3} \cdot \frac{(-1)^n (-2)^n n!}{(1-2x)^{n+1}} + \frac{1}{3} \cdot \frac{(-1)^n n!}{(1+x)^{n+1}} ,$$

故 $\quad y^{(n)}(0) = \dfrac{1}{3} \cdot 2^{n+1} \cdot n! + \dfrac{1}{3} \cdot (-1)^n \cdot n! = \dfrac{n!}{3} [2^{n+1} + (-1)^n]$.

【例 24】 求函数 $y = x^2 \ln(1+x)$ 在 $x = 0$ 处的 n 阶导数 $y^{(n)}(0)$, 其中 $n > 2$.

精析: 利用莱布尼茨公式得

$$y^{(n)} = [x^2 \cdot \ln(1+x)]^{(n)} = \sum_{k=0}^{n} C_n^k \cdot (x^2)^{(k)} \cdot [\ln(1+x)]^{(n-k)}$$

$$= C_n^0 \cdot (x^2)^{(0)} \cdot [\ln(1+x)]^{(n-0)} + C_n^1 \cdot (x^2)^{(1)} \cdot [\ln(1+x)]^{(n-1)} + C_n^2 \cdot (x^2)^{(2)} \cdot [\ln(1+x)]^{(n-2)} + 0$$

$$= x^2 \cdot [\ln(1+x)]^{(n)} + n \cdot 2x \cdot [\ln(1+x)]^{(n-1)} + \frac{n(n-1)}{2} \cdot 2 \cdot [\ln(1+x)]^{(n-2)} .$$

故 $\quad y^{(n)}(0) = \dfrac{n(n-1)}{2} \cdot 2 \cdot [\ln(1+x)]^{(n-2)} \big|_{x=0} = n(n-1) \cdot [\ln(1+x)]^{(n-2)} \big|_{x=0}$.

可计算推出 $\quad [\ln(1+x)]^{(n-2)} = (-1)^{n-3} \dfrac{(n-3)!}{(1+x)^{n-2}}$.

从而 $\quad y^{(n)}(0) = n(n-1) \cdot (-1)^{n-3} \dfrac{(n-3)!}{(1+x)^{n-2}} \bigg|_{x=0} = (-1)^{n-3} \dfrac{n!}{n-2}$.

注: 求 n 阶导数的一般步骤是:

(1) 对于比较简单的函数, 可依次求出一阶、二阶、三阶等导数, 然后归纳出 n 阶导数;

(2) 对于较复杂的函数, 可将原来的函数化为简单初等函数的线性组合, 再求 n 阶导数;

(3) 如要计算两个函数乘积的 n 阶导数, 可应用莱布尼茨公式求解.

五、函数的微分

1. 微分的定义

定义 4 设函数 $y = f(x)$ 在 x_0 的某邻域内有定义, 若函数的该变量 Δy 可以表示为 Δx 的线性函数 $A \Delta x$ (A 是不依赖于 Δx 的常数) 与一个比 Δx 高阶的无穷小 $o(\Delta x)$ 之和, 即

$$\Delta y = A \cdot \Delta x + o(\Delta x) ,$$

则称函数 $f(x)$ 在点 x_0 处**可微**, 其中 $A \cdot \Delta x$ 称为函数 $f(x)$ 在点 x_0 处的**微分**. 记为

$$\mathrm{d}y \big|_{x=x_0} = A \Delta x .$$

若函数 $f(x)$ 在点 x_0 处可微, 则有 $\Delta y = A \cdot \Delta x + o(\Delta x)$, 于是, 当 $\Delta x \to 0$ 时, 由上式就得到

$$f'(x_0) = \lim_{\Delta x \to 0} \frac{\Delta y}{\Delta x} = \lim_{\Delta x \to 0} \left[A + \frac{o(\Delta x)}{\Delta x} \right] = A .$$

所以, 当函数 $f(x)$ 在点 x_0 处可微时, 其微分一定是 $\mathrm{d}y \big|_{x=x_0} = f'(x_0) \Delta x$.

例如，函数 $y = x^2 + 1$ 在 $x = 3$ 处的微分为 $dy = (x^2 + 1)' \big|_{x=3} \Delta x = 6\Delta x$.

2. 可导与可微的关系

定理 4　函数 $y = f(x)$ 在点 x_0 处可微的充分必要条件是 $f(x)$ 在点 x_0 处可导，且

$$dy \big|_{x=x_0} = f'(x_0)\Delta x.$$

3. 微分形式不变性

如果函数 $y = f(u)$ 可微，函数 $u = u(x)$ 也可微，则复合函数 $y = f[u(x)]$ 的微分为

$$dy = f'(u) \cdot u'(x)dx.$$

因为 $du = u'(x)dx$，所以上式也可以写成 $dy = f'(u)du$.

即对于函数 $y = f(u)$，不论 u 是自变量，还是中间变量，函数的微分 dy 都具有相同的形式 $dy = f'(u)du$. 这一性质称为微分形式不变性.

4. 微分的运算法则

由可导与可微的关系知道，微分的运算法则和导数的运算法则类似，只要在原来导数的运算式中每一项后面乘上一个 dx 即可.

设 $u = u(x)$，$v = v(x)$ 可微，则

（1） $d(u \pm v) = du \pm dv$；

（2） $d(Cu) = Cdu$；

（3） $d(uv) = vdu + udv$；

（4） $d\left(\dfrac{u}{v}\right) = \dfrac{vdu - udv}{v^2}$　$(v \neq 0)$.

【例 25】　求函数 $y = \sin(x^2 + 1)$ 的微分.

精析：

方法 1　因为 $y' = 2x \cdot \cos(x^2 + 1)$，所以函数 $y = \sin(x^2 + 1)$ 的微分为

$$dy = 2x \cdot \cos(x^2 + 1)dx.$$

方法 2　利用微分的一阶形式不变性，把 $x^2 + 1$ 看成中间变量 u，

$$dy = d\sin u = \cos u du = \cos(x^2 + 1)d(x^2 + 1)$$
$$= \cos(x^2 + 1) \cdot 2xdx = 2x \cdot \cos(x^2 + 1)dx.$$

注： 熟练以后，在求复合函数的微分时，可以不写出中间变量，即可以写成

$$dy = d\sin(x^2 + 1) = \cos(x^2 + 1)d(x^2 + 1)$$
$$= \cos(x^2 + 1) \cdot 2xdx = 2x \cdot \cos(x^2 + 1)dx.$$

【例 26】　设函数 $y = f(x)$ 是由方程 $x^2y + e^y = e$ 所确定的隐函数，求微分 dy.

精析：

方法 1　方程两边对 x 求导得

$$2xy + x^2y' + e^yy' = 0,$$

则 $y' = \dfrac{-2xy}{x^2 + e^y}$，所以微分 $dy = \dfrac{-2xy}{x^2 + e^y}dx$.

方法 2　方程两边对 x 求微分得

$$d(x^2y) + d(e^y) = 0,$$

化简得 $2xydx + x^2dy + e^ydy = 0$，所以 $dy = \dfrac{-2xy}{x^2 + e^y}dx$.

第二节　中值定理及导数的应用

一、微分中值定理

1. 罗尔定理

定理 1　若函数 $f(x)$ 满足如下三个条件：

（1）在闭区间 $[a,b]$ 上连续；

（2）在开区间 (a,b) 内可导；

（3）$f(a) = f(b)$.

则至少存在一点 $\xi \in (a,b)$，使得 $f'(\xi) = 0$.

注 1：罗尔定理要求同时满足这三个条件，结论才一定成立.

注 2：罗尔定理的几何意义：在每一点都可导的一段连续曲线上，如果曲线的两端点高度相等，则至少存在一条水平切线.

2. 拉格朗日中值定理

定理 2　若函数 $f(x)$ 满足如下两个条件：

（1）在闭区间 $[a,b]$ 上连续；

（2）在开区间 (a,b) 内可导.

则至少存在一点 $\xi \in (a,b)$，使得

$$f'(\xi) = \frac{f(b) - f(a)}{b - a},$$

或写成

$$f(b) - f(a) = f'(\xi)(b - a).$$

拉格朗日中值定理的几何意义：在每一点都可导的一段连续曲线上至少存在一点，使曲线在该点处的切线平行于连接两端点的直线.

拉格朗日中值定理有如下两个重要推论：

推论 1　设函数 $f(x)$ 在 (a,b) 内可导，且 $f'(x) = 0$，则 $f(x) = C$（C 是常数）；

推论 2　设函数 $f(x), g(x)$ 在 (a,b) 内可导，且 $f'(x) = g'(x)$，则 $f(x) = g(x) + C$（C 是常数）.

注：在拉格朗日中值定理中，若 $f(a) = f(b)$，即为罗尔定理，所以拉格朗日中值定理是罗尔定理的一个推广.

3. 柯西中值定理

定理 3　若函数 $f(x), g(x)$ 满足如下三个条件：

（1）在闭区间 $[a,b]$ 上连续；

（2）在开区间 (a,b) 上可导；

（3）$g'(x) \neq 0$，对任意 $x \in (a,b)$.

则至少存在一点 $\xi \in (a,b)$，使得 $\dfrac{f(b) - f(a)}{g(b) - g(a)} = \dfrac{f'(\xi)}{g'(\xi)}$.

注：若取 $g(x) = x$，上述定理即为拉格朗日中值定理，所以柯西中值定理是拉格朗日定理的一个推广.

【例 1】　设 a_1, a_2, a_3 满足 $a_1 + a_2 + a_3 = 0$，证明：方程 $3a_1 x^2 + 2a_2 x + a_3 = 0$ 在 $(0,1)$ 内至少存在一根.

分析：此题要想用罗尔定理来证明，根据定理结论，需构造函数满足

$$f'(x) = 3a_1x^2 + 2a_2x + a_3 ,$$

从而可以假设函数 $f(x) = a_1x^3 + a_2x^2 + a_3x$ 来应用罗尔定理.

证明:设函数 $f(x) = a_1x^3 + a_2x^2 + a_3x$, $x \in [0,1]$. 显然, $f(x)$ 为初等函数,在 $[0,1]$ 上连续,在 $(0,1)$ 上可导,且 $f(0) = 0$, $f(1) = a_1 + a_2 + a_3 = 0$,所以,由罗尔定理知,至少存在一点 $\xi \in (0,1)$ 使得 $f'(\xi) = 0$.

因为 $f'(x) = 3a_1x^2 + 2a_2x + a_3$,所以 $f'(\xi) = 3a_1\xi^2 + 2a_2\xi + a_3 = 0$,即 ξ 是方程 $3a_1x^2 + 2a_2x + a_3 = 0$ 的根,即证.

【例2】 设 $f(x)$ 在 $[a,b]$ 上连续,在 (a,b) 内可导,且 $f(a) = f(b) = 0$,证明:对于 $\forall \lambda \in \mathbf{R}$,至少存在一点 $\xi \in (a,b)$ 使得 $f'(\xi) = \lambda f(\xi)$.

分析:要证明 $f'(\xi) = \lambda f(\xi)$ 就是要证 $f'(\xi) - \lambda f(\xi) = 0$.因为由 $[e^{-\lambda x}f(x)]' = e^{-\lambda x}[f'(x) - \lambda f(x)]$ 可得 $f'(x) - \lambda f(x)$.从而可假设函数 $F(x) = e^{-\lambda x}f(x)$ 来应用罗尔定理.

证明:构造函数 $F(x) = e^{-\lambda x}f(x)$, $x \in [a,b]$, $\forall \lambda \in \mathbf{R}$.

因为 $f(x)$ 在闭区间 $[a,b]$ 上连续,在开放区间 (a,b) 内可导,且 $f(a) = f(b) = 0$,则 $F(x)$ 在 $[a,b]$ 上连续,在 (a,b) 内可导,且 $F(a) = F(b) = 0$,所以由罗尔定理知,对于 $\forall \lambda \in \mathbf{R}$,至少存在一点 $\xi \in (a,b)$ 使得

$$F'(\xi) = e^{-\lambda \xi}[f'(\xi) - \lambda f(\xi)] = 0 .$$

因为 $e^{-\lambda \xi} \neq 0$,则定有 $f'(\xi) - \lambda f(\xi) = 0$,即 $f'(\xi) = \lambda f(\xi)$.

注:利用罗尔定理判断函数的零点个数或证明简单命题,往往需要根据结论构造出辅助函数,再结合罗尔定理来证明.

【例3】 证明方程 $x^3 - 6x^2 + 1 = 0$ 在区间 $[0,1]$ 内不可能有两个不同的实根.

证明:用反证法.

假设方程 $x^3 - 6x^2 + 1 = 0$ 在 $[0,1]$ 内有两个不同的实根 a,b 且 $a < b$,则函数 $f(x) = x^3 - 6x^2 + 1$ 在闭区间 $[a,b]$ 上满足罗尔定理,于是,至少存在一点 $\xi \in (a,b)$,使得

$$f'(\xi) = 3\xi^2 - 12\xi = 0 ,$$

解得 $\xi = 0$ 或 $\xi = 4$,与 $\xi \in (a,b)$ 矛盾.因此,假设不成立.则方程 $x^3 - 6x^2 + 1 = 0$ 在区间 $[0,1]$ 内不可能有两个不同的实根.

【例4】 证明不等式:对于任意的 $a,b \in \mathbf{R}$,有 $|\sin a - \sin b| \leqslant |a - b|$.

证明:若 $a = b$,结论显然成立.

不妨设 $a < b$.假设函数 $f(x) = \sin x$,显然 $f(x)$ 在 $\mathbf{R}$ 上连续可导,则 $f(x)$ 在区间 $[a,b]$ 内连续,在 (a,b) 上可导.由拉格朗日中值定理得

$$\sin a - \sin b = (\sin x)'|_{x=\xi}(a - b) .$$

而 $(\sin x)'|_{x=\xi} = \cos \xi$, $|\cos \xi| \leqslant 1$.则 $|\sin a - \sin b| = |\cos \xi||a - b| \leqslant |a - b|$.

若 $a > b$,同理可证.

【例5】 证明不等式 $x > \ln(1 + x)$, $(x > 0)$.

证明:令 $f(t) = t - \ln(1 + t)$,因为 $f(t)$ 是初等函数,所以在 $[0, +\infty)$ 上连续,又 $f'(t) = 1 - \dfrac{1}{1 + t}$,可知 $f(x)$ 在 $(0, +\infty)$ 内可导,故 $f(t)$ 在区间 $[0,x]$ 上满足拉格朗日中值定理的条件,所以至少存在一点 $\xi(0 < \xi < x)$,使得

$$f(x) - f(0) = f'(\xi)(x - 0) .$$

而 $f'(\xi) = 1 - \dfrac{1}{1 + \xi} = \dfrac{\xi}{1 + \xi} > 0$, $f(0) = 0$,可得 $f(x) = x - \ln(1 + x) > 0$,即

$$x > \ln(1 + x).$$

注:利用拉格朗日中值定理证明一个具体不等式关键是构造一个合适的函数,再利用 ξ 的范围建立一个不等式,从而得出结论.

【例 6】 设 $f(x)$ 在 $[0,1]$ 上具有单调递减的导数 $f'(x)$,且 $f(0) = 0$,试证明:对于满足不等式 $0 < a < b < a + b < 1$ 的 a 和 b,恒有 $f(a) + f(b) > f(a + b)$.

证明:因为 $f(x)$ 在 $[0,1]$ 上具有单调递减的导数,且 $0 < a < b < a + b < 1$,所以在 $[0,a]$ 上 $f(x)$ 连续可导,由拉格朗日中值定理知,至少存在一点 $\xi_1 \in (0,a)$,使得

$$f'(\xi_1) = \frac{f(a) - f(0)}{a - 0} = \frac{f(a)}{a}.$$

同理,在 $[b,a+b]$ 上,$f(x)$ 也满足拉格朗日中值定理条件,由拉格朗日定理得,至少存在一点 $\xi_2 \in (b,a+b)$,使得

$$f'(\xi_2) \in \frac{f(a+b) - f(b)}{a+b-b} = \frac{f(a+b) - f(b)}{a}.$$

对于导函数 $f'(x)$ 在区间 $[\xi_1,\xi_2]$ 单调减少,所以有 $f'(\xi_1) > f'(\xi_2)$,即

$$\frac{f(a)}{a} > \frac{f(a+b) - f(b)}{a},$$

则

$$f(a+b) < f(a) + f(b).$$

【例 7】 证明 $\arcsin x + \arccos x = \frac{\pi}{2}\ (-1 \leqslant x \leqslant 1)$.

证明:设 $f(x) = \arcsin x + \arccos x, x \in [-1,1]$.

当 $x \in (-1,1)$ 时,导数 $f'(x) = \frac{1}{\sqrt{1-x^2}} + \left(-\frac{1}{\sqrt{1-x^2}}\right) = 0$,

则

$$f(x) = C, x \in (-1,1).$$

又因为 $f(0) = \arcsin 0 + \arccos 0 = 0 + \frac{\pi}{2} = \frac{\pi}{2}$,即 $C = \frac{\pi}{2}$.

当 $x = \pm 1$ 时,$f(x) = \frac{\pi}{2}$,因此 $\arcsin x + \arccos x = \frac{\pi}{2}\ (-1 \leqslant x \leqslant 1)$.

二、洛必达法则

1. $\frac{0}{0}$ 型未定式极限

定理 4 如果函数 $f(x)$ 与 $g(x)$ 满足下列条件:

(1) $\lim\limits_{x \to x_0} f(x) = 0$,$\lim\limits_{x \to x_0} g(x) = 0$;

(2) 在点 x_0 及其附近内函数 $f(x)$,$g(x)$ 都可导,且 $g'(x) \neq 0$;

(3) $\lim\limits_{x \to x_0} \frac{f'(x)}{g'(x)} = A$(或 ∞).

则 $\lim\limits_{x \to x_0} \frac{f(x)}{g(x)} = \lim\limits_{x \to x_0} \frac{f'(x)}{g'(x)} = A$(或 ∞).

2. $\frac{\infty}{\infty}$ 型未定式极限

定理 5 如果函数 $f(x)$ 与 $g(x)$ 满足下列条件:

(1) $\lim\limits_{x \to x_0} f(x) = \infty$，$\lim\limits_{x \to x_0} g(x) = \infty$；

(2) 在点 x_0 及其附近内函数 $f(x)$，$g(x)$ 都可导，且 $g'(x) \neq 0$；

(3) $\lim\limits_{x \to x_0} \dfrac{f'(x)}{g'(x)} = A$（或 ∞）.

则 $\lim\limits_{x \to x_0} \dfrac{f(x)}{g(x)} = \lim\limits_{x \to x_0} \dfrac{f'(x)}{g'(x)} = A$（或 ∞）.

如果将上述两个定理中的 $x \to x_0$ 换成 $x \to x_0^+$，$x \to x_0^-$，$x \to +\infty$，$x \to -\infty$，$x \to \infty$，只要相应的修改条件，也会得到同样的结论.

3. 其他类型未定式极限

除了 $\dfrac{0}{0}$ 型和 $\dfrac{\infty}{\infty}$ 型未定式外，还有 $0 \cdot \infty$，$\infty - \infty$，0^0，1^∞，∞^0 等五种未定式. 一般地，这些类型可以通过适当的恒等变形转化为 $\dfrac{0}{0}$ 型或 $\dfrac{\infty}{\infty}$ 型未定式，再用洛必达法则求解.

【例 8】 求极限 $\lim\limits_{x \to 1} \dfrac{\ln x}{x - 1}$.

精析：极限为 $\dfrac{0}{0}$ 型未定式，应用洛必达法则得

$$\lim_{x \to 1} \frac{\ln x}{x - 1} = \lim_{x \to 1} \frac{\frac{1}{x}}{1} = 1.$$

【例 9】 求极限 $\lim\limits_{x \to 0} \dfrac{e^x - e^{-x}}{x^2}$.

精析：极限为 $\dfrac{0}{0}$ 型未定式，应用洛必达法则得

$$\lim_{x \to 0} \frac{e^x - e^{-x}}{x^2} = \lim_{x \to 0} \frac{e^x + e^{-x}}{2x} = \infty.$$

【例 10】 求极限 $\lim\limits_{x \to 2} \dfrac{x^3 - 12x + 16}{x^3 - 2x^2 - 4x + 8}$.

精析：极限为 $\dfrac{0}{0}$ 型未定式，应用洛必达法则得

$$\lim_{x \to 2} \frac{x^3 - 12x + 16}{x^3 - 2x^2 - 4x + 8} = \lim_{x \to 2} \frac{3x^2 - 12}{3x^2 - 4x - 4} = \lim_{x \to 2} \frac{6x}{6x - 4} = \frac{3}{2}.$$

【例 11】 求极限 $\lim\limits_{x \to +\infty} \dfrac{\ln x}{x^2}$.

精析：极限为 $\dfrac{\infty}{\infty}$ 型未定式，应用洛必达法则得

$$\lim_{x \to +\infty} \frac{\ln x}{x^2} = \lim_{x \to +\infty} \frac{\frac{1}{x}}{2x} = \lim_{x \to +\infty} \frac{1}{2x^2} = 0.$$

【例 12】 求极限 $\lim\limits_{x \to +\infty} x\left(\dfrac{\pi}{2} - \arctan x\right)$.

精析：极限为 $0 \cdot \infty$ 型未定式，先恒等变形再应用洛必达法则得

$$\lim_{x \to +\infty} x\left(\frac{\pi}{2} - \arctan x\right) = \lim_{x \to +\infty} \frac{\frac{\pi}{2} - \arctan x}{\frac{1}{x}} = \lim_{x \to +\infty} \frac{-\frac{1}{1 + x^2}}{-\frac{1}{x^2}} = \lim_{x \to +\infty} \frac{x^2}{1 + x^2} = 1.$$

【例13】　求极限 $\lim\limits_{x \to 0} \left(\dfrac{1}{x} - \dfrac{1}{e^x - 1} \right)$.

精析：极限为 $\infty - \infty$ 型未定式，先通分再应用洛必达法则得

$$\lim_{x \to 0} \left(\frac{1}{x} - \frac{1}{e^x - 1} \right) = \lim_{x \to 0} \frac{e^x - 1 - x}{x(e^x - 1)} = \lim_{x \to 0} \frac{e^x - 1 - x}{x^2} = \lim_{x \to 0} \frac{e^x - 1}{2x} = \lim_{x \to 0} \frac{e^x}{2} = \frac{1}{2}.$$

【例14】　求极限 $\lim\limits_{x \to 0^+} x^x$.

精析：极限为 0^0 型未定式，先恒等变形再应用洛必达法则得

$$\lim_{x \to 0^+} x^x = \lim_{x \to 0^+} e^{\ln x^x} = \lim_{x \to 0^+} e^{x \ln x} = e^{\lim\limits_{x \to 0^+} x \ln x} = e^{\lim\limits_{x \to 0^+} \frac{\ln x}{\frac{1}{x}}} = e^{\lim\limits_{x \to 0^+} (-x)} = e^0 = 1.$$

【例15】　求极限 $\lim\limits_{x \to +\infty} \left(1 + \dfrac{1}{x} + \dfrac{1}{x^2} \right)^x$.

精析：极限为 1^∞ 型未定式，先恒等变形再应用洛必达法则得

$$\lim_{x \to +\infty} \left(1 + \frac{1}{x} + \frac{1}{x^2} \right)^x = \lim_{x \to +\infty} e^{x \ln \left(1 + \frac{1}{x} + \frac{1}{x^2} \right)} = e^{\lim\limits_{x \to +\infty} \frac{\ln(1 + x + x^2) - \ln x^2}{1/x}} = e^{\lim\limits_{x \to +\infty} \frac{\frac{2x+1}{1+x+x^2} - \frac{2}{x}}{-1/x^2}} = e^{\lim\limits_{x \to +\infty} \frac{x^2 + 2x}{x^2 + x + 1}} = e.$$

【例16】　求极限 $\lim\limits_{x \to \infty} (1 + x)^{\frac{1}{x}}$.

精析：极限为 ∞^0 型未定式，先恒等变形再应用洛必达法则得

$$\lim_{x \to \infty} (1 + x)^{\frac{1}{x}} = \lim_{x \to +\infty} e^{\frac{1}{x} \ln(1 + x)} = e^{\lim\limits_{x \to +\infty} \frac{\ln(1+x)}{x}} = e^{\lim\limits_{x \to +\infty} \frac{1/(1+x)}{1}} = e^0 = 1.$$

注：$0^0, 1^\infty, \infty^0$ 型三种未定式的恒等变形都套用了以下公式：

$$\lim_{x \to a} [f(x)]^{g(x)} = \lim_{x \to a} e^{\ln [f(x)]^{g(x)}} = \lim_{x \to a} e^{g(x) \ln f(x)} = e^{\lim\limits_{x \to a} g(x) \ln f(x)}.$$

洛必达法则是求未定式的一种非常有效的方法，但在使用洛必达法则时必须注意以下几点：

(1)在使用洛必达法则前，可以先利用因式分解、有理化、等价无穷小等方法对式子进行整理化简，且每用一次法则后都要将式子整理化简；

(2)当洛必达法则条件中的 $\lim\limits_{x \to x_0} \dfrac{f'(x)}{g'(x)}$ 不存在时，极限 $\lim\limits_{x \to x_0} \dfrac{f(x)}{g(x)}$ 不一定不存在.

如当 $x \to \infty$ 时，未定式的分子或分母中含 $\sin x, \cos x$，则往往不能使用洛必达法则求解.

例如，考虑极限 $\lim\limits_{x \to \infty} \dfrac{x + \sin x}{x}$. 如果用洛必达法则求导，极限 $\lim\limits_{x \to \infty} \dfrac{1 + \cos x}{1}$ 不存在. 但原极限是存在的

$$\lim_{x \to \infty} \frac{x + \sin x}{x} = \lim_{x \to \infty} \left(1 + \frac{\sin x}{x} \right) = 1 + \lim_{x \to \infty} \frac{\sin x}{x} = 1.$$

三、单调性、极值与最值

1. 函数的单调性

可导函数的单调性与导数的符号有着密切的联系，因此可以用导数的符号来判断函数的单调性.

定理6　设函数 $f(x)$ 在 (a, b) 内可导，则有：

(1)如果 (a, b) 内 $f'(x) > 0$，则函数 $f(x)$ 在 (a, b) 内单调增加；

(2)如果 (a, b) 内 $f'(x) < 0$，则函数 $f(x)$ 在 (a, b) 内单调减少.

讨论函数单调性的一般步骤：

(1)确定函数 $f(x)$ 的定义域；

(2)求出 $f'(x) = 0$ 的点和 $f'(x)$ 不存在的点，并以这些点为分界点将定义域分成若干个部分区间；

(3)列表讨论 $f'(x)$ 在各个区间内的符号，从而确定函数的单调性.

2. 函数的极值

定义1　设函数 $y = f(x)$ 在点 x_0 的某邻域内有定义,如果对于该邻域内的任意一点 $x(x \neq x_0)$,都有

(1) $f(x) < f(x_0)$,则称 $f(x_0)$ 为 $f(x)$ 的**极大值**,其中 x_0 为 $f(x)$ 的**极大值点**;

(2) $f(x) > f(x_0)$,则称 $f(x_0)$ 为 $f(x)$ 的**极小值**,其中 x_0 为 $f(x)$ 的**极小值点**.

函数的极大值与极小值统称为函数的**极值**,极大值点与极小值点统称为**极值点**.

讨论函数的极值应注意如下几点:

(1)极值只是局部概念,而最值是整体概念;

(2)极值之间不能比较大小,函数的极大值不一定大于极小值;

(3)由极值的定义知,函数的极值点只考虑在定义区间内部的点,不包括端点.

若可导函数 $f(x)$ 在 x_0 取到极值,那函数在 x_0 两侧增减性一定发生改变,即 $f'(x)$ 的符号改变,说明在极值点 x_0 处有 $f'(x_0) = 0$.

定义2　如果 $f'(x_0) = 0$,则称 x_0 为函数 $f(x)$ 的驻点.

当然,极值点 x_0 也可以是不可导点.

定理7　如果 x_0 是函数 $f(x)$ 的极值点,则 $f'(x_0) = 0$ 或者 $f'(x_0)$ 不存在.

由上述定理可知,函数的极值点只能在驻点和不可导点取到,但反之,驻点和不可导点不一定是极值点.

例如,$x = 0$ 是函数 $y = x^3$ 的驻点但不是极值点. 又如,$x = 0$ 是函数 $y = \sqrt[3]{x}$ 的不可导点但不是极值点.

定理8　(极值的第一充分条件)设函数 $y = f(x)$ 在点 x_0 处连续,且在点 x_0 的某一空心邻域内可导,如果在该邻域内:

(1)当 $x < x_0$ 时,$f'(x) > 0$;当 $x > x_0$ 时,$f'(x) < 0$,则 $f(x_0)$ 为 $f(x)$ 的极大值;

(2)当 $x < x_0$ 时,$f'(x) < 0$;当 $x > x_0$ 时,$f'(x) > 0$,则 $f(x_0)$ 为 $f(x)$ 的极小值;

(3)在点 x_0 的两侧 $f'(x) < 0$ 不变号,则 $f(x_0)$ 不是 $f(x_0)$ 的极值.

定理9　(极值的第二充分条件)设函数 $y = f(x)$ 在点 x_0 的某个邻域内一阶可导,在 $x = x_0$ 处二阶可导,且 $f'(x_0) = 0$,$f''(x_0) \neq 0$.

(1)若 $f''(x_0) < 0$,则 $f(x_0)$ 为函数 $f(x)$ 的极大值;

(2)若 $f''(x_0) > 0$,则 $f(x_0)$ 为函数 $f(x)$ 的极小值;

(3)若 $f''(x_0) = 0$,则该定理无法判断 $f(x_0)$ 是不是极值,考虑用第一充分条件.

计算极值点和极值的一般步骤:

(1)确定函数 $f(x)$ 的定义域;

(2)求导数 $f'(x)$,令 $f'(x) = 0$,求得 $f(x)$ 的全部驻点和不可导点;

(3)考察在每个驻点和不可导点的左、右两侧 $f'(x)$ 的符号,进而确定该点是否是极值点,并确定对应的函数值是极大值还是极小值;

(4)求出各极值点处对应的极值.

3. 函数的最值

函数的最值是一个整体概念,由连续函数性质可知,连续函数在闭区间 $[a,b]$ 上一定存在最大值和最小值,则最值可能在端点 a 或 b 处取得,也可能在开区间 (a,b) 内取得. 显然如果最值在 (a,b) 内的某一点取到,则该点一定是极值点.

计算闭区间上最值的一般步骤:

(1)求出函数 $f(x)$ 在闭区间 $[a,b]$ 上的驻点和不可导点,再计算出这些点与区间的两个端点处的函数值;

(2)对上述得到的各函数值比较大小,最大的就是最大值,最小的就是最小值.

注：该方法利用了最值可以比较大小的特点，比判定极值的方法更加简单.

在实际问题中，一般可以利用以下性质来判定最值.

若函数 $f(x)$ 在定义区间内可导且有唯一的极值点 x_0，则当 $f(x_0)$ 时极大值时，$f(x_0)$ 就是函数 $f(x)$ 在该区间上的最大值；当 $f(x_0)$ 时极小值时，$f(x_0)$ 就是函数 $f(x)$ 在该区间上的最小值.

【例 17】 讨论函数 $f(x) = 3x - x^3 + 1$ 的单调性.

精析： 函数 $f(x)$ 的定义域为 $(-\infty, +\infty)$.

$f'(x) = 3 - 3x^2 = 3(1 + x)(1 - x)$.

令 $f'(x) = 0$，得 $x_1 = -1, x_2 = 1$，且函数 $f(x)$ 无不可导点.

以 $x_1 = -1$ 和 $x_2 = 1$ 为分界点划分定义域，列表讨论如下：

x	$(-\infty, -1)$	-1	$(-1, 1)$	1	$(1, +\infty)$
$f'(x)$	$-$	0	$+$	0	$-$
$f(x)$	↘		↗		↘

所以，函数 $f(x)$ 在 $(-\infty, -1)$ 与 $(1, +\infty)$ 内是减少的，在 $(-1, 1)$ 内是增加的.

注： 此处用"↗"表示单调增加，"↘"表示单调减少.

【例 18】 证明：当 $x > 1$ 时，$2\sqrt{x} > 3 - \dfrac{1}{x}$.

证明： 设函数 $f(x) = 2\sqrt{x} - \left(3 - \dfrac{1}{x}\right)$，$x \in (1, +\infty)$.

$$f'(x) = \frac{1}{\sqrt{x}} - \frac{1}{x^2} = \frac{1}{x^2}(x\sqrt{x} - 1).$$

当 $x > 1$ 时，$f'(x) > 0$，因此 $f(x)$ 在 $[1, +\infty)$ 上单调增加.

当 $x > 1$ 时 $f(x) > f(1)$，又由于 $f(1) = 0$，故 $f(x) > f(1) = 0$，即 $2\sqrt{x} - \left(3 - \dfrac{1}{x}\right) > 0$，则当 $x > 1$ 时，$2\sqrt{x} > 3 - \dfrac{1}{x}$.

【例 19】 求函数 $f(x) = (2x - 5) \cdot \sqrt[3]{x^2}$ 的极值.

精析： 函数定义域为 $(-\infty, +\infty)$，计算导数得 $f'(x) = \left(2x^{\frac{5}{3}} - 5x^{\frac{2}{3}}\right)' = \dfrac{10(x - 1)}{3\sqrt[3]{x}}$.

令导数 $f'(x) = 0$，得到驻点 $x_1 = 1$，且有导数不存在的点 $x_2 = 0$. 列表讨论如下：

x	$(-\infty, 0)$	0	$(0, 1)$	1	$(1, +\infty)$
y'	$+$	不存在	$-$	0	$+$
$y = f(x)$	↗	极大值 0	↘	极小值 -3	↗

所以，函数极小值 $f(1) = -3$，极大值 $f(0) = 0$

【例 20】 求函数 $f(x) = (x^2 - 1)^3 + 2$ 的极值.

精析： 函数定义域为 $(-\infty, +\infty)$，计算导数得 $f'(x) = 3(x^2 - 1)^2(2x) = 6x(x^2 - 1)^2$，

令导数 $f'(x) = 0$，得驻点 $x_1 = -1, x_2 = 0, x_3 = 1$，且没有导数不存在的点.

又 $f''(x) = 6(x^2 - 1)^2 + 24x^2(x^2 - 1) = 6(x^2 - 1)(5x^2 - 1)$，

因为 $f''(0) = 6 > 0$，所以 $f(0) = 1$ 为函数的极小值.

由于 $f''(-1) = f''(1) = 0$，因此无法用第二种充分条件判定极值，用第一充分条件判定. 列表如下：

x	$(-\infty,-1)$	$(-1,0)$	$(0,1)$	$(1,+\infty)$
$f'(x)$	$-$	$-$	$+$	$+$

从上表可看出，$f(x)$ 在 $x_1=-1$ 及 $x_3=1$ 点处无极值.

综上所述，$f(0)=1$ 为函数的极小值.

【例21】　求函数 $y=2x^3+3x^2-12x+14$ 在 $[-3,4]$ 上的最大值和最小值.

精析：求导 $f'(x)=6x^2+6x-12$，令 $f'(x)=0$，得 $x_1=-2$，$x_2=1$.

由于　　　　　　　　　　$f(-3)=23$；$f(-2)=34$；$f(1)=7$；$f(4)=142$.

所以函数 $y=2x^3+3x^2-12x+14$ 在 $[-3,4]$ 上的最大值为 $f(4)=142$，最小值为 $f(1)=7$.

【例22】　求函数 $f(x)=x\mathrm{e}^{-x}$ 的最大值和最小值.

精析：函数 $f(x)=x\mathrm{e}^{-x}$ 的定义域为 $(-\infty,+\infty)$，又 $f'(x)=\mathrm{e}^{-x}-x\mathrm{e}^{-x}=\mathrm{e}^{-x}(1-x)$，令 $f'(x)=0$，得驻点 $x=1$，且没有不可导点.

当 $x<1$ 时，$f'(x)>0$；当 $x>1$ 时，$f'(x)<0$，所以 $f(1)=\mathrm{e}^{-1}=\dfrac{1}{\mathrm{e}}$ 为函数 $f(x)$ 的极大值.

又因为　　　　　　　　　　$\lim\limits_{x\to-\infty}f(x)=\lim x\mathrm{e}^{-x}=-\infty$；

$$\lim\limits_{x\to+\infty}f(x)=\lim\limits_{x\to+\infty}x\mathrm{e}^{-x}=\lim\limits_{x\to+\infty}\frac{x}{\mathrm{e}^x}=\lim\limits_{x\to+\infty}\frac{1}{\mathrm{e}^x}=0.$$

则函数 $f(x)$ 在其定义域内有最大值 $f(1)=\dfrac{1}{\mathrm{e}}$，无最小值.

【例23】　用边长为2的正方形铁皮做一个无盖的铁盒，在铁皮的四角截去一个面积相等的小正方形，然后把四边折起，就能焊成铁盒.问在四角截去边长为多大的正方形，方能使所做的铁盒容积最大？

精析：设每个小正方形边长为 x，则铁盒容积为

$$V(x)=x(2-2x)^2,\quad x\in(0,1).$$

令　　　　　　　　　　$V'(x)=12\left(x-\dfrac{1}{3}\right)(x-1)=0.$

解得唯一驻点 $x=\dfrac{1}{3}$（$x=1$ 舍去），并由 $V''\left(\dfrac{1}{3}\right)=-8<0$，则 $V\left(\dfrac{1}{3}\right)=\dfrac{16}{27}$ 为极大值.

由于 $V(x)$ 在 $(0,1)$ 内只有唯一极值点，且为极大值点，因此该极大值就是所求的最大值，即正方形四个角各剪去一块边长为 $\dfrac{1}{3}$ 的小正方形后，能做容积最大的铁盒.

四、凹凸性与拐点

1. 函数的凹凸性

之前我们已讨论了曲线的单调性，但是为了能准确描述曲线的图像，还需知道曲线的弯曲方向.

定义3　设函数 $y=f(x)$ 在 (a,b) 内可导.

(1)如果曲线 $y=f(x)$ 在 (a,b) 内任意点的切线总位于曲线的下方，则称曲线 $y=f(x)$ 在 (a,b) 上是凹的.

(2)如果曲线 $y=f(x)$ 在 (a,b) 内任意点的切线总位于曲线的上方，则称曲线 $y=f(x)$ 在 (a,b) 上是凸的.

例如，图2-2中的曲线弧 AB 在区间 (a,b) 内是凹的；图2-3中的曲线弧 CD 在区间 (c,d) 内是凸的.

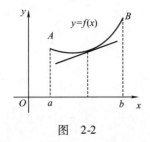
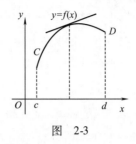

图 2-2   图 2-3

若函数 $f(x)$ 连续且二阶可导,结合图形分析,观察 $f'(x)$ 的变化规律.

当曲线是凹的,可以发现 $f'(x)$ 是单调增加的,则 $f'(x)$ 的导数即 $f''(x) > 0$.

当曲线是凸的,可以发现 $f'(x)$ 是单调减少的,则 $f'(x)$ 的导数即 $f''(x) < 0$.

由此可利用二阶导数的符号来判定曲线的凹凸性.

定理 10 设函数 $y = f(x)$ 在 (a, b) 内存在二阶导数.

(1)如果在 (a, b) 内 $f''(x) > 0$,则曲线 $y = f(x)$ 在 (a, b) 上是凹的;

(2)如果在 (a, b) 内 $f''(x) < 0$,则曲线 $y = f(x)$ 在 (a, b) 上是凸的.

2. 拐点

定义 4 连续曲线凹与凸的分界点称为**拐点**.

拐点是曲线凹与凸的分界点. 由定理可知,在拐点左右两侧 $f''(x)$ 的符号必然异号,因而在拐点处一定有 $f''(x) = 0$ 或者 $f''(x)$ 不存在;反之,$f''(x) = 0$ 的点和 $f''(x)$ 不存在的点可能是拐点,也可能不是拐点.

拐点的计算方法:

(1)求 $f''(x)$;

(2)令 $f''(x) = 0$,解出其在区间 (a, b) 内的实根;

(3)对于每一个实根或二阶导数不存在的点 x_0,检查 $f''(x)$ 在 x_0 左、右邻近两侧的符号,当两侧的符号相反时,点 $(x_0, f(x_0))$ 是拐点,当两侧的符号相同时,点 $(x_0, f(x_0))$ 不是拐点.

【例 24】 求曲线 $y = 10 + 5x^2 + \dfrac{10}{3}x^3$ 的凹凸区间与拐点.

精析: 函数的定义域为 $(-\infty, +\infty)$,且有 $y' = 10x + 10x^2$,$y'' = 10 + 20x$.

令 $y'' = 0$,得 $x = -\dfrac{1}{2}$,且没有不可导点.

用 $x = -\dfrac{1}{2}$ 把 $(-\infty, +\infty)$ 分成 $\left(-\infty, -\dfrac{1}{2}\right)$,$\left(-\dfrac{1}{2}, +\infty\right)$ 两部分,列表讨论如下:

x	$(-\infty, -1/2)$	$-1/2$	$(-1/2, +\infty)$
$f''(x)$	$-$	0	$+$
$f(x)$	$\frown$	拐点 $(-1/2, 65/6)$	$\smile$

由表格可得,曲线的凸区间为 $\left(-\infty, -\dfrac{1}{2}\right)$,凹区间为 $\left(-\dfrac{1}{2}, +\infty\right)$,拐点为 $\left(-\dfrac{1}{2}, \dfrac{65}{6}\right)$.

【例 25】 求曲线 $y = \sqrt[3]{x}$ 的拐点.

精析: 函数在 $(-\infty, +\infty)$ 内连续,当 $x \neq 0$ 时,

$$y' = \frac{1}{3\sqrt[3]{x^2}}, \quad y'' = -\frac{2}{9x \cdot \sqrt[3]{x^2}}.$$

当 $x = 0$ 时,y', y'' 不存在.

在 $(-\infty,0)$ 上，$y''>0$，曲线在 $(-\infty,0]$ 上是凹的；

在 $(0,+\infty)$ 上，$y''<0$，曲线在 $[0,+\infty)$ 上是凸的.

由拐点的定义，可知曲线有拐点 $(0,0)$.

【例 26】 若曲线 $y=x^3+ax^2+bx+1$ 有拐点 $(-1,0)$，求常数 a,b 的值.

精析： $y'=3x^2+2ax+b,y''=6x+2a$.

因为曲线有拐点 $(-1,0)$，所以有

$$\begin{cases} y(-1)=-1+a-b+1=0 \\ y''(-1)=-6+2a=0 \end{cases},$$

从而计算得 $a=b=3$.

五、渐近线与函数图像的描绘

1. 渐近线

定义 5 如果曲线上的一点沿着曲线趋近于无穷远时，该点与某直线的距离趋近于 0，则称此直线为**曲线的渐近线**.

渐近线分为水平渐近线、垂直渐近线和斜渐近线三种.

1）水平渐近线

如果 $\lim\limits_{x\to\infty}f(x)=b\left[\text{或}\lim\limits_{x\to+\infty}f(x)=b\text{或}\lim\limits_{x\to-\infty}f(x)=b\right]$，则称直线 $y=b$ 为曲线 $y=f(x)$ 的水平渐近线.

2）垂直渐近线

如果 x_0 是 $y=f(x)$ 的间断点，且 $\lim\limits_{x\to x_0}f(x)=\infty\left[\text{或}\lim\limits_{x\to x_0^+}f(x)=\infty\text{或}\lim\limits_{x\to x_0^-}f(x)=\infty\right]$，则称直线 $x=x_0$ 为曲线 $y=f(x)$ 的**垂直渐近线**（或**铅直渐近线**）.

例如，对于函数 $y=\dfrac{1}{x-2}$，因为 $\lim\limits_{x\to\infty}\dfrac{1}{x-2}=0$，所以直线 $y=0$ 是曲线的水平渐近线. 而 $x=2$ 是曲线 $y=\dfrac{1}{x-2}$ 的间断点，且 $\lim\limits_{x\to2}\dfrac{1}{x-2}=\infty$，所以直线 $x=2$ 是曲线的垂直渐近线.

3）斜渐近线

如果 $\lim\limits_{x\to\pm\infty}\left[f(x)-(ax+b)\right]=0$ 成立（$a\neq0$ 且存在），则称 $y=ax+b$ 是曲线的一条渐近线，称为**斜渐近线**，其中 $a=\lim\limits_{x\to\pm\infty}\dfrac{f(x)}{x}$，$b=\lim\limits_{x\to\pm\infty}\left[f(x)-ax\right]$.

注： 水平渐近线其实是斜渐近线的一种特殊情况，所以一般可以先考虑水平渐近线，如果水平渐近线不存在，再考虑斜渐近线.

2. 函数图像的描绘

函数图像的描绘步骤如下：

(1)确定函数 $y=f(x)$ 的定义域，求出函数的 $f'(x)$ 和 $f''(x)$；

(2)求出方程 $f'(x)=0$ 和 $f''(x)=0$ 的全部实根，用这些根同函数的间断点或导数不存在的点把函数的定义域划分成几个部分区间；

(3)确定在这些部分区间内 $f'(x)$ 和 $f''(x)$ 的符号，并由此确定函数的单调区间和凹凸区间、极值点和拐点；

(4)确定函数图像的渐近线；

（5）描出与方程 $f'(x) = 0$ 和 $f''(x) = 0$ 的根对应的曲线上的点，有时还需要补充一些点，再综合前四步讨论结果画出函数的图像.

【例 27】　求曲线 $y = \dfrac{3x^3 + 2}{1 - x^2}$ 的水平渐近线和垂直渐近线.

精析：因为 $\lim\limits_{x \to \infty} \dfrac{3x^2 + 2}{1 - x^2} = -3$ ，所以 $y = -3$ 是曲线的水平渐近线.

又因为 1 和 -1 是 $y = \dfrac{3x^2 + 2}{1 - x^2}$ 的间断点，且 $\lim\limits_{x \to 1} \dfrac{3x^2 + 2}{1 - x^2} = \infty$ ，$\lim\limits_{x \to -1} \dfrac{3x^2 + 2}{1 - x^2} = \infty$ ，所以 $x = 1$ 和 $x = -1$ 是曲线的垂直渐近线.

【例 28】　求曲线 $y = \dfrac{x^2}{x + 1}$ 的渐近线.

精析：由 $\lim\limits_{x \to \infty} \dfrac{x^2}{x + 1} = \infty$ ，所以曲线不存在水平渐近线.

由 $\lim\limits_{x \to -1} \dfrac{x^2}{x + 1} = \infty$ ，所以 $x = -1$ 是曲线的垂直渐近线.

因为　　　　$a = \lim\limits_{x \to \infty} \dfrac{f(x)}{x} = \lim\limits_{x \to \infty} \dfrac{x}{x + 1} = 1$ ，　　$b = \lim\limits_{x \to \infty} \left(\dfrac{x^2}{x + 1} - x \right) = \lim\limits_{x \to \infty} \dfrac{-x}{x + 1} = -1$ ，

所以 $y = x - 1$ 是曲线的一条斜渐近线.

故此曲线有一条垂直渐近线 $x = -1$ ，一条斜渐近线 $y = x - 1$ ，无水平渐近线.

【例 29】　设 $y = \dfrac{x^3 + 4}{x^2}$.

（1）求函数的单调区间；　　　　　　（2）求函数图像的凹凸区间及拐点；

（3）求其渐近线；　　　　　　　　　（4）作出图像.

精析：

（1）函数的定义域为 $(-\infty, 0) \cup (0, +\infty)$. $y' = 1 - \dfrac{8}{x^3}$ ，得驻点 $x = 2$ ，且有不可导点 $x = 0$. 列表如下：

x	$(-\infty, 0)$	$(0, 2)$	$(2, +\infty)$
y'	+	−	+
y	↗	↘	↗

（2）$y'' = \dfrac{24}{x^2} > 0$. 所以函数在区间 $(-\infty, 0)$ ，$(0, +\infty)$ 上都是凹的，不存在拐点.

（3）因为 $\lim\limits_{x \to 0} \dfrac{x^3 + 4}{x^2} = \infty$ ，故 $x = 0$ 为垂直渐近线.

又　$a = \lim\limits_{x \to \infty} \dfrac{(x^3 + 4)/x^2}{x} = \lim\limits_{x \to \infty} \dfrac{x^3 + 4}{x^3} = 1$ ，

　　$b = \lim\limits_{x \to \infty} \left(\dfrac{x^3 + 4}{x^2} - x \right) = 0$ ，

所以 $y = x$ 为斜渐近线.

（4）零点为 $x = -\sqrt[3]{4}$ ，图像如图 2-4 所示.

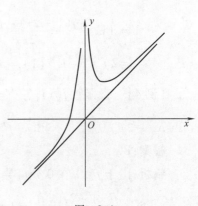

图　2-4

经 典 题 型

1. 利用导数的定义求极限

【例1】 设函数 $f(x)$ 可导,且 $\lim\limits_{x \to 0} \dfrac{f(1) - f(1 - x)}{2x} = -1$,则 $f'(1) = ($ 　　$)$.

A. 2　　　　　　　　　B. -1　　　　　　　　　C. 1　　　　　　　　　D. -2

答案:D.

精析: $f'(1) = \lim\limits_{x \to 0} \dfrac{f(1 - x) - f(1)}{-x} = \lim\limits_{x \to 0} 2 \cdot \dfrac{f(1) - f(1 - x)}{2x}$

$\qquad\qquad = 2 \lim\limits_{x \to 0} \dfrac{f(1) - f(1 - x)}{2x} = -2.$

【例2】 设 $f'(x_0)$ 存在,则极限 $\lim\limits_{h \to 0} \dfrac{f(x_0 + h) + f(x_0 - h) - 2f(x_0)}{h} = ($ 　　$)$

A. $f'(x_0)$　　　　　　　B. $-f'(x_0)$　　　　　　　C. 0　　　　　　　D. $2f'(x_0)$

答案:C.

精析: $\lim\limits_{h \to 0} \dfrac{f(x_0 + h) + f(x_0 - h) - 2f(x_0)}{h}$

$\qquad = \lim\limits_{h \to 0} \dfrac{[f(x_0 + h) - f(x_0)] + [f(x_0 - h) - f(x_0)]}{h}$

$\qquad = \lim\limits_{h \to 0} \dfrac{f(x_0 + h) - f(x_0)}{h} - \lim\limits_{h \to 0} \dfrac{f(x_0 - h) - f(x_0)}{-h}$

$\qquad = f'(x_0) - f'(x_0) = 0.$

【例3】 设函数 $f(x)$ 在点 $x = 1$ 处可导,则 $\lim\limits_{x \to 0} \dfrac{f(1 + 2x) - f(1 - x)}{x} = ($ 　　$)$.

A. $f'(1)$　　　　　　　B. $2f'(1)$　　　　　　　C. $3f'(1)$　　　　　　　D. $-f'(1)$

答案:C.

精析: $\lim\limits_{x \to 0} \dfrac{f(1 + 2x) - f(1 - x)}{x} = \lim\limits_{x \to 0} \dfrac{[f(1 + 2x) - f(1)] - [f(1 - x) - f(1)]}{x}$

$\qquad = \lim\limits_{x \to 0} \left[\dfrac{f(1 + 2x) - f(1)}{x} - \dfrac{f(1 - x) - f(1)}{x} \right]$

$\qquad = \lim\limits_{x \to 0} \dfrac{2[f(1 + 2x) - f(1)]}{2x} + \lim\limits_{x \to 0} \dfrac{f(1 + (-x)) - f(1)}{-x}$

$\qquad = 2f'(1) + f'(1) = 3f'(1).$

【例4】 设函数 $f(x)$ 在 $x = 0$ 出可导,且 $f(0) = 0$,则 $\lim\limits_{x \to 0} \dfrac{x^2 f(x) - 2f(x^3)}{x^3} = ($ 　　$)$.

A. $-2f'(0)$　　　　B. $-f'(0)$　　　　C. $f'(0)$　　　　D. 0

答案:B.

精析:由于 $f(x)$ 在 0 处可导,且 $f(0) = 0$,则

$\qquad \lim\limits_{x \to 0} \dfrac{x^2 f(x) - 2f(x^3)}{x^3} = \lim\limits_{x \to 0} \dfrac{f(x) - f(0)}{x} - 2 \lim\limits_{x \to 0} \dfrac{f(x^3) - f(0)}{x^3} = f'(0) - 2f'(0) = -f'(0).$

【例5】 若 $f'(1) = 1$,求极限 $\lim\limits_{x \to 1} \dfrac{f(x) - f(1)}{x^2 - 1}$.

精析:

$$\lim_{x \to 1} \frac{f(x) - f(1)}{x^2 - 1} = \lim_{x \to 1}\left[\frac{f(x) - f(1)}{x - 1} \times \frac{1}{x + 1} \right] = \lim_{x \to 1} \frac{f(x) - f(1)}{x - 1} \times \lim_{x \to 1} \frac{1}{x + 1} = \frac{1}{2} \cdot f'(1) = \frac{1}{2} .$$

【例6】 设函数 $f(x)$ 在点 $x = 0$ 处可导,且 $\lim\limits_{x \to 0} \dfrac{f(x)}{x} = 2$,求 $f'(0)$.

精析:因为 $\lim\limits_{x \to 0} \dfrac{f(x)}{x} = 2$,且分母极限为 0 ,所以分子极限必为 0 ,即 $\lim\limits_{x \to 0} f(x) = 0$.

因为 $f(x)$ 在点 $x = 0$ 处可导,所以 $f(x)$ 在点 $x = 0$ 处连续.则 $f(0) = \lim\limits_{x \to 0} f(x) = 0$.

由导数定义得 $f'(0) = \lim\limits_{x \to 0} \dfrac{f(x) - f(0)}{x - 0} = \lim\limits_{x \to 0} \dfrac{f(x)}{x} = 2$.

2. 求函数的切线方程及法线方程

【例7】 求曲线 $y = 1 + \sqrt{x}$ 在点 $(4, 3)$ 处的切线方程与法线方程.

精析:由 $(\sqrt{x})' = \dfrac{1}{2\sqrt{x}}$ 得 $y'(4) = \dfrac{1}{2\sqrt{x}}\bigg|_{x = 4} = \dfrac{1}{4}$.

则曲线 $y = \sqrt{x}$ 在点 $(4, 3)$ 处的切线方程为 $y - 3 = \dfrac{1}{4}(x - 4)$,即 $x - 4y + 8 = 0$.

法线方程为 $y - 3 = -4 \cdot (x - 4)$,即 $4x + y - 19 = 0$.

【例8】 在曲线 $y = x^2 - x$ 求一点,使曲线在这点处的切线与曲线 $y = \sqrt{x}$ 在点 $x = 1$ 处的切线互相平行.

精析:$y = \sqrt{x}$ 在 $x = 1$ 处的切线斜率为

$$y'(1) = \frac{1}{2\sqrt{x}}\bigg|_{x = 1} = \frac{1}{2} ,$$

令 $y' = (x^2 - x)' = 2x - 1 = \dfrac{1}{2}$,则 $x = \dfrac{3}{4}$.所求点坐标为 $\left(\dfrac{3}{4}, -\dfrac{3}{16} \right)$.

【例9】 设曲线 $y = f(x)$ 在原点与曲线 $y = \sin x$ 相切(即该点处两条曲线的切线相同),求 $\lim\limits_{n \to \infty} \sqrt{n} \sqrt{f\left(\dfrac{2}{n}\right)}$.

精析:由已知得 $f(0) = 0 , f'(0) = (\sin x)'|_{x = 0} = \cos x|_{x = 0} = 1$.则

$$\lim_{n \to \infty} \sqrt{n} \sqrt{f\left(\frac{2}{n}\right)} = \lim_{n \to \infty} \left[2\frac{f\left(\frac{2}{n}\right) - f(0)}{\frac{2}{n} - 0} \right]^{\frac{1}{2}} = \sqrt{2f'(0)} = \sqrt{2} .$$

3. 求分段函数的导数

【例10】 设函数 $y = \begin{cases} x^2, & x \leq 1 \\ ax + b, & x > 1 \end{cases}$ 在 $x = 1$ 处可导,求常数 a, b .

精析:由于可导必然连续,则函数在点 $x = 1$ 处连续,$\lim\limits_{x \to 1} f(x) = f(1)$,即 $a + b = 1$.

$$f'_-(1) = \lim_{x \to 1^-} \frac{f(x) - f(1)}{x - 1} = \lim_{x \to 1^-} \frac{x^2 - 1}{x - 1} = 2 ,$$

$$f'_+(1) = \lim_{x \to 1^+} \frac{f(x) - f(1)}{x - 1} = \lim_{x \to 1^+} \frac{ax + b - 1}{x - 1} = \lim_{x \to 1^+} \frac{ax + b - (a + b)}{x - 1} = a .$$

又函数在 $x = 1$ 处可导,则 $f'_-(1) = f'_+(1)$,所以 $a = 2$, $b = -1$.

【例11】　设 $f(x) = \begin{cases} 1 - e^{2x}, x \leqslant 0 \\ x^3, x > 0 \end{cases}$,求 $f'(x)$.

精析:当 $x < 0$ 时, $f'(x) = -2e^{2x}$;　当 $x > 0$ 时, $f'(x) = 3x^2$;

当 $x = 0$ 时, $f'_-(0) \lim_{x \to 0^-} \dfrac{1 - e^{2x} - 0}{x} = -2$; $f'_+(0) = \lim_{x \to 0^+} \dfrac{x^3 - 0}{x} = 0$,则 $f'_-(0) \neq f'_+(0)$.

所以函数 $f(x)$ 在 $x = 0$ 处不可导,因此 $f'(x) = \begin{cases} -2e^{2x}, x < 0 \\ 2x, x > 0 \end{cases}$.

【例12】　下列函数在点 $x = 1$ 处可导的是(　　).

A. $f(x) = |x - 1|$

B. $f(x) = (x - 1)|x - 1|$

C. $f(x) = \begin{cases} x^2, x \leqslant 1 \\ x, x > 1 \end{cases}$

D. $f(x) = \sqrt[3]{x - 1}$

答案:B.

精析:要使得函数在点 $x = 1$ 处可导,则要求 $x = 1$ 的左右导数都存在且相等.

对于函数 $f(x) = (x - 1)|x - 1|$,有

$$f'_-(1) = \lim_{x \to 1^-} \frac{-(x - 1)^2 - 0}{x - 1} = \lim_{x \to 1^-} (-x + 1) = 0,$$

$$f'_+(1) = \lim_{x \to 1^+} \frac{(x - 1)^2 - 0}{x - 1} = \lim_{x \to 0^+} (x - 1) = 0,$$

所以 $f'(1) = f'_-(1) = f'_+(1) = 0$.

4. 求函数的导数

【例13】　若 $y = x^{10} + \arctan \dfrac{1}{\pi}$,则 $y'|_{x=1} = $ ＿＿＿＿.

答案:10.

精析: $y' = (x^{10})' + \left(\arctan \dfrac{1}{\pi}\right)' = 10x^9 + 0 = 10x^9$,故 $y'|_{x=1} = 10$.

【例14】　已知函数 $y = \ln \sin(1 - 2x)$,求 $\dfrac{dy}{dx}$.

精析: $\dfrac{dy}{dx} = \dfrac{d[\ln \sin(1 - 2x)]}{dx} = \dfrac{1}{\sin(1 - 2x)} \dfrac{d[\sin(1 - 2x)]}{dx}$

$= \dfrac{1}{\sin(1 - 2x)} \cdot \cos(1 - 2x) \dfrac{d(1 - 2x)}{dx} = \dfrac{1}{\sin(1 - 2x)} \cdot \cos(1 - 2x) \cdot (-2)$

$= -2\cot(1 - 2x)$.

【例15】　已知函数 $y = f\left(\dfrac{3x - 2}{3x + 2}\right)$,且 $f'(x) = \arctan x^2$,求 $\dfrac{dy}{dx}\bigg|_{x=0}$.

精析: $\dfrac{dy}{dx} = f'\left(\dfrac{3x - 2}{3x + 2}\right) \times \left(\dfrac{3x - 2}{3x + 2}\right)' = \dfrac{12}{(3x + 2)^2} f'\left(\dfrac{3x - 2}{3x + 2}\right)$,则

$$\dfrac{dy}{dx}\bigg|_{x=0} = 3 \times f'(-1) = 3\arctan 1 = \dfrac{3\pi}{4}.$$

【例16】　$y = y(x)$ 是由方程 $\arctan \dfrac{y}{x} = \ln \sqrt{x^2 + y^2}$ 确定的隐函数,求 $\dfrac{dy}{dx}$.

精析:方程两边对 x 求导,得

$$\frac{-\dfrac{y}{x^2} + y' \cdot \dfrac{1}{x}}{1 + \dfrac{y^2}{x^2}} = \frac{\dfrac{1}{2}(x^2 + y^2)^{-\frac{1}{2}}(2x + 2y \cdot y')}{\sqrt{x^2 + y^2}},$$

化简得 $\dfrac{-y + xy'}{x^2 + y^2} = \dfrac{x + yy'}{x^2 + y^2}$，解得 $y' = \dfrac{x + y}{x - y}$。

【例17】 设 $y = y(x)$ 由方程 $e^{2x+y} - \cos(xy) = e - 1$ 所确定，求曲线 $y = y(x)$ 在点 $(0,1)$ 处的切线方程与法线方程。

精析： 方程两边求导 $e^{2x+y}(2 + y') - (y + xy')\sin(xy) = 0$。

把 $(0,1)$ 代入上式，得切线斜率 $y'(0) = -2$。则切线方程为 $y - 1 = -2x$，即 $y = -2x + 1$。

法线斜率为 $\dfrac{1}{2}$，法线方程为 $y - 1 = \dfrac{1}{2}x$，即 $x - 2y + 2 = 0$。

【例18】 设 $y = \dfrac{(1 - x)^3 (x^2 + 2)^2 x^6}{\sqrt{x^3 + 1}}$，求 y'。

精析： 两边同时取对数，可得

$$\ln y = 3\ln(1 - x) + 2\ln(x^2 + 2) + 6\ln x - \frac{1}{2}\ln(x^3 + 1),$$

两边对 x 求导，可得

$$\frac{1}{y}y' = \frac{3}{x - 1} + \frac{4x}{x^2 + 2} + \frac{6}{x} - \frac{3x^2}{2(x^3 + 1)},$$

所以

$$y' = \frac{(1 - x)^3 (x^2 + 2)^2 x^6}{\sqrt[3]{x^3 + 1}}\left(\frac{3}{x - 1} + \frac{4x}{x^2 + 2} + \frac{6}{x} - \frac{3x^2}{2x^3 + 2}\right).$$

【例19】 设参数方程 $\begin{cases} x = 1 + f(t) \\ y = f(e^{3t} - 1) \end{cases}$，其中 f 可导，且 $f'(0) \neq 0$ 则 $\dfrac{dy}{dx}\Big|_{t=0}$。

精析： 因为 $\dfrac{dy}{dt} = f'(e^{3t} - 1) \cdot e^{3t} \cdot 3 = 3e^{3t} \cdot f'(e^{3t} - 1), \dfrac{dx}{dt} = f'(t)$，于是

$$\frac{dy}{dx} = \frac{\dfrac{dy}{dt}}{\dfrac{dx}{dt}} = \frac{3e^{3t} \cdot f'(e^{3t} - 1)}{f'(t)},$$

所以

$$\frac{dy}{dx}\Big|_{t=0} = \frac{3f'(0)}{f'(0)} = 3.$$

【例20】 求函数 $y = (1 + 2x)^{\sin x}$ 的导数 $\dfrac{dy}{dx}$。

精析： 方法1（对数求导法）

对函数两边取对数，得

$$\ln y = \sin x \cdot \ln(1 + 2x),$$

两边对 x 求导，得

$$\frac{1}{y} \cdot y' = \cos x \cdot \ln(1 + 2x) + \sin x \cdot \frac{2}{1 + 2x},$$

所以

$$y' = y\left[\cos x \cdot \ln(1 + 2x) + \frac{2\sin x}{1 + 2x}\right]$$

$$= (1 + 2x)^{\sin x} \cdot \left[\cos x \cdot \ln(1 + 2x) + \frac{2\sin x}{1 + 2x}\right].$$

方法 2(恒等变形求导)

因为
$$y = (1 + 2x)^{\sin x} = e^{\sin x \cdot \ln(1 + 2x)},$$

所以
$$y' = e^{\sin x \cdot \ln(1 + 2x)} \cdot \left[\cos x \cdot \ln(1 + 2x) + \sin \cdot \frac{2}{1 + 2x} \right]$$
$$= (1 + 2x)^{\sin x} \cdot \left[\cos x \cdot \ln(1 + 2x) + \frac{2\sin x}{1 + 2x} \right].$$

5. 求函数的高阶导数

【例 21】 设函数 $y = 1 + xe^x$,则 $y''(0) = $ _____.

答案:2.

精析:因为 $y' = (1 + x)e^x, y'' = (2 + x)e^x$,所以 $y''(0) = 2$.

【例 22】 方程 $e^y + xy = e$ 确定了隐函数 $y = y(x)$,求 $\dfrac{dy}{dx}, \dfrac{d^2y}{dx^2}\bigg|_{x=0}$.

精析:方程两边求导得:$e^y \cdot y' + y + x \cdot y' = 0$,则 $\dfrac{dy}{dx} = \dfrac{-y}{e^y + x}$,当 $x = 0$ 时,$y = 1$. 则 $\dfrac{dy}{dx}\bigg|_{x=0} = \dfrac{-1}{e}$.

对 $e^y \cdot y' + y + x \cdot y' = 0$ 两边再求导得 $e^y \cdot (y')^2 + e^y \cdot y'' + y' + y' + x \cdot y'' = 0$,当 $x = 0$ 时,$\dfrac{1}{e} + e \cdot y'' -$

$\dfrac{2}{e} = 0$,则 $\dfrac{d^2y}{dx^2}\bigg|_{x=0} = \dfrac{1}{e^2}$.

【例 23】 设函数 $y = y(x)$ 由参数方程 $\begin{cases} x = 1 + e^{-t} \\ y = \displaystyle\int_0^t \ln(1 + u^2)\,du \end{cases}$ 所确定,求 $\dfrac{d^2y}{dx^2}$.

精析:$\dfrac{dx}{dt} = -e^{-t}$,$\dfrac{dy}{dt} = \ln(1 + t^2)$,则 $\dfrac{dy}{dx} = \dfrac{\ln(1 + t^2)}{-e^{-t}} = -e^t \ln(1 + t^2)$.

从而 $\dfrac{d^2y}{dx^2} = \dfrac{[-e^t \ln(1 + t^2)]'}{-e^{-t}} = \dfrac{-e^t \ln(1 + t^2) - \dfrac{2te^t}{1 + t^2}}{-e^{-t}} = \dfrac{(1 + t^2)\ln(1 + t^2) + 2t}{-e^{-2t}(1 + t^2)}.$

【例 24】 求函数 $y = x\ln x$ 的 20 阶导数.

精析:$y' = 1 + \ln x$,$y'' = \dfrac{1}{x}$,$y''' = -\dfrac{1}{x^2}$,$\cdots$,$y^{(n)} = (-1)^{n-2} \dfrac{(n-2)!}{x^{n-1}}$. 故 $y^{(20)} = \dfrac{18!}{x^{19}}$.

【例 25】 已知函数 $y = \ln(x^2 + 2x - 3)$,求 $y^{(n)}$.

精析:因为 $y' = \dfrac{2x + 2}{x^2 + 2x - 3} = \dfrac{1}{x + 3} + \dfrac{1}{x - 1}$,而

$$\left(\frac{1}{x + 3}\right)^{(n)} = \frac{(-1)^n n!}{(x + 3)^{n+1}}, \left(\frac{1}{x - 1}\right)^{(n)} = \frac{(-1)^n n!}{(x - 1)^{n+1}}.$$

故
$$y^{(n)} = \left(\frac{1}{x + 3}\right)^{(n-1)} + \left(\frac{1}{x - 1}\right)^{(n-1)} = \frac{(-1)^{n-1}(n-1)!}{(x + 3)^n} + \frac{(-1)^{n-1}(n-1)!}{(x - 1)^n}.$$

6. 求函数的微分

【例 26】 求函数 $y = e^{-x} \cdot \cos x$ 的微分 dy.

精析:因为 $y' = (e^{-x})' \cdot \cos x + e^{-x} \cdot (\cos x)'$

$= -e^{-x} \cdot \cos x - e^{-x} \cdot \sin x = -e^{-x} \cdot (\cos x + \sin x)$,

所以函数 $y = e^{-x} \cdot \cos x$ 的微分为 $dy = -e^{-x} \cdot (\cos x + \sin x)dx$.

【例 27】 已知函数 $y = y(x)$ 是由方程 $(\cos y)^x = (\sin x)^y$ 所确定的隐函数,求微分 dy.

精析: 方程两边同时取对数,得

$$x\ln \cos y = y\ln \sin x,$$

两边同时对 x 求导数, $\ln \cos y - \dfrac{xy' \sin y}{\cos y} = y'\ln \sin x + \dfrac{y\cos x}{\sin x}$,

则
$$y' = \frac{\ln \cos y - y\cot x}{\ln \sin x + x\tan y}.$$

所以 $\mathrm{d}y = \dfrac{\ln \cos y - y\cot x}{\ln \sin x + x\tan y}\mathrm{d}x$.

【例28】 设 $y = f(\mathrm{e}^x)\mathrm{e}^{f(x)}$,其中 $f(x)$ 可微,求 $\mathrm{d}y$.

精析: $y' = f'(\mathrm{e}^x) \cdot \mathrm{e}^x \cdot \mathrm{e}^{f(x)} + f(\mathrm{e}^x) \cdot \mathrm{e}^{f(x)} \cdot f'(x)$,则
$$\mathrm{d}y = \left[f'(\mathrm{e}^x) \cdot \mathrm{e}^{x+f(x)} + f(\mathrm{e}^x) \cdot \mathrm{e}^{f(x)} \cdot f'(x) \right]\mathrm{d}x.$$

7. 罗尔定理及拉格朗日中值定理的应用

【例29】 下列函数中,在区间 $[-1,1]$ 上满足罗尔定理条件的是( ).

A. $y = \mathrm{e}^x$ B. $y = |x|$ C. $y = 1 - x^2$ D. $y = \dfrac{1}{x^2}$

答案: C.

精析: 对于 C 选项,函数 $y = 1 - x^2$ 在闭区间 $[-1,1]$ 上连续,且 $y = 2x$ 在开区间 $(-1,1)$ 内可导,又因 $f(-1) = 0 = f(1)$,所以函数 $y = 1 - x^2$ 在区间 $[-1,1]$ 上满足罗尔定理的条件.

【例30】 判别函数 $f(x) = x^3$ 在区间 $[-2,2]$ 上是否满足拉格朗日中值定理的条件. 若满足,结论中的 ξ 又是什么?

精析: $f(x) = x^3$ 是初等函数,则函数在区间 $[-2,2]$ 上连续, $f'(x) = 3x^2, x \in \mathbf{R}$,则函数在 $(-2,2)$ 上可导. 由此可知函数 $f(x) = x^3$ 在区间 $[-2,2]$ 上满足拉格朗日中值定理.

令 $3x^2 = \dfrac{2^3 - (-2)^3}{2 - (-2)}$,得 $x = \pm\dfrac{2\sqrt{3}}{3}$,即 $\xi = \pm\dfrac{2\sqrt{3}}{3}$.

【例31】 设函数 $f(x)$ 在闭区间 $[0,1]$ 上连续,在开区间 $(0,1)$ 内可导,且 $f(0) = 0, f(1) = 2$. 证明:至少存在一点 $\xi \in (0,1)$ 使得 $f'(\xi) - 2\xi = 1$ 成立.

证明: 令 $F(x) = f(x) - x^2 - x$,因为 $f(x)$ 在 $[0,1]$ 上连续,在 $(0,1)$ 内可导,所以 $F(x)$ 在 $[0,1]$ 上连续,在 $(0,1)$ 内可导. 又因为 $f(0) = 0, f(1) = 2$. 则 $F(0) = f(0) = 0, F(1) = f(1) - 1 - 1 = 0$,所以由罗尔定理知,至少存在一点 $\xi \in (0,1)$,使得 $F'(\xi) = 0$,即 $f'(\xi) - 2\xi = 1$.

【例32】 若函数 $f(x)$ 在 (a,b) 内具有二阶导数,且
$$f(x_1) = f(x_2) = f(x_3) \quad (a < x_1 < x_2 < x_3 < b),$$
证明:在 (a,b) 内至少有一点 ξ ,使得 $f''(\xi) = 0$.

证明: 由已知 $f(x)$ 在 (a,b) 内具有二阶导数,且 $f(x_1) = f(x_2) = f(x_3)$,则 $f(x)$ 在区间 $[x_1,x_2]$ 上满足罗尔定理,那至少存在一点 $\xi_1 \in (x_1,x_2)$ 使得 $f'(\xi_1) = 0$,

同理, $f(x)$ 在区间 $[x_2,x_3]$ 上满足罗尔定理,至少存在一点 $\xi_2 \in (x_2,x_3)$ 使得 $f'(\xi_2) = 0$,

由此导函数 $f'(x)$ 在区间 $[\xi_1,\xi_2]$ 上满足罗尔定理,至少存在一点 $\xi \in (\xi_1,\xi_2)$,使得 $f''(\xi) = 0$,显然 $(\xi_1,\xi_2) \subset (x_1,x_3) \subset (a,b)$. 则在 (a,b) 内至少有一点 ξ ,使得 $f''(\xi) = 0$.

【例33】 设 $f'(x)$ 在 $[a,b]$ 上连续,存在 m,M 两个常数,且满足 $a \leqslant x_1 \leqslant x_2 \leqslant b$,证明:恒有 $m(x_2 - x_1) \leqslant f(x_2) - f(x_1) \leqslant M(x_2 - x_1)$.

证明: 因 $f'(x)$ 在 $[a,b]$ 上连续,根据连续函数在闭区间上最值定理知, $f'(x)$ 在 $[a,b]$ 上既有最大值又有最小值,取 m,M 分别是最小值和最大值,则 $x \in (a,b)$ 时有 $m \leqslant f'(x) \leqslant M$.

又因 $f'(x)$ 在 $[x_1, x_2]$ 上有意义,从而函数因 $f(x)$ 在 $[x_1, x_2]$ 上连续且可导,即函数 $f(x)$ 在 $[x_1, x_2]$ 上,满足拉格朗日中值定理的条件,故存在 $\xi \in (x_1, x_2)$ 使 $f(x_2) - f(x_1) = f'(\xi)(x_2 - x_1)$,而 $m \leqslant f'(x) \leqslant M$,所以恒有

$$m(x_2 - x_1) \leqslant f(x_2) - f(x_1) \leqslant M(x_2 - x_1).$$

8. 利用洛必达法则求函数的极限

【例 34】 计算 $\displaystyle\lim_{x \to 0} \frac{\int_0^{x^2} \sin t \mathrm{d}t}{x^3 \sin x}$.

精析:极限为 $\dfrac{0}{0}$ 型未定式,则

$$\lim_{x \to 0} \frac{\int_0^{x^2} \sin t \mathrm{d}t}{x^3 \sin x} = \lim_{x \to 0} \frac{\int_0^{x^2} \sin t \mathrm{d}t}{x^4} = \lim_{x \to 0} \frac{2x \sin x^2}{4x^3} = \lim_{x \to 0} \frac{x^2 \cdot 2x}{4x^3} = \frac{1}{2}.$$

【例 35】 求极限 $\displaystyle\lim_{x \to +\infty} \frac{2x - \mathrm{e}^{-x}}{x^2}$.

精析:极限为 $\dfrac{\infty}{\infty}$ 型未定式, 则 $\displaystyle\lim_{x \to +\infty} \frac{2x - \mathrm{e}^{-x}}{x^2} = \lim_{x \to +\infty} \frac{2 + \mathrm{e}^{-x}}{2x} = 0$.

【例 36】 求极限 $\displaystyle\lim_{x \to 0^+} \frac{\ln \cot x}{\ln x}$.

精析:极限为 $\dfrac{\infty}{\infty}$ 型未定式,则

$$\lim_{x \to 0^+} \frac{\ln \cot x}{\ln x} = \lim_{x \to 0^+} \frac{\dfrac{1}{\cot x} \cdot (-\csc^2 x)}{\dfrac{1}{x}} = \lim_{x \to 0^+} \left(-\frac{x}{\sin x \cdot \cos x}\right) = \lim_{x \to 0^+} \left(-\frac{x}{\sin x}\right) = -1.$$

【例 37】 求极限 $\displaystyle\lim_{x \to -1} \left(\frac{-x-4}{x^3+1} + \frac{1}{x+1}\right)$.

精析:极限为 $\infty - \infty$ 型未定式,则

$$\lim_{x \to -1} \left(\frac{-x-4}{x^3+1} + \frac{1}{x+1}\right) = \lim_{x \to -1} \frac{-x-4+x^2-x+1}{x^3+1}$$

$$= \lim_{x \to -1} \frac{x^2 - 2x - 3}{x^3 + 1} = \lim_{x \to -1} \frac{2x - 2}{3x^2} = -\frac{4}{3}.$$

【例 38】 求极限 $\displaystyle\lim_{x \to 0} \cot x \left(\frac{1}{\sin x} - \frac{1}{x}\right)$.

精析:极限为 $0 \cdot \infty$ 型未定式,则

$$\lim_{x \to 0} \frac{\cos x}{\sin x} \cdot \frac{x - \sin x}{x \sin x} = \lim_{x \to 0} \frac{x - \sin x}{x^3} = \lim_{x \to 0} \frac{1 - \cos x}{3x^2} = \lim_{x \to 0} \frac{\sin x}{6x} = \frac{1}{6}.$$

【例 39】 求极限 $\displaystyle\lim_{x \to 0} \left(\frac{a^x + b^x + c^x}{3}\right)^{\frac{3}{x}}$ $(a > 0, b > 0, c > 0)$.

精析:极限为 1^∞ 型未定式,则

$$\lim_{x \to 0} \left(\frac{a^x + b^x + c^x}{3}\right)^{\frac{3}{x}} = \lim_{x \to 0} \left(1 + \frac{a^x + b^x + c^x - 3}{3}\right)^{\frac{3}{x}}$$

$$= \lim_{x \to 0} \left(1 + \frac{a^x + b^x + c^x - 3}{3}\right)^{\frac{3}{a^x + b^x + c^x - 3} \cdot \frac{a^x + b^x + c^x - 3}{3} \cdot \frac{3}{x}}$$

$$= \mathrm{e}^{\lim\limits_{x \to 0} \frac{a^x + b^x + c^x - 3}{x}} = \mathrm{e}^{\lim\limits_{x \to 0} \left[\frac{a^x - 1}{x} + \frac{b^x - 1}{x} + \frac{c^x - 1}{x}\right]} = \mathrm{e}^{\ln a + \ln b + \ln c}$$

$$= \mathrm{e}^{\ln abc} = abc$$

9. 判定函数的单调性、极值、凹凸性及拐点

【例 40】 设函数 $f(x)$ 在 $[0,1]$ 上 $\dfrac{\mathrm{d}^2 f}{\mathrm{d}x^2} > 0$,则成立的是( ).

A. $\left.\dfrac{\mathrm{d}f}{\mathrm{d}x}\right|_{x=1} > \left.\dfrac{\mathrm{d}f}{\mathrm{d}x}\right|_{x=0} > f(1) - f(0)$ 　　　　B. $\left.\dfrac{\mathrm{d}f}{\mathrm{d}x}\right|_{x=1} > f(0) - f(1) > \left.\dfrac{\mathrm{d}f}{\mathrm{d}x}\right|_{x=0}$

C. $\left.\dfrac{\mathrm{d}f}{\mathrm{d}x}\right|_{x=1} > f(1) - f(0) > \left.\dfrac{\mathrm{d}f}{\mathrm{d}x}\right|_{x=0}$ 　　　　D. $f(1) - f(0) > \left.\dfrac{\mathrm{d}f}{\mathrm{d}x}\right|_{x=1} > \left.\dfrac{\mathrm{d}f}{\mathrm{d}x}\right|_{x=1}$

答案:C.

精析:由于函数 $f(x)$ 在 $[0,1]$ 上 $\dfrac{\mathrm{d}^2 f}{\mathrm{d}x^2} > 0$,从而 $f'(x)$ 在 $[0,1]$ 上单调递增,结合拉格朗日中值定理得

$\left.\dfrac{\mathrm{d}f}{\mathrm{d}x}\right|_{x=1} > f(1) - f(0) > \left.\dfrac{\mathrm{d}f}{\mathrm{d}x}\right|_{x=0}$.

【例 41】 若函数 $f(x)$ 在点 $x = a$ 在点 $x = a$ 的领域内有定义,且除去点 $x = a$ 外恒有 $\dfrac{f(a) - f(x)}{(a-x)^2} > 0$,则以下结论正确的是( ).

A. $f(x)$ 在点 a 的领域内单调增加 　　　　B. $f(x)$ 在点 a 的领域内单调减少

C. $f(a)$ 为函数 $f(x)$ 的极大值 　　　　D. $f(a)$ 为函数 $f(x)$ 的极小值

答案:C.

精析:由于函数满足除去点 $x = a$ 外恒有 $\dfrac{f(a) - f(x)}{(a-x)^2} > 0$,因为 $(x-a)^2 > 0$,故 $f(x) < f(a)$,即 $f(a)$ 为函数 $f(x)$ 的极大值.

【例 42】 求函数 $f(x) = 1 + x - \ln x$ 的单调区间.

精析:因为函数 $f(x) = 1 + x - \ln x$ 的定义域为 $(0, \infty)$,又因 $f'(x) = 1 - \dfrac{1}{x} = \dfrac{x-1}{x}$,当 $x > 1$ 时, $f'(x) > 0$;当 $0 < x < 1$ 时, $f'(x) < 0$. 则 $(1, \infty)$ 是函数 $f(x) = 1 + x - \ln x$ 的单调递增区间, $(0,1)$ 是函数 $f(x) = 1 + x - \ln x$ 的单调递减区间.

【例 43】 求函数 $f(x) = (x+6)\sqrt[3]{(x+1)^2}$ 的极值.

精析:求导 $f'(x) = \dfrac{5(x+3)}{3\sqrt[3]{x+1}}$,令 $f'(x) = \dfrac{5(x+3)}{3\sqrt[3]{x+1}} = 0$,解出 $f(x)$ 的驻点为 $x_1 = -3$,且导数不存在的点为 $x_2 = -1$.

当 $x < -3$ 时, $f'(x) > 0$;当 $-3 < x < -1$ 时, $f'(x) < 0$,所以 $x_1 = -3$ 为 $f(x)$ 的极大值点,极大值为 $f(-3) = 3\sqrt[3]{4}$.

又当 $x > -1$ 时, $f'(x) > 0$,所以 $x_2 = -1$ 为 $f(x)$ 的极小值点,极小值为 $f(-1) = 0$.

【例 44】 a 为何值时,函数 $f(x) = a\sin x + \sin 3x$ 在 $x = \dfrac{\pi}{3}$ 处有极值?并判断它是极大值还是极小值.

精析:由 $f(x) = a\sin x + \sin 3x$,得

$$f'(x) = a\cos x + 3\cos 3x,$$
$$f''(x) = -a\sin x - 9\sin 3x.$$

因为函数 $f(x)$ 在 $x = \dfrac{\pi}{3}$ 处取得极值,所以 $f'(x) = 0$,即

$$f'\left(\dfrac{\pi}{3}\right) = a\cos\dfrac{\pi}{3} + 3\cos\pi = \dfrac{a}{2} - 3 = 0 \Rightarrow a = 6.$$

又 $f''\left(\dfrac{\pi}{3}\right) = -6\sin\dfrac{\pi}{3} - 9\sin\pi = -3\sqrt{3} < 0$,故函数 $f(x)$ 在 $x = \dfrac{\pi}{3}$ 处取得极大值 $f\left(\dfrac{\pi}{3}\right) = 6 \times \dfrac{\sqrt{3}}{2} + \sin\pi$

$= 3\sqrt{3}$.

【例45】 已知点 $(1,3)$ 是曲线 $y = ax^4 + bx^3$ 的拐点,求 a,b 的值,并求曲线的凹凸区间.

精析: 由于点 $(1,3)$ 在曲线上,故 $3 = a + b$.

又 $(1,3)$ 为曲线的拐点,

$$y' = 4ax^3 + 3bx^2,\ y'' = 12ax^2 + 6bx,$$

故 $y''|_{x=1} = 0$,即 $12a + 6b = 0$,解得 $a = -3$,$b = 6$,此时,

$$y'' = -36x^2 + 36x = -36(x+1)(x-1),$$

因此 $(-1,-9)$ 与 $(1,3)$ 为曲线 $y = -3x^4 + 6x^3$ 的两个拐点,该曲线在区间 $(-1,1)$ 上是凹的,在区间 $(-\infty,-1)$ 及 $(1,+\infty)$ 上是凸的.

【例46】 已知函数 $y = \dfrac{x^3}{(x-1)^2}$,求:

(1)函数的单调区间及极值;

(2)函数图形的凹凸区间及拐点.

精析: 定义域 $x \in (-\infty,1) \cup (1,+\infty)$

(1) $y' = \dfrac{x^2(x-3)}{(x-1)^3}$,令 $y' = 0$,得 $x_1 = 0$,$x_2 = 3$,列表如下:

x	$(-\infty,0)$	0	$(0,1)$	$(1,3)$	3	$(3,+\infty)$
y'	$+$	0	$+$	$-$	0	$+$
y	$\uparrow$	不取极值	$\uparrow$	$\downarrow$	极小值	$\uparrow$

所以 $y = \dfrac{x^3}{(x-1)^2}$ 的单调增区间为 $(-\infty,1)$,$(3,+\infty)$;单调减区间为 $(1,3)$ 极小值为 $y(3) = \dfrac{27}{4}$.

(2) $y'' = \dfrac{6x}{(x-1)^4}$,令 $y'' = 0$,得 $x = 0$,当 $x < 0$ 时,$y'' < 0$;当 $x > 0$ 时,$y'' > 0$.

所以点 $(0,0)$ 是 $y = \dfrac{x^3}{(x-1)^2}$ 的拐点,凹区间为 $(0,1)$,$(1,+\infty)$,凸区间为 $(-\infty,0)$.

【例47】 欲做一个底为正方形、容积为 108 的长方体开口容器,怎样做法所用材料最省?

精析: 设长方形底边边长为 x,长方体表面积为 y.

因为容积为 108,所以长方体高为 $\dfrac{108}{x^2}$.则

$$y = x^2 + 4x \cdot \dfrac{108}{x^2} = x^2 + \dfrac{432}{x}(x > 0).$$

令 $y' = 2x - \dfrac{432}{x^2} = 0$,得 $x = 6$(唯一驻点).

由实际问题可知必存在最小值,且 $x = 6$ 是唯一驻点,则 $x = 6$ 一定是最小值点,则底边边长为 6、高为 3 时,材料最省.

10. 求曲线的渐近线

【例48】 若曲线 $y = \dfrac{e^x}{x}$,则下列命题正确的是(　　　).

A. 曲线仅有水平渐近线　　　　　　　　　B. 曲线既有水平渐近线又有垂直渐近线

C. 曲线仅有垂直渐近线　　　　　　　　　D. 曲线既无水平渐近线又无垂直渐近线

答案: B

精析: 因为 $\lim\limits_{x\to-\infty}\dfrac{e^x}{x}=0$,所以曲线 $y=\dfrac{e^x}{x}$ 有水平渐近线 $y=0$.

因为 $x=0$ 是函数 $y=\dfrac{e^x}{x}$ 的间断点,且 $\lim\limits_{x\to 0}\dfrac{e^x}{x}=\infty$,所以 $x=0$ 是曲线的垂直渐近线.

综上所述,曲线 $y=\dfrac{e^x}{x}$ 既有水平渐近线又有垂直渐近线.

【例49】 求函数 $y=\dfrac{x^3}{(x-1)^2}$ 的渐近线.

精析: 因为 $\lim\limits_{x\to 1}\dfrac{x^3}{(x-1)^2}=\infty$,所以 $x=1$ 是 $y=\dfrac{x^3}{(x-1)^2}$ 的垂直渐近线.

又 $\lim\limits_{x\to\infty}\dfrac{f(x)}{x}=\lim\limits_{x\to\infty}\dfrac{x^2}{(x-1)^2}=1$, $\lim\limits_{x\to\infty}[f(x)-x]=\lim\limits_{x\to\infty}\left[\dfrac{x^3}{(x-1)^2}-x\right]=\lim\limits_{x\to\infty}\dfrac{2x^2-x}{(x-1)^2}=2$,

则 $y=\dfrac{x^3}{(x-1)^2}$ 有斜渐近线 $y=x+2$.

11. 讨论方程根的个数及不等式证明题

【例50】 设有多项式函数 $f(x)=4ax^3+3bx^2+2cx+d$,其中 a,b,c,d 为常数,且满足 $a+b+c+d=0$,证明:

(1)函数 $f(x)$ 在 $(0,1)$ 内至少有一个根;

(2)当 $3b^2<8ac$ 时,函数 $f(x)$ 在 $(0,1)$ 内只有一个根.

证明: (1)考虑函数

$$F(x)=ax^4+bx^3+cx^2+dx,$$

显然 $F(x)$ 在闭区间 $[0,1]$ 上连续,在开区间 $(0,1)$ 内可导,且有 $F(0)=F(1)=0$,由罗尔定理知,存在 $\xi\in(0,1)$,使得 $F'(\xi)=0$,即 $F'(\xi)=f(\xi)=0$,就是

$$f(\xi)=4a\xi^3+3b\xi^2+2c\xi+d=0,$$

所以函数 $f(x)$ 在 $(0,1)$ 内至少有一个根.

(2) $f'(x)=F''(x)=12ax^2+6bx+2c$.

因为 $3b^2<8ac$,所以

$$(6b)^2-4(12a)(2c)=36b^2-96ac=12(3b^2-8ac)<0,$$

$f'(x)$ 保持定号,故函数 $f(x)$ 在 $(0,1)$ 内只有一个根.

【例51】 设常数 $a>0$,讨论方程 $\dfrac{x}{e}-\ln x=a$ 的根的个数.

精析: 设 $y=\dfrac{x}{e}-\ln x-a$,显然函数在 $(0,+\infty)$ 上连续.

令 $y'=\dfrac{1}{e}-\dfrac{1}{x}=0$,则 $x=e$.

当 $0<x<e$ 时,$y'<0$,函数单调减少;当 $x>e$ 时,$y'>0$,函数单调增加. 则 $x=e$ 是最小值点,$f(e)=-a<0$.

$$\lim_{x \to 0^+} \left(\frac{x}{e} - \ln x - a \right) = +\infty ,$$

$$\lim_{x \to +\infty} \left(\frac{x}{e} - \ln x - a \right) = \lim_{t \to 0^+} \left(\frac{1}{et} - \ln \frac{1}{t} - a \right) = \lim_{t \to 0^+} \left(\frac{1 + et\ln t}{et} - a \right)^{\overset{\lim_{t \to 0^+} t\ln t = 0}{=}} +\infty ,$$

则由**零点定理**可知,函数与 x 轴有且仅有两个交点,即方程 $a = \frac{x}{e} - \ln x$ 的根有 2 个.

【**例 52**】　确定方程 $x^3 - 6x^2 + 9x = 10$ 的实根个数,并给出它们所在的区间.

精析:令 $f(x) = x^3 - 6x^2 + 9x - 10$,显然 $f(x)$ 处处连续,处处可导.

当 $x < 0$ 时,显然有 $f(x) < 0$,则方程 $x^3 - 6x^2 - 9x - 10 = 0$ 在 $(-\infty, 0)$ 内无实根.

又因 $f'(x) = 3x^2 - 12x + 9 = 3(x-1)(x-3)$,当 $x < 1$ 或 $x > 3$ 时, $f'(x) > 0$;当 $1 < x < 3$ 时, $f'(x) < 0$. 而 $f(0) = -10 < 0$, $f(1) = -6 < 0$, $f(3) = -10 < 0$, $f(5) = 10 > 0$.

所以由**零点定理**得,方程 $x^3 - 6x^2 + 9x = 10$ 在 $(3, 5)$ 内仅有一个实根.

【**例 53**】　证明:当 $x > 0$ 时, $\ln \left(x + \sqrt{1 + x^2} \right) > \dfrac{x}{\sqrt{1 + x^2}}$.

证明:令函数 $f(x) = \ln \left(x + \sqrt{1 + x^2} \right) - \dfrac{x}{\sqrt{1 + x^2}}$,则

$$\begin{aligned}
f'(x) &= \frac{1}{x + \sqrt{1 + x^2}} \cdot \left(1 + \frac{x}{\sqrt{1 + x^2}} \right) - \frac{\sqrt{1 + x^2} - \dfrac{x^2}{\sqrt{1 + x^2}}}{1 + x^2} \\
&= \frac{1}{\sqrt{1 + x^2}} - \frac{1}{\sqrt{1 + x^2}(1 + x^2)} = \frac{1}{\sqrt{1 + x^2}} \cdot \frac{x^2}{1 + x^2} > 0 .
\end{aligned}$$

所以,函数 $f(x)$ 单调递增,而 $x > 0$,则 $f(x) > f(0) = 0$,故

$$\ln \left(x + \sqrt{1 + x^2} \right) > \frac{x}{\sqrt{1 + x^2}} .$$

【**例 54**】　求证:当 $x > 4$ 时, $x^2 < 2^x$.

证明:要证 $x^2 < 2^x$,即证 $x\ln 2 > 2\ln x$, $x > 4$. 为此,设 $f(x) = x\ln 2 - 2\ln x$, $x \in [4, +\infty)$,则

$$f'(x) = \ln 2 - \frac{2}{x} > \ln 2 - \frac{2}{4} > 0 ,$$

所以函数 $f(x)$ 是增函数,故当 $x > 4$ 时, $f(x) > f(4)$,且 $f(4) = 0$,所以 $f(x) > 0$,即 $x\ln 2 > 2\ln x$,因此,当 $x > 4$ 时, $x^2 < 2^x$.

【**例 55**】　当 $0 < x < \pi$ 时,求证 $\sin \dfrac{x}{2} > \dfrac{x}{\pi}$.

证明:设函数 $f(x) = \dfrac{\sin \dfrac{x}{2}}{x} - \dfrac{1}{\pi}, 0 < x \leqslant \pi$.

$$f'(x) = \frac{\dfrac{x}{2}\cos \dfrac{x}{2} - \sin \dfrac{x}{2}}{x^2} = \frac{\cos \dfrac{x}{2}\left(\dfrac{x}{2} - \tan \dfrac{x}{2} \right)}{x^2} .$$

当 $0 < x < \pi$ 时, $\cos \dfrac{x}{2} > 0$, $\tan \dfrac{x}{2} > \dfrac{x}{2}$, $f'(x) < 0$,从而 $f(x)$ 在 $(0, \pi)$ 内单调减少,所以 $f(x) > f(\pi) = 0(0 < x < \pi)$,即 $\dfrac{\sin \dfrac{x}{2}}{x} > \dfrac{1}{\pi}$,则 $0 < x < \pi$ 时, $\sin \dfrac{x}{2} > \dfrac{x}{\pi}$.

综合练习二

一、选择题

1. 设函数 $f(x)$ 可导，则 $\lim\limits_{h \to 0} \dfrac{f(x-h) - f(x+h)}{h} = ($ 　　 $)$.

A. $-2f'(x)$ 　　　　 B. $-\dfrac{1}{2}f'(x)$ 　　　　 C. $2f'(x)$ 　　　　 D. $-f'(x)$

2. 已知 $f'(1) = 2$，且 $f(1) = 0$，则 $\lim\limits_{x \to 1} \dfrac{f(x)}{x^2 - 1}$ 等于 $($ 　　 $)$.

A. 2 　　　　　　 B. 1 　　　　　　 C. 0 　　　　　　 D. ∞

3. 若曲线 $y = x^3 - 3x + 1$ 上的切线平行于 x 轴，则其切点是 $($ 　　 $)$.

A. $(0, 1)$ 　　　　　　　　　　　　 B. $(1, 3)$

C. $(1, -1)$ 和 $(-1, 3)$ 　　　　　　　 D. $(-1, -2)$

4. 若函数 $f(x)$ 在 x_0 处可导，则函数 $|f(x)|$ 在 x_0 处 $($ 　　 $)$.

A. 必定可导 　　　 B. 必定不可导 　　　 C. 必定连续 　　　 D. 必定不连续

5. 若函数 $f(x) = \begin{cases} \mathrm{e}^x, & x < 0 \\ a - bx, & x \geqslant 0 \end{cases}$ 在 $x = 0$ 处可导，则 a, b 的值为 $($ 　　 $)$.

A. $a = b = -1$ 　　　　　　　　　　 B. $a = -1, b = 1$

C. $a = b = 1$ 　　　　　　　　　　　 D. $a = 1, b = -1$

6. 设 $f(x) = \begin{cases} \dfrac{2}{3}x^2, & x \leqslant 1 \\ x^2, & x > 1 \end{cases}$，则 $f(x)$ 在 $x = 1$ 处的 $($ 　　 $)$.

A. 左、右导数存在 　　　　　　　　　 B. 左导数存在，但右导数不存在

C. 左导数不存在，但右导数存在 　　　　 D. 左、右导数都不存在

7. 函数 $f(x) = \begin{cases} x^3 \sin \dfrac{1}{x}, & x \neq 0, \\ 0, & x = 0 \end{cases}$ 在 $x = 0$ 处 $($ 　　 $)$.

A. 无极限 　　　　 B. 不连续 　　　　 C. 连续但不可导 　　　　 D. 可导

8. 下列函数在点 $x = 0$ 处可导的是 $($ 　　 $)$.

A. $f(x) = x|x|$ 　　　　　　　　　　 B. $f(x) = \sin|\sin x|$

C. $f(x) = \begin{cases} x^2, & x \leqslant 0 \\ x, & x > 0 \end{cases}$ 　　　　　　 D. $f(x) = \mathrm{e}^{|x|}$

9. 若函数 $y = f(x)$ 在点 x_0 处不连续，则函数 $f(x)$ 在点 x_0 处 $($ 　　 $)$.

A. 必可导 　　　　 B. 必不可导 　　　　 C. 不一定可导 　　　　 D. 必无定义

10. 若函数 $y = f(x)$ 在 x_0 处不可导，则函数 $y = f(x)$ 在 x_0 处 $($ 　　 $)$.

A. 极限不存在 　　　 B. 不连续 　　　　 C. 不可微 　　　　 D. 没有切线

11. 已知函数 $y = x^3 + \sin x + 1$，则 $y^{(8)} = ($ 　　 $)$.

A. $\sin x$ 　　　　 B. $\cos x$ 　　　　 C. $-\sin x$ 　　　　 D. $-\cos x$

12. 若函数 $f(x)$ 可微，则 $\mathrm{d}f(\mathrm{e}^{-x}) = ($ 　　 $)$.

A. $-f'(\mathrm{e}^{-x})\mathrm{d}x$ 　　 B. $\mathrm{e}^{-x}f'(\mathrm{e}^{-x})\mathrm{d}x$ 　　 C. $-\mathrm{e}^{-x}f'(\mathrm{e}^{-x})\mathrm{d}x$ 　　 D. $f'(\mathrm{e}^{-x})\mathrm{d}x$

13. 设 $f\left(\dfrac{1}{x}\right)=\dfrac{x}{x+1}$，则 $\mathrm{d}f(x)=($　　).

A. $\dfrac{1}{(1+x)^2}\mathrm{d}x$　　　　B. $-\dfrac{1}{(1+x)^2}\mathrm{d}x$　　　　C. $\dfrac{-x}{(1+x)^2}\mathrm{d}x$　　　　D. $\dfrac{x}{(1+x)^2}\mathrm{d}x$

14. 下列函数在给定区间上满足罗尔定理的有(　　).

A. $y=x^2-5x+6,[2,3]$　　　　　　　　　B. $y=\dfrac{1}{\sqrt[3]{(x-1)^2}},[0,2]$

C. $y=\begin{cases}x+1,x<5\\1,\quad x\geqslant5\end{cases},[0,5]$　　　　D. $y=xe^{-x},[0,1]$

15. 函数 $f(x)=x-\dfrac{3}{2}x^{\frac{1}{3}}+1$ 在下列区间上不满足拉格朗日中值定理条件的是(　　).

A. $[-1,0]$　　　　B. $[-1,1]$　　　　C. $[0,1]$　　　　D. $[0,8]$

16. 下列函数在给定区间上满足拉格朗日定理条件的是(　　).

A. $f(x)=|x|,x\in[-1,1]$　　　　　　　　B. $y=\ln|x|,x\in[-1,1]$

C. $f(x)=\cos x,x\in\left[0,\dfrac{\pi}{2}\right]$　　　　D. $f(x)=\begin{cases}1-x,x\geqslant0\\x-1,x\geqslant0\end{cases},x\in[-1,1]$

17. 求下列极限时能直接使用洛必达法则的是(　　).

A. $\lim\limits_{x\to\infty}\dfrac{\sin x}{x}$　　　B. $\lim\limits_{x\to0}\dfrac{\sin x}{x}$　　　C. $\lim\limits_{x\to\frac{\pi}{2}}\dfrac{\sin x}{\tan x}$　　　D. $\lim\limits_{x\to0}\dfrac{x^2\sin\frac{1}{x}}{\sin x}$

18. 函数 $y=x^3+12x+6$ 在定义域内(　　).

A. 单调增加　　　　　　　　　　　　B. 单调减少

C. 图形是凸的　　　　　　　　　　　D. 图形是凹的

19. 下列函数极值存在且唯一的是(　　).

A. $f(x)=\sqrt[3]{x},[-1,1]$　　　　　　　B. $f(x)=x+\sin x,(-\infty,+\infty)$

C. $f(x)=x^3-x^2+1,[-\infty,+\infty]$　　　D. $f(x)=|x|,(-\infty,+\infty)$

20. $f'(x_0)=0$，$f''(x_0)<0$ 是函数 $f(x)$ 在点 $x=x_0$ 处取得极大值的一个(　　).

A. 充分必要条件　　　　　　　　　　B. 充分非必要条件

C. 必要非充分条件　　　　　　　　　D. 既非必要也非充分条件

21. 若函数 $f(x)$ 在 x_0 及其附近内具有二阶连续导数，且 $f'(x_0)=0$，而 $f''(x_0)\neq0$，则函数 $f(x)$ 在 x_0 处(　　).

A. 无极值　　　　B. 有极值　　　　C. 有极大值　　　　D. 有极小值

22. 若函数 $f(x)$ 在点 x_0 处取得极大值，则必有(　　).

A. $f'(x_0)$ 不存在　　　　　　　　　B. $f'(x_0)=0$

C. $f'(x_0)=0$，且 $f''(x_0)<0$　　　　D. $f'(x_0)=0$ 或 $f'(x_0)$ 不存在

23. 函数 $f(x)=ax^2+b$ 在区间 $(-\infty,+\infty)$ 内是凸的，则 a 和 b 应满足(　　).

A. $a<0,b=0$　　　　　　　　　　　B. $a>0,b$ 为任意实数

C. $a<0,b\neq0$　　　　　　　　　　D. $a<0,b$ 为任意实数

24. 方程 $x^3-3x+1=0$ 在区间 $(-\infty,+\infty)$ 内有(　　).

A. 无实根　　　　　　　　　　　　　B. 有唯一实根

C. 有两个实根　　　　　　　　　　　D. 有三个实根

25. 设函数 $f(x)$ 在 $[0,1]$ 上 $f'''(x) > 0$,且 $f''(0) = 0$,则 $f'(0)$, $f'(1)$, $f(1) - f(0)$ 或 $f(0) - f(1)$ 的大小顺序是( ).

A. $f'(1) > f'(0) > f(1) - f(0)$

B. $f'(1) > f(1) - f(0) > f'(0)$

C. $f(1) - f(0) > f'(1) > f'(0)$

D. $f'(1) > f(0) - f(1) > f'(0)$

26. $f(x) = x^3 - 3x^2 + 2$ 在 $[-1, 1]$ 上的最小值为( ).

A. 0   B. 2   C. -2 D. 3

27. 点 $(0, -1)$ 是曲线 $y = ax^3 + bx^2 + c$ 的拐点,则有( ).

A. $a = 1, b = -3, c = -1$

B. $a \neq 0, b = 0, c = -1$

C. $a = 1, b = 0, c$ 为任意

D. a, b 为任意, $c = -1$

28. 下列曲线有水平渐近线的有( ).

A. $f(x) = \tan x$ B. $f(x) = \dfrac{x^2}{1 + x^2}$ C. $f(x) = x^2 - 3x^3$ D. $f(x) = \ln x$

29. 曲线 $y = \dfrac{1}{f(x)}$ 有水平渐近线的充分条件是( ).

A. $\lim\limits_{x \to \infty} f(x) = 0$ B. $\lim\limits_{x \to \infty} f(x) = \infty$ C. $\lim\limits_{x \to 0} f(x) = 0$ D. $\lim\limits_{x \to 0} f(x) = \infty$

30. 曲线 $y = \dfrac{1}{f(x)}$ 有垂直渐近线的充分条件是( ).

A. $\lim\limits_{x \to \infty} f(x) = 0$ B. $\lim\limits_{x \to \infty} f(x) = \infty$ C. $\lim\limits_{x \to 0} f(x) = 0$ D. $\lim\limits_{x \to 0} f(x) = \infty$

二、填空题

1. 设 $f(x)$ 在 $x = 0$ 处可导,则 $\lim\limits_{x \to 0} \dfrac{f(3x) - f(-x)}{x} = $ _____.

2. 过曲线 $y = x^2 + x - 2$ 上的一点 M 作切线,若切线与直线 $y = 4x - 1$ 平行,则切点坐标为_____.

3. 已知曲线 $y = ax^2$ 与 $y = \ln x$ 相切,则 $a = $ _____.

4. 设函数 $f(x) = x(x + 1)(x + 2)(x + 3) \cdots (x + 1\,000)$,则 $f'(0) = $ _____.

5. 设函数 $f(x^2) = x^4 + x^2 + \ln 2$,则 $f'(-1) = $ _____.

6. 设函数 $f(x) = x^n + a_1 x^{n-1} + \cdots a_{n-1} x + a_n$,则 $[f(1)]' = $ _____ , $f^{(n)}(0) = $ _____.

7. 设函数 $y = xe^y + 1$,则导数 $\dfrac{dy}{dx} = $ _____.

8. 设 $x = te^{-t}$, $y = 2t^3 + t^2$,则 $\dfrac{dy}{dx} \bigg|_{t=-1} = $ _____.

9. 设 $y = (2x + 1)^{27} + 27$,则 $y^{(27)} = $ _____.

10. $f(x) = 2x^2 - x - 3$ 在 $\left[-1, \dfrac{3}{2} \right]$ 上满足罗尔中值定理的 $\xi = $ _____.

11. 极限 $\lim\limits_{x \to +\infty} \dfrac{e^x}{\ln(1 + x^2)} = $ _____.

12. 函数 $y = \ln x - x + 1$ 在区间_____内单调递减,在_____内单调递增.

13. 当 $x = 4$ 时,函数 $y = x^2 + px + q$ 取得极值,则 $p = $ _____.

14. 函数 $y = xe^{-x}$ 的极值点是_____,其拐点是_____.

15. 曲线 $y = (x - 2)^{\frac{5}{3}}$ 的凸区间为_____.

16. 曲线 $y = 2 - (x + 1)^5$ 的拐点为_____.

17. 若函数 $f(x)$ 在 $[a, b]$ 上连续,且在 (a, b) 内恒有 $f'(x) > 0$,则函数 $f(x)$ 在 $[a, b]$ 上的最大

值为_____.

18. 曲线 $y = \dfrac{x}{1 + x^2}$ 的水平渐近线是_____.

19. 曲线 $y = \dfrac{x^2 - 1}{x^2 + x - 2}$ 的垂直渐近线是_____.

20. 曲线 $y = \mathrm{e}^{\frac{1}{x^2}} \arctan \dfrac{x^2 + x + 1}{(x + 1)(x - 2)}$ 的水平渐近线是_____,垂直渐近线是_____.

三、计算题

1. 讨论函数 $f(x) = \begin{cases} x^2 \cos \dfrac{1}{x}, & x \neq 0 \\ 0, & x = 0 \end{cases}$ 在 $x = 0$ 处的连续性和可导性.

2. 设函数 $f(x) = \begin{cases} x\mathrm{e}^x + 1, & x \geq 1 \\ ax^2 + b, & x < 1 \end{cases}$ 在 $x = 1$ 处连续且可导,试确定常数 a,b 的值.

3. 求曲线 $y = x\ln x - x$ 在 $x = 1$ 处的切线方程和法线方程.

4. 已知 $f(x)$ 在 $x = 1$ 处连续,且 $\lim\limits_{x \to 1} \dfrac{f(x)}{x - 1} = 2$,求导数 $f'(1)$.

5. 设函数 $f(x)$ 在 $x = 1$ 处可导,且 $f'(1) = 3$,求 $\lim\limits_{n \to +\infty} n\left[f\left(1 + \dfrac{1}{n}\right) - f\left(1 - \dfrac{3}{n}\right)\right]$.

6. 求下列各函数的导数:

(1) $y = 3\sqrt{x} - \dfrac{1}{x^3} + \sin \dfrac{\pi}{3}$;

(2) $y = x^3 \lg x + \ln x$;

(3) $y = \dfrac{\sin x}{1 + \cos x}$;

(4) $y = x^2 \sin x \ln x$;

(5) $y = \cos(4 - 3x)$;

(6) $y = x \cdot \sin^3 x$;

(7) $y = 2^{x\ln x}$;

(8) $y = \ln \sqrt{x} + \sqrt{\ln x}$;

(9) $y = \sin^3(1 - 2x)$;

(10) $y = \arctan \mathrm{e}^x - \ln \sqrt{\dfrac{\mathrm{e}^{2x}}{\mathrm{e}^{2x} + 1}}$;

(11) $y = (x + \sin^2 x)^4$;

(12) $y = 2\arctan \dfrac{2x}{1 - x}$.

7. 求下列各函数在指定点处的导数值:

(1) $y = \ln(x + \sqrt{1 + x^2})$,求 $y'\big|_{x=1}$

(2) $y = \sqrt[3]{1 + \sin^2 x}$,求 $y'\big|_{x=\frac{\pi}{2}}$.

8. 求下列函数的二阶导数:

(1) $y = \ln(1 - x^2)$;

(2) $y = x(1 + \ln x)$;

(3) $y = (1 + x^2)\arctan x$;

(4) $y = x\mathrm{e}^{x^2}$.

9. 求下列函数的 n 阶导数 $y^{(n)}$:

(1) $y = x\mathrm{e}^x$,$(x + n)\mathrm{e}^x$;

(2) $y = \sin 2x$,$2^n \sin\left(2x + n \cdot \dfrac{\pi}{2}\right)$;

(3) $y = \ln(1 + x)$,$(-1)^{n-1} \dfrac{(n - 1)!}{(1 + x)^n}$;

(4) $y = \dfrac{1}{x^2 - 5x + 4}$.

10. 求由下列方程确定的隐函数的导数 $\dfrac{\mathrm{d}y}{\mathrm{d}x}$:

(1) $x^2 - xy + y^2 = 0$;

(2) $\arctan \dfrac{y}{x} = \ln \sqrt{x^2 + y^2}$;

（3）$y^2 + 2\ln y = x^2$;   （4）$x^3 + y^3 + 6y = \sin 3x$.

11. 用对数求导法求下列函数的导数：

（1）$y = \dfrac{\sqrt{x+2}\,(3-x)^4}{(x+1)^5}$;   （2）$y = (\sin x)^{\cos x}\ (\sin x > 0)$;

（3）$y = x^{\frac{1}{1-x}}$;   （4）$y = x^3 \cdot \sqrt{\dfrac{1+x}{1-x}}$.

12. 求由下列参数方程确定的函数 $y = y(x)$ 的导数 $\dfrac{\mathrm{d}y}{\mathrm{d}x}$：

（1）$\begin{cases} x = t - \arctan t \\ y = \ln(1+t^2) \end{cases}$;   （2）$\begin{cases} x = t(1 - \sin t) \\ y = t\cos t \end{cases}$.

13. 求曲线 $\begin{cases} x = \dfrac{t}{1+t^2} \\ y = \dfrac{t^2}{1+t^2} \end{cases}$ 在 $t = \dfrac{1}{2}$ 所对应点处的切线方程与法线方程.

14. 求下列函数的微分：

（1）$y = \ln\sin\dfrac{x}{2}$;   （2）$y = \mathrm{e}^{-x}\cos(2-x)$;

（3）$y = \arctan \mathrm{e}^x$;   （4）$y = \ln(1 + \mathrm{e}^{x^2})$.

15. 求下列极限：

（1）$\lim\limits_{x \to 1} \dfrac{x^3 - 1}{2x^2 - x - 1}$;   （2）$\lim\limits_{x \to 1} \dfrac{x^2 - x}{\ln x - x + 1}$;

（3）$\lim\limits_{x \to 0} \dfrac{3^x - 2^x}{x}$;   （4）$\lim\limits_{x \to 0} \dfrac{x\mathrm{e}^x}{\mathrm{e}^x - \mathrm{e}^{-x}}$;

（5）$\lim\limits_{x \to 0} \dfrac{x - \arctan x}{\ln(1+x^2)}$;   （6）$\lim\limits_{x \to 0} \dfrac{\tan x - x}{x - \sin x}$;

（7）$\lim\limits_{x \to +\infty} \dfrac{1 + \mathrm{e}^x}{\ln x}$;   （8）$\lim\limits_{x \to +\infty} \dfrac{\ln(x+1)}{x^2 + 1}$;

（9）$\lim\limits_{x \to 0^+} \dfrac{\ln\tan 7x}{\ln\tan 2x}$;   （10）$\lim\limits_{x \to 1} \left(\dfrac{2}{\ln x} - \dfrac{x}{\ln\sqrt{x}}\right)$;

（11）$\lim\limits_{x \to 1} \left(\dfrac{1}{x-1} - \dfrac{1}{\ln x}\right)$;   （12）$\lim\limits_{x \to 1} \left(\dfrac{3}{1-x^3} - \dfrac{1}{1-x}\right)$;

（13）$\lim\limits_{x \to 1^-} \ln x\ln(1-x)$;   （14）$\lim\limits_{x \to 0^+} \sin x\ln\sqrt{x}$;

（15）$\lim\limits_{x \to 0^+} x^{\frac{1}{\ln(\mathrm{e}^x - 1)}}$;   （16）$\lim\limits_{x \to 0^+} \left(\dfrac{1}{x}\right)^{\tan x}$;

（17）$\lim\limits_{x \to +\infty} (\ln x)^{\frac{1}{x}}$;   （18）$\lim\limits_{x \to +\infty} (1 + \mathrm{e}^x)^{\frac{1}{x}}$;

（19）$\lim\limits_{x \to 0} (\cos x)^{\frac{1}{x^2}}$;   （20）$\lim\limits_{x \to \infty} \left[(2+x)\mathrm{e}^{1/x} - x\right]$.

16. 求下列函数的单调区间与极值：

（1）$y = x^3 - 3x^2 + 6$;   （2）$y = 1 + x^2\mathrm{e}^{-x}$;

（3）$y = \dfrac{2x}{1+x^2}$;   （4）$y = x^{\frac{2}{3}}(x-2)^2$.

17. 求常数 a 与 b 的值，使函数 $f(x) = x^3 + ax^2 + bx$ 在 $x = -1$ 处有极值 2，并求出在这样的 a 与 b 之下

$f(x)$ 的所有极值点,以及在 $[0,3]$ 上的最小值和最大值.

18.求下列曲线的凹凸区间与拐点:

(1) $y = x^3 - 5x^2 + 3x + 5$;   (2) $y = \ln(x^2 + 1)$;

(3) $y = xe^x$;   (4) $y = \dfrac{x}{1 + x^2}$.

19.讨论下列曲线的渐近线:

(1) $y = \dfrac{1}{(2 + x)^3}$;   (2) $y = \dfrac{e^x}{1 + x}$;   (3) $y = \dfrac{x^4}{(1 + x)^3}$.

20.将一长为 10 的铁丝切成两段,并将其中一段围成一个正方形,另一段围成一个圆形,为使正方形与圆形面积之和最小,问两段铁丝的长应各为多少?

21.作出下列函数的图像:

(1) $y = 3x - x^3$;   (2) $y = xe^{-x}$.

四、证明题

1.证明双曲线 $xy = 1$ 上任意一点处的切线与两坐标轴围成的三角形面积等于常数.

2.设函数 $f(x)$ 为偶函数,且在 $x = 0$ 处可导,证明 $f'(0) = 0$.

3.证明:当 $x > 1$ 时,$2\sqrt{x} > 3 - \dfrac{1}{x}$.

4.设 $x > a$ 时,函数 $f(x)$ 和 $g(x)$ 均可导,且 $f'(x) > g'(x)$,又 $f(a) = g(a)$,证明:当 $x > a$ 时,$f(x) > g(x)$.

5.证明:当 $x > 0$ 时,$\ln\left(1 + \dfrac{1}{x}\right) > \dfrac{1}{1 + x}$.

6.函数 $f(x)$ 在 $[a, b]$ 内连续,在 (a, b) 可导,且 $f(a) = f(b) = 0$,试证明至少存在一点 $\xi \in (a, b)$,使得 $f'(\xi) = 2f(\xi)$.

7.证明:曲线 $y = \dfrac{x - 1}{x^2 + 1}$ 有三个拐点恰好位于同一直线上.

8.证明方程 $\tan x = 1 - x$ 在 $(0, 1)$ 内有唯一实根.

9.设 $f(x)$ 在 $[1, e]$ 上连续,在 $(1, e)$ 上可导,且 $f(1) = 0$,$f(e) = 1$,试证明方程 $f'(x) = \dfrac{1}{x}$ 在 $(1, e)$ 上至少有一个实根.

10.设 $f(x)$ 在 $[0, a]$ 上二阶可导,$a > 0$,且 $f''(x) > 0$,$f(0) = 0$,试证明 $g(x) = \dfrac{f(x)}{x}$ 在 $[0, a]$ 上单调增加.

11.设函数 $f(x)$ 可导,且 $f(0) = 0$,且 $f'(x) < 1$,证明当 $x \neq 0$ 时,恒有 $|f(x)| < |x|$.

12.设 $f(x)$ 在 $[0, 1]$ 上可导,$f(0) = 0$,$f(1) = 1$,且 $f(x)$ 不恒等于 x,试证明至少存在一点 $\xi \in (0, 1)$,使得 $f'(\xi) > 1$.

参考答案二

一、选择题

1. A.   2. B.   3. C.   4. C.   5. D.   6. B.   7. D.   8. A.   9. B.   10. C.

11. A.   12. C.   13. B.   14. A.   15. B.   16. C.   17. B.   18. A.   19. D.   20. B.

21. B.　22. D.　23. D.　24. D.　25. B.　26. C.　27. B.　28. B　29. B.　30. C.

二、填空题

1. $4f'(0)$.

2. $\left(\dfrac{3}{2}, \dfrac{7}{4}\right)$.

3. $\dfrac{1}{2e}$.

4. $1\,000!$.

5. -1.

6. 0；$n!$.

7. $\dfrac{e^y}{1-y}$.

8. $\dfrac{2}{e}$.

9. $2^{27}27!$.

10. $\dfrac{1}{4}$.

11. $+\infty$.

12. $(1,+\infty)$；$(0,1)$.

13. -8.

14. $x=1$；$\left(2, \dfrac{2}{e^2}\right)$.

15. $(-\infty,2)$.

16. $(-1,2)$.

17. $f(b)$.

18. $y=0$.

19. $x=-2$.

20. $y=\dfrac{\pi}{4}$；$x=0$.

三、计算题

1. $x=0$ 连续且可导.

2. $a=e, b=1$.

由连续可知，$\lim\limits_{x\to 1^+}(1+xe^x)=1+e, \lim\limits_{x\to 1^-}(ax+b)=a+b$，所以 $a+b=1+e$；由可导性可知，

$\lim\limits_{x\to 1^+}\dfrac{1+xe^x-(1+e)}{x-1}=2e, \lim\limits_{x\to 1^-}\dfrac{ax^2+b-(1+e)}{x-1}=2a$，所以 $a=e, b=1$.

3. $y'=\ln x$，$y'(1)=0$，则切线方程为 $y=-1$，法线方程为 $x=1$.

4. 因为 $f(1)=\lim\limits_{x\to 1}f(x)=\lim\limits_{x\to 1}\dfrac{f(x)}{x-1}(x-1)=\lim\limits_{x\to 1}\dfrac{f(x)}{x-1}\lim\limits_{x\to 1}(x-1)=2\cdot 0=0$，

所以 $f'(1)=\lim\limits_{x\to 1}\dfrac{f(x)-f(1)}{x-1}=\lim\limits_{x\to 1}\dfrac{f(x)-0}{x-1}=2$.

5. 由导数定义，以及函数极限与数列极限之间的关系知

$$\lim\limits_{n\to+\infty}n\left[f\left(1+\dfrac{1}{n}\right)-f\left(1-\dfrac{3}{n}\right)\right]=\lim\limits_{n\to+\infty}\left[\dfrac{f\left(1+\dfrac{1}{n}\right)-f(1)}{\dfrac{1}{n}}+\dfrac{f\left(1-\dfrac{3}{n}\right)-f(1)}{-\dfrac{3}{n}}\cdot 3\right]$$

$$=f'(1)+3f'(1)=12.$$

6. (1) $y'=\dfrac{3}{2\sqrt{x}}+\dfrac{3}{x^4}$；

(2) $y'=3x^3\lg x+\dfrac{x^2}{\ln 10}+\dfrac{1}{x}$；

(3) $y'=\dfrac{1}{1+\cos x}$；

(4) $y'=2x\sin x\ln x+x^2\cos x\ln x+x\sin x$；

(5) $y'=-\sin(4-3x)\times(4-3x)'=3\sin(4-3x)$；

(6) $y'=\sin^3 x+3x\sin^2 x\cdot\cos x$；

(7) $y'=2^{x\ln x}\ln 2\times(x\ln x)'=2^{x\ln x}(1+\ln x)\ln 2$；

(8) $y'=\left(\dfrac{1}{2}\ln x\right)'+(\sqrt{\ln x})'=\dfrac{1}{2x}+\dfrac{1}{2x\sqrt{\ln x}}$；

(9) $y'=-6\sin^2(1-2x)\cos(1-2x)$；

(10) $y'=\dfrac{e^x}{1+e^{2x}}-1+\dfrac{e^{2x}}{1+e^{2x}}=\dfrac{e^x-1}{1+e^{2x}}$；

(11) $y'=4(x+\sin^2 x)^3(1+\sin 2x)$；

(12) $y' = \dfrac{4}{1 - 2x + 5x^2}$.

7.(1) $\dfrac{\sqrt{2}}{2}$;　　　　　　　　　　　　　　(2) 0.

8.(1) $y'' = -\dfrac{2(1 + x^2)}{(1 - x^2)^2}$;　　　　　　　(2) $y'' = \dfrac{1}{x}$;

(3) $y'' = 2\arctan x + \dfrac{2x}{1 + x^2}$;　　　(4) $y'' = 2x(3 + 2x^2)\mathrm{e}^{x^2}$.

9.(1) $(x + n)\mathrm{e}^x$;　　　　　　　　　　(2) $2^n\sin\left(2x + n \cdot \dfrac{\pi}{2}\right)$;

(3) $(-1)^{n-1}\dfrac{(n - 1)!}{(1 + x)^n}$;　　　　(4) $\dfrac{1}{3}\left[\dfrac{(-1)^n n!}{(x - 4)^{n+1}} - \dfrac{(-1)^n n!}{(x - 1)^{n+1}}\right]$.

10.(1) $\dfrac{2x - y}{x - 2y}$;　　　　　　　　　(2) $\dfrac{\mathrm{d}y}{\mathrm{d}x} = \dfrac{x + y}{x - y}$;

(3) $\dfrac{xy}{1 + y^2}$;　　　　　　　　　　(4) $y' = \dfrac{\cos 3x - x^2}{y^2 + 2}$.

11.(1) $y' = \dfrac{\sqrt{x + 2}\,(3 - x)^4}{(x + 1)^5}\left[\dfrac{1}{2(x + 2)} - \dfrac{4}{3 - x} - \dfrac{5}{x + 1}\right]$;

(2) $y' = (\sin x)^{\cos x}(-\sin x\ln\sin x + \cos x\cot x)$;

(3) $y' = x^{\frac{1}{1-x}}\left[\dfrac{1}{(1 - x)^2}\ln x + \dfrac{1}{x - x^2}\right]$;

(4) $y' = x^3\sqrt{\dfrac{1 + x}{1 - x}} \cdot \left(\dfrac{3}{x} + \dfrac{1}{1 - x^2}\right)$.

12.(1) $\dfrac{2}{t}$;　　　　　　　　　　　　(2) $\dfrac{\cos t - t\sin t}{1 - \sin t - t\cos t}$.

13.切线方程为 $y - \dfrac{1}{5} = \dfrac{4}{3}\left(x - \dfrac{2}{5}\right)$;法线方程为 $y - \dfrac{1}{5} = -\dfrac{3}{4}\left(x - \dfrac{2}{5}\right)$.

14.(1) $\mathrm{d}y = \dfrac{1}{2}\cot\dfrac{x}{2}\mathrm{d}x$;　　　　　(2) $\mathrm{d}y = \mathrm{e}^{-x}\left[\sin(2 - x) - \cos(2 - x)\right]\mathrm{d}x$;

(3) $\mathrm{d}y = \dfrac{\mathrm{e}^x}{1 + \mathrm{e}^{2x}}\mathrm{d}x$;　　　　　(4) $\mathrm{d}y = \dfrac{2x\mathrm{e}^{x^2}}{1 + \mathrm{e}^{x^2}}\mathrm{d}x$.

15.(1)1;　　　(2)∞;　　　(3)$\ln\dfrac{3}{2}$;　　　(4)$\dfrac{1}{2}$;

(5)0;　　　(6)2;　　　(7)$+\infty$;　　　(8)0;

(9)1;　　　(10)-2;　　　(11)$-\dfrac{1}{2}$;　　　(12)1;

(13)0;　　　(14)0;　　　(15)e;　　　(16)1;

(17)1;　　　(18)e;　　　(19)$\mathrm{e}^{-\frac{1}{2}}$;　　　(20)3.

16.(1)$(-\infty, 0),(2, +\infty)$上单调增加,$(0, 2)$上单调减少,极大值 $f(0) = 6$,极小值 $f(2) = 2$;

(2)$(-\infty, 0),(2, +\infty)$上单调减少,$(0, 2)$单调增加,极大值 $f(2) = 1 + \dfrac{4}{\mathrm{e}^2}$,极小值 $f(0) = 1$;

(3)$(-\infty, -1),(1, +\infty)$单调减少,$(-1, 1)$单调增加,极小值 $f(-1) = -1$,极大值 $f(1) = 1$;

(4)单调增加区间为 $\left[0, \dfrac{1}{2}\right]$ 及 $[2, +\infty)$;单调减少区间为 $(-\infty, 0]$ 及 $\left[\dfrac{1}{2}, 2\right]$;在 $x = 0, x = 2$ 处分

别取得极小值 $f(0) = f(2) = 0$,在 $x = \dfrac{1}{2}$ 处,取得极大值 $f\left(\dfrac{1}{2}\right) = \dfrac{9}{8}\sqrt[3]{2}$.

17. $f'(x) = 3x^2 + 2ax + b$,由已知得 $f'(-1) = 3 - 2a + b = 0$, $f(-1) = -1 + a - b = 2$. 计算得 $b = -3$, $a = 0$. 所以 $f(x) = x^3 - 3x$.

令 $f'(x) = 3x^2 - 3 = 3(x-1)(x+1) = 0$,得 $x = \pm 1$. 又 $f''(x) = 6x$,则 $f''(\pm 1) = \pm 6$. 所以 $f(1) = -2$ 是极小值, $f(-1) = 2$ 是极大值.

在 $[0,3]$ 内有 $f(0) = 0$, $f(1) = -2$, $f(3) = 18$. 所以 $f(1) = -2$ 是最小值, $f(3) = 18$ 是最大值.

18. (1)因为 $y' = 3x^2 - 10x + 3$, $y'' = 6x - 10$,所以,令 $y'' = 0$,得 $x = \dfrac{5}{3}$.

当 $x < \dfrac{5}{3}$ 时, $y'' < 0$,此时曲线为凸弧,当 $x > \dfrac{5}{3}$ 时, $y'' > 0$,此时曲线为凹弧.

所以,曲线的凸区间为 $\left(-\infty, \dfrac{5}{3}\right)$,凹区间为 $\left(\dfrac{5}{3}, +\infty\right)$,拐点为 $\left(\dfrac{5}{3}, \dfrac{20}{27}\right)$.

(2)因为 $y' = \dfrac{2x}{x^2 + 1}$, $y'' = \dfrac{2(1 - x^2)}{(1 + x^2)^2}$,所以,令 $y'' = 0$,得 $x_1 = -1$, $x_2 = 1$.

当 $-1 < x < 1$ 时, $y'' > 0$,曲线为凹弧,当 $|x| > 1$ 时, $y'' < 0$,曲线为凸弧.

所以,曲线的凸区间为 $(-\infty, -1)$ 与 $(1, +\infty)$,凹区间为 $(-1,1)$,拐点为 $(-1, \ln 2)$ 与 $(1, \ln 2)$.

(3)在 $(-\infty, -2)$ 内是凸的,在 $(-2, +\infty)$ 内是凹的,拐点为 $\left(-2, -\dfrac{2}{e^2}\right)$.

(4)因为 $y' = \dfrac{1 - x^2}{(1 + x^2)^2}$, $y'' = \dfrac{2x^3 - 6x}{(1 + x^2)^3} = \dfrac{2x(x^2 - 3)}{(1 + x^2)^3}$,所以,令 $y'' = 0$,得 $x_1 = -\sqrt{3}$, $x_2 = 0$, $x_3 = \sqrt{3}$.

曲线的凹凸性列表讨论如下:

x	$(-\infty, -\sqrt{3})$	$-\sqrt{3}$	$(-\sqrt{3},0)$	0	$(0,\sqrt{3})$	$\sqrt{3}$	$(\sqrt{3}, +\infty)$
y''	$-$		$+$		$-$		$+$
y	$\cap$	$\left(-\sqrt{3}, -\dfrac{\sqrt{3}}{4}\right)$	$\cup$	$(0,0)$	$\cap$	$\left(\sqrt{3}, \dfrac{\sqrt{3}}{4}\right)$	$\cup$

所以,由上述讨论可知,曲线的凸区间为 $(-\infty, -\sqrt{3})$ 与 $(0,\sqrt{3})$,凹区间为 $(-\sqrt{3},0)$ 与 $(\sqrt{3}, +\infty)$,拐点为 $\left(-\sqrt{3}, -\dfrac{\sqrt{3}}{4}\right)$, $(0,0)$, $\left(\sqrt{3}, \dfrac{\sqrt{3}}{4}\right)$.

19. (1)水平渐近线为 $y = 0$,垂直渐近线为 $x = -2$;

(2)水平渐近线为 $y = 0$,垂直渐近线为 $x = -1$;

(3)斜渐近线为 $y = x - 3$,垂直渐近线为 $x = -1$.

20. 设围成圆形的铁丝长为 x ,则围成正方形的铁丝长为 $10 - x$,于是两图形面积之和为

$$S = \dfrac{\pi x^2}{4\pi^2} + \left(\dfrac{10 - x}{4}\right)^2 = \dfrac{\pi x^2}{4\pi^2} + \dfrac{(10 - x)^2}{16} = \dfrac{x^2}{4\pi} + \dfrac{(10 - x)^2}{16} \quad (0 < x < 10).$$

因为 $S' = \dfrac{x}{2\pi} + \dfrac{(10 - x)}{8} \times (-1)$,所以令 $S' = 0$,得驻点 $x = \dfrac{10\pi}{4 + \pi}$.

由于驻点唯一,由实际情况可知,当围成圆形的铁丝长 $\dfrac{10\pi}{4 + \pi}$,围成正方形的铁丝长为 $\dfrac{40}{4 + \pi}$ 时,二者面积之和最小.

21. (1)图形关于原点对称,在 $(-\infty, -1)$, $(1, +\infty)$ 单调减少,在 $(-1,1)$ 单调增加, $(-\infty,0)$ 内是凹的, $(0, +\infty)$ 内是凸的,拐点 $(0,0)$;极小值 $y(-1) = -2$,极大值 $y(1) = 2$,图像略.

（2）图形在 $(-\infty,1)$ 单调增加，$(1,+\infty)$ 单调减少，在 $(-\infty,2)$ 内是凸的，$(2,+\infty)$ 内是凹的，拐点 $\left(2,\dfrac{2}{\mathrm{e}^2}\right)$；极大值 $y(1)=\mathrm{e}^{-1}$，水平渐近线 $y=0$，图像略.

四、证明题

1.因为双曲线 $xy=1$ 上任意一点 (x,y) 处的导数为 $y'=-\dfrac{y}{x}$，该点 (x,y) 处的切线方程为 $Y-y=-\dfrac{y}{x}(X-x)$. 于是，切线与 x 轴的交点为 $(2x,0)$，切线与 y 轴的交点为 $(0,2y)$. 所以，切线与两坐标轴围成的三角形的面积为 $\dfrac{1}{2}|2x\cdot 2y|=2|xy|=2$.

2.因为函数 $f(x)$ 在 $x=0$ 处可导，所以，有

$$\lim_{x\to 0^-}\frac{f(x)-f(0)}{x-0}=\lim_{x\to 0^+}\frac{f(x)-f(0)}{x-0}=f'(0),①$$

而对于 $\lim\limits_{x\to 0^-}\dfrac{f(x)-f(0)}{x-0}\xlongequal{令\,x=-t}\lim\limits_{t\to 0^+}\dfrac{f(-t)-f(0)}{-t-0}=\lim\limits_{t\to 0^+}\dfrac{f(-t)-f(0)}{-t}$.

因为函数 $f(x)$ 为偶函数，则

$$\lim_{x\to 0^-}\frac{f(x)-f(0)}{x-0}=-\lim_{t\to 0^+}\frac{f(t)-f(0)}{t-0}=-\lim_{x\to 0^+}\frac{f(x)-f(0)}{x-0}=f'(0),②$$

由①和②则有 $f'(0)=-f'(0)$. 所以 $f'(0)=0$.

3.令 $f(x)=2\sqrt{x}-\left(3-\dfrac{1}{x}\right)$，则 $f'(x)=\dfrac{1}{\sqrt{x}}-\dfrac{1}{x^2}=\dfrac{1}{x^2}(x\sqrt{x}-1)$.

因为当 $x>1$ 时，$f'(x)>0$，因此 $f(x)$ 在 $[1,+\infty)$ 上单调增加.从而当 $x>1$ 时 $f(x)>f(1)$，又由于 $f(1)=0$，故 $f(x)>f(1)=0$，即 $2\sqrt{x}-(3-\dfrac{1}{x})>0$，也就是当 $x>1$ 时，$2\sqrt{x}>3-\dfrac{1}{x}$.

4.令 $F(x)=f(x)-g(x)$，因为函数 $f(x)$ 和 $g(x)$ 均可导，且 $f'(x)>g'(x)$，所以，函数 $F(x)$ 可导，且 $F'(x)=f'(x)-g'(x)>0$，所以，函数 $F(x)$ 为单调递增函数.

当 $x>a$ 时，$F(x)>F(a)$，即 $f(x)-g(x)>f(a)-g(a)=0$，$f(x)>g(x)$.

5.令 $f(x)=\ln\left(1+\dfrac{1}{x}\right)-\dfrac{1}{1+x}$，显然函数在 $(0,+\infty)$ 连续.

当 $x>0$ 时，$f'(x)=\dfrac{x}{x+1}\left(-\dfrac{1}{x^2}\right)+\dfrac{1}{(1+x)^2}=\dfrac{-1}{x(x+1)^2}<0$，所以 $f(x)$ 在 $(0,+\infty)$ 单调递减.

$\lim\limits_{x\to+\infty}f(x)=\lim\limits_{x\to+\infty}\left[\ln\left(1+\dfrac{1}{x}\right)-\dfrac{1}{1+x}\right]=0$，则当 $x>0$ 时，$f(x)>\lim\limits_{x\to+\infty}f(x)=0$，即 $\ln\left(1+\dfrac{1}{x}\right)>\dfrac{1}{1+x}$.

6.设 $g(x)=\mathrm{e}^{-2x}f(x)$，由已知得 $g(x)$ 在 $[a,b]$ 内连续，在 (a,b) 可导，且 $g(a)=g(b)=0$，则由罗尔定理得至少存在一点 $\xi\in(a,b)$ 使得

$$g'(\xi)=-2\mathrm{e}^{-2\xi}f(\xi)+\mathrm{e}^{-2\xi}f'(\xi)=0，即\ f'(\xi)=2f(\xi).\ 证毕.$$

7.$y'=\dfrac{x^2+1-2x(x-1)}{(x^2+1)^2}=\dfrac{1-2x+x^2}{(x^2+1)^2}$，

$$y''=\frac{2(x^2+1)(x^3-3x^2-3x+1)}{(x^2+1)^4}=\frac{2(x+1)(x^2-4x+1)}{(x^2+1)^3}.$$

令 $y''=0$ 得：$x_1=-1,x_2=2-\sqrt{3},x_3=2+\sqrt{3}$.

可判定三点都是拐点，由函数 $y=\dfrac{x-1}{x^2+1}$ 得：$y(-1)=-1$，且 $\dfrac{y+1}{x+1}=\dfrac{x}{x^2+1}$.

又 $\dfrac{x_2}{x_2^2+1} = \dfrac{x_3}{x_3^2+1} = \dfrac{1}{4}$,即 $\dfrac{y_2+1}{x_2+1} = \dfrac{y_3+1}{x_3+1}$,则曲线三个拐点位于同一直线上.

8. 令 $F(x) = \tan x - 1 + x$. 显然函数 $F(x)$ 在 $[0,1]$ 内连续,且 $F(0) = -1 < 0, F(1) = \tan 1 > 0$. 所以由零点定理可得在 $(0,1)$ 中至少存在一个 ξ,使 $F(\xi) = 0$.

又因为 $F'(x) = \dfrac{1}{\cos^2 x} + 1 > 0 \ (0 < x < 1)$,所以 $F(x) = \tan x - 1 + x$ 单增.

所以只有一个 $\xi \in (0,1)$ 使得 $F(\xi) = 0$,即方程 $\tan x = 1 - x$ 在 $(0,1)$ 内有唯一实根.

9. 构造函数 $F(x) = f(x) - \ln x$,,显然 $F(x)$ 在 $[1,e]$ 上连续,在 $(1,e)$ 上可导,且 $F(1) = f(1) = 0, F(e) = f(e) - 1 = 0$,所以由罗尔定理得,至少存在一点 $\xi \in (1,e)$,使得 $F'(\xi) = 0$,因为 $F'(x) = f'(x) - \dfrac{1}{x}$,所以 $F'(\xi) = f'(\xi) - \dfrac{1}{\xi} = 0$,即至少有 ξ 是方程 $f'(x) = \dfrac{1}{x}$ 的根.

10. $g'(x) = \dfrac{f'(x) \cdot x - f(x)}{x^2} = \dfrac{f'(x) \cdot x - [f(x) - f(0)]}{x^2} \xrightarrow{\text{拉格朗日定理}} \dfrac{x \cdot f'(x) - x f'(\xi)}{x^2} = \dfrac{f'(x) - f'(\xi)}{x}$

$(0 < \xi < x)$.

因为 $f''(x) > 0$,所以 $f'(x)$ 单调增加,所以 $f'(x) > f'(\xi)$,故 $g'(x) = \dfrac{f'(x) - f(\xi)}{x} > 0$,即 $g(x) = \dfrac{f(x)}{x}$ 在 $[0,a]$ 上单调增加.

11. 因为函数 $f(x)$ 可导,且 $f(0) = 0$. 所以由中值定理知 $f(x) - f(0) = f'(\xi)x$,ξ 介于 0 与 x 之间. 两边取绝对值得 $|f(x) - f(0)| = |f'(\xi)||x - 0|$,即由 $|f'(x)| < 1$ 知 $|f(x)| < |x|$.

12. 由于 $f(x)$ 不恒等于 x,故存在 $x_0 \in (0,1)$,使得 $f(x_0) \neq x_0$.

如果 $f(x_0) > x_0$,函数 $f(x)$ 在 $[0, x_0]$ 上满足根据拉格朗日定理条件,所以至少存在一点 $\xi \in (0, x_0)$ 使得 $f'(\xi) = \dfrac{f(x_0) - f(0)}{x_0 - 0} > \dfrac{x_0}{x_0} = 1$;

如果 $f(x_0) < x_0$,函数 $f(x)$ 在 $[x_0, 1]$ 上满足根据拉格朗日定理条件,所以至少存在一点 $\xi \in (0,1)$,使得 $f'(\xi) = \dfrac{f(1) - f(x_0)}{1 - x_0} > \dfrac{1 - x_0}{1 - x_0} = 1$.

第三章 一元函数积分学

新考纲要点

1. 理解原函数与不定积分的概念及其关系,理解原函数存在定理,掌握不定积分的性质.

2. 熟记基本不定积分公式,掌握不定积分的第一类换元法("凑"微分法),第二类换元法(根式换元与三角换元),不定积分的分部积分法.

3. 会求一些简单的有理函数的不定积分.

4. 理解定积分的概念与几何意义,掌握定积分的基本性质.

5. 理解变限积分函数的概念,掌握变限积分函数求导的方法.

6. 掌握牛顿—莱布尼茨(Newton-Leibniz)公式,定积分的换元积分法与分部积分法.

7. 理解两种广义积分的概念,掌握其计算方法.

8. 用定积分计算平面图形的面积以及平面图形绕坐标轴旋转一周所得的旋转体的体积.

第一节 不 定 积 分

一、不定积分概念及其性质

1. 原函数的概念

定义 1 设定义在区间 I 上的函数 $f(x)$,如果存在可导函数 $F(x)$,使得对任意的 $x \in I$ 都有 $F'(x) = f(x)$ 或 $\mathrm{d}F(x) = f(x)\mathrm{d}x$,则称函数 $F(x)$ 为 $f(x)$ 在区间 I 上的**原函数**.

注 1:因为 $[F(x) + C]' = F'(x) = f(x)$,所以若函数 $f(x)$ 的一个原函数为 $F(x)$,则对任意常数 C,函数 $F(x) + C$ 也是函数 $f(x)$ 的原函数.

注 2:两个原函数之间最多只相差一个常数.即若函数 $F(x)$,$\Phi(x)$ 都是函数 $f(x)$ 在某区间内的原函数,则 $F(x) - \Phi(x) = C$(C 为某个确定常数).

注 3:若函数 $F(x)$ 为 $f(x)$ 在某区间内的一个原函数,则 $f(x)$ 的全体原函数可表示为 $F(x) + C$(其中 C 为任意常数).

2. 不定积分的概念

定义 2 函数 $f(x)$ 的全体原函数 $F(x) + C$ 称为 $f(x)$ 的**不定积分**,记为 $\int f(x)\mathrm{d}x$,即

$$\int f(x)\mathrm{d}x = F(x) + C.$$

其中,式子中的 $\int$ 称为积分号,x 称为积分变量,$f(x)$ 称为被积函数,$f(x)\mathrm{d}x$ 称为被积表达式,C 称为积分常数.

3. 不定积分的几何意义

函数 $f(x)$ 的不定积分中含有任意常数 C,因此,对于每一个给定的 C,都有一个确定的原函数,在几何

上,相应的就有一条确定的曲线,这条曲线称为 $f(x)$ 的**积分曲线**.

当 C 取任意值时,不定积分表示 $f(x)$ 的一簇积分曲线,而 $f(x)$ 正是积分曲线在 x 点的切线斜率.

由于积分曲线簇中的每一条曲线,对应于同一横坐标 $x = x_0$ 点处有相同的切线斜率 $f(x_0)$,所以在 $x = x_0$ 点的这些切线互相平行,并且任意两条曲线的纵坐标之间相差一个常数. 如图 3-1 所示.

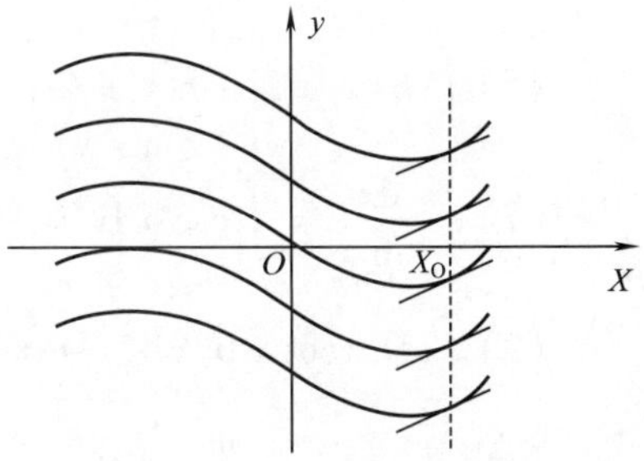

4. 原函数存在定理及不定积分的性质

定理 1 设函数 $f(x)$ 在某区间内连续,则函数 $f(x)$ 在该区间内的原函数一定存在.

不定积分的性质:

图 3-1

性质 1 $\left[\int f(x)\,\mathrm{d}x\right]' = f(x)$ 或 $\mathrm{d}\left[\int f(x)\,\mathrm{d}x\right] = f(x)\,\mathrm{d}x$.

性质 2 $\int f'(x)\,\mathrm{d}x = f(x) + C$ 或 $\int \mathrm{d}f(x)\,\mathrm{d}x = f(x) + C$.

性质 3 设函数 $f(x)$ 及 $g(x)$ 的原函数存在,则

$$\int [f(x) \pm g(x)]\,\mathrm{d}x = \int f(x)\,\mathrm{d}x \pm \int g(x)\,\mathrm{d}x.$$

性质 4 设函数 $f(x)$ 的原函数存在,k 为**非零常数**,则

$$\int kf(x)\,\mathrm{d}x = k\int f(x)\,\mathrm{d}x.$$

【例 1】 若 $f(x)$ 的一个原函数是 $\ln x$,则 $f'(x) = $ _____.

精析: 因为 $f(x) = (\ln x)' = \dfrac{1}{x}$,所以 $f'(x) = -\dfrac{1}{x^2}$.

【例 2】 求函数 $f(x) = \mathrm{e}^{-x}$ 的不定积分.

精析: 因为 $(-\mathrm{e}^{-x})' = \mathrm{e}^{-x}$[或 $\mathrm{d}(-\mathrm{e}^{-x}) = \mathrm{e}^{-x}\mathrm{d}x$],所以 $\int \mathrm{e}^{-x}\mathrm{d}x = -\mathrm{e}^{-x} + C$($C$ 为任意常数).

【例 3】 求函数 $f(x) = \dfrac{1}{x}$ 的不定积分.

精析: 当 $x > 0$ 时,$(\ln x)' = \dfrac{1}{x}$,所以 $\int \dfrac{1}{x}\mathrm{d}x = \ln x + C$($x > 0$);当 $x < 0$ 时,$[\ln(-x)]' = -\dfrac{1}{x} \cdot (-1) = \dfrac{1}{x}$,所以 $\int \dfrac{1}{x}\mathrm{d}x = \ln(-x) + C$.

因此 $$\int \dfrac{1}{x}\mathrm{d}x = \ln|x| + C\ (x \neq 0).$$

【例 4】 设曲线上任意一点处切线的斜率等于该点横坐标的两倍,且曲线过点 $(-1,2)$,求此曲线的方程.

精析: 设所求曲线方程为 $y = f(x)$.由题设条件,过曲线上任意一点 (x,y) 的切线斜率为 $\dfrac{\mathrm{d}y}{\mathrm{d}x} = 2x$,所以 $f(x) = x^2 + C$,又曲线 $y = f(x)$ 过点 $(-1,2)$,故有 $2 = (-1)^2 + C$,即 $C = 1$,于是所求曲线方程为 $y = x^2 + 1$.

二、基本积分公式

积分运算是微分运算的逆运算,则可以从导数公式得到相应的积分公式.

基本积分公式:

(1) $\int k\mathrm{d}x = kx + C$（$k$ 是常数）；　　　(2) $\int x^{\mu}\mathrm{d}x = \dfrac{x^{\mu+1}}{\mu+1} + C$（$\mu \neq -1$）；

(3) $\int \dfrac{\mathrm{d}x}{x} = \ln|x| + C$；　　　　　(4) $\int \sin x\mathrm{d}x = -\cos x + C$；

(5) $\int \cos x\mathrm{d}x = \sin x + C$；　　　　(6) $\int \dfrac{\mathrm{d}x}{\cos^2 x} = \int \sec^2 x\mathrm{d}x = \tan x + C$；

(7) $\int \dfrac{\mathrm{d}x}{\sin^2 x} = \int \csc^2 x\mathrm{d}x = -\cot x + C$；　　　　(8) $\int \sec x\tan x\mathrm{d}x = \sec x + C$；

(9) $\int \csc x\cot x\mathrm{d}x = -\csc x + C$；　　　(10) $\int \mathrm{e}^x\mathrm{d}x = \mathrm{e}^x + C$；

(11) $\int a^x\mathrm{d}x = \dfrac{a^x}{\ln a} + C$；　　　　(12) $\int \dfrac{\mathrm{d}x}{1+x^2} = \arctan x + C = -\operatorname{arccot} x + C$；

(13) $\int \dfrac{\mathrm{d}x}{\sqrt{1-x^2}} = \arcsin x + C = -\arccos x + C$.

【例5】　求 $\int \left(\dfrac{1}{x} - \sqrt{x} + \dfrac{3}{x^3}\right)\mathrm{d}x$.

精析：$\displaystyle\int \left(\dfrac{1}{x} - \sqrt{x} + \dfrac{3}{x^3}\right)\mathrm{d}x = \int \dfrac{1}{x}\mathrm{d}x - \int x^{\frac{1}{2}}\mathrm{d}x + 3\int x^{-3}\mathrm{d}x$

$$= \ln|x| - \dfrac{2}{3}x^{\frac{3}{2}} - \dfrac{3}{2}x^{-2} + C.$$

【例6】　求 $\int \dfrac{1-x^2}{1+x^2}\mathrm{d}x$.

精析：$\displaystyle\int \dfrac{1-x^2}{1+x^2}\mathrm{d}x = \int \dfrac{2-(1+x^2)}{1+x^2}\mathrm{d}x = 2\int \dfrac{\mathrm{d}x}{1+x^2} - \int \mathrm{d}x = 2\arctan x - x + C.$

【例7】　求 $\int 3^x\mathrm{e}^x\mathrm{d}x$.

精析：$\displaystyle\int 3^x\mathrm{e}^x\mathrm{d}x = \int (3\mathrm{e})^x\mathrm{d}x = \dfrac{(3\mathrm{e})^x}{\ln(3\mathrm{e})} + C = \dfrac{3^x\mathrm{e}^x}{1+\ln 3} + C.$

【例8】　求 $\int \sqrt{x}(x^2-5)\mathrm{d}x$.

精析：$\displaystyle\int \sqrt{x}(x^2-5)\mathrm{d}x = \int (x^{\frac{5}{2}} - 5x^{\frac{1}{2}})\mathrm{d}x = \int x^{\frac{5}{2}}\mathrm{d}x - \int 5x^{\frac{1}{2}}\mathrm{d}x = \int x^{\frac{5}{2}}\mathrm{d}x - 5\int x^{\frac{1}{2}}\mathrm{d}x$

$$= \dfrac{2}{7}x^{\frac{7}{2}} - 5 \cdot \dfrac{2}{3}x^{\frac{3}{2}} + C.$$

【例9】　求 $\int \dfrac{x^4}{1+x^2}\mathrm{d}x$.

精析：$\displaystyle\int \dfrac{x^4}{1+x^2}\mathrm{d}x = \int \left(\dfrac{x^4-1}{1+x^2} + \dfrac{1}{1+x^2}\right)\mathrm{d}x = \int (x^2-1)\mathrm{d}x + \int \dfrac{1}{1+x^2}\mathrm{d}x$

$$= \dfrac{1}{3}x^3 - x + \arctan x + C.$$

【例10】　求 $\int \sin^2\dfrac{x}{2}\mathrm{d}x$.

精析：$\displaystyle\int \sin^2\dfrac{x}{2}\mathrm{d}x = \int \dfrac{1}{2}(1-\cos x)\mathrm{d}x = \dfrac{1}{2}\int (1-\cos x)\mathrm{d}x = \dfrac{1}{2}(x-\sin x) + C.$

【例11】　求 $\int \tan^2 x\mathrm{d}x$.

精析: $\int \tan^2 x \mathrm{d}x = \int (\sec^2 x - 1) \mathrm{d}x = \int \sec^2 x \mathrm{d}x - \int \mathrm{d}x = \tan x - x + C$.

三、不定积分的换元积分法

1. 第一类换元法

设 $f(u)$ 具有原函数 $F(u)$,即 $F'(u) = f(u)$,$\int f(u)\mathrm{d}u = F(u) + C$.

如果 u 是中间变量,$u = \varphi(x)$,且设 $\varphi(x)$ 可微,那么,根据复合函数微分法,有 $\mathrm{d}F(\varphi(x)) = f(\varphi(x))\varphi'(x)\mathrm{d}x$,则由不定积分定义得

$$\int f(\varphi(x))\varphi'(x)\mathrm{d}x = F(\varphi(x)) + C = \left[\int f(u)\mathrm{d}u\right]_{u=\varphi(x)}.$$

定理 2 设 $f(u)$ 具有原函数,$u = \varphi(x)$ 可导,则有换元公式

$$\int f(\varphi(x))\varphi'(x)\mathrm{d}x = \left[\int f(u)\mathrm{d}u\right]_{u=\varphi(x)}.$$

此方法称为**第一类换元积分法**. 应用的关键是将被积表达式"凑成" $f(\varphi(x))\mathrm{d}\varphi(x)$ 的形式,因而也称为"**凑微分法**".

"凑微分法"的一般步骤:

(1)将 $\int g(x)\mathrm{d}x$ 拆成 $\int f(\varphi(x))\varphi'(x)\mathrm{d}x$;

(2)将 $\int f(\varphi(x))\varphi'(x)\mathrm{d}x$ 凑微分为 $\int f(\varphi(x))\mathrm{d}\varphi(x)$;

(3)作变换换元,令 $\varphi(x) = u$ 代入,有 $\int f(u)\mathrm{d}u$,计算积分得 $F(u) + C$;

(4)变量还原,将 $u = \varphi(x)$,得 $F(\varphi(x)) + C$.

注: 常用的凑微分公式有

(1) $\mathrm{d}x = \dfrac{1}{a}\mathrm{d}(ax)$ (a 为常数,$a \neq 0$); (2) $\mathrm{d}x = \dfrac{1}{a}\mathrm{d}(ax + b)$ (a,b 为常数,$a \neq 0$);

(3) $x\mathrm{d}x = \dfrac{1}{2}\mathrm{d}(x^2)$; (4) $x^2\mathrm{d}x = \dfrac{1}{3}\mathrm{d}(x^3)$;

(5) $\dfrac{\mathrm{d}x}{\sqrt{x}} = 2\mathrm{d}(\sqrt{x})$; (6) $\dfrac{1}{x}\mathrm{d}x = \mathrm{d}(\ln|x|)$;

(7) $\mathrm{e}^x\mathrm{d}x = \mathrm{d}(\mathrm{e}^x)$; (8) $\cos x\mathrm{d}x = \mathrm{d}(\sin x)$;

(9) $\sin x\mathrm{d}x = -\mathrm{d}(\cos x)$; (10) $\sec^2 x\mathrm{d}x = \mathrm{d}\tan x$;

(11) $\dfrac{1}{1 + x^2}\mathrm{d}x = \mathrm{d}(\arctan x)$; (12) $\dfrac{1}{\sqrt{1 - x^2}}\mathrm{d}x = \mathrm{d}(\arcsin x)$.

2. 第二类换元法

下面介绍第二类换元法:适当地选择变量代换 $\psi(t)$,将积分 $\int f(x)\mathrm{d}x$ 化为积分 $\int f(\psi(t))\psi'(t)\mathrm{d}t$. 即

$$\int f(x)\mathrm{d}x = \int f(\psi(t))\psi'(t)\mathrm{d}t.$$

注: 公式的成立需要一定条件. 首先,等式右边的不定积分要存在,即 $f(\psi(t))\psi'(t)$ 有原函数;其次,$\int f(\psi(t))\psi'(t)\mathrm{d}t$ 求出后必须用 $x = \psi(t)$ 的反函数 $t = \psi^{-1}(x)$ 代回去,为了保证该反函数存在而且是可导的,因此需假定直接函数 $x = \psi(t)$ 在 t 的某一个区间上是单调的、可导的,并且 $\psi'(t) \neq 0$.

定理 3 设 $x = \psi(t)$ 是单调的、可导的函数,并且 $\psi'(t) \neq 0$.又设 $f(\psi(t))\psi'(t)$ 具有原函数,则有换元公式 $\int f(x)\mathrm{d}x = \left[\int f(\psi(t)\psi'(t)\mathrm{d}t)\right]_{t=\psi^{-1}(x)}$,其中 $\psi^{-1}(x)$ 是 $x = \psi(t)$ 的反函数.

第二类换元法的一般步骤是:

(1)作变换 $x = \psi(t)$ 代入换元,得 $\int f(x)\mathrm{d}x = \int f(\psi(t)\psi'(t)\mathrm{d}t)$;

(2)计算不定积分,得 $\int f(\psi(t)\psi'(t)\mathrm{d}t) = F(t) + C$;

(3)变量还原,解得 $t = \psi^{-1}(x)$,回代得 $F(t) + C = F[\psi^{-1}(x)] + C$.

第二类换元积分法常用于被积函数中含有根式的情况,常用的变量替换可总结如下:

(1)被积函数含 $\sqrt[n]{ax + b}$ 时,令 $t = \sqrt[n]{ax + b}$;

(2)被积函数含 $\sqrt[m_1]{x}$,$\sqrt[m_2]{x}$ 时,令 $t = \sqrt[n]{x}$,其中 n 为 m_1 和 m_2 的最小公倍数;

(3)被积函数含 $\sqrt{a^2 - x^2}$ 时,令 $x = a\sin t$;

(4)被积函数含 $\sqrt{x^2 + a^2}$ 时,令 $x = a\tan t$;

(5)被积函数含 $\sqrt{x^2 - a^2}$ 时,令 $x = a\sec t$.

【例 12】 求 $\int \sin 5x\mathrm{d}x$.

精析:$\sin 5x$ 可看成 $\sin u$ 与 $u = 5x$ 的复合函数,设 $u = 5x$,则 $\mathrm{d}u = (5x)'\mathrm{d}x = 5\mathrm{d}x$,所以

$$\int \sin 5x\mathrm{d}x = \frac{1}{5}\int \sin 5x \cdot 5\mathrm{d}x = \frac{1}{5}\int \sin 5x\mathrm{d}5x = \frac{1}{5}\int \sin u\mathrm{d}u = -\frac{1}{5}\cos u + C$$

$$= -\frac{1}{5}\cos 5x + C.$$

【例 13】 求 $\int \frac{1}{2x + 5}\mathrm{d}x$.

精析:$\frac{1}{2x + 5}$ 可看成 $\frac{1}{u}$ 与 $u = 2x + 5$ 的复合函数,设 $u = 2x + 5$,则

$$\mathrm{d}u = (2x + 5)'\mathrm{d}x = 2\mathrm{d}x,$$

所以 $\int \frac{1}{2x + 5}\mathrm{d}x = \int \frac{1}{2}\frac{1}{2x + 5} \cdot 2\mathrm{d}x = \frac{1}{2}\int \frac{1}{2x + 5}\mathrm{d}(2x + 5) = \frac{1}{2}\int \frac{1}{u}\mathrm{d}u = \frac{1}{2}\ln|u| + C$

$$= \frac{1}{2}\ln|2x + 5| + C.$$

对变量代换比较熟练以后,就不一定写出中间变量 u,直接带入积分公式求解即可.

【例 14】 求 $\int \frac{1}{a^2 + x^2}\mathrm{d}x$.

精析:$\int \frac{1}{a^2 + x^2}\mathrm{d}x = \frac{1}{a^2}\int \frac{1}{1 + \left(\frac{x}{a}\right)^2}\mathrm{d}x = \frac{1}{a}\int \frac{1}{1 + \left(\frac{x}{a}\right)^2}\mathrm{d}\left(\frac{x}{a}\right) = \frac{1}{a}\arctan\frac{x}{a} + C$.

【例 15】 求 $\int x^2\sqrt{3 - x^3}\mathrm{d}x$.

精析:$\sqrt{3 - x^3}$ 是关于 x 的复合函数,由于 $x^2\mathrm{d}x = \frac{1}{3}\mathrm{d}x^3 = -\frac{1}{3}\mathrm{d}(3 - x^3)$,所以

$$\int x^2\sqrt{3 - x^3}\mathrm{d}x = \int \sqrt{3 - x^3} \cdot \frac{1}{3}\mathrm{d}x^3 = -\frac{1}{3}\int \sqrt{3 - x^3}\mathrm{d}(3 - x^3)$$

$$= \left(-\frac{1}{3} \right) \cdot \frac{2}{3} (3 - x^3)^{\frac{3}{2}} + C = -\frac{2}{9} (3 - x^3)^{\frac{3}{2}} + C.$$

【例16】 求 $\int \tan x \mathrm{d}x$.

精析：$\int \tan x \mathrm{d}x = \int \dfrac{\sin x}{\cos x} \mathrm{d}x = -\int \dfrac{1}{\cos x} \mathrm{d}(\cos x) = -\ln |\cos x| + C.$

【例17】 求 $\int \dfrac{\mathrm{d}x}{a^2 - x^2}$ $(a \neq 0)$.

精析：因为 $\dfrac{1}{a^2 - x^2} = \dfrac{1}{2a} \left(\dfrac{1}{a + x} + \dfrac{1}{a - x} \right)$，所以

$$\int \frac{\mathrm{d}x}{a^2 - x^2} = \frac{1}{2a} \int \left(\frac{1}{a + x} + \frac{1}{a - x} \right) \mathrm{d}x$$

$$= \frac{1}{2a} \left(\int \frac{1}{a + x} \mathrm{d}x + \int \frac{1}{a - x} \mathrm{d}x \right)$$

$$= \frac{1}{2a} \left[\int \frac{1}{a + x} \mathrm{d}(a + x) - \int \frac{1}{a - x} \mathrm{d}(a - x) \right]$$

$$= \frac{1}{2a} (\ln |a + x| - \ln |a - x|) + C = \frac{1}{2a} \ln \left| \frac{a + x}{a - x} \right| + C.$$

【例18】 求 $\int \sec x \mathrm{d}x$.

精析：$\int \sec x \mathrm{d}x = \int \dfrac{1}{\cos x} \mathrm{d}x = \int \dfrac{\cos x}{\cos^2 x} \mathrm{d}x = \int \dfrac{1}{1 - \sin^2 x} \mathrm{d}(\sin x)$

$$= \frac{1}{2} \ln \left| \frac{1 + \sin x}{1 - \sin x} \right| + C = \frac{1}{2} \ln \left(\frac{1 + \sin x}{\cos x} \right)^2 + C$$

$$= \ln |\sec x + \tan x| + C.$$

【例19】 求 $\int \dfrac{\mathrm{d}x}{1 + \sqrt{3 - x}}$.

精析：设 $t = \sqrt{3 - x}$，则 $x = 3 - t^2$，$\mathrm{d}x = -2t\mathrm{d}t$.

$$\int \frac{\mathrm{d}x}{1 + \sqrt{3 - x}} = -\int \frac{2t}{1 + t} \mathrm{d}t = -2 \int \frac{1 + t - 1}{1 + t} \mathrm{d}t = -2 \int \left(1 - \frac{1}{1 + t} \right) \mathrm{d}t$$

$$= -2(t - \ln |1 + t|) + C = -2 [\sqrt{3 - x} - \ln (1 + \sqrt{3 - x})] + C.$$

【例20】 求 $\int \dfrac{1}{\sqrt{1 + \mathrm{e}^x}} \mathrm{d}x$.

精析：设 $t = \sqrt{1 + \mathrm{e}^x}$，则 $x = \ln (t^2 - 1)$，$\mathrm{d}x = \dfrac{2t}{t^2 - 1} \mathrm{d}t$. 于是

$$\int \frac{1}{\sqrt{1 + \mathrm{e}^x}} \mathrm{d}x = 2 \int \frac{1}{t^2 - 1} \mathrm{d}t = \ln \left| \frac{t - 1}{t + 1} \right| + C = \ln \frac{\sqrt{1 + \mathrm{e}^x} - 1}{\sqrt{1 + \mathrm{e}^x} + 1} + C.$$

【例21】 求 $\int \sqrt{a^2 - x^2} \mathrm{d}x$ $(a > 0)$.

精析：令 $x = a\sin t$ $\left(-\dfrac{\pi}{2} < t < \dfrac{\pi}{2} \right)$，则 $\sqrt{a^2 - x^2} = a \sqrt{1 - \sin^2 t} = a\cos t$，且 $\mathrm{d}x = a\cos t\mathrm{d}t$. 所以

$$\int \sqrt{a^2 - x^2} \mathrm{d}x = \int a\cos t \cdot a\cos t\mathrm{d}t = a^2 \int \cos^2 t\mathrm{d}t = a^2 \int \frac{1 + \cos 2t}{2} \mathrm{d}t$$

$$= \frac{a^2}{2}\left(t + \frac{1}{2}\sin 2t\right) + C = \frac{a^2}{2}t + \frac{a^2}{2}\sin t\cos t + C.$$

由 $x = a\sin t$，所以 $t = \arcsin \frac{x}{a}$，$\cos t = \frac{\sqrt{a^2 - x^2}}{a}$．因此，所求不定积分

$$\int \sqrt{a^2 - x^2}\,\mathrm{d}x = \frac{a^2}{2}\arcsin \frac{x}{a} + \frac{1}{2}x\sqrt{a^2 - x^2} + C.$$

【例 22】 求 $\int \frac{1}{\sqrt{a^2 + x^2}}\mathrm{d}x$（$a > 0$，为常数）．

精析：令 $x = a\tan t, t \in \left(-\frac{\pi}{2}, \frac{\pi}{2}\right)$，则 $\sqrt{x^2 + a^2} = a\sec t, \mathrm{d}x = a\sec^2 t\mathrm{d}t$，因而

$$\int \frac{1}{\sqrt{a^2 + x^2}}\mathrm{d}x = \int \frac{1}{a\sec t} \cdot a\sec^2 t\mathrm{d}t = \int \sec t\mathrm{d}t = \ln|\sec t + \tan t| + C_1$$

$$= \ln\left|\frac{\sqrt{x^2 + a^2}}{a} + \frac{x}{a}\right| + C_1 = \ln\left|\sqrt{x^2 + a^2} + x\right| + C \quad (\text{其中 } C = C_1 - \ln a)$$

【例 23】 求 $\int \frac{\mathrm{d}x}{x\sqrt{x^2 - 1}}$．

精析：令 $x = \sec t, 0 < t \leqslant \frac{\pi}{2}, \mathrm{d}x = \sec t\tan t\mathrm{d}t$，则

$$\int \frac{\mathrm{d}x}{x\sqrt{x^2 - 1}} = \int \frac{\sec t \cdot \tan t\mathrm{d}t}{\sec t\tan t} = t + C = \arccos \frac{1}{x} + C.$$

在上述例题中，有几个积分是以后经常会遇到的，如：

（1）$\int \frac{\mathrm{d}x}{a^2 + x^2} = \frac{1}{a}\arctan \frac{x}{a} + C$；　　　　（2）$\int \tan x\mathrm{d}x = -\ln|\cos x| + C$；

（3）$\int \frac{\mathrm{d}x}{a^2 - x^2} = \frac{1}{2a}\ln\left|\frac{a + x}{a - x}\right| + C$；　　（4）$\int \sec x\mathrm{d}x = \ln|\sec x + \tan x| + C$．

大家一定要熟悉它们的解法，并学会求解类似题型．

四、不定积分的分部积分法

设函数 $u = u(x)$ 及 $v = v(x)$ 具有连续导数．那么 $(uv)' = u'v + uv'$，移项，得

$$uv' = (uv)' - u'v.$$

对这个等式两边求不定积分，得 $\int uv'\mathrm{d}x = uv - \int u'v\mathrm{d}x$，即

$$\int u\mathrm{d}v = uv - \int v\mathrm{d}u.$$

上述公式称为**分部积分公式**，它可以将求 $\int uv'\mathrm{d}x$ 的积分问题转化为求 $\int u'v\mathrm{d}x$ 的积分．

一般遇到两种不同类型函数乘积积分，可以考虑使用分部积分法．下面列出应用分部积分法的常见积分形式及 u 和 $\mathrm{d}v$ 的选取方法：

（1）$\int x^m\ln x\mathrm{d}x$，$\int x^m\arcsin x\mathrm{d}x$，$\int x^m\arctan x\mathrm{d}x$（$m \neq -1$，$m$ 为整数）应使用分部积分法计算．一般地，设 $\mathrm{d}v = x^m\mathrm{d}x$，而被积表达式的其余部分设为 u．

（2）$\int x^n\sin ax\mathrm{d}x$，$\int x^n\cos x\mathrm{d}x$，$\int x^n\mathrm{e}^{ax}\mathrm{d}x$（$n > 0$，$n$ 为正整数）应利用分部积分法计算．一般地，设 $u =$

x^n,被积表达式的其余部分设为 dv.

(3) $\int e^{ax}\sin bx dx$, $\int e^{ax}\cos bx dx$,则 u, v 可任意选取.

选取 dv 的顺序中,一般优先考虑指数函数,其次三角函数,再是幂函数,而反三角函数与对数函数一般不用来凑 dv.

【例24】 求下列不定积分:

(1) $\int xe^x dx$; (2) $\int x\cos x dx$;

(3) $\int x^2 e^{-x} dx$; (4) $\int x^3 \ln x dx$;

(5) $\int \arctan x dx$; (6) $\int x\arctan x dx$;

(7) $\int e^x \sin x dx$; (8) $\int \sin(\ln x) dx$.

精析:(1) $\int xe^x dx = \int x de^x = xe^x - \int e^x dx = xe^x - e^x + C$.

此处若取 $u = e^x, v = \frac{1}{2}x^2$,则

$$\int xe^x dx = \int e^x d\left(\frac{1}{2}x^2\right) = \frac{1}{2}x^2 e^2 - \int \frac{1}{2}x^2 d(e^x) = \frac{1}{2}x^2 e^x - \frac{1}{2}\int x^2 e^x dx.$$

显然此时求右端积分 $\int x^2 e^x dx$ 比求左端积分 $\int xe^x dx$ 更困难.

(2)设 $u = x$, d$v = \cos x dx$,得

$$\int x\cos x dx = \int x d(\sin x) = x\sin x - \int \sin x dx = x\sin x + \cos x + C.$$

(3) $\int x^2 e^{-x} dx = \int x^2 d(-e^{-x})$

$$= x^2 \cdot (-e)^{-x} - \int (-e)^{-x} d(x^2) = -x^2 e^{-x} + 2\int x \cdot e^{-x} dx$$

$$= -x^2 e^{-x} + 2\int x d(-e^{-x})$$

$$= -x^2 e^{-x} + 2\left[x \cdot (-e^{-x}) - \int (-e^{-x}) dx\right]$$

$$= -x^2 e^{-x} - 2xe^{-x} + 2\int e^{-x} dx = -x^2 e^{-x} - 2xe^{-x} - 2e^{-x} + C.$$

(4) $\int x^3 \ln x dx = \int \ln x d\left(\frac{1}{4}x^4\right) = \frac{1}{4}x^4 \ln x - \int \frac{1}{4}x^4 d(\ln x)$

$$= \frac{1}{4}x^4 \ln x - \int \frac{1}{4}x^4 \cdot \frac{1}{x} dx$$

$$= \frac{1}{4}x^4 \ln x - \int \frac{1}{4}x^3 dx = \frac{1}{4}x^4 \ln x - \frac{1}{16}x^4 + C.$$

(5) $\int \arctan x dx = x\arctan x - \int x d(\arctan x)$

$$= x\arctan x - \int \frac{x}{1+x^2} dx = x\arctan x - \int \frac{d(x^2+1)}{x^2+1} \cdot \frac{1}{2}$$

$$= x\arctan x - \frac{1}{2}\ln(1+x^2) + C.$$

(6) $\int x\arctan x\mathrm{d}x = \int \arctan x\mathrm{d}\left(\dfrac{1}{2}x^2\right) = \dfrac{1}{2}x^2\arctan x - \int \dfrac{1}{2}x^2\mathrm{d}(\arctan x)$

$$= \dfrac{1}{2}x^2\arctan x - \dfrac{1}{2}\int \dfrac{x^2}{1 + x^2}\mathrm{d}x = \dfrac{1}{2}x^2\arctan x - \dfrac{1}{2}\int \left(1 - \dfrac{1}{1 + x^2}\right)\mathrm{d}x$$

$$= \dfrac{1}{2}x^2\arctan x - \dfrac{1}{2}\int \mathrm{d}x + \dfrac{1}{2}\int \dfrac{1}{1 + x^2}\mathrm{d}x$$

$$= \dfrac{1}{2}x^2\arctan x - \dfrac{1}{2}x + \dfrac{1}{2}\arctan x + C.$$

(7) $\int \mathrm{e}^x\sin x\mathrm{d}x = \int \sin x\mathrm{d}(\mathrm{e}^x) = \mathrm{e}^x\sin x - \int \mathrm{e}^x\mathrm{d}(\sin x)$

$$= \mathrm{e}^x\sin x - \int \mathrm{e}^x\cos x\mathrm{d}x = \mathrm{e}^x\sin x - \int \cos x\mathrm{d}(\mathrm{e}^x)$$

$$= \mathrm{e}^x\sin x - \left[\mathrm{e}^x\cos x - \int \mathrm{e}^x\mathrm{d}(\cos x)\right]$$

$$= \mathrm{e}^x\sin x - \mathrm{e}^x\cos x - \int \mathrm{e}^x\sin x\mathrm{d}x.$$

移项,得 $\qquad\qquad\qquad \int \mathrm{e}^x\sin x\mathrm{d}x = \dfrac{1}{2}\mathrm{e}^x(\sin x - \cos x) + C.$

(8) $\int \sin (\ln x)\mathrm{d}x = x\sin (\ln x) - \int x\cos (\ln x)\dfrac{1}{x}\mathrm{d}x$

$$= x\sin (\ln x) - \int \cos (\ln x)\mathrm{d}x$$

$$= x\sin (\ln x) - x\cos (\ln x) - \int \sin (\ln x)\mathrm{d}x,$$

故 $\qquad\qquad\qquad \int \sin (\ln x)\mathrm{d}x = \dfrac{1}{2}x\left[\sin (\ln x) - \cos (\ln x)\right] + C.$

五、简单有理函数的不定积分

有理函数是指两个多项式之商 $\dfrac{P(x)}{Q(x)}$ 所表示的函数. 如果多项式 $P(x)$ 的次数小于 $Q(x)$ 的次数,称

$\dfrac{P(x)}{Q(x)}$ 为真分式,否则,称 $\dfrac{P(x)}{Q(x)}$ 为假分式.

对假分式可用多项式除法,总可以把它化为一个整式与一个真分式之和. 例如,

$$\dfrac{x^3 + 1}{x^2 + x + 1} = x - 1 + \dfrac{2}{x^2 + x + 1}.$$

所以讨论有理函数的积分,只需要讨论真分式的积分.

1. 简单分式的积分法

下面四种类型的真分式称为简单分式(或最简分式):

(1) $\dfrac{A}{x - a}$; $\qquad\qquad\qquad\qquad\qquad$ (2) $\dfrac{A}{(x - a)^n}$,其中 $n > 1$,且 n 是整数;

(3) $\dfrac{Ax + B}{x^2 + px + q}$,其中 $p^2 - 4q < 0$,即分母 $x^2 + px + q$ 无实根;

(4) $\dfrac{Ax + B}{(x^2 + px + q)^n}$,$n > 1$,且 n 是整数,$x^2 + px + q$ 无实根.

对于 (1)、(2) 两种形式的积分用凑微分法即可得出,对于类型 (3)、(4) 中的不定积分,通过下面的例题

来说明其求解方法.

【例25】 求 $\displaystyle\int \frac{x-2}{x^2+2x+3}dx$.

精析: $\displaystyle\int \frac{x-2}{x^2+2x+3}dx = \int \left(\frac{1}{2} \cdot \frac{2x+2}{x^2+2x+3} - 3 \cdot \frac{1}{x^2+2x+3} \right)dx$

$$= \frac{1}{2}\int \frac{2x+2}{x^2+2x+3}dx - 3\int \frac{1}{x^2+2x+3}dx$$

$$= \frac{1}{2}\int \frac{d(x^2+2x+3)}{x^2+2x+3} - 3\int \frac{d(x+1)}{(x+1)^2+(\sqrt{2})^2}$$

$$= \frac{1}{2}\ln(x^2+2x+3) - \frac{3}{\sqrt{2}}\arctan \frac{x+1}{\sqrt{2}} + C.$$

【例26】 求 $\displaystyle\int \frac{x+1}{(x^2+1)^2}dx.$

精析: $\displaystyle\int \frac{x+1}{(x^2+1)^2}dx = \frac{1}{2}\int \frac{d(x^2+1)}{(x^2+1)^2} + \int \frac{dx}{(x^2+1)^2}.$

因为 $\displaystyle\int \frac{dx}{(x^2+1)^2} = \int \frac{x^2+1-x^2}{(x^2+1)^2}dx = \int \frac{1}{1+x^2}dx - \int \frac{x^2}{(x^2+1)^2}dx$

$$= \int \frac{1}{1+x^2}dx + \frac{1}{2}\int x \cdot d\frac{1}{x^2+1} = \arctan x + \frac{x}{2(x^2+1)} - \frac{1}{2}\int \frac{1}{x^2+1}dx$$

$$= \frac{1}{2}\arctan x + \frac{x}{2(x^2+1)} + C,$$

所以 $\displaystyle\int \frac{x+1}{(x^2+1)^2}dx = -\frac{1}{2(x^2+1)} + \frac{x}{2(x^2+1)} + \frac{1}{2}\arctan x + C.$

注:其中 $\displaystyle\int \frac{dx}{(x^2+1)^2}$ 可由三角代换 $x = \tan t$ 求得.

2. 化有理真分式为简单分式

下面举例说明用待定系数法将有理真分式 $\dfrac{P(x)}{Q(x)}$ 化为简单分式之和的具体方法.

【例27】 将 $\dfrac{x+4}{x^2-5x+6}$ 化为简单分式.

精析:设 $\dfrac{x+4}{x^2-5x+6} = \dfrac{x+4}{(x-2)(x-3)} = \dfrac{A}{x-2} + \dfrac{B}{x-3}.$

右边通分,可得 $x+4 = A(x-3) + B(x-2)$,即

$$x+4 = (A+B)x - (3A+2B) ,$$

比较上式两端 x 的同次幂的系数,得

$$\begin{cases} A+B = 1 \\ -(3A+2B) = 4 \end{cases},$$

解方程组,得 $A = -6$, $B = 7$,因此

$$\frac{x+4}{x^2-5x+6} = \frac{-6}{x-2} + \frac{7}{x-3}.$$

【例28】 将 $\dfrac{2x^2-1}{x(x-1)^2}$ 化为简单分式.

精析:设 $\dfrac{2x^2-1}{x(x-1)^2} = \dfrac{A}{x} + \dfrac{B}{x-1} + \dfrac{C}{(x-1)^2}$,右边通分,得

$$2x^2 - 1 = A(x-1)^2 + Bx(x-1) + Cx.$$

比较上式两端 x 的同次幂的系数,得 $A = -1$,$B = 3$,$C = 1$.因此

$$\frac{2x^2 - 1}{x(x-1)^2} = \frac{-1}{x} + \frac{3}{x-1} + \frac{1}{(x-1)^2}.$$

【例 29】 试将分式 $\dfrac{x^2 + 5x + 6}{(x-1)(x^2 + 2x + 3)}$ 分解为部分最简分式之和.

精析:设 $\dfrac{x^2 + 5x + 6}{(x-1)(x^2 + 2x + 3)} = \dfrac{A}{x-1} + \dfrac{Bx + C}{x^2 + 2x + 3}.$

右边通分得 $\qquad x^2 + 5x + 6 = (A+B)x^2 + (2A - B + C)x + (3A - C).$

比较 x 同次幂的系数,得方程组 $\begin{cases} A + B = 1 \\ 2A - B + C = 5 \\ 3A - C = 6 \end{cases}$,解得 $A = 2, B = -1, C = 0$,故

$$\frac{x^2 + 5x + 6}{(x-1)(x^2 + 2x + 3)} = \frac{2}{x-1} - \frac{x}{x^2 + 2x + 3}.$$

3. 有理函数的积分法

对于有理函数的积分,可以通过以下三个步骤将有理函数化为整式和简单分式之和,再进行积分.

(1)如果有理函数是假分式,则将其表示称一个整式与一个真分式之和,然而分别求其不定积分;

(2)如果有理函数已经是一个真分式,则可以将其分解成若干个最简分式之和,分别求不定积分;

(3)将上述过程中分别求出的不定积分相加,就得到有理函数的积分.

下面举例说明:

【例 30】 求 $\displaystyle\int \frac{x^3 + x + 1}{x - 1}\mathrm{d}x.$

精析: $\displaystyle\int \frac{x^3 + x + 1}{x - 1}\mathrm{d}x = \int \frac{(x^3 - 1) + (x - 1) + 3}{x - 1}\mathrm{d}x$

$$= \int \left(x^2 + x + 2 + \frac{3}{x-1}\right)\mathrm{d}x$$

$$= \frac{1}{3}x^3 + \frac{1}{2}x^2 + 2x + 3\ln|x - 1| + C.$$

第二节 定 积 分

一、定积分的有关概念

1. 定积分的定义

定义 1 设函数 $y = f(x)$ 在区间 $[a, b]$ 上连续,在区间 $[a, b]$ 中任取分点 $a = x_0 < x_1 < x_2 < \cdots < x_{n-1} < x_n = b$.将区间 $[a, b]$ 分成 n 个小区间 $[x_{i-1}, x_i]$,其长度为 $\Delta x_i = x_i - x_{i-1}(i = 1, 2, \cdots, n)$,在每个小区间 $[x_{i-1}, x_i]$ 上任取一点 ξ_i,作乘积 $f(\xi_i)\Delta x_i(i = 1, 2, \cdots, n)$ 的和式 $\displaystyle\sum_{i=1}^{n} f(\xi_i)\Delta x_i$.如果不论对区间 $[a, b]$ 采取何种分法及 ξ_i 如何选取,记 $\lambda = \max_{1 \le i \le n}\{\Delta x_i\}$,若极限 $\displaystyle\lim_{\lambda \to 0}\sum_{i=1}^{n} f(\xi_i)\Delta x_i$ 存在,则称函数 $f(x)$ 在 $[a, b]$ 上可积,且该极限值称为函数 $f(x)$ 在区间 $[a, b]$ 上的**定积分**,记作 $\displaystyle\int_a^b f(x)\mathrm{d}x$,即

$$\int_a^b f(x)\,\mathrm{d}x = \lim_{\lambda \to 0} \sum_{i=1}^n f(\xi_i)\Delta x_i.$$

其中,a 与 b 分别叫做积分的**下限**和**上限**,$[a,b]$ 叫做积分区间.

注:由定积分定义,$\int_a^b f(x)\,\mathrm{d}x$ 是当 $a < b$ 时才有意义.但为了计算及应用的方便,特作两个记号约定:

(1)当 $a = b$ 时,$\int_a^b f(x)\,\mathrm{d}x = 0$;

(2)当 $a > b$ 时,$\int_a^b f(x)\,\mathrm{d}x = -\int_a^b f(x)\,\mathrm{d}x$.

2. 定积分的存在定理

定理 1 若函数 $f(x)$ 在区间 $[a,b]$ 上连续,则 $f(x)$ 在 $[a,b]$ 上可积.

定理 2 若函数 $f(x)$ 在区间 $[a,b]$ 上有界,且只有有限个第一类间断点,则 $f(x)$ 在 $[a,b]$ 上可积.

3. 定积分的几何意义

由定义可知,在 $[a,b]$ 上 $f(x) \geqslant 0$ 时,定积分 $\int_a^b f(x)\,\mathrm{d}x$ 在几何上表示由曲线 $y = f(x)$,两条直线 $x = a$,$x = b$ 与 x 轴所围成的曲边梯形的面积.

若在 $[a,b]$ 上 $f(x) \leqslant 0$ 时,由曲线 $y = f(x)$,两条直线 $x = a$,$x = b$ 与 x 轴所围成的曲边梯形位于 x 轴的下方,定积分 $\int_a^b f(x)\,\mathrm{d}x$ 在几何上表示上述曲边梯形面积的负值.

在 $[a,b]$ 上 $f(x)$ 既取得正值又取得负值时,函数 $f(x)$ 的图形某些部分在 x 轴的上方,而其他部分在 x 轴下方,此时定积分 $\int_a^b f(x)\,\mathrm{d}x$ 表示 x 轴上方图形面积与 x 轴下方图形面积的代数和.即位于 x 轴上方图形面积减去 x 轴下方图形面积的差值.

【例 1】 计算 $\int_0^1 \mathrm{e}^x\,\mathrm{d}x$.

精析:显然 $f(x) = \mathrm{e}^x$ 在 $[a,b]$ 上连续,则 $f(x)$ 在 $[a,b]$ 上可积,现将 $[0,1]$ 分成 n 个等分,分点为 $x_i = \dfrac{i}{n}, i = 0,1,2,\cdots,n, \Delta x_i = 1/n, \lambda = 1/n$, 取 $\xi_i = x_i$ 作和式

$$\lim_{\lambda \to 0} \sum_{i=1}^n f(\xi_i)\Delta x_i = \lim_{\lambda \to 0} \sum_{i=1}^n \mathrm{e}^{\frac{i}{n}} \frac{1}{n} = \lim_{\lambda \to 0} \frac{1}{n} \sum_{i=1}^n \mathrm{e}^{\frac{i}{n}} = \lim_{\lambda \to 0} \frac{\mathrm{e}^{\frac{1}{n}}\left[(\mathrm{e}^{\frac{1}{n}})^n - 1\right]}{\mathrm{e}^{\frac{1}{n}} - 1} = \mathrm{e} - 1 .$$

【例 2】 用定积分表示极限 $\displaystyle\lim_{n \to \infty} \sum_{i=1}^n \frac{n}{n^2 + i^2}$.

精析:$\displaystyle\lim_{n \to \infty} \sum_{i=1}^n \frac{n}{n^2 + i^2} = \lim_{n \to \infty} \sum_{i=1}^n \frac{1}{1 + \left(\dfrac{i}{n}\right)^2} \frac{1}{n}$.

令 $f(x) = \dfrac{1}{1 + x^2}$,显然 $f(x)$ 在 $[0,1]$ 可积.

将 $[0,1] n$ 等分,$[x_{i-1}, x_i] = \left[\dfrac{i-1}{n}, \dfrac{i}{n}\right], \Delta x_i = \dfrac{1}{n}, i = 1,2,\cdots,n.$ 且 $\lambda = \dfrac{1}{n}$.

取 $\xi_i = x_i = \dfrac{i}{n}$,于是 $\displaystyle\sum_{i=1}^n f(\xi_i)\Delta x_i = \sum_{i=1}^n \frac{1}{1 + \left(\dfrac{i}{n}\right)^2} \frac{1}{n}$.所以

$$\lim_{n \to \infty} \sum_{i=1}^n \frac{n}{n^2 + i^2} = \lim_{n \to \infty} \sum_{i=1}^n \frac{1}{1 + \left(\dfrac{i}{n}\right)^2} \frac{1}{n} = \lim_{n \to \infty} \sum_{i=1}^n f(\xi_i)\Delta x_i = \int_0^1 \frac{1}{1 + x^2}\,\mathrm{d}x .$$

【例3】　根据定积分的几何意义求下列积分的值：

（1）$\int_{-R}^{R} \sqrt{R^2 - x^2}\,\mathrm{d}x$；　　　　　　　　（2）$\int_{0}^{2\pi} \cos x\,\mathrm{d}x$．

精析：（1）如图 3-2 所示，$\int_{-R}^{R} \sqrt{R^2 - x^2}\,\mathrm{d}x = 2A_1 = \dfrac{\pi R^2}{2}$．

（2）如图 3-3 所示，$\int_{0}^{2\pi} \cos x\,\mathrm{d}x = A_2 + (-A_3) + A_4 = 0$．

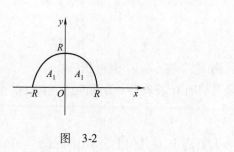
图　3-2

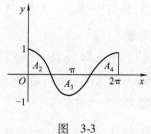
图　3-3

二、定积分的性质

假定性质中所列出的定积分都是存在的．

性质1　被积函数中的常数因子可以提到积分号外，即

$$\int_{a}^{b} kf(x)\,\mathrm{d}x = k\int_{a}^{b} f(x)\,\mathrm{d}x \quad （k\text{ 是常数}）.$$

性质2　两个函数代数和的积分等于积分的代数和，即

$$\int_{a}^{b} [f(x) \pm g(x)]\,\mathrm{d}x = \int_{a}^{b} f(x)\,\mathrm{d}x \pm \int_{a}^{b} g(x)\,\mathrm{d}x.$$

性质3　设 $a < c < b$，则

$$\int_{a}^{b} f(x)\,\mathrm{d}x = \int_{a}^{c} f(x)\,\mathrm{d}x + \int_{c}^{b} f(x)\,\mathrm{d}x.$$

该性质表明定积分对于积分区间具有可加性，且该性质对任意大小关系的 a，b，c 皆成立．

性质4　如果在区间 $[a,b]$ 上 $f(x) = 1$，则

$$\int_{a}^{b} 1\,\mathrm{d}x = \int_{a}^{b}\,\mathrm{d}x = b - a.$$

性质5　如果在区间 $[a,b]$ 上，$f(x) \geqslant 0$，则

$$\int_{a}^{b} f(x)\,\mathrm{d}x \geqslant 0\,(a < b).$$

推论1　如果在区间 $[a,b]$ 上，$f(x) \leqslant g(x)$，则

$$\int_{a}^{b} f(x)\,\mathrm{d}x \leqslant \int_{a}^{b} g(x)\,\mathrm{d}x\,(a < b).$$

推论2　$\left| \int_{a}^{b} f(x)\,\mathrm{d}x \right| \leqslant \int_{a}^{b} |f(x)|\,\mathrm{d}x\,(a < b).$

性质6　设 M 及 m 分别是函数 $f(x)$ 在区间 $[a,b]$ 上的最大值及最小值，则

$$m(b - a) \leqslant \int_{a}^{b} f(x)\,\mathrm{d}x \leqslant M(b - a) \quad （a < b）.$$

该性质表明，由被积函数在积分区间上的最大值及最小值，可以估计积分值的大致范围．

性质7　（积分中值定理）　如果函数 $f(x)$ 在闭区间 $[a,b]$ 上连续，则在积分区间 $[a,b]$ 上至少存在一个点 ξ，使下式成立：

$$\int_a^b f(x)\,\mathrm{d}x = f(\xi)(b - a) \qquad (a \leqslant \xi \leqslant b).$$

这个公式叫做积分中值公式.

积分中值定理的几何意义：设 $f(x) \geqslant 0$，则该性质表示以区间 $[a,b]$ 为底，以连续曲线 $y = f(x)$ 为曲边的曲边梯形的面积等于底边相同而高为 $f(\xi)$ 的一个矩形的面积，如图 3-4 所示.

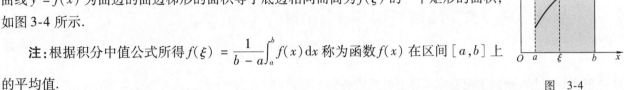

注：根据积分中值公式所得 $f(\xi) = \dfrac{1}{b - a}\int_a^b f(x)\,\mathrm{d}x$ 称为函数 $f(x)$ 在区间 $[a,b]$ 上的平均值.

图 3-4

【例 4】 证明不等式 $\dfrac{2}{3} < \displaystyle\int_0^1 \dfrac{\mathrm{d}x}{\sqrt{2 + x - x^2}} < \dfrac{1}{\sqrt{2}}$.

证明：因为 $2 + x - x^2 = \dfrac{9}{4} - \left(x - \dfrac{1}{2}\right)^2$，在 $[0,1]$ 上最大值为 $\dfrac{9}{4}$，最小值为 2，所以

$$\frac{2}{3} < \frac{1}{\sqrt{2 + x - x^2}} \leqslant \frac{1}{\sqrt{2}},$$

则

$$\frac{2}{3} < \int_0^1 \frac{1}{\sqrt{2 + x - x^2}} \leqslant \frac{1}{\sqrt{2}}.$$

【例 5】 求极限 $\displaystyle\lim_{n \to \infty}\int_0^1 \dfrac{x^n}{1 + x^n}\,\mathrm{d}x$.

精析：因为 $\dfrac{x^n}{2} \leqslant \dfrac{x^n}{1 + x^n} \leqslant x^n (0 < x < 1)$，所以 $\displaystyle\int_0^1 \dfrac{x^n}{2}\,\mathrm{d}x \leqslant \int_0^1 \dfrac{x^n}{1 + x^n}\,\mathrm{d}x \leqslant \int_0^1 x^n\,\mathrm{d}x$. 则 $\dfrac{1}{2(n + 1)} \leqslant$ $\displaystyle\int_0^1 \dfrac{x^n}{1 + x^n}\,\mathrm{d}x \leqslant \dfrac{1}{n + 1}$，取 $n \to \infty$ 时的极限，根据夹逼定理得

$$\lim_{n \to \infty}\int_0^1 \frac{x^n}{1 + x^n}\,\mathrm{d}x = 0.$$

【例 6】 设 $f(x)$，$g(x)$ 在 $[a,b]$ 上连续且 $g(x)$ 不变号，证明至少存在一点 $\xi \in [a,b]$，使 $\displaystyle\int_a^b f(x)g(x)\,\mathrm{d}x = f(\xi)\int_a^b g(x)\,\mathrm{d}x$.

证明：若 $g(x) = 0$，$x \in [a,b]$，则 $\displaystyle\int_a^b g(x)\,\mathrm{d}x = 0$，$\displaystyle\int_a^b f(x)g(x)\,\mathrm{d}x = \int_a^b f(x) \cdot 0\,\mathrm{d}x = 0$，此时任取 $\xi \in [a,b]$，都有 $\displaystyle\int_a^b f(x)g(x)\,\mathrm{d}x = f(\xi)\int_a^b g(x)\,\mathrm{d}x = 0$.

若 $g(x) \neq 0$，由 $g(x)$ 不变号，得 $g(x)$ 恒大于零或恒小于零. 不妨设 $g(x) > 0$. 由 $f(x)$ 在 $[a,b]$ 上连续，必取到最小值 m 与最大值 M. 对于一切 $x \in [a,b]$，都有

$$m \leqslant f(x) \leqslant M \Rightarrow mg(x) \leqslant f(x)g(x) \leqslant Mg(x) \Rightarrow$$

$$m\int_a^b g(x)\,\mathrm{d}x = \int_a^b mg(x)\,\mathrm{d}x \leqslant \int_a^b f(x)g(x)\,\mathrm{d}x \leqslant \int_a^b Mg(x)\,\mathrm{d}x = M\int_a^b g(x)\,\mathrm{d}x.$$

由于 $\displaystyle\int_a^b g(x)\,\mathrm{d}x > 0$，得 $m \leqslant \dfrac{\displaystyle\int_a^b f(x)g(x)\,\mathrm{d}x}{\displaystyle\int_a^b g(x)\,\mathrm{d}x} \leqslant M$. 故至少存在 $\xi \in [a,b]$，使 $\dfrac{\displaystyle\int_a^b f(x)g(x)\,\mathrm{d}x}{\displaystyle\int_a^b g(x)\,\mathrm{d}x} = f(\xi)$，即

$$\int_a^b f(x)g(x)\,\mathrm{d}x = f(\xi)\int_a^b g(x)\,\mathrm{d}x.$$

三、定积分的计算

1. 变上限积分

设函数 $f(x)$ 在 $[a,b]$ 上连续，$x \in [a,b]$，则函数 $f(x)$ 在 $[a,x]$ 上可积。以 x 为积分上限的定积分 $\int_a^x f(t)\mathrm{d}t$ 与 x 相对应，显然它是 x 的函数，记作 $\Phi(x)$，即

$$\Phi(x) = \int_a^x f(t)\mathrm{d}t, x \in [a,b].$$

这种积分上限为变量的定积分称为**变上限定积分**。

定理3　如果函数 $f(x)$ 在区间 $[a,b]$ 上连续，则变上限定积分 $\Phi(x) = \int_a^x f(t)\mathrm{d}t$ 在 $[a,b]$ 上可导，并且它的导数是 $\Phi'(x) = \dfrac{\mathrm{d}}{\mathrm{d}x}\int_a^x f(t)\mathrm{d}t = f(x) \quad (a \leqslant x \leqslant b)$。

这个定理说明：连续函数 $f(x)$ 取变上限 x 的定积分然后求导，其结果还原为 $f(x)$ 本身。由原函数的定义可知 $\Phi(x)$ 是连续函数 $f(x)$ 的一个原函数。因此，可以引出如下的原函数存在定理。

定理4　如果函数 $f(x)$ 在区间 $[a,b]$ 上连续，则函数 $\Phi(x) = \int_a^x f(t)\mathrm{d}t$ 就是 $f(x)$ 在 $[a,b]$ 上的一个原函数。

2. 牛顿—莱布尼茨公式

定理5　如果函数 $F(x)$ 时连续函数 $f(x)$ 在区间 $[a,b]$ 上的一个原函数，则

$$\int_a^b f(x)\mathrm{d}x = F(b) - F(a).$$

上述公式叫做**牛顿(Newton)—莱布尼茨(Leibniz)公式**。通常也把牛顿—莱布尼茨公式叫做**微积分基本公式**。

由此可知求定积分的基本方法：先求被积函数的一个原函数，再求原函数在上、下限处的函数值之差。

3. 定积分的换元积分法

由不定积分的换元积分法和牛顿—莱布尼茨公式可得：

定理6　假设函数 $f(x)$ 在区间 $[a,b]$ 上连续，函数 $x = \varphi(t)$ 满足条件：

(1) $\varphi(\alpha) = a$，$\varphi(\beta) = b$；

(2) $\varphi(t)$ 在 $[\alpha,\beta]$（或 $[\beta,\alpha]$）上具有连续导数，且其值域 $R_\varphi \subset [a,b]$。

则有

$$\int_a^b f(x)\mathrm{d}x = \int_\alpha^\beta f(\varphi(t))\varphi'(t)\mathrm{d}t.$$

上述公式叫做定积分的换元公式。

在应用定积分的换元公式时，应注意以下两点：

(1) 用 $x = \varphi(t)$ 把原来变量 x 代换称新变量 t 时，积分限也要换成相应于新变量 t 的积分限；

(2) 求出 $f(\varphi(t))\varphi'(t)$ 的一个原函数 $\Phi(t)$ 后，不必像计算不定积分那样再把 $\Phi(t)$ 变换成原来变量 x 的函数，而只要把新变量 t 的上、下限分别代入 $\Phi(t)$ 中然后相减就行了。

由定积分换元积分法可得出一个重要结论：

设函数 $f(x)$ 为 $[-a,a]$ 上的连续函数（$a > 0$），则

(1) 当函数 $f(x)$ 为奇函数时，$\int_{-a}^a f(x)\mathrm{d}x = 0$；

（2）当函数 $f(x)$ 为偶函数时，$\int_{-a}^{a} f(x)\,\mathrm{d}x = 0 = 2\int_{0}^{a} f(x)\,\mathrm{d}x$.

4. 定积分的分部积分法

依据不定积分的分部积分法，可得定积分的分部积分法.

设函数 $u(x),v(x)$ 在 $[a,b]$ 上具有连续导数，则

$$\int_{a}^{b} u(x)v'(x)\,\mathrm{d}x = [u(x)v(x)]_{a}^{b} - \int_{a}^{b} u'(x)v(x)\,\mathrm{d}x ,$$

或简记作

$$\int_{a}^{b} u\,\mathrm{d}v = [uv]_{a}^{b} - \int_{a}^{b} v\,\mathrm{d}u .$$

上式就是**定积分的分部积分公式**.

【例 7】 求 $\dfrac{\mathrm{d}}{\mathrm{d}x}\int_{0}^{x} \sin(1 + e^{t})\,\mathrm{d}t.$

精析： $\dfrac{\mathrm{d}}{\mathrm{d}x}\int_{0}^{x} \sin(1 + e^{t})\,\mathrm{d}t = \sin(1 + e^{x}).$

【例 8】 求 $\dfrac{\mathrm{d}}{\mathrm{d}x}\int_{0}^{x^{2}} \cos t\,\mathrm{d}t .$

精析： 设 $u = x^{2}$，则 $\int_{0}^{x^{2}} \cos t\,\mathrm{d}t = \int_{0}^{u} \cos t\,\mathrm{d}t = p(u)$，利用复合函数的求导公式得

$$\dfrac{\mathrm{d}}{\mathrm{d}x}\int_{0}^{x^{2}} \cos t\,\mathrm{d}t = p'(u) \cdot \dfrac{\mathrm{d}u}{\mathrm{d}x} = \cos u \cdot 2x = 2x\cos x^{2} .$$

【例 9】 求 $\lim\limits_{x \to 1} \dfrac{\displaystyle\int_{1}^{x} \sin \pi t\,\mathrm{d}t}{1 + \cos \pi x}.$

精析： 极限是 $\dfrac{0}{0}$ 型未定型，由洛必达法则得

$$\lim_{x \to 1} \frac{\displaystyle\int_{1}^{x} \sin \pi t\,\mathrm{d}t}{1 + \cos \pi x} = \lim_{x \to 1} \frac{\sin \pi x}{-\pi\sin \pi x} = -\frac{1}{\pi}.$$

【例 10】 设 $f(x)$ 连续，且 $\int_{0}^{x^{3}} f(t)\,\mathrm{d}t = x$，求 $f(1)$.

精析： 因为 $f(x)$ 连续，所以 $\int_{0}^{x^{3}} f(t)\,\mathrm{d}t$ 是定义在 $[0,x^{3}]$ 上的函数，设

$$\Phi(x^{3}) = \int_{0}^{x^{3}} f(t)\,\mathrm{d}t = x ,$$

则

$$\Phi'(x^{3}) = \left[\int_{0}^{x^{3}} f(t)\,\mathrm{d}t\right]' = f(x^{3}) \cdot 3x^{2} = 1 ,$$

所以

$$f(x^{3}) = \frac{1}{3x^{2}}.$$

当 $x = 1$ 时，$f(1) = \dfrac{1}{3}$.

【例 11】 求 $\int_{1}^{2}\left(x + \dfrac{1}{x}\right)^{2}\,\mathrm{d}x .$

精析： $\int_{1}^{2}\left(x + \dfrac{1}{x}\right)^{2}\,\mathrm{d}x = \int_{1}^{2}\left(x^{2} + 2 + \dfrac{1}{x^{2}}\right)\,\mathrm{d}x = \left(\dfrac{1}{3}x^{3} + 2x - \dfrac{1}{x}\right)\bigg|_{1}^{2} = \dfrac{29}{6}.$

【例12】 求 $\int_0^{2\pi} |\sin x| \, \mathrm{d}x$.

精析: $\int_0^{2\pi} |\sin x| \, \mathrm{d}x = \int_0^{\pi} \sin x \, \mathrm{d}x + \int_{\pi}^{2\pi} (-\sin x) \, \mathrm{d}x = (-\cos x) \Big|_0^{\pi} + \cos x \Big|_{\pi}^{2\pi} = 2 + 2 = 4$.

【例13】 求 $\int_0^1 t(t-x) \, \mathrm{d}t$.

精析: $\int_0^1 t(t-x) \, \mathrm{d}t = \int_0^1 (t^2 - xt) \, \mathrm{d}t = \int_0^1 t^2 \, \mathrm{d}t - x \int_0^1 t \, \mathrm{d}t = \frac{1}{3} t^3 \Big|_0^1 - x \cdot \frac{1}{2} t^2 \Big|_0^1 = \frac{1}{3} - \frac{1}{2} x$.

【例14】 计算 $\int_0^{\frac{\pi}{2}} \cos^5 x \sin x \, \mathrm{d}x$.

精析:设 $t = \cos x$,则 $\mathrm{d}t = -\sin x \, \mathrm{d}x$. 当 $x = 0$ 时, $t = 1$;当 $x = \frac{\pi}{2}$ 时, $t = 0$. 于是

$$\int_0^{\frac{\pi}{2}} \cos^5 x \sin x \, \mathrm{d}x = -\int_1^0 t^5 \, \mathrm{d}t = \int_0^1 t^5 \, \mathrm{d}t = \frac{1}{6} t^6 \Big|_0^1 = \frac{1}{6} .$$

注:熟练后可省去换元变限的过程,计算过程可简写为

$$\int_0^{\frac{\pi}{2}} \cos^5 x \sin x \, \mathrm{d}x = -\int_0^{\frac{\pi}{2}} \cos^5 x \, \mathrm{d}\cos x = -\frac{1}{6} \cos^6 x \Big|_0^{\frac{\pi}{2}} = \frac{1}{6} .$$

【例15】 求 $\int_0^1 \frac{1}{4 + x^2} \, \mathrm{d}x$.

精析: $\int_0^1 \frac{1}{4 + x^2} \, \mathrm{d}x = \frac{1}{2} \int_0^1 \frac{1}{1 + \left(\frac{x}{2}\right)^2} \, \mathrm{d}\left(\frac{x}{2}\right) = \frac{1}{2} \arctan \frac{x}{2} \Big|_0^1 = \frac{1}{2} \arctan \frac{1}{2}$.

【例16】 求 $\int_0^4 \frac{x + 2}{\sqrt{2x + 1}} \, \mathrm{d}x$.

精析:设 $\sqrt{2x + 1} = t$,则 $x = \frac{t^2 - 1}{2}$, $\mathrm{d}x = t \, \mathrm{d}t$.

当 $x = 0$ 时, $t = 1$;当 $x = 4$ 时, $t = 3$. 则

$$\int_0^4 \frac{x + 2}{\sqrt{2x + 1}} \, \mathrm{d}x = \int_1^3 \frac{\frac{t^2 - 1}{2} + 2}{t} t \, \mathrm{d}t = \frac{1}{2} \int_1^3 (t^2 + 3) \, \mathrm{d}t$$

$$= \frac{1}{2} \left(\frac{t^3}{3} + 3t\right) \Big|_1^3 = \frac{1}{2} \left[\left(\frac{27}{3} + 9\right) - \left(\frac{1}{3} + 3\right)\right] = \frac{22}{3} .$$

【例17】 求 $\int_0^a \sqrt{a^2 - x^2} \, \mathrm{d}x \quad (a > 0)$.

精析:设 $x = a \sin t$,则 $\mathrm{d}x = a \cos t \, \mathrm{d}t$,且 $x = 0$ 且 $t = 0$; $x = a$ 时 $t = \frac{\pi}{2}$. 所以

$$\int_0^a \sqrt{a^2 - x^2} \, \mathrm{d}x = a^2 \int_0^{\frac{\pi}{2}} \cos^2 t \, \mathrm{d}t = a^2 \int_0^{\frac{\pi}{2}} (1 + \cos 2t) \, \mathrm{d}t = \frac{a^2}{2} \left[t + \frac{1}{2} \sin 2t\right] \Big|_0^{\frac{\pi}{2}} = \frac{\pi a^2}{4} .$$

【例18】 求 $\int_0^1 x \mathrm{e}^x \, \mathrm{d}x$.

精析: $\int_0^1 x \mathrm{e}^x \, \mathrm{d}x = \int_0^1 x \, \mathrm{d}\mathrm{e}^x = x \mathrm{e}^x = x \mathrm{e}^x \Big|_0^1 - \int_0^1 \mathrm{e}^x \, \mathrm{d}x = \mathrm{e} - (\mathrm{e} - 1) = 1$.

【例19】 求 $\int_1^3 \ln x \, \mathrm{d}x$.

精析: $\int_1^3 \ln x \, \mathrm{d}x = x \ln x \Big|_1^3 - \int_1^3 x \, \mathrm{d}(\ln x) = (3\ln 3 - 0) - \int_1^3 x \frac{1}{x} \, \mathrm{d}x = 3\ln 3 - \int_1^3 \mathrm{d}x$

$$= 3\ln 3 - x \Big|_1^3 = 3\ln 3 - 2.$$

【例20】 求 $\displaystyle\int_0^{\frac{\pi}{2}} x^2 \cos x \, dx$.

精析：$\displaystyle\int_0^{\frac{\pi}{2}} x^2 \cos x \, dx = \int_0^{\frac{\pi}{2}} x^2 d(\sin x) = x^2 \sin x \Big|_0^{\frac{\pi}{2}} - \int_0^{\frac{\pi}{2}} 2x \sin x \, dx$

$$= \frac{\pi^2}{4} + 2\int_0^{\frac{\pi}{2}} x d(\cos x) = \frac{\pi^2}{4} + 2x\cos x \Big|_0^{\frac{\pi}{2}} - 2\int_0^{\frac{\pi}{2}} \cos x \, dx$$

$$= \frac{\pi^2}{4} - 2\sin x \Big|_0^{\frac{\pi}{2}} = \frac{\pi^2}{4} - 2 \, .$$

【例21】 计算 $\displaystyle\int_0^1 e^{\sqrt{x}} \, dx$.

精析：令 $\sqrt{x} = t$ ，则 $x = t^2$ ， $dx = 2t \, dt$ ，且当 $x = 0$ 时， $t = 0$ ；当 $x = 1$ 时， $t = 1$. 则

$$\int_0^1 e^{\sqrt{x}} \, dx = 2\int_0^1 t e^t \, dt = 2\int_0^1 t d(e^t) = 2\left(t e^t \Big|_0^1 - \int_0^1 e^t \, dt\right) = 2[e - (e - 1)] = 2 \, .$$

【例22】 设 $f(x)$ 为连续函数，且 $f(x) = x + 2\displaystyle\int_0^1 f(t) \, dt$ ，求 $f(x)$.

精析：设 $k = \displaystyle\int_0^1 f(t) \, dt$ ，有 $f(x) = x + 2k$ ，

上式两边从 0 到 x 积分，得

$$k = \int_0^1 f(x) \, dx = \int_0^1 (x + 2k) \, dx = \left(\frac{1}{2}x^2 + 2kx\right)\Big|_0^1 = \frac{1}{2} + 2k \, ,$$

解得 $k = -\dfrac{1}{2}$ ，故 $f(x) = x - 1$.

【例23】 设 $f(x)$ 是以 T 为周期的连续函数， a 为任一实数，证明：

$$\int_a^{a+T} f(x) \, dx = \int_0^T f(x) \, dx \, .$$

证明：$\displaystyle\int_a^{a+T} f(x) \, dx = \int_a^0 f(x) \, dx + \int_0^T f(x) \, dx + \int_T^{a+T} f(x) \, dx$. 而

$$\int_T^{a+T} f(x) \, dx \xrightarrow{\text{令}u = x - T} \int_0^a f(u+T) \, du = \int_0^a f(u) \, du = \int_0^a f(x) \, dx \, .$$

则 $\displaystyle\int_a^{a+T} f(x) \, dx = \int_a^0 f(x) \, dx + \int_0^T f(x) \, dx + \int_0^a f(x) \, dx = \int_0^T f(x) \, dx \, .$

四、无穷区间上的广义积分

1. 无穷区间上的广义积分

定义2 设函数 $f(x)$ 在区间 $[a, +\infty)$ 上连续，取 $t > a$ ，如果极限 $\displaystyle\lim_{t \to +\infty} \int_a^t f(x) \, dx$ 存在，则称此极限为函数 $f(x)$ 在无穷区间 $[a, +\infty)$ 上的**广义积分**，记作 $\displaystyle\int_a^{+\infty} f(x) \, dx$ ，即

$$\int_a^{+\infty} f(x) \, dx = \lim_{t \to +\infty} \int_a^t f(x) \, dx \, .$$

这时也称广义积分 $\displaystyle\int_a^{+\infty} f(x) \, dx$ **收敛**；

如果上述极限不存在，称为广义积分 $\displaystyle\int_a^{+\infty} f(x) \, dx$ **发散**.

类似地,设函数 $f(x)$ 在区间 $(-\infty,b]$ 上连续,取 $t<b$,如果极限 $\lim\limits_{t\to-\infty}\int_t^b f(x)\mathrm{d}x$ 存在,则称此极限为函数 $f(x)$ 在无穷区间 $(-\infty,b]$ 上的广义积分,记作 $\int_{-\infty}^b f(x)\mathrm{d}x$,即

$$\int_{-\infty}^b f(x)\mathrm{d}x = \lim_{t\to-\infty}\int_t^b f(x)\mathrm{d}x.$$

这时也称广义积分 $\int_{-\infty}^b f(x)\mathrm{d}x$ 收敛;如果上述极限不存在,就称广义积分 $\int_{-\infty}^b f(x)\mathrm{d}x$ 发散.

设函数 $f(x)$ 在区间 $(-\infty,+\infty)$ 上连续,如果广义积分 $\int_{-\infty}^0 f(x)\mathrm{d}x$ 和 $\int_0^{+\infty} f(x)\mathrm{d}x$ 都收敛,则记

$$\int_{-\infty}^{+\infty} f(x)\mathrm{d}x = \int_{-\infty}^0 f(x)\mathrm{d}x + \int_0^{+\infty} f(x)\mathrm{d}x,$$

并称之为 $f(x)$ 在无穷区间 $(-\infty,+\infty)$ 上的广义积分. 这时也称广义积分 $\int_{-\infty}^{+\infty} f(x)\mathrm{d}x$ 收敛;否则,就称广义积分 $\int_{-\infty}^{+\infty} f(x)\mathrm{d}x$ 发散.

上述广义积分统称为**无穷区间上的广义积分**.

由牛顿—莱布尼茨公式,上述定义可等价为以下结论.

设 $F(x)$ 为 $f(x)$ 在 $[a,+\infty)$ 上的一个原函数,若 $\lim\limits_{x\to+\infty} F(x)$ 存在,则广义积分 $\int_a^{+\infty} f(x)\mathrm{d}x$ 收敛,且

$$\int_a^{+\infty} f(x)\mathrm{d}x = \big[F(x)\big]\Big|_a^{+\infty} = \lim_{x\to+\infty} F(x) - F(a);$$

若 $\lim\limits_{x\to+\infty} F(x)$ 不存在,则广义积分 $\int_a^{+\infty} f(x)\mathrm{d}x$ 发散.

设 $F(x)$ 为 $f(x)$ 在 $(-\infty,b]$ 上的一个原函数,若 $\lim\limits_{x\to-\infty} F(x)$ 存在,则广义积分 $\int_{-\infty}^b f(x)\mathrm{d}x$ 收敛,且

$$\int_{-\infty}^b f(x)\mathrm{d}x = \big[F(x)\big]\Big|_{-\infty}^b = F(b) - \lim_{x\to-\infty} F(x);$$

若 $\lim\limits_{x\to-\infty} F(x)$ 不存在,则广义积分 $\int_{-\infty}^b f(x)\mathrm{d}x$ 发散.

若在 $(-\infty,+\infty)$ 内 $F'(x)=f(x)$,则当 $\lim\limits_{x\to+\infty} F(x)$ 与 $\lim\limits_{x\to-\infty} F(x)$ 都存在时,则广义积分 $\int_{-\infty}^{+\infty} f(x)\mathrm{d}x$ 收敛,且 $\int_{-\infty}^{+\infty} f(x)\mathrm{d}x = \big[F(x)\big]\Big|_{-\infty}^{+\infty} = \lim\limits_{x\to+\infty} F(x) - \lim\limits_{x\to-\infty} F(x)$.

当 $\lim\limits_{x\to+\infty} F(x)$ 与 $\lim\limits_{x\to-\infty} F(x)$ 有一个不存在时,则广义积分 $\int_{-\infty}^{+\infty} f(x)\mathrm{d}x$ 发散.

2. 瑕积分

瑕点:如果函数 $f(x)$ 在点 a 的任一邻域内都无界,那么点 a 称为函数 $f(x)$ 的瑕点,也成为无穷间断点.

定义 3 设函数 $f(x)$ 在 $(a,b]$ 上连续;点 a 为 $f(x)$ 的瑕点,取 $t>a$,如果极限 $\lim\limits_{t\to a}\int_t^b f(x)\mathrm{d}x$ 存在,则称此极限为函数 $f(x)$ 在 $x\in(a,b]$ 上的广义积分,仍记作 $\int_b^a f(x)\mathrm{d}x$,即

$$\int_b^a f(x)\mathrm{d}x = \lim_{t\to a^+}\int_t^b f(x)\mathrm{d}x.$$

这时也称广义积分 $\int_a^b f(x)\mathrm{d}x$ 收敛;若上述极限不存在,称广义积分 $\int_a^b f(x)\mathrm{d}x$ 发散. 类似的,若点 b 为

$f(x)$ 的瑕点,取 $t < b$,如果极限 $\lim\limits_{t \to b^-} \int_a^t f(x)\mathrm{d}x$ 存在,则称广义积分 $\int_a^b f(x)\mathrm{d}x$ 收敛.

设 c 为 $f(x)$ 的瑕点,记 $\int_a^b f(x)\mathrm{d}x = \int_a^c f(x)\mathrm{d}x + \int_c^b f(x)\mathrm{d}x$,若右边均收敛,称 $\int_a^b f(x)\mathrm{d}x$ 收敛. 若右边至少有一个发散,则称 $\int_a^b f(x)\mathrm{d}x$ 发散.

上述广义积分统称为无界函数的广义积分,即瑕积分.

【例24】 求 $\int_0^{+\infty} \mathrm{e}^{-x}\mathrm{d}x$.

精析: $\int_0^{+\infty} \mathrm{e}^{-x}\mathrm{d}x = \lim\limits_{b \to +\infty} \int_0^b \mathrm{e}^{-x}\mathrm{d}x = \lim\limits_{b \to +\infty} \left(-\mathrm{e}^{-x} \Big|_0^b \right) = \lim\limits_{b \to +\infty} \left(-\mathrm{e}^{-b} + 1 \right) = 1$.

【例25】 求 $\int_{-\infty}^0 \dfrac{\mathrm{e}^x}{1 + \mathrm{e}^x}\mathrm{d}x$

精析: $\int_{-\infty}^0 \dfrac{\mathrm{e}^x}{1 + \mathrm{e}^x}\mathrm{d}x = \ln(1 + \mathrm{e}^x) \Big|_{-\infty}^0 = \ln 2 - \lim\limits_{b \to -\infty} \ln(1 + \mathrm{e}^b) = \ln 2 - 0 = \ln 2$.

【例26】 求 $\int_{-\infty}^{+\infty} \dfrac{\arctan x}{1 + x^2}\mathrm{d}x$

精析: $\int_{-\infty}^{+\infty} \dfrac{\arctan x}{1 + x^2}\mathrm{d}x = \int_{-\infty}^{+\infty} \arctan x\,\mathrm{d}\arctan x = \left[\dfrac{1}{2} \arctan^2 x \right] \Big|_{-\infty}^{+\infty} = 0$.

【例27】 讨论广义积分 $\int_1^{+\infty} \dfrac{1}{x^p}\mathrm{d}x$ 的敛散性.

精析: 当 $p = 1$ 时,$\int_1^{+\infty} \dfrac{1}{x^p}\mathrm{d}x = \int_1^{+\infty} \dfrac{1}{x}\mathrm{d}x = \ln x \Big|_1^{+\infty} = +\infty$,广义积分发散;

当 $p \neq 1$ 时,$\int_1^{+\infty} \dfrac{1}{x^p}\mathrm{d}x = \dfrac{x^{1-p}}{1-p} \Big|_1^{+\infty} = \begin{cases} +\infty, & p < 1 \\ \dfrac{1}{p-1}, & p > 1 \end{cases}$.

因此,当 $p > 1$ 时,广义积分收敛,其值为 $\dfrac{a^{1-p}}{p-1}$;当 $p \leqslant 1$ 时,广义积分发散.

【例28】 求 $\int_0^2 \dfrac{\mathrm{d}x}{(1-x)^2}$.

精析: 显然 $x = 1$ 为 $f(x)$ 的瑕点. 因为

$$\int_0^1 \dfrac{\mathrm{d}x}{(1-x)^2} = \dfrac{1}{1-x} \Big|_0^1 = \lim\limits_{x \to 1^-} \dfrac{1}{1-x} - 1 = +\infty,$$

所以瑕积分 $\int_0^1 \dfrac{\mathrm{d}x}{(1-x)^2}$ 发散,故 $\int_0^2 \dfrac{\mathrm{d}x}{(1-x)^2}$ 发散.

【例29】 讨论广义积分 $\int_0^1 \dfrac{1}{x^q}\mathrm{d}x$ 的敛散性.

精析: 当 $q = 1$ 时,$\int_0^1 \dfrac{1}{x^q}\mathrm{d}x = \int_0^1 \dfrac{1}{x}\mathrm{d}x = \ln x \Big|_0^1 = +\infty$;

当 $q \neq 1$ 时,$\int_0^1 \dfrac{1}{x^q}\mathrm{d}x = \dfrac{x^{1-q}}{1-q} \Big|_0^1 = \begin{cases} +\infty, & q > 1 \\ \dfrac{1}{1-q}, & q < 1 \end{cases}$.

因此,当 $q < 1$ 时,广义积分收敛,其值为 $\dfrac{1}{1-q}$;当 $q \geqslant 1$ 时,广义积分发散.

五、定积分在几何上的应用

1. 直角坐标下平面图形的面积

(1)由曲线 $y = f(x)[f(x) \geqslant 0]$ 及直线 $x = a$，$x = b(a < b)$ 与 x 轴所围成的曲边梯形的面积 A 为

$$A = \int_a^b f(x) \mathrm{d}x.$$

(2)由上、下两条连续曲线 $y = f_2(x)$，$y = f_1(x)[f_2(x) \geqslant f_1(x)]$ 及两条直线 $x = a$，$x = b(a < b)$ 所围成的平面图形,面积计算公式为

$$A = \int_a^b [f_2(x) - f_1(x)] \mathrm{d}x.$$

(3)由左、右两条连续曲线 $x = g_1(y)$，$x = g_2(y)[g_2(y) \geqslant g_1(y)]$ 及两条直线 $y = c$，$y = d(c < d)$ 所围成的平面图形,面积计算公式为

$$A = \int_c^d [g_2(y) - g_1(y)] \mathrm{d}y.$$

求平面图形面积的一般步骤:

(1)画平面图形草图,选取合适的积分变量;

(2)确定积分变量的范围,即确定积分的上下限,带入面积公式;

(3)计算定积分.

2. 旋转体的体积

旋转体是由一个平面形绕该平面内一条定直线旋转一周而生成的立体,该直线称为旋转轴.

(1)由曲线 $y = f(x)$,直线 $x = a, x = b$ 及 x 轴所围成的曲边梯形,绕 x 轴旋转一周而生成的立体的体积为

$$V = \int_a^b \pi [f(x)]^2 \mathrm{d}x;$$

(2)由曲线 $x = \varphi(y)$,直线 $y = c, y = d$ 及 y 轴所围成的曲边梯形,绕 y 轴旋转一周而生成的立体的体积为

$$V = \int_c^d \pi [\varphi(y)]^2 \mathrm{d}y.$$

【例30】 求由曲线 $y = x^2 + 1$ 与直线 $x = -1$ 及 $x = 1$ 与 x 轴所围成的平面图形的面积.

精析:画出草图(见图3-5),则所求平面图形的面积为

$$S = \int_{-1}^1 (x^2 + 1) \mathrm{d}x = \left(\frac{1}{3}x^3 + x \right) \Big|_{-1}^1 = \frac{8}{3}.$$

【例31】 求由直线 $y = x$ 及抛物线 $y = x^2$ 所围成的平面区域的面积.

精析:画出草图,如图3-6所示.

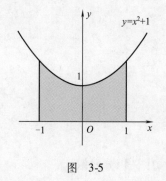

图 3-5

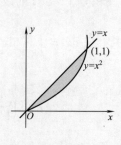

图 3-6

解方程组 $\begin{cases} y = x \\ y = x^2 \end{cases}$，得交点坐标 $(0,0)$ 及 $(1,1)$，故所求面积为

$$S = \int_0^1 (x - x^2) \mathrm{d}x = \left(\frac{x^2}{2} - \frac{x^3}{3} \right) \Big|_{-1}^1 = \frac{1}{6}.$$

【例 32】 计算抛物线 $y^2 = 2x$ 与直线 $y = x - 4$ 所围成的图形面积.

精析：题设曲线所围图形如图 3-7 所示，

解方程组 $\begin{cases} y^2 = 2x \\ y = x - 4 \end{cases}$，得两曲线的交点为 $(2,-2)$，$(8,4)$.

方法 1 取 x 为积分变量，积分区间分为两部分进行：在 $[0,2]$ 上，上方边界曲线函数是 $y = \sqrt{2x}$，下方边界曲线函数是 $y = -\sqrt{2x}$；在 $[2,8]$ 上，上方边界曲线函数是 $y = \sqrt{2x}$，下方边界曲线函数是 $y = x - 4$. 故所求面积

$$A = \int_0^2 \left[\sqrt{2x} - (-\sqrt{2x}) \right] \mathrm{d}x + \int_2^8 \left[\sqrt{2x} - (x - 4) \right] \mathrm{d}x$$

$$= \int_0^2 2\sqrt{2x}\, \mathrm{d}x + \int_2^8 (\sqrt{2x} + 4 - x) \mathrm{d}x = 18.$$

方法 2 选取 y 为积分变量，积分区间为 $[-2,4]$，右方边界曲线函数是 $x = y + 4$，左方边界曲线函数是 $x = \frac{y^2}{2}$（见图 3-8），所求面积为

$$A = \int_{-2}^4 \left(y + 4 - \frac{1}{2}y^2 \right) \mathrm{d}y = 18$$

显然，方法 2 较简洁. 这表明在计算面积时，应注意积分变量的选择.

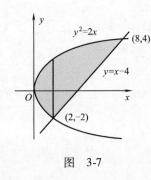

图 3-7

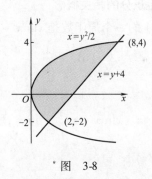

图 3-8

【例 33】 求由曲线 $xy = 4$，直线 $x = 1$，$x = 4$，$y = 0$ 所围图形绕 x 轴旋转一周而形成的立体体积.

精析：如图 3-9 所示，所求立体可看作曲线 $y = \frac{4}{x}$，$x \in [1,4]$ 绕 x 轴旋转而成的，所以体积

$$V = \pi \int_1^4 \left(\frac{4}{x} \right)^2 \mathrm{d}x = 16\pi \int_1^4 \frac{1}{x^2} \mathrm{d}x = -16\pi \frac{1}{x} \Big|_1^4 = 12\pi.$$

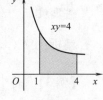

图 3-9

【例 34】 求由直线 $y = 0$，$x = \mathrm{e}$ 及曲线 $y = \ln x$ 所围平面图形绕 x 轴旋转一周所得旋转体的体积.

精析：如图 3-10 所示，平面图形绕 x 轴旋转所得旋转体的体积为

$$V = \pi \int_1^{\mathrm{e}} \ln^2 x\, \mathrm{d}x = \pi \left(x \ln^2 x \Big|_1^{\mathrm{e}} - \int_1^{\mathrm{e}} x \cdot 2\ln x \cdot \frac{1}{x} \mathrm{d}x \right)$$

$$= \pi \left(\mathrm{e} - 2\int_1^{\mathrm{e}} \ln x\, \mathrm{d}x \right) = \pi(\mathrm{e} - 2).$$

【例35】 计算由抛物线 $y = 2x^2$，直线 $x = 1$ 及 x 轴所围图形，分别绕 x 轴及 y 轴旋转而成的旋转体的体积.

精析：平面图形如图 3-11 所示，所围图形绕 x 轴旋转而成所得旋转体的体积为

$$V_x = \pi \int_0^1 (2x^2)^2 \mathrm{d}x = \frac{4}{5}\pi.$$

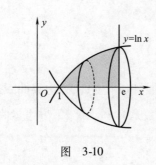

图 3-10

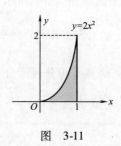

图 3-11

绕 y 轴的旋转体可看做由 $x = 1$，$y = 2$，x 轴和 y 轴所围绕矩形绕 y 轴旋转而成的立体挖去由 $x = \sqrt{\frac{y}{2}}$，$y = 0$，$y = 2$ 和 y 轴所围图形绕 y 轴旋转而成的立体所形成.

$$V_y = \pi \cdot 1^2 \cdot 2 - \pi \int_0^2 \frac{y}{2} \mathrm{d}y = \pi.$$

经典题型

1.原函数及不定积分的相关概念

【例1】 若 $f(x)$ 的一个原函数是 $x\ln x - x$，则 $f'(x) = ($　　$)$.

A. $\dfrac{1}{x}$ 　　　　　 B. $-\dfrac{1}{x}$ 　　　　　 C. $\ln x$ 　　　　　 D. $x\ln x$

答案：A.

精析：因为 $f(x) = (x\ln x - x)' = \ln x$，所以 $f'(x) = \dfrac{1}{x}$.

【例2】 $\displaystyle\int f'(3x)\mathrm{d}x = ($　　$)$.

A. $f(3x) + C$ 　　 B. $\dfrac{1}{3}f(3x) + C$ 　　 C. $3f(x) + C$ 　　 D. $\dfrac{1}{3}f(x) + C$

答案：B.

精析：$\displaystyle\int f'(3x)\mathrm{d}x = \frac{1}{3}\int f'(3x)\mathrm{d}(3x) = \frac{1}{3}f(3x) + C.$

【例3】 若 $\displaystyle\int f(x)\mathrm{d}x = x^2 + C$，则 $\displaystyle\int x f(1 - x^2)\mathrm{d}x = ($　　$)$.

A. $-2(1 - x^2)^2 + C$ 　　　　　　　　 B. $-\dfrac{1}{2}(1 - x^2)^2 + C$

C. $2(1 - x^2)^2 + C$ 　　　　　　　　 D. $\dfrac{1}{2}(1 - x^2)^2 + C$

答案：B.

精析：由题意知，因为 $\displaystyle\int f(x)\mathrm{d}x = x^2 + C$，所以

$$\int xf(1-x^2)\mathrm{d}x = -\frac{1}{2}\int f(1-x^2)\mathrm{d}(1-x^2) = -\frac{1}{2}(1-x^2)^2 + C.$$

【例 4】 设 $1 + \mathrm{e}^{-x}$ 是 $f(x)$ 的一个原函数,则 $\int \mathrm{e}^x f(x)\mathrm{d}x = $ _____ .

答案: $-x + C$.

精析: $f(x) = (1 + \mathrm{e}^{-x})' = -\mathrm{e}^{-x}$,则 $\int \mathrm{e}^x f(x)\mathrm{d}x = -\int \mathrm{d}x = -x + C$.

【例 5】 若 $F'(x) = \dfrac{1}{\sqrt{1-x^2}}$, $F(0) = \dfrac{\pi}{2}$,则函数 $F(x) = $ _____ .

答案: $\arcsin x + \dfrac{\pi}{2}$.

精析: $F(x) = \displaystyle\int \frac{1}{\sqrt{1-x^2}}\mathrm{d}x = \arcsin x + C$,又 $F(0) = \dfrac{\pi}{2}$,则 $C = \dfrac{\pi}{2}$,所以

$$F(x) = \arcsin x + \frac{\pi}{2}.$$

【例 6】 设函数 $f(x)$ 的一个原函数为 e^{-x} ,则不定积分 $\displaystyle\int \frac{f(\ln x)}{x}\mathrm{d}x = $ _____ .

答案: $\dfrac{1}{x} + C$.

精析: 由题意可知,函数 $f(x)$ 的一个原函数为 e^{-x} ,所以

$$\int \frac{f(\ln x)}{x}\mathrm{d}x = \int f(\ln x)\mathrm{d}(\ln x) = \mathrm{e}^{-\ln x} + C = \frac{1}{x} + C.$$

2. 不定积分的计算

【例 7】 不定积分 $\displaystyle\int (5^x + \sin x + 2\sqrt{x})\mathrm{d}x = $ _____ .

答案: $\dfrac{5^x}{\ln 5} - \cos x + \dfrac{4}{3}x^{\frac{3}{2}} + C$.

精析: $\displaystyle\int (5^x + \sin x + \sqrt{x})\mathrm{d}x = \int 5^x \mathrm{d}x + \int \sin x \mathrm{d}x + 2\int \sqrt{x}\mathrm{d}x = \frac{5^x}{\ln 5} - \cos x + \frac{4}{3}x^{\frac{3}{2}} + C$.

【例 8】 不定积分 $\displaystyle\int \frac{1 + x + x^2}{x(1 + x^2)}\mathrm{d}x = $ _____ .

答案: $\arctan x + \ln|x| + C$.

精析: $\displaystyle\int \frac{1 + x + x^2}{x(1 + x^2)}\mathrm{d}x = \int \frac{x + (1 + x^2)}{x(1 + x^2)}\mathrm{d}x = \int \left(\frac{1}{1 + x^2} + \frac{1}{x}\right)\mathrm{d}x$

$$= \int \frac{1}{1 + x^2}\mathrm{d}x + \int \frac{1}{x}\mathrm{d}x = \arctan x + \ln|x| + C.$$

【例 9】 不定积分 $\displaystyle\int \cos 2x \mathrm{d}x = $ _____ .

答案: $\dfrac{1}{2}\sin 2x + C$.

精析: $\displaystyle\int \cos 2x \mathrm{d}x = \frac{1}{2}\int \cos 2x \cdot 2\mathrm{d}x = \frac{1}{2}\int \cos 2x \mathrm{d}2x = \frac{1}{2}\sin 2x + C$.

【例 10】 不定积分 $\displaystyle\int \frac{\mathrm{e}^x}{1 + \mathrm{e}^x}\mathrm{d}x = $ _____ .

答案: $\ln(1 + \mathrm{e}^x) + C$.

精析：$\int \dfrac{e^x}{1+e^x}dx = \int \dfrac{1}{1+e^x}d(1+e^x) = \ln(1+e^x) + C$.

【例11】 求不定积分 $\int x^2\sqrt{x^3+1}\,dx$.

精析：$\int x^2\sqrt{x^3+1}\,dx = \dfrac{1}{3}\int \sqrt{x^3+1}\,d(x^3+1) = \dfrac{2}{9}(x^3+1)^{\frac{3}{2}} + C$.

【例12】 求不定积分 $\int \dfrac{1-x}{\sqrt{1-x^2}}dx$.

精析：$\int \dfrac{1-x}{\sqrt{1-x^2}}dx = \int \left(\dfrac{1}{\sqrt{1-x^2}} - \dfrac{x}{\sqrt{1-x^2}}\right)dx = \int \dfrac{1}{\sqrt{1-x^2}}dx + \dfrac{1}{2}\int \dfrac{1}{\sqrt{1-x^2}}d(1-x^2)$

$$= \arcsin x + \sqrt{1-x^2} + C.$$

【例13】 求不定积分 $\int \dfrac{1}{5+e^x}dx$

精析：$\int \dfrac{1}{5+e^x}dx = \dfrac{1}{5}\int \dfrac{5+e^x-e^x}{5+e^x}dx = \dfrac{1}{5}\left(\int 1\,dx - \int \dfrac{e^x}{5+e^x}dx\right)$

$$= \dfrac{x}{5} - \dfrac{1}{5}\cdot\int \dfrac{1}{5+e^x}d(5+e^x) = = \dfrac{x}{5} - \dfrac{\ln(5+e^x)}{5} + C.$$

【例14】 求不定积分 $\int \dfrac{\cot x}{\ln(\sin x)}dx$.

精析：$\int \dfrac{\cot x}{\ln(\sin x)}dx = \int \dfrac{1}{\ln(\sin x)\cdot\sin x}d\sin x = \int \dfrac{1}{\ln(\sin x)}d\ln(\sin x) = \ln\left|\ln(\sin x)\right| + C$.

【例15】 求不定积分 $\int \sin^2 x\cos^5 x\,dx$.

精析：$\int \sin^2 x\cos^5 x\,dx = \int \sin^2 x\cos^4 x\cos x\,dx = \int \sin^2 x(1-\sin^2 x)^2 d(\sin x)$

$$= \int (\sin^2 x - 2\sin^4 x + \sin^6 x)d(\sin x)$$

$$= \dfrac{1}{3}\sin^3 x - \dfrac{2}{5}\sin^5 x + \dfrac{1}{7}\sin^7 x + C.$$

【例16】 求不定积分 $\int \dfrac{x}{\sqrt{x-1}}dx$.

精析：

方法1　$\int \dfrac{x}{\sqrt{x-1}}dx = \int \dfrac{x-1+1}{\sqrt{x-1}}dx = \int \sqrt{x-1}\,dx + \int \dfrac{1}{\sqrt{x-1}}dx$

$$= \dfrac{2}{3}(x-1)^{\frac{3}{2}} + 2\sqrt{x-1} + C.$$

方法2　令 $t = \sqrt{x-1}$，即 $x = 1+t^2$，则 $dx = 2t\,dt$，于是

$$\int \dfrac{x}{\sqrt{x-1}}dx = \int \dfrac{1+t^2}{t}2t\,dt = 2\int (1+t^2)dt = 2t + \dfrac{2}{3}t^3 + C \xrightarrow{\text{回代}} \dfrac{2}{3}(x-1)^{\frac{3}{2}} + 2\sqrt{x-1} + C.$$

【例17】 求不定积分 $\int \dfrac{dx}{1+\sqrt{3-x}}$.

精析：设 $t = \sqrt{3-x}$，则 $x = 3-t^2$，$dx = -2t\,dt$.

$$\int \dfrac{dx}{1+\sqrt{3-x}} = -\int \dfrac{2t}{1+t}dt = -2\int \dfrac{1+t-1}{1+t}dt$$

$$= -2\int \left(1 - \frac{1}{1+t}\right)dt = -2(t - \ln|1+t|) + C$$

$$= 2\ln|1 + \sqrt{3-x}| - 2\sqrt{3-x} + C.$$

【例18】 求不定积分 $\int \dfrac{\sqrt[3]{x}}{x(\sqrt{x} + \sqrt[3]{x})}dx$.

精析：被积函数中既有 $\sqrt[3]{x}$，又有 $\sqrt{x}$，要使其有理化，须令 $x = t^6$. 则 $\sqrt[3]{x} = t^2$，$\sqrt{x} = t^3$，$dx = 6t^5 dt$. 于是

$$原式 = \int \frac{6dt}{t^2 + t} = 6\int \left(\frac{1}{t} - \frac{1}{1+t}\right)dt = 6\ln\left|\frac{t}{1+t}\right| + C = 6\ln\left(\frac{\sqrt[6]{x}}{1 + \sqrt[6]{x}}\right) + C.$$

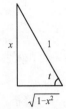

图 3-12

【例19】 求不定积分 $\int \dfrac{x^2}{\sqrt{1-x^2}}dx$.

精析：令 $x = \sin t$，则 $\sqrt{1-x^2} = \cos t$（见图3-12），$dx = \cos t dt$，于是

$$\int \frac{x^2}{\sqrt{1-x^2}}dx = \int \frac{\sin^2 t \cos t}{\cos t}dt = \int \sin^2 t dt = \int \frac{1 - \cos 2t}{2}dt$$

$$= \frac{1}{2}\int dt - \frac{1}{4}\int \cos 2t d(2t) = \frac{1}{2}t - \frac{1}{4}\sin 2t + C = \frac{1}{2}t - \frac{1}{2}\sin t\cos t + C$$

$$= \frac{1}{2}\arcsin x - \frac{x}{2}\sqrt{1-x^2} + C.$$

【例20】 求不定积分 $\int x\sin x dx$.

精析：设 $u = x$，$dv = \sin x dx$，则 $du = dx$，$v = -\cos x$，所以

$$原式 = \int x d(-\cos x) = -x\cos x + \int \cos x dx = -x\cos x + \sin x + C.$$

【例21】 求不定积分 $\int x^2 e^x dx$.

精析：$\int x^2 e^x dx = \int x^2 d(e^x) = x^2 e^x - \int e^x d(x^2) = x^2 e^x - 2\int x e^x dx$

$$= x^2 e^x - 2\int x d(e^x) = x^2 e^x - 2x e^x + 2\int e^x dx$$

$$= x^2 e^x - 2x e^x + 2e^x + C$$

$$= (x^2 - 2x + 2)e^x + C.$$

【例22】 求不定积分 $\int \dfrac{1}{x^3}\sin\dfrac{1}{x}dx$.

精析：$\int \dfrac{1}{x^3}\sin\dfrac{1}{x}dx = \int \dfrac{1}{x}d\left(\cos\dfrac{1}{x}\right) = \dfrac{1}{x}\cos\dfrac{1}{x} - \int \cos\dfrac{1}{x}d\left(\dfrac{1}{x}\right) = \dfrac{1}{x}\cos\dfrac{1}{x} - \sin\dfrac{1}{x} + C.$

【例23】 求不定积分 $\int \dfrac{x^2}{1+x^2}\arctan x dx$.

精析：$\int \dfrac{x^2}{1+x^2}\arctan x dx = \int \arctan x dx - \int \dfrac{\arctan x}{1+x^2}dx$

$$= x\arctan x - \int \frac{x}{1+x^2}dx - \int \arctan x d\arctan x$$

$$= x\arctan x - \frac{1}{2}\ln(1+x^2) - \frac{1}{2}(\arctan x)^2 + C.$$

【例24】 求不定积分 $\int \ln(x + \sqrt{1+x^2})dx$.

精析：$\int \ln\left(x + \sqrt{1 + x^2}\right)\mathrm{d}x = x\ln\left(x + \sqrt{1 + x^2}\right) - \int x \cdot \dfrac{1 + \dfrac{x}{\sqrt{1 + x^2}}}{x + \sqrt{1 + x^2}}\mathrm{d}x$

$$= x\ln\left(x + \sqrt{1 + x^2}\right) - \int \dfrac{x}{\sqrt{1 + x^2}}\mathrm{d}x$$

$$= x\ln\left(x + \sqrt{1 + x^2}\right) - \dfrac{1}{2}\int \dfrac{\mathrm{d}(1 + x^2)}{\sqrt{1 + x^2}}$$

$$= x\ln\left(x + \sqrt{1 + x^2}\right) - \sqrt{1 + x^2} + C.$$

【例 25】　求不定积分 $\displaystyle\int \dfrac{1}{4x^2 - 1}\mathrm{d}x$.

精析：$\displaystyle\int \dfrac{1}{4x^2 - 1}\mathrm{d}x = \int \dfrac{1}{(2x + 1)(2x - 1)}\mathrm{d}x = \dfrac{1}{2}\int\left(\dfrac{1}{2x - 1} - \dfrac{1}{2x + 1}\right)\mathrm{d}x = \dfrac{1}{4}\ln\left|\dfrac{2x - 1}{2x + 1}\right| + C.$

【例 26】　求不定积分 $\displaystyle\int \dfrac{x + 5}{x^2 - 6x + 13}\mathrm{d}x$.

精析：$\displaystyle\int \dfrac{x + 5}{x^2 - 6x + 13}\mathrm{d}x = \dfrac{1}{2}\int \dfrac{(2x - 6)\mathrm{d}x}{x^2 - 6x + 13} + \int \dfrac{8\mathrm{d}x}{4 + (x - 3)^2}$

$$= \dfrac{1}{2}\int \dfrac{\mathrm{d}(x^2 - 6x + 13)}{x^2 - 6x + 13} + 4\int \dfrac{\mathrm{d}\left(\dfrac{x - 3}{2}\right)}{1 + \left(\dfrac{x - 3}{2}\right)^2}$$

$$= \dfrac{1}{2}\ln\left(x^2 - 6x + 13\right) + 4\arctan \dfrac{x - 3}{2} + C.$$

【例 27】　求不定积分 $\displaystyle\int \dfrac{x^2 - x}{x^2 + x + 1}\mathrm{d}x$.

精析：$\displaystyle\int \dfrac{x^2 - x}{x^2 + x + 1}\mathrm{d}x = \int \dfrac{x^2 + x + 1 - 2x - 1}{x^2 + x + 1}\mathrm{d}x = \int\left(1 - \dfrac{2x + 1}{x^2 + x + 1}\right)\mathrm{d}x$

$$= x - \int \dfrac{1}{x^2 + x + 1}\mathrm{d}(x^2 + x + 1)$$

$$= x - \ln\left(x^2 + x + 1\right) + C.$$

3. 定积分的概念及性质

【例 28】　求极限 $\displaystyle\lim_{n\to\infty}\sum_{i=1}^{n} \dfrac{1}{n + i} = $ _____ .

答案：$\ln 2$.

精析：$\displaystyle\lim_{n\to\infty}\sum_{i=1}^{n} \dfrac{1}{n + i} = \lim_{n\to\infty}\sum_{i=1}^{n} \dfrac{1}{1 + \dfrac{i}{n}} \cdot \dfrac{1}{n} = \int_0^1 \dfrac{1}{1 + x}\mathrm{d}x = \ln\left(1 + x\right)\Big|_0^1 = \ln 2$.

【例 29】　设 $I_1 = \displaystyle\int_0^1 x^2\mathrm{d}x$，$I_2 = \displaystyle\int_0^1 \mathrm{e}^{x^2}\mathrm{d}x$，则它们的大小关系是（　　）.

A. $I_1 > I_2$　　　　　　B. $I_1 = I_2$　　　　　　C. $I_1 < I_2$　　　　　　D. $I_1 \geqslant I_2$

答案：C.

精析：因 $0 < x < 1$ 时，$0 < x^2 < 1$，$1 < \mathrm{e}^{x^2} < \mathrm{e}$；故 $x^2 < \mathrm{e}^{x^2}$，进而 $I_1 < I_2$.

【例 30】　已知 $I_1 = \displaystyle\int_0^{\frac{\pi}{4}} x\mathrm{d}x$，$I_2 = \displaystyle\int_0^{\frac{\pi}{4}} \sqrt[4]{x}\mathrm{d}x$，$I_3 = \displaystyle\int_0^{\frac{\pi}{4}} \sin^3 x\mathrm{d}x$，，那么 I_1，I_2，I_3 的大小关系是（　　）.

A. $I_1 > I_2 > I_3$ B. $I_2 > I_1 > I_3$ C. $I_3 > I_1 > I_2$ D. $I_1 > I_3 > I_2$

答案：B.

精析：当 $0 < x < \dfrac{\pi}{4}$ 时，$\sin^3 x < \sin x < x < \sqrt{x}$，所以 $\int_0^{\frac{\pi}{4}} \sin^3 x \, dx < \int_0^{\frac{\pi}{4}} x \, dx < \int_0^{\frac{\pi}{4}} \sqrt{x} \, dx$，即 $I_2 > I_1 > I_3$.

【例31】 设 $I = \int_0^1 \dfrac{x^4}{\sqrt{1+x}} \, dx$，，那么下列结论正确的是（   ）.

A. $I \leqslant 0$ B. $0 \leqslant I \leqslant \dfrac{\sqrt{2}}{10}$ C. $\dfrac{\sqrt{2}}{10} \leqslant I \leqslant \dfrac{1}{5}$ D. $\dfrac{1}{5} \leqslant I \leqslant 1$

答案：C.

精析：由定积分性质得，当 $0 \leqslant x \leqslant 1$ 时，$\dfrac{x^4}{\sqrt{2}} \leqslant \dfrac{x^4}{\sqrt{1+x}} \leqslant x^4$，所以 $\int_0^1 \dfrac{x^4}{\sqrt{2}} \, dx \leqslant \int_0^1 \dfrac{x^4}{\sqrt{1+x}} \, dx \leqslant \int_0^1 x^4 \, dx$，

即 $\dfrac{\sqrt{2}}{10} \leqslant I \leqslant \dfrac{1}{5}$.

4. 变上限积分

【例32】 极限 $\displaystyle\lim_{x \to 0} \dfrac{\int_0^x (1 + \arctan t) \, dt}{1 - e^{2x}} = $ _____ .

答案：$-\dfrac{1}{2}$.

精析：$\displaystyle\lim_{x \to 0} \dfrac{\int_0^x (1 + \arctan t) \, dt}{1 - e^{2x}} = \lim_{x \to 0} \dfrac{1 + \arctan x}{-2e^{2x}} = -\dfrac{1}{2}$.

【例33】 已知 $F(x) = \displaystyle\int_{x^2}^{\sin x} \sqrt{1+t} \, dt$，则 $F'(x) = $ _____ .

答案：$-2x \sqrt{1+x^2} + \sqrt{1 + \sin x} \cdot \cos x$.

精析：$F(x) = \displaystyle\int_{x^2}^{\sin x} \sqrt{1+t} \, dt = \int_{x^2}^{c} \sqrt{1+t} \, dt + \int_{c}^{\sin x} \sqrt{1+t} \, dt$

$\qquad = -\displaystyle\int_{c}^{x^2} \sqrt{1+t} \, dt + \int_{c}^{\sin x} \sqrt{1+t} \, dt$，

则 $\qquad F'(x) = -\sqrt{1+x^2} \cdot 2x + \sqrt{1 + \sin x} \cdot \cos x = -2x \sqrt{1+x^2} + \sqrt{1 + \sin x} \cdot \cos x$.

【例34】 设隐函数 $y = y(x)$ 由方程 $x^3 - \displaystyle\int_0^x e^{-t^2} \, dt + y^3 + \ln 4 = 0$ 所确定，求 $\dfrac{dy}{dx}$.

精析：方程两边对 x 求导 $3x^2 - e^{-x^2} + 3y^2 y' = 0$，则 $\dfrac{dy}{dx} = \dfrac{3x^2 - e^{-x^2}}{-3y^2}$.

【例35】 设 $f(x) = \begin{cases} \sin x, & 0 \leqslant x \leqslant \pi \\ 0, & x < 0 \text{ 或 } x > \pi \end{cases}$，求 $\varphi(x) = \displaystyle\int_0^x f(t) \, dt$ 的表达式.

精析：$x < 0$ 时，$\varphi(x) = \displaystyle\int_0^x f(t) \, dt = 0$；

当 $0 \leqslant x \leqslant \pi$ 时，$\varphi(x) = \displaystyle\int_0^x \sin t \, dt = -\cos x + 1$；当 $x > \pi$ 时，$\varphi(x) = \displaystyle\int_0^{\pi} \sin t \, dt + \int_{\pi}^x 0 \, dt = 2$. 所以

$$\varphi(x) = \int_0^x f(t) \, dt = \begin{cases} 0, & x < 0 \\ -\cos x + 1, & 0 \leqslant x \leqslant \pi \\ 2, & x > \pi \end{cases}.$$

【例36】　设 $f(x)$ 为连续函数,且满足 $f(x) - 2\int_0^x f(t)\mathrm{d}t = 1$,求函数 $f(x)$.

精析:方程 $f(x) - 2\int_0^x f(t)\mathrm{d}t = 1$ 两边对 x 求导,得 $f'(x) = 2f(x)$,即 $\dfrac{\mathrm{d}y}{\mathrm{d}x} = 2y$.

分离变量 $\dfrac{\mathrm{d}y}{y} = 2\mathrm{d}x$,则 $y = Ce^{2x}$,又 $f(0) = 1$,所以 $C = 1$,则函数 $f(x) = e^{2x}$.

【例37】　设 $f(x)$ 有连续导数, $f(0) = 0, f'(0) \neq 0, F(x) = \int_0^x (x^2 - t^2)f(t)\mathrm{d}t$,且当 $x \to 0$ 时, $F'(x)$ 与 x^k 是同阶无穷小,求 k 的值.

精析: $F(x) = \int_0^x (x^2 - t^2)f(t)\mathrm{d}t = x^2\int_0^x f(t)\mathrm{d}t - \int_0^x t^2 f(t)\mathrm{d}t$,

$$F'(x) = 2x\int_0^x f(t)\mathrm{d}t + x^2 f(x) - x^2 f(x) = 2x\int_0^x f(t)\mathrm{d}t .$$

由洛必达法则,得

$$\lim_{x \to 0} \frac{F'(x)}{x^k} = \lim_{x \to 0} \frac{2\int_0^x f(t)\mathrm{d}t}{x^{k-1}} = \lim_{x \to 0} \frac{2f(x)}{(k-1)x^{k-2}} = \lim_{x \to 0} \frac{2f'(x)}{(k-1)(k-2)x^{k-3}} \xlongequal{k=3} f'(0) \neq 0 ,$$

故 $k = 3$.

5. 牛顿—莱布尼茨公式及定积分的计算

【例38】　下列积分中不能直接使用牛顿—莱布尼茨公式的是(　　).

A. $\int_{-1}^1 \dfrac{1}{x}\mathrm{d}x$　　　　　B. $\int_0^1 \dfrac{1}{1+e^x}\mathrm{d}x$　　　　　C. $\int_0^{\frac{\pi}{4}} \tan x\mathrm{d}x$　　　　　D. $\int_0^1 \dfrac{x}{1+x^2}\mathrm{d}x$

答案:A.

精析:由于 $\int_{-1}^1 \dfrac{1}{x}\mathrm{d}x$ 中 $x = 0$ 是瑕点,从而选项 A 不能用牛顿-莱布尼茨公式.

【例39】　$\int_{-\pi}^{\pi} (x^2 + \sin^3 x)\mathrm{d}x = $ _____.

答案: $\dfrac{2\pi^3}{3}$.

精析:因 x^2 为偶函数, $\sin^3 x$ 是奇函数,所以 $\int_{-\pi}^{\pi} (x^2 + \sin^3 x)\mathrm{d}x = 2\int_0^{\pi} x^2\mathrm{d}x = \dfrac{2}{3}\pi^3$.

【例40】　$\int_{-2}^2 x \cdot e^{|x|}\mathrm{d}x = $ _____.

答案:0.

精析:因为 $x \cdot e^{|x|}$ 是奇函数,且 $[-2, 2]$ 是关于原点对称的区间,由奇函数在对称区间上的积分性质知, $\int_{-2}^2 x \cdot e^{|x|}\mathrm{d}x = 0$.

【例41】　函数 $f(x) = \begin{cases} x + 2, & x \leqslant 0 \\ x - 2, & x > 0 \end{cases}$,计算 $\int_{-1}^1 f(x)\mathrm{d}x$ 的值.

精析:函数 $f(x)$ 在 $[-1, 1]$ 上除 $x = 0$ 外处处连续,且 $x = 0$ 是第一类间断点,则有

$$\int_{-1}^1 f(x)\mathrm{d}x = \int_{-1}^0 f(x)\mathrm{d}x + \int_0^1 f(x)\mathrm{d}x = \int_{-1}^0 (x + 2)\mathrm{d}x + \int_0^1 (x - 2)\mathrm{d}x$$

$$= \left(\frac{1}{2}x^2 + 2x\right)\Big|_{-1}^0 + \left(\frac{1}{2}x^2 - 2x\right)\Big|_0^1 = 0 .$$

【例42】　计算 $\int_0^{\pi} \sqrt{\sin^3 x - \sin^5 x}\,\mathrm{d}x$

精析:由于 $\int_0^\pi \sqrt{\sin^3 x - \sin^5 x}\,dx = \sqrt{\sin^3 x(1-\sin^2 x)} = \sin^{\frac{3}{2}} x \cdot |\cos x|$,所以

$$\int_0^\pi \sqrt{\sin^3 x - \sin^5 x}\,dx = \int_0^{\frac{\pi}{2}} \sin^{\frac{3}{2}} x\cos x\,dx + \int_{\frac{\pi}{2}}^\pi \sin^{\frac{3}{2}} x(-\cos x)\,dx$$

$$= \int_0^{\frac{\pi}{2}} \sin^{\frac{3}{2}} x\,d(\sin x) - \int_{\frac{\pi}{2}}^\pi \sin^{\frac{3}{2}} x\,d(\sin x)$$

$$= \frac{2}{5}\sin^{\frac{5}{2}} x\Big|_0^{\frac{\pi}{2}} - \frac{2}{5}\sin^{\frac{5}{2}} x\Big|_{\frac{\pi}{2}}^\pi = \frac{2}{5} - \left(-\frac{2}{5}\right) = \frac{4}{5}.$$

【例43】 求 $\int_0^1 x\sqrt{1-x}\,dx$.

精析:设 $u = \sqrt{1-x}$,则 $x = 1-u^2$($u>0$),$dx = -2u\,du$.
当 $x=0$ 时,$u=1$;当 $x=1$ 时,$u=0$.于是

$$\int_0^1 x\sqrt{1-x}\,dx = \int_1^0 (1-u^2)\cdot u\cdot(-2u)\,du = 2\int_0^1 (u^2-u^4)\,du$$

$$= 2\left(\frac{u^3}{3} - \frac{u^5}{5}\right)\Big|_0^1 = \frac{4}{15}.$$

【例44】 计算 $\int_0^4 (5x+1)e^{5x}\,dx$.

精析:$\int_0^4 (5x+1)e^{5x}\,dx = \int_0^4 (5x+1)\,d\frac{e^{5x}}{5} = \frac{e^{5x}}{5}(5x+1)\Big|_0^1 - \int_0^1 \frac{e^{5x}}{5}\,d(5x+1)$

$$= \frac{6e^5-1}{5} - \frac{e^{5x}}{5}\Big|_0^1 = e^5.$$

【例45】 计算 $\int_{\frac{1}{e}}^e |\ln x|\,dx$.

精析:$\int_{\frac{1}{e}}^e |\ln x|\,dx = \int_{\frac{1}{e}}^1 (-\ln x)\,dx + \int_1^e \ln x\,dx = (x-x\ln x)\Big|_{\frac{1}{e}}^1 + (x\ln x - x)\Big|_1^e = 2\left(1-\frac{1}{e}\right).$

【例46】 求连续函数 $f(x)$,使满足等式 $\int_0^1 f(xt)\,dt = f(x) + xe^x$.

精析:通过变量代换,将被积函数中 x 的换到积分限上,

$$\int_0^1 f(xt)\,dt \xrightarrow{令 xt=u} \int_0^x f(u)\cdot\frac{1}{x}\,du = \frac{1}{x}\int_0^x f(u)\,du,$$

代入等式并化简有 $\int_0^x f(u)\,du = xf(x) + x^2 e^x$,

等式两边同时对 x 求导有 $f(x) = f(x) + xf'(x) + 2xe^x + x^2 e^x$,

得 $f'(x) = -(2e^x + xe^x)$.

于是 $f(x) = -\int (2e^x + xe^x)\,dx = -2e^x - (xe^x - e^x) + C = -e^x - xe^x + C.$

【例47】 设 $f(x)$ 在 $[0,1]$ 上连续,计算 $\int_0^{\frac{\pi}{2}} \frac{f(\sin x)}{f(\sin x)+f(\cos x)}\,dx$.

精析:设 $I = \int_0^{\frac{\pi}{2}} \frac{f(\sin x)}{f(\sin x)+f(\cos x)}\,dx$,于是

$$I \xrightarrow{令 x=\frac{\pi}{2}-t} -\int_{\frac{\pi}{2}}^0 \frac{f(\cos t)}{f(\cos t)+f(\sin t)}\,dt = \int_0^{\frac{\pi}{2}} \frac{f(\cos x)}{f(\cos x)+f(\sin x)}\,dx.$$

则有 $2I = \int_0^{\frac{\pi}{2}} \frac{f(\sin x)}{f(\sin x)+f(\cos x)}\,dx + \int_0^{\frac{\pi}{2}} \frac{f(\cos x)}{f(\sin x)+f(\cos x)}\,dx = \int_0^{\frac{\pi}{2}} dx = \frac{\pi}{2}.$

所以 $$I = \frac{\pi}{4}.$$

【例48】 已知 $f(x)$ 为连续函数,试证明 $\int_0^{\pi} f(\sin x) \mathrm{d}x = 2\int_0^{\frac{\pi}{2}} f(\sin x) \mathrm{d}x$.

证明:因为 $\int_0^{\pi} f(\sin x) \mathrm{d}x = \int_0^{\frac{\pi}{2}} f(\sin x) \mathrm{d}x + \int_{\frac{\pi}{2}}^{\pi} f(\sin x) \mathrm{d}x$,

又 $\int_{\frac{\pi}{2}}^{\pi} f(\sin x) \mathrm{d}x \xlongequal{t = \pi - x} \int_{\frac{\pi}{2}}^{0} f(\sin (\pi - t)) \mathrm{d}(\pi - t) = \int_0^{\frac{\pi}{2}} f(\sin t) \mathrm{d}t = \int_0^{\frac{\pi}{2}} f(\sin x) \mathrm{d}x$,

所以 $\int_0^{\pi} f(\sin x) \mathrm{d}x = \int_0^{\frac{\pi}{2}} f(\sin x) \mathrm{d}x + \int_{\frac{\pi}{2}}^{\pi} f(\sin x) \mathrm{d}x = 2\int_0^{\frac{\pi}{2}} f(\sin x) \mathrm{d}x$.

6. 广义积分的敛散性

【例49】 下列广义积分收敛的是( ).

A. $\int_e^{+\infty} \frac{(\ln x)^2}{x} \mathrm{d}x$　　　　　　　　　　　B. $\int_e^{+\infty} \frac{1}{x} \mathrm{d}x$

C. $\int_e^{+\infty} \frac{1}{x\ln x} \mathrm{d}x$　　　　　　　　　　　D. $\int_e^{+\infty} \frac{1}{x(\ln x)^2} \mathrm{d}x$

答案:D.

精析:因为 $\int_e^{+\infty} \frac{(\ln x)^2}{x} \mathrm{d}x = \int_e^{+\infty} (\ln x)^2 \mathrm{d}(\ln x) = \frac{1}{3}(\ln x)^3 \Big|_e^{+\infty} = \infty$;

$$\int_e^{+\infty} \frac{1}{x} \mathrm{d}x = \ln |x| \Big|_e^{+\infty} = \infty ; \int_e^{+\infty} \frac{1}{x\ln x} \mathrm{d}x = \int_e^{+\infty} (\ln x)^{-1} \mathrm{d}(\ln x) = \ln \ln x \Big|_e^{+\infty} = \infty ;$$

对于 D 选项, $\int_e^{+\infty} \frac{1}{x(\ln x)^2} \mathrm{d}x = \int_e^{+\infty} \frac{1}{(\ln x)^2} \mathrm{d}\ln x = \frac{-1}{\ln x} \Big|_e^{+\infty} = 1$.

【例50】 下列广义积分发散的是( ).

A. $\int_1^{+\infty} \mathrm{e}^{-x} \mathrm{d}x$　　　　　　　　　　　B. $\int_1^{+\infty} \mathrm{e}^x \mathrm{d}x$

C. $\int_1^{+\infty} \frac{1}{x^2} \mathrm{d}x$　　　　　　　　　　　D. $\int_1^{+\infty} \frac{1}{1 + x^2} \mathrm{d}x$

答案:B.

精析: $\int_1^{+\infty} \mathrm{e}^x \mathrm{d}x = \mathrm{e}^x \Big|_1^{+\infty} = +\infty$,从而 $\int_1^{+\infty} \mathrm{e}^x \mathrm{d}x$ 发散.

【例51】 求广义积分 $\int_{-\infty}^{+\infty} \frac{\mathrm{d}x}{x^2 + 2x + 2}$.

精析: $\int_{-\infty}^{+\infty} \frac{\mathrm{d}x}{x^2 + 2x + 2} = \int_{-\infty}^{+\infty} \frac{\mathrm{d}(x + 1)}{(x + 1)^2 + 1} = \arctan (x + 1) \Big|_{-\infty}^{+\infty} = \pi$.

【例52】 求广义积分 $\int_0^2 (x - 1)^{-\frac{2}{3}} \mathrm{d}x$.

精析:显然 $x = 1$ 是瑕点,则

$$\int_0^2 (x - 1)^{-\frac{2}{3}} \mathrm{d}x = \int_0^1 \frac{1}{\sqrt[3]{(x - 1)^2}} \mathrm{d}x + \int_1^2 \frac{1}{\sqrt[3]{(x - 1)^2}} \mathrm{d}x$$

$$= \int_0^1 (x - 1)^{-\frac{2}{3}} \mathrm{d}x + \int_1^2 (x - 1)^{-\frac{2}{3}} \mathrm{d}x$$

$$= 3 (x - 1)^{\frac{1}{3}} \Big|_0^1 + 3(x - 1)^{\frac{1}{3}} \Big|_1^2 = 6.$$

【例53】 设常数 a 满足等式 $\lim\limits_{x \to \infty} \left(\dfrac{1+x}{x} \right)^{ax} = \displaystyle\int_{-\infty}^{a} t e^{t} dt$,求 a 的值.

精析:因为 $\lim\limits_{x \to \infty} \left(\dfrac{1+x}{x} \right)^{ax} = \lim\limits_{x \to \infty} \left[\left(1 + \dfrac{1}{x} \right)^{x} \right]^{a} = e^{a}$,

$$\int_{-\infty}^{a} t e^{t} dt = \int_{-\infty}^{a} t d e^{t} = (t e^{t} - e^{t}) \Big|_{-\infty}^{0} = a e^{a} - e^{a} ,$$

即有 $a e^{a} - e^{a} = e^{a}$,所以 $a = 2$.

7. 求平面图形的面积和旋转体体积

【例54】 设区域 D 由直线 $x = a$, $x = b$ ($b > a$),曲线 $y = f(x)$ 及曲线 $f = g(x)$ 所围成,则区域 D 的面积为( ).

A. $\displaystyle\int_{a}^{b} [f(x) - g(x)] dx$
    　　　　B. $\left| \displaystyle\int_{a}^{b} [f(x) - g(x)] dx \right|$

C. $\displaystyle\int_{a}^{b} [g(x) - f(x)] dx$
    　　　　D. $\displaystyle\int_{a}^{b} |f(x) - g(x)| dx$

答案:D.

精析:因为无法确定 $f(x)$ 及 $g(x)$ 的大小,所以根据定积分的几何意义可知选项 D 正确.

【例55】 由曲线 $y = x^{2}$,直线 $y = 2 - x$ 及 x 轴所围成一平面图形,求:

(1)该平面图形的面积;

(2)平面图形绕 x 轴旋转形成的旋转体的体积.

精析:(1)平面图形面积 $S = \displaystyle\int_{0}^{1} x^{2} dx + \dfrac{1}{2} \cdot 1 \cdot 1 = \left[\dfrac{x^{3}}{3} \right]_{0}^{1} + \dfrac{1}{2} = \dfrac{5}{6}$;

(2)体积 $V_{x} = \pi \displaystyle\int_{0}^{1} x^{4} dx + \dfrac{1}{3} \pi \cdot 1^{2} \cdot 1 = \pi \left[\dfrac{x^{5}}{5} \right]_{0}^{1} + \dfrac{\pi}{3} = \dfrac{8}{15} \pi$.

【例56】 过坐标原点作曲线 $y = \ln x$ 的切线,由该切线与曲线 $y = \ln x$ 及 x 轴围成一平面图形,求该平面图形的面积.

精析:设切点坐标为 (x_{0}, y_{0}) , $y' \big|_{x = x_{0}} = \dfrac{1}{x_{0}}$, $y_{0} = \ln x_{0}$,所以切线方程为

$$y - \ln x_{0} = \dfrac{1}{x_{0}} (x - x_{0}) ,$$

将 $(0,0)$ 代入切线方程可得 $x_{0} = e, y_{0} = 1$,所以切线方程可确定为

$$y = \dfrac{1}{e} x .$$

所以面积为
$$S = \int_{0}^{1} (e^{y} - ey) dy = \left(e^{y} - \dfrac{1}{2} e y^{2} \right) \Big|_{0}^{1} = \dfrac{1}{2} e - 1 .$$

【例57】 求曲线 $y = x^{3}$ 与直线 $x = 2$, $y = 0$ 所围成的图形分别绕 x 轴、 y 轴旋转产生的立体体积.

精析:图形绕 x 轴旋转产生的立体体积

$$V_{x} = \pi \int_{0}^{2} (x^{3})^{2} dx = \dfrac{\pi}{7} x^{7} \Big|_{0}^{2} = \dfrac{128 \pi}{7} ;$$

图形绕 y 轴旋转产生的立体体积

$$V_{y} = \pi \cdot 2^{2} \cdot 8 - \pi \int_{0}^{8} (y^{\frac{1}{3}})^{2} dy = 32 \pi - \dfrac{3}{5} \pi y^{\frac{5}{3}} \Big|_{0}^{8} = \dfrac{64 \pi}{5} .$$

【例58】 已知曲线 $y = \dfrac{\sqrt{x}}{e}$ 与曲线 $y = \dfrac{1}{2} \ln x$ 在点 (x_{0}, y_{0}) 处有公共切线,求:

（1）切点的坐标 (x_0, y_0)；

（2）两曲线与 x 轴所围成的平面图形 D 的面积 A；

（3）平面图形 D 绕 x 轴旋转一周所得旋转体的体积 V.

精析：

（1）由条件知，$\dfrac{1}{2e\sqrt{x_0}} = \dfrac{1}{2x_0}$，解出 $x_0 = e^2$，求得切点坐标为 $(e^2, 1)$；

（2）平面图形 D 的面积为

$$A = \int_0^1 (e^{2y} - e^2 y^2)\,\mathrm{d}y = \left(\frac{1}{2}e^{2y} - \frac{e^3}{3}y^3\right)\Big|_0^1 = \frac{e^2}{2} - \frac{e^2}{3} - \frac{1}{2} = \frac{e^2}{6} - \frac{1}{2};$$

（3）平面图形 D 绕 x 轴旋转一周所得旋转体的体积为

$$V = \int_0^{e^2} \pi \frac{x}{e^2}\,\mathrm{d}x - \int_1^{e^2} \pi \frac{1}{4}\ln^2 x\,\mathrm{d}x = \frac{\pi}{2e^2}x^2\Big|_0^{e^2} - \frac{\pi}{4}(x\ln^2 x - 2x\ln x + 2x)\Big|_1^{e^2}$$

$$= \frac{\pi}{2}e^2 - \frac{\pi}{4}(4e^2 - 4e^2 + 2e^2 - 2) = \frac{\pi}{2}e^2 - \frac{\pi}{2}e^2 + \frac{\pi}{2} = \frac{\pi}{2}.$$

综合练习三

一、选择题

1. 若 $F'(x) = \dfrac{1}{1+x^2}, F(0) = \dfrac{\pi}{2}$，则 $F(x)$ 为（　　）.

A. $\arctan x$　　　　　B. $\arctan x + C$　　　　　C. $\arctan x + \dfrac{\pi}{4}$　　　　　D. $\arctan x + \dfrac{\pi}{2}$

2. 下列函数的原函数为 $\ln 2x + C$（C 为任意常数）的是（　　）.

A. $\dfrac{2}{x}$　　　　　B. $\dfrac{1}{x}$　　　　　C. $\dfrac{1}{x} + C$　　　　　D. $\dfrac{2}{x} + C$

3. 若 $f(x)$ 可导，则下列等式正确的是（　　）.

A. $\displaystyle\int \mathrm{d}f(x) = f(x)$　　　　　　　　　B. $\mathrm{d}\displaystyle\int f(x)\,\mathrm{d}x = f(x)$

C. $\left[\displaystyle\int f(x)\,\mathrm{d}x\right]' = f(x)$　　　　　　　D. $\displaystyle\int f'(x)\,\mathrm{d}x = f(x)$

4. 若 $f'(x) = \sin x$，则 $f(x)$ 的全体原函数为（　　）.

A. $\sin x + C$　　　　　B. $-\sin x + C$　　　　　C. $\cos x + C$　　　　　D. $-\cos x + C$

5. 设 $f(x)$ 是连续的偶函数，则其原函数 $F(x)$ 一定是（　　）.

A. 偶函数　　　　　　　　　　　　　B. 奇函数

C. 非奇非偶函数　　　　　　　　　　D. 有一个为奇函数

6. 在区间 (a, b) 内 $f(x)$ 和 $g(x)$ 满足 $f'(x) = g'(x)$，则下列等式恒成立的是（　　）.

A. $f(x) = g(x)$　　　　　　　　　　B. $\displaystyle\int f(x)\,\mathrm{d}x = \int g(x)\,\mathrm{d}x$

C. $\displaystyle\int f'(x)\,\mathrm{d}x = \int g'(x)\,\mathrm{d}x$　　　　　D. $\left[\displaystyle\int f(x)\,\mathrm{d}x\right]' = \left[\displaystyle\int g(x)\,\mathrm{d}x\right]'$

7. 若 $\displaystyle\int f(x)\,\mathrm{d}x = xe^{2x} + C$，则 $f(x) = （　　）$.

A. $2e^{2x}$　　　　　B. $2xe^{2x}$　　　　　C. $2x + e^{2x}$　　　　　D. $e^{2x}(1 + 2x)$

8. 若 $F'(x) = f(x)$, C 是任意常数, 则下列等式成立的有( ).

A. $\int f'(x)\mathrm{d}x = F(x) + C$

B. $\int f(x)\mathrm{d}x = F(x) + C$

C. $\int F(x)\mathrm{d}x = f(x) + C$

D. $\int F'(x)\mathrm{d}x = f(x) + C$

9. 设函数 $f(x)$ 的导函数是 a^x, 则 $\int f(x)\mathrm{d}x = ($).

A. $\dfrac{a^x}{\ln^2 a} + C_1 x + C_2$

B. $\dfrac{a^x}{\ln^2 a} + C$

C. $\dfrac{a^x}{\ln a} + C$

D. $a^2 \ln^2 a + C_1 x + C_2$

10. 若 $\int f(x)\mathrm{d}x = F(x) + C$, 则 $\int \mathrm{e}^{-x} f(\mathrm{e}^{-x})\mathrm{d}x = ($).

A. $F(\mathrm{e}^x) + C$ B. $-F(\mathrm{e}^{-x}) + C$ C. $F(\mathrm{e}^{-x}) + C$ D. $-F(\mathrm{e}^x) + C$

11. 已知函数 $f(x) = \mathrm{e}^{-x}$, 则 $\int \dfrac{f'(\ln x)}{x}\mathrm{d}x = ($).

A. $-\dfrac{1}{x} + C$ B. $-\ln x + C$ C. $\dfrac{1}{x} + C$ D. $\ln x + C$

12. 已知 $\int x f(x)\mathrm{d}x = -\cos x + c$, 则 $f(x) = ($).

A. $\dfrac{\sin x}{x}$ B. $x\sin x$ C. $\dfrac{\cos x}{x}$ D. $x\cos x$

13. 若 $f'(x^2) = \dfrac{1}{x}$(其中 $x > 0$), 且 $f(1) = 3$, 则 $f(x) = ($).

A. $2x + 1$ B. $3\sqrt{x}$ C. $2\sqrt{x} + 1$ D. $\dfrac{3}{\sqrt{x}}$

14. 若 $\int f(x)\mathrm{d}x = x^2 + C$, 则 $\int x f(1 - x^2)\mathrm{d}x = ($).

A. $2(1 - x^2)^2 + C$

B. $-2(1 - x^2)^2 + C$

C. $\dfrac{1}{2}(1 - x^2)^2 + C$

D. $-\dfrac{1}{2}(1 - x^2)^2 + C$

15. 若 $F'(x) = f(x)$, 则 $\int f(ax + b)\mathrm{d}x = ($).

A. $F(ax + b) + C$

B. $F\left(x + \dfrac{b}{a}\right) + C$

C. $\dfrac{1}{a} F(ax + b)$

D. $\dfrac{1}{a} F(ax + b) + C$

16. 若 $\int f'(x^2)\mathrm{d}x = x^3 + C$, 则 $f(x) = ($).

A. $x + C$ B. $x^2 + C$ C. $\dfrac{3}{2}x + C$ D. $\dfrac{3}{2}x^2 + C$

17. 设 $\int x f(x)\mathrm{d}x = \arcsin x + C$, 则 $\int \dfrac{1}{f(x)}\mathrm{d}x = ($).

A. $-\dfrac{1}{3}\sqrt{(1 - x^2)^3} + C$

B. $-\dfrac{3}{4}\sqrt{(1 - x^2)^3} + C$

C. $\dfrac{3}{4}\sqrt[3]{(1 - x^2)^2} + C$

D. $\dfrac{2}{3}\sqrt[3]{(1 - x^2)^3} + C$

18. 若 $-\cos x$ 是 $f(x)$ 的一个原函数,则 $\int xf'(x)\mathrm{d}x = ($　　$)$.

A. $x\cos x - \sin x + C$　　　　　　　　B. $x\sin x + \cos x + C$

C. $x\cos x + \sin x + C$　　　　　　　　D. $x\sin x - \cos x + C$

19. 不定积分 $\int xf''(x)\mathrm{d}x = ($　　$)$.

A. $xf'(x) + C$　　　　　　　　　　B. $xf'(x) - f(x) + C$

C. $f'(x) - f(x) + C$　　　　　　　　D. $xf'(x) + f(x) + C$

20. 当 $n \neq -1$ 时,不定积分 $\int x^n\ln x\mathrm{d}x = ($　　$)$.

A. $\dfrac{x^n}{n}\left(\ln x - \dfrac{1}{n}\right) + C$　　　　　　B. $\dfrac{x^{n-1}}{n-1}\left(\ln x - \dfrac{1}{n-1}\right) + C$

C. $\dfrac{x^{n+1}}{n+1}\left(\ln x - \dfrac{1}{n+1}\right) + C$　　　　D. $\dfrac{x^{n+1}}{n+1}\ln x + C$

21. 下列等式正确的是(　　).

A. $\dfrac{\mathrm{d}}{\mathrm{d}x}\displaystyle\int_a^b f(x)\mathrm{d}x = f(x)$　　　　　　B. $\dfrac{\mathrm{d}}{\mathrm{d}x}\displaystyle\int_a^x f(x)\mathrm{d}x = f(x)$

C. $\dfrac{\mathrm{d}}{\mathrm{d}x}\displaystyle\int_x^a f(x)\mathrm{d}x = f(x)$　　　　　　D. $\dfrac{\mathrm{d}}{\mathrm{d}x}\displaystyle\int f(x)\mathrm{d}x = f(x) + C$

22. 下列等式正确的是(　　).

A. $\displaystyle\int_0^\pi \cos x\mathrm{d}x = 0$　　　　　　　　B. $\displaystyle\int_0^\pi \sin x\mathrm{d}x = 0$

C. $\displaystyle\int_\pi^{2\pi} \sin x\mathrm{d}x = 0$　　　　　　　D. $\displaystyle\int_0^\pi \sin x\mathrm{d}x = \displaystyle\int_0^\pi \cos x\mathrm{d}x$

23. 设 $f(x) = \begin{cases} 1, 0 \leqslant x \leqslant 1 \\ 3, 1 < x \leqslant 2 \end{cases}$,则 $\displaystyle\int_0^2 f(x)\mathrm{d}x = ($　　$)$.

A. 1　　　　　　　　B. 2　　　　　　　　C. 4　　　　　　　　D. 6

24. 设直线 $y = f(x)$ 在 $[a,b]$ 上连续,则由曲线 $y = f(x)$,直线 $x = a, x = b$ 及 x 轴围成的图形的面积 $A = ($　　$)$.

A. $\displaystyle\int_a^b f(x)\mathrm{d}x$　　　B. $-\displaystyle\int_a^b f(x)\mathrm{d}x$　　　C. $\displaystyle\int_a^b |f(x)|\mathrm{d}x$　　　D. $\left|\displaystyle\int_a^b f(x)\mathrm{d}x\right|$

25. 定积分 $\displaystyle\int_a^b 2f'(2x)\mathrm{d}x = ($　　$)$.

A. $f(b) - f(a)$　　　　　　　　　　B. $f'(2b) - f'(2a)$

C. $f(2b) - f(2a)$　　　　　　　　　D. $2\left[f(2b) - f(2a)\right]$

26. 若积分 $\displaystyle\int_0^1 (2x + k)\mathrm{d}x = 2$,则常数 $k = ($　　$)$.

A. 0　　　　　　B. 1　　　　　　C. -1　　　　　　D. $\dfrac{1}{2}$

27. 若积分 $\displaystyle\int_0^2 \dfrac{kx}{(1 + x^2)^2}\mathrm{d}x = 8$,则常数 $k = ($　　$)$.

A. 10　　　　　　B. 20　　　　　　C. -10　　　　　　D. -20

28. 函数 $f(x)$ 在闭区间 $[a,b]$ 上连续,则 $f(x)$ 在闭区间 $[a,b]$ 上一定(　　).

A. 可导　　　　　　B. 不可导　　　　　　C. 可积　　　　　　D. 不可积

29. 下列不等式正确的是( ).

A. $\int_0^1 x^2 \mathrm{d}x \leqslant \int_0^1 x^3 \mathrm{d}x$

B. $\int_0^1 \mathrm{e}^x \mathrm{d}x \leqslant \int_0^1 \mathrm{e}^{-x} \mathrm{d}x$

C. $\int_1^2 \ln x \mathrm{d}x \leqslant \int_1^2 \ln^2 x \mathrm{d}x$

D. $\int_1^2 x^2 \mathrm{d}x \leqslant \int_1^2 x^3 \mathrm{d}x$

30. 若 $a > 0$,则定积分 $\int_0^a \sqrt{a^2 - x^2} \mathrm{d}x = ($).

A. $\dfrac{1}{8}\pi a^2$ B. $\dfrac{1}{4}\pi a^2$ C. $\dfrac{1}{2}\pi a^2$ D. πa^2

31. 设函数 $f(x)$ 在区间 $[a,b]$ 上连续,则 $\int_a^b f(x)\mathrm{d}x - \int_a^b f(t)\mathrm{d}t$ 的值( ).

A. 小于零   B. 等于零   C. 大于零   D. 无法确定

32. 定积分 $\int_{-5}^5 \dfrac{x^3 \cos x}{x^4 + x^2 + 1}\mathrm{d}x = ($).

A. $\dfrac{\pi}{2}$ B. π C. 1   D. 0

33. 极限 $\lim\limits_{x \to 0} \dfrac{\int_0^x \arctan t \mathrm{d}t}{x^2} = ($).

A. 0   B. $\dfrac{1}{2}$ C. 1   D. 2

34. 若 $F(x) = \int_a^x xf(t)\mathrm{d}t$,则 $F'(x) = ($).

A. $xf(x)$

B. $\int_a^x f(t)\mathrm{d}t + xf(x)$

C. $(x - a)f(x)$

D. $(x - a)[f(x) - f(a)]$

35. 设 $f(x)$ 是连续函数,且 $f(x) = \int_x^{\mathrm{e}^{-x}} f(t)\mathrm{d}t$,则 $f'(x) = ($).

A. $-\mathrm{e}^{-x}f(\mathrm{e}^{-x}) - f(x)$

B. $-\mathrm{e}^{-x}f(-\mathrm{e}^{-x}) - f(x)$

C. $\mathrm{e}^{-x}f(\mathrm{e}^{-x}) - f(x)$

D. $-\mathrm{e}^{-x}f(\mathrm{e}^{-x})$

36. 若 $f(x)$ 为连续的奇函数,又 $F(x) = \int_0^x f(t)\mathrm{d}t$,则 $F(-x) = ($).

A. $F(x)$ B. $-F(x)$ C. 0   D. 非零常数

37. 设 $f(x)$ 是连续函数,则 $\int_a^b f(x)\mathrm{d}x - \int_a^b f(a + b - x)\mathrm{d}x = ($).

A. a B. b C. 0   D. $2\int_a^b f(x)\mathrm{d}x$

38. 设函数 $f(x)$ 满足 $\int_0^x f(t)\mathrm{d}t = \dfrac{1}{2}f(x) - \dfrac{1}{2}$,且 $f(0) = 1$,则 $f(x) = ($).

A. $\mathrm{e}^{\frac{x}{2}}$ B. $\dfrac{1}{2}\mathrm{e}^x$ C. e^{2x} D. $\dfrac{1}{2}\mathrm{e}^{2x}$

39. 下列积分可直接使用牛顿—莱布尼茨公式的是( ).

A. $\int_0^1 \dfrac{x}{1 + x^2}\mathrm{d}x$

B. $\int_{-1}^1 \dfrac{x}{\sqrt{1 - x^2}}\mathrm{d}x$

C. $\int_0^2 \dfrac{x}{(x - 1)^2}\mathrm{d}x$

D. $\int_{\frac{1}{\mathrm{e}}}^{\mathrm{e}} \dfrac{\mathrm{d}x}{x\ln x}$

40. 下列广义积分收敛的是(　　　).

A. $\int_1^{+\infty} x\mathrm{d}x$ 　　　B. $\int_1^{+\infty} \dfrac{1}{\sqrt{x}}\mathrm{d}x$ 　　　C. $\int_1^{+\infty} \dfrac{1}{\sqrt{x^2}}\mathrm{d}x$ 　　　D. $\int_1^{+\infty} e^x\mathrm{d}x$

41. 下列广义积分发散的是(　　　).

A. $\int_1^{+\infty} \dfrac{\mathrm{d}x}{x}$ 　　　B. $\int_1^{+\infty} \dfrac{\mathrm{d}x}{x\sqrt{x}}$ 　　　C. $\int_1^{+\infty} \dfrac{\mathrm{d}x}{x^2}$ 　　　D. $\int_1^{+\infty} e^{-x}\mathrm{d}x$

42. 广义积分 $\int_0^{+\infty} \dfrac{\mathrm{d}x}{x^2+4x+8} = ($ 　　　$).$

A. 0 　　　B. $\dfrac{\pi}{8}$ 　　　C. $\dfrac{\pi}{4}$ 　　　D. $\dfrac{\pi}{2}$

43. 广义积分 $\int_0^1 \dfrac{x\mathrm{d}x}{\sqrt{1-x^2}} = ($ 　　　$).$

A. 0 　　　B. $\dfrac{1}{2}$ 　　　C. 1 　　　D. 2

44. 由曲线 $y = e^x$，$y = e^{-x}$ 与直线 $x = 1$ 所围成图形的面积为(　　　).

A. 2 　　　B. $2-e$ 　　　C. $2+\dfrac{2}{e}$ 　　　D. $e+\dfrac{1}{e}-2$

45. 曲线 $y = e^x$ 与其过原点的切线及 y 轴所围平面图形的面积为(　　　).

A. $\int_0^1 (e^x - ex)\mathrm{d}x$ 　　　　　　B. $\int_1^e (\ln y - y\ln y)\mathrm{d}y$

C. $\int_1^e (e^x - xe^x)\mathrm{d}x$ 　　　　　　D. $\int_0^1 (\ln y - y\ln y)\mathrm{d}y$

二、填空题

1. 设 $e^x + \sin x$ 是 $f(x)$ 的一个原函数，则 $\int f(x)\mathrm{d}x = $ _____.

2. 设 $e^x + \sin x$ 是 $f(x)$ 的一个原函数，则 $f'(x) = $ _____.

3. 微分 $\mathrm{d}\int x\ln x\mathrm{d}x = $ _____.

4. 已知 $f(x) = \int (2x+1)^{100}\mathrm{d}x$，则 $f'(x) = $ _____.

5. 已知 $f'(\sin x) = \cos^2 x$，则 $f(x) = $ _____.

6. 若 $\int f(x)\mathrm{d}x = e^{2x} + C$，则 $f^{(n)}(x) = $ _____.

7. 若函数 $f(x)$ 的一个原函数为 $1 + e^{x^2}$，则 $f'(x) = $ _____.

8. 一曲线过原点且在任一点 (x, y) 处的切线斜率等于 $3x$，则曲线的方程为 _____.

9. 不定积分 $\int \sin 2x\mathrm{d}x = $ _____.

10. 不定积分 $\int \dfrac{1}{x\ln x}\mathrm{d}x = $ _____.

11. 已知 $\int \dfrac{f'(\ln x)}{x}\mathrm{d}x = \sin x + C$，则 $f(x) = $ _____.

12. 设 $F'(x) = e^{-2x}$，且 $F(0) = \dfrac{1}{2}$，则 $F(x) = $ _____.

13. $\int \dfrac{1}{\sqrt{x}(1+x)}\mathrm{d}x = $ _____.

14. 设 $\int f(x)\mathrm{d}x = 2\sin\dfrac{x}{2} + C$，则 $\int f'(x)\mathrm{d}x =$ _____．

15. 设 $f(x)$ 的一个原函数为 $\dfrac{x + \cos x}{x}$，则 $\int xf'(x)\mathrm{d}x =$ _____．

16. 定积分 $\int_a^b \mathrm{d}x =$ _____．

17. 设 $F(x) = \int_x^a \sqrt{1 + 2t^2}\,\mathrm{d}t$，其中 a 为常数，则 $F'(x) =$ _____．

18. 设 $F(x) = \int_0^x t\cos^2 t\,\mathrm{d}t$，则 $F'\left(\dfrac{\pi}{2}\right) =$ _____．

19. 设 $F(x) = \int_1^{x^4} \mathrm{e}^{t+1}\mathrm{d}t$，则 $F'(x) =$ _____．

20. 已知 $f(x) = \begin{cases} \dfrac{1}{x^2}\displaystyle\int_0^x (\mathrm{e}^t - 1)\mathrm{d}t, & x > 0 \\ A, & x \leqslant 0 \end{cases}$，在 $(-\infty, +\infty)$ 上连续，则常数 $A =$ _____．

21. 定积分 $\int_0^1 |2t - 1|\mathrm{d}t =$ _____．

22. 定积分 $\int_{-1}^1 \dfrac{x}{1 + \sin^2 x}\mathrm{d}x =$ _____；定积分 $\int_{-1}^1 (x^2 + x^3\cos x)\mathrm{d}x =$ _____．

23. 定积分 $\int_{-1}^1 \left(\sqrt{1 + x^2} - x\right)^2\mathrm{d}x =$ _____．

24. 若 $\int_0^k (2x - 3x^2)\mathrm{d}x = 0$，则 $k =$ _____．

25. 极限 $\lim\limits_{n\to\infty}\left(\dfrac{1}{n+1} + \dfrac{1}{n+2} + \cdots + \dfrac{1}{2n}\right) =$ _____．

26. 定积分 $\int_1^e x\ln x\,\mathrm{d}x =$ _____．

27. 设 $f(x)$ 为连续函数，则定积分 $\int_{\frac{1}{2}}^2 \left(1 - \dfrac{1}{x^2}\right)f\left(x^2 + \dfrac{1}{x^2}\right)\mathrm{d}x =$ _____．

28. 极限 $\lim\limits_{n\to\infty}\int_0^1 x^n\sqrt{1 + x^2}\,\mathrm{d}x =$ _____．

29. 广义积分 $\int_0^{+\infty} x\mathrm{e}^{-x}\mathrm{d}x =$ _____．

30. 若曲线 $y = \sqrt{ax}\,(a > 0)$ 与 x 轴及直线 $x = 3$ 围成的平面图形的面积等于 6，则 $a =$ _____．

三、计算题

1. 求下列不定积分：

(1) $\int \dfrac{1 + x}{\sqrt{x}}\mathrm{d}x$；

(2) $\int \dfrac{1}{x^2 \cdot \sqrt{x}}\mathrm{d}x$；

(3) $\int (\sqrt{x} + 1)(\sqrt{x} - 1)\mathrm{d}x$；

(4) $\int \dfrac{x^2}{1 + x^2}\mathrm{d}x$；

(5) $\int \tan^2 x\,\mathrm{d}x$；

(6) $\int \cot^2 x\,\mathrm{d}x$；

(7) $\int \dfrac{1}{1 + \cos 2x}\mathrm{d}x$；

(8) $\int \dfrac{\cos 2x}{\cos^2 x \cdot \sin^2 x}\mathrm{d}x$；

(9) $\int \dfrac{\mathrm{d}x}{\sqrt[3]{3 - 2x}}$；

(10) $\int \dfrac{1}{1 - 4x}\mathrm{d}x$；

(11) $\displaystyle\int x\mathrm{e}^{-x^2}\mathrm{d}x$;

(12) $\displaystyle\int x\sqrt{1-x^2}\,\mathrm{d}x$;

(13) $\displaystyle\int \frac{x\mathrm{d}x}{\sqrt{1+4x^2}}$;

(14) $\displaystyle\int \frac{\arctan x}{1+x^2}\mathrm{d}x$;

(15) $\displaystyle\int \sin^3 x\cos x\mathrm{d}x$;

(16) $\displaystyle\int \sin^3 x\mathrm{d}x$;

(17) $\displaystyle\int \tan 5x\mathrm{d}x$;

(18) $\displaystyle\int \frac{\mathrm{d}x}{\sqrt{4-9x^2}}$;

(19) $\displaystyle\int \frac{1}{\mathrm{e}^x+\mathrm{e}^{-x}}\mathrm{d}x$;

(20) $\displaystyle\int \frac{1}{1+\mathrm{e}^{2x}}\mathrm{d}x$;

(21) $\displaystyle\int \frac{1}{\sqrt{x}(x+1)}\mathrm{d}x$;

(22) $\displaystyle\int \frac{\sin 2x}{\sqrt{1+\sin^2 x}}\mathrm{d}x$;

(23) $\displaystyle\int \frac{\arctan \sqrt{x}}{\sqrt{x}(1+x)}\mathrm{d}x$;

(24) $\displaystyle\int \frac{1}{\sin^2 x\cos^2 x}\mathrm{d}x$;

(25) $\displaystyle\int \frac{\mathrm{d}x}{\sin x\cos^2 x}$;

(26) $\displaystyle\int \frac{\cot x}{1+\sin x}\mathrm{d}x$;

(27) $\displaystyle\int \frac{1}{x(1+\ln^2 x)}\mathrm{d}x$;

(28) $\displaystyle\int \frac{1-x}{\sqrt{9-x^2}}\mathrm{d}x$;

(29) $\displaystyle\int \frac{1+\ln x}{(x\ln x)^2}\mathrm{d}x$;

(30) $\displaystyle\int \frac{\sin x+\cos x}{\sqrt[3]{\sin x-\cos x}}\mathrm{d}x$.

2. 求下列不定积分：

(1) $\displaystyle\int \frac{\sqrt{x-1}}{x}\mathrm{d}x$;

(2) $\displaystyle\int \frac{1}{\sqrt{9+4x^2}}\mathrm{d}x$;

(3) $\displaystyle\int \frac{1}{x\sqrt{x^2-1}}\mathrm{d}x$;

(4) $\displaystyle\int \frac{\sqrt{x^2-9}}{x}\mathrm{d}x$;

(5) $\displaystyle\int \frac{1}{1+\sqrt{1-x^2}}\mathrm{d}x$;

(6) $\displaystyle\int \frac{1}{x\sqrt{1-x^2}}\mathrm{d}x$;

(7) $\displaystyle\int \frac{1}{x+\sqrt{1-x^2}}\mathrm{d}x$;

(8) $\displaystyle\int 2\mathrm{e}^x\sqrt{1-\mathrm{e}^{2x}}\,\mathrm{d}x$.

3. 求下列不定积分：

(1) $\displaystyle\int x\mathrm{e}^{-x}\mathrm{d}x$;

(2) $\displaystyle\int \arcsin x\mathrm{d}x$;

(3) $\displaystyle\int x^2\ln x\mathrm{d}x$;

(4) $\displaystyle\int \frac{\ln x}{x^2}\mathrm{d}x$;

(5) $\displaystyle\int x\sin 2x\mathrm{d}x$;

(6) $\displaystyle\int x\tan^2 x\mathrm{d}x$;

(7) $\displaystyle\int x^3\cos x^2\mathrm{d}x$;

(8) $\displaystyle\int \frac{x\mathrm{e}^x}{(1+\mathrm{e}^x)^2}\mathrm{d}x$;

(9) $\displaystyle\int \mathrm{e}^{\sqrt{x}}\mathrm{d}x$;

(10) $\displaystyle\int \sin \ln x\mathrm{d}x$.

4. 求下列不定积分：

(1) $\displaystyle\int \frac{x^3}{9+x^2}\mathrm{d}x$;

(2) $\displaystyle\int \frac{x+1}{x^2-2x+5}\mathrm{d}x$;

(3) $\int \dfrac{x^2 - 5x + 9}{x^2 - 5x + 6}dx$;

(4) $\int \dfrac{dx}{(x-2)^2(x-3)}$;

(5) $\int \dfrac{1}{x(x^2+1)}dx$;

(6) $\int \dfrac{x^2 - x + 3}{x(x^2+1)}dx$.

5 计算下列定积分:

(1) $\displaystyle\int_{-1}^{1}(x^2 + x)dx$;

(2) $\displaystyle\int_{0}^{5}|1 - x|dx$;

(3) $\displaystyle\int_{0}^{\pi}\sqrt{\sin x - \sin^3 x}\,dx$;

(4) $\displaystyle\int_{0}^{\sqrt{\ln 2}}xe^{x^2}dx$;

(5) $f(x) = \begin{cases} x^2 + 1, & 0 \leqslant x \leqslant 1 \\ x + 1, & -1 \leqslant x < 0 \end{cases}$, 求 $\displaystyle\int_{-1}^{1}f(x)dx$;

(6) $\displaystyle\int_{0}^{1}\dfrac{1}{e^x + e^{-x}}dx$;

(7) $\displaystyle\int_{-1}^{1}\dfrac{x}{\sqrt{5 - 4x}}dx$;

(8) $\displaystyle\int_{1}^{2}\dfrac{\sqrt{x^2 - 1}}{x}dx$;

(9) $\displaystyle\int_{0}^{1}\dfrac{1}{\sqrt{4 - x^2}}dx$;

(10) $\displaystyle\int_{0}^{1}\dfrac{dx}{1 + \sqrt[3]{x}}$;

(11) $\displaystyle\int_{4}^{9}\dfrac{\sqrt{x}}{\sqrt{x} - 1}dx$;

(12) $\displaystyle\int_{-1}^{1}\dfrac{dx}{(1 + x^2)^2}$;

(13) $\displaystyle\int_{0}^{2}xe^x dx$;

(14) $\displaystyle\int_{0}^{\frac{\pi}{4}}x\cos 2x\,dx$;

(15) $\displaystyle\int_{1}^{e}\ln x\,dx$;

(16) $\displaystyle\int_{1}^{e}x^3\ln x\,dx$;

(17) $\displaystyle\int_{0}^{1}\ln(2x + 1)dx$;

(18) $\displaystyle\int_{0}^{1}x\arctan x\,dx$;

(19) $\displaystyle\int_{-2}^{2}(1 + x\cos x)dx$;

(20) $\displaystyle\int_{-\frac{\pi}{2}}^{\frac{\pi}{2}}\dfrac{(1 + x^3)\cos x}{1 + \sin^2 x}dx$.

6. 判断下列广义积分的敛散性,如果收敛,计算出它的值.

(1) $\displaystyle\int_{1}^{+\infty}\dfrac{1}{x^4}dx$;

(2) $\displaystyle\int_{0}^{+\infty}e^{-kx}dx$;

(3) $\displaystyle\int_{0}^{2}\dfrac{x}{\sqrt{4 - x^2}}dx$;

(4) $\displaystyle\int_{-\infty}^{0}xe^{-x^2}dx$;

(5) $\displaystyle\int_{0}^{1}\dfrac{1}{\sqrt{x}}dx$;

(6) $\displaystyle\int_{-\infty}^{+\infty}\dfrac{1}{x^2 + 2x + 2}dx$;

(7) $\displaystyle\int_{0}^{+\infty}x^n e^{-x}dx$;

(8) $\displaystyle\int_{-\infty}^{+\infty}(x + |x|)e^{-|x|}dx$.

7. 求下列曲线所围成的图形面积:

(1)由抛物线 $y = x^2$ 与直线 $x = y^2$ 所围成图形的面积;

(2)由抛物线 $y^2 = 2x$ 与直线 $y = x - 4$ 所围成图形的面积.

8. 求下列曲线所围成的图形绕指定轴旋转而成的旋转体的体积:

(1) $y = x^2$, x 轴及 $x = 1$ 所围成的图形分别绕 x 轴,绕 y 轴;

(2) $y = x^{-3}$,直线 $x = 2$ 及 $y = 1$ 所围成的图形分别绕 x 轴、y 轴.

9. 设平面图形是由曲线 $y = e^x$, $y = e^{-x}$ 与直线 $x = 1$ 所围成. 试求该图形绕 x 轴旋转一周所生成立体的体积.

10. 设 $(t, t^2 + 1)$ 为曲线段 $y = x^2 + 1$ 上的点.

(1) 试求由该曲线段与曲线在此点处的切线,以及直线 $x = 0$, $x = a$ ($a > 0$) 所围成图形的面积 $A(t)$;

(2) 当 t 取何值时,$A(t)$ 最小?

11. 求 $f(x) = \int_0^{x^2} (1 - t) \arctan t \, dt$ 的极值点.

12. 设 $f(x) = \cos x + 2\int_0^{\frac{\pi}{2}} f(x) \, dx$,其中 $f(x)$ 为连续函数,试求 $f(x)$.

13. 设 $f(x)$ 有连续导数,$f(0) = 0$,$f'(0) \neq 0$,$F(x) = \int_0^x (x^2 - t^2) f(t) \, dt$,且当 $x \to 0$ 时,$F'(x)$ 与 x^k 是同阶无穷小,求 k 的值.

14. 设隐函数 $y = y(x)$ 由方程 $x^3 - \int_0^x e^{-t^2} dt + y^3 = 0$ 所确定,求 $\dfrac{dy}{dx}$.

15. 求正常数 a 与 b,使等式 $\lim\limits_{x \to 0} \dfrac{1}{bx - \sin x} \int_0^x \dfrac{t^2}{\sqrt{a + t^2}} dt = 1$ 成立.

16. 设 $f(x)$ 在 $(-\infty, +\infty)$ 上连续,且对一切 x 有 $f(x) = x + 2\int_0^x f(t) \, dt$,求 $f(x)$.

17. 设函数 $f(x) = x^2 - \int_0^2 f(x) \, dx$,,试求 $f(x)$ 及 $f(x)$ 在 $[0,2]$ 上的最值.

18. 设函数 $f(x) = \int_0^x (x - t) f(t) \, dt + e^x$,试求 $f(x)$.

19. 求函数 $f(x) = \int_1^x (x^2 - t^2) e^{-t} dt$ 的极值.

20. 设 $f(x) = \begin{cases} x^2, 0 \leq x < 1 \\ x, 1 \leq x \leq 2 \end{cases}$,求 $F(x) = \int_0^x f(t) \, dt$ 在 $[0,2]$ 上的表达式.

四、证明题

1. 设 $f(x)$ 在 $(-\infty, +\infty)$ 内连续且 $f(x) > 0$. 证明函数 $F(x) = \dfrac{\int_0^x t f(t) \, dt}{\int_0^x f(t) \, dt}$ 在 $(0, +\infty)$ 内单调增加.

2. 设函数 $f(x)$ 为连续的奇函数,证明:$F(x) = \int_0^x f(t) \, dt$ 为偶函数.

3. 设函数 $f(x)$ 在 $[0,1]$ 上连续,且 $f(x) < 1$,求证:方程 $\int_0^x f(t) \, dt = 2x - 1$ 内有且只有一个实根.

4. 证明:$\int_0^1 \dfrac{dx}{\arccos x} = \int_0^{\frac{\pi}{2}} \dfrac{\sin x}{x} dx$.

5. 若 $f(x)$ 在 $[a, b]$ 上单调递增,且 $f''(x) > 0$,试证明:

$$(b - a) f(a) < \int_a^b f(x) \, dx < (b - a) \frac{f(a) + f(b)}{2}.$$

参考答案三

一、选择题

1. D.　　2. B.　　3. C.　　4. B.　　5. D.　　6. C.　　7. D.　　8. B.

9. A.　　10. B.　　11. C.　　12. A.　　13. C.　　14. D.　　15. D.　　16. D.

17. A.   18. B.   19. B.   20. C.   21. B.   22. A.   23. C.   24. C.

25. C.   26. B.   27. B.   28. C.   29. D.   30. B.   31. B.   32. D.

33. B.   34. B.   35. A.   36. A.   37. C.   38. C.   39. A.   40. C.

41. A.   42. B.   43. C.   44. D.   45. A.

二、填空题

1. $e^x + \sin x + C$.

2. $e^x - \sin x$.

3. $x \ln x \mathrm{d}x$.

4. $(2x+1)^{100}$.

5. $x - \dfrac{x^3}{3} + C$.

6. $2^{n+1} e^{2x}$.

7. $2e^{x^2}(1 + 2x^2)$.

8. $y = \dfrac{3}{2} x^2$.

9. $-\dfrac{1}{2}\cos 2x + C$.

10. $\ln |\ln x| + C$.

11. $\sin e^x + C$.

12. $1 - \dfrac{1}{2} e^{-2x}$.

13. $2\arctan \sqrt{x} + C$.

14. $\cos \dfrac{x}{2} + C$.

15. $-\sin x - \dfrac{2\cos x}{x} + C$.

16. $b - a$.

17. $-\sqrt{1 + 2x^2}$.

18. 0 .

19. $4x^3 e^{x^4+1}$.

20. $\dfrac{1}{2}$.

21. $\dfrac{1}{2}$.

22. $0 ; \dfrac{2}{3}$.

23. $\dfrac{10}{3}$.

24. 0 或 1 .

25. $\ln (1 + x)\big|_0^1 = \ln 2$.

26. $\dfrac{e^2 + 1}{4}$.

27. 0 .

28. 0 .

29. 1 .

30. 3 .

三、计算题

1. (1) $2\sqrt{x} + \dfrac{2}{3} x\sqrt{x} + C$;

(2) $-\dfrac{2}{3} x^{-\frac{3}{2}} + C$;

(3) $\dfrac{1}{2} x^2 - x + C$;

(4) $x - \arctan x + C$;

(5) $\tan x - x + C$;

(6) $-\cot x - x + C$;

(7) $\dfrac{1}{2}\tan x + C$;

(8) $-\cot x - \tan x + C$;

(9) $-\dfrac{3}{4}\sqrt[3]{(3-2x)^2} + C$;

(10) $-\dfrac{1}{4}\ln |1 - 4x| + C$;

(11) $-\dfrac{1}{2} e^{-x^2} + C$;

(12) $-\dfrac{1}{3}(1 - x^2)^{\frac{3}{2}} + C$;

(13) $\dfrac{1}{4}\sqrt{1 + 4x^2} + C$;

(14) $\dfrac{1}{2}(\arctan x)^2 + C$;

(15) $\dfrac{1}{4}\sin^4 x + C$；

(16) $-\cos x + \dfrac{1}{3}\cos^3 x + C$；

(17) $-\dfrac{1}{5}\ln|\cos 5x| + C$；

(18) $\dfrac{1}{3}\arcsin\dfrac{3}{2}x + C$；

(19) $\arctan e^x + C$；

(20) $x - \dfrac{1}{2}\ln(1 + e^{2x}) + C$；

(21) $2\arctan\sqrt{x} + C$；

(22) $2\sqrt{1 + \sin^2 x} + C$；

(23) $(\arctan\sqrt{x})^2 + C$；

(24) $\tan x - \cot x + C$；

(25) $\dfrac{1}{\cos x} + \ln|\csc x - \cot x| + C$；

(26) $\ln\left|\dfrac{\sin x}{1 + \sin x}\right| + C$；

(27) $\arctan\ln x + C$；

(28) $\arcsin\dfrac{1}{3}x + \sqrt{9 - x^2} + C$；

(29) $\dfrac{-1}{x\ln x} + C$；

(30) $\dfrac{3}{2}(\sin x - \cos x)^{\frac{2}{3}} + C$．

2. (1) $2\sqrt{x-1} - 2\arctan\sqrt{x-1} + C$；

(2) $\dfrac{1}{2}\ln(2x + \sqrt{4x^2 + 9}) + C$；

(3) $\arccos\dfrac{1}{|x|} + C$；

(4) $\sqrt{x^2 - 9} - 3\arccos\dfrac{3}{|x|} + C$；

(5) $\arcsin x - \dfrac{x}{1 + \sqrt{1 - x^2}} + C$；

(6) $\ln\left|1 - \sqrt{1 - x^2}\right| - \ln|x| + C$；

(7) $\dfrac{1}{2}\left(\arcsin x + \ln\left|x + \sqrt{1 - x^2}\right|\right) + C$；

(8) $\arcsin e^x + e^x\sqrt{1 - e^{2x}} + C$．

3. (1) $-xe^{-x} - e^{-x} + C$；

(2) $x\arcsin x + \sqrt{1 - x^2} + C$；

(3) $\dfrac{1}{3}x^3\left(\ln x - \dfrac{1}{3}\right) + C$；

(4) $-\dfrac{\ln x}{x} - \dfrac{1}{x} + C$；

(5) $-\dfrac{1}{2}x\cos 2x + \dfrac{1}{4}\sin 2x + C$；

(6) $x\tan x - \ln|\cos x| - \dfrac{1}{2}x^2 + C$；

(7) $\dfrac{1}{2}x^2\sin x^2 + \dfrac{1}{2}\cos x^2 + C$；

(8) $-\dfrac{x}{1 + e^x} + x - \ln(1 + e^x) + C$；

(9) $2\sqrt{x}e^{\sqrt{x}} - 2e^{\sqrt{x}} + C$；

(10) $\dfrac{1}{2}x(\sin\ln x - \cos\ln x) + C$．

4. (1) $\dfrac{1}{2}x^2 - \dfrac{9}{2}\ln(9 + x^2) + C$；

(2) $\dfrac{1}{2}\ln|(x-1)^2 + 4| + \arctan\dfrac{x-1}{2} + C$；

(3) $x + 3\ln\left|\dfrac{x-3}{x-2}\right| + C$；

(4) $\dfrac{1}{x-2} + \ln\left|\dfrac{x-3}{x-2}\right| + C$；

(5) $\ln|x| - \dfrac{1}{2}\ln(x^2 + 1) + C$；

(6) $3\ln|x| - \ln(x^2 + 1) - \arctan x + C$．

5. (1) $\dfrac{2}{3}$；

(2) $\dfrac{17}{2}$；

(3) $\dfrac{4}{3}$；

(4) $\dfrac{1}{2}$；

(5) $\dfrac{11}{6}$；

(6) $\arctan e - \dfrac{\pi}{4}$；

(7) $\dfrac{1}{6}$；

(8) $\sqrt{3} - \dfrac{\pi}{3}$；

$(9)\dfrac{\pi}{6}$；

$(10)-\dfrac{3}{2}+3\ln 2$；

$(11)7+2\ln 2$；

$(12)\dfrac{\pi}{4}+\dfrac{1}{2}$；

$(13)e^2+1$；

$(14)\dfrac{\pi}{8}-\dfrac{1}{4}$；

$(15)1$；

$(16)\dfrac{1}{16}(1+3e^4)$；

$(17)\dfrac{3}{2}\ln 3-1$；

$(18)\dfrac{\pi}{4}-\dfrac{1}{2}$；

$(19)4$；

$(20)\dfrac{\pi}{2}$.

6.（1）$\displaystyle\int_0^{+\infty}\dfrac{1}{x^4}dx=-\dfrac{1}{3}\cdot\dfrac{1}{x^3}\Big|_1^{+\infty}=\dfrac{1}{3}$，收敛；

（2）$\displaystyle\int_0^{+\infty}e^{-kx}dx=\begin{cases}k=0\text{ 时，发散}\\[2mm]k\neq0\text{ 时，}-\dfrac{1}{k}e^{-kx}\Big|_0^{+\infty}=\begin{cases}k<0,\text{发散}\\[2mm]k>0,\text{收敛于}\dfrac{1}{k}\end{cases}\end{cases}$，即收敛于$\displaystyle\int_0^{+\infty}e^{-kx}dx=\begin{cases}\text{发散},k\leqslant0\\[2mm]\text{收敛于}\dfrac{1}{k},k>0\end{cases}$；

（3）2，收敛；

（4）$\displaystyle\int_{-\infty}^0 xe^{-x^2}dx=-\dfrac{1}{2}\int_{-\infty}^0 e^{-x^2}d(-x^2)=-\dfrac{1}{2}e^{-x^2}\Big|_{-\infty}^0=-\dfrac{1}{2}$，收敛；

（5）2，收敛；

（6）$\displaystyle\int_{-\infty}^{+\infty}\dfrac{1}{x^2+2x+2}dx=\int_{-\infty}^0\dfrac{1}{x^2+2x+2}dx+\int_0^{+\infty}\dfrac{1}{x^2+2x+2}dx$

$\qquad=\displaystyle\int_{-\infty}^0\dfrac{1}{(x+1)^2+1}dx+\int_0^{+\infty}\dfrac{1}{1+(x+1)^2}d(x+1)$

$\qquad=\arctan(x+1)\Big|_{-\infty}^0+\arctan(x+1)\Big|_0^{+\infty}$

$\qquad=\left(\dfrac{\pi}{4}+\dfrac{\pi}{2}\right)+\left(\dfrac{\pi}{2}-\dfrac{\pi}{4}\right)$

$\qquad=\pi$，

收敛；

（7）$\displaystyle\int_0^{+\infty}x^ne^{-x}dx=\int_0^{+\infty}x^nd(-e^{-x})=-x^ne^{-x}\Big|_0^{+\infty}+\int_0^{+\infty}nx^{n-1}e^{-x}dx=n\int_0^{+\infty}x^{n-1}d(-e^{-x})$

$\qquad=nx^{n-1}e^{-x}\Big|_0^{+\infty}+\int_0^{+\infty}n(n-1)x^{n-2}e^{-x}dx$

$\qquad=\cdots=\displaystyle\int_0^{+\infty}n!e^{-x}dx=-n!\cdot e^{-x}\Big|_0^{+\infty}=n!$，

收敛；

（8）$\displaystyle\int_{-\infty}^{+\infty}(x+|x|)e^{-|x|}dx=\int_{-\infty}^0(x+|x|)e^{-|x|}dx+\int_0^{+\infty}(x+|x|)e^{-|x|}dx$

$\qquad=\displaystyle\int_0^{+\infty}2xe^{-x}dx=\int_0^{+\infty}2xd(-e^{-x})$

$\qquad=-2xe^{-x}\Big|_0^{+\infty}+2\int_0^{+\infty}e^{-x}dx=-2e^{-x}\Big|_0^{+\infty}=2$，

收敛.

7. (1) $\dfrac{1}{3}$;

(2) 18.

8. (1) 曲线 $y = x^2$ 与 x 轴及直线 $x = 1$ 围成的图形如图 3-13 所示.

该平面图形绕 x 轴旋转一周形成的旋转体体积为

$$V_x = \int_0^1 \pi x^4 \,\mathrm{d}x = \frac{1}{5}\pi \ (\text{立方单位}),$$

该平面图形绕 y 轴旋转一周形成的旋转体体积为

$$V_y = \int_0^1 \left[\pi \cdot 1^2 - \pi y\right]\mathrm{d}y = \frac{\pi}{2} \ (\text{立方单位});$$

(2) 曲线 $y = x^{-3}$ 与直线 $x = 2$ 及 $y = 1$ 围成的平面图形如图 3-14 所示.

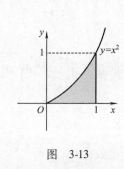

图 3-13　　　　　　　　图 3-14

该平面图形绕 x 轴旋转一周形成的旋转体体积为

$$V_x = \int_1^2 \left[\pi \cdot 1^2 - \pi(x^{-3})^2\right]\mathrm{d}x = \frac{129}{160}\pi \ (\text{立方单位}),$$

该平面图形绕 y 轴旋转一周形成的旋转体体积为

$$V_y = \int_{\frac{1}{8}}^1 \left[\pi \cdot 2^2 - \pi \cdot y^{-\frac{2}{3}}\right]\mathrm{d}y = 2\pi \ (\text{立方单位}).$$

9. 由曲线 $y = \mathrm{e}^x$，$y = \mathrm{e}^{-x}$ 与直线 $x = 1$ 围成的平面图形绕 x 轴旋转一周所生成立体的体积为

$$V = \int_0^1 \left[\pi(\mathrm{e}^x)^2 - \pi(\mathrm{e}^{-x})^2\right]\mathrm{d}x = \frac{\pi}{2}\mathrm{e}^{2x}\Big|_0^1 + \frac{\pi}{2}\mathrm{e}^{-2x}\Big|_0^1 = \frac{\pi}{2}\left(\mathrm{e}^2 + \frac{1}{\mathrm{e}^2} - 2\right) \ (\text{立方单位}).$$

10. (1) 因为曲线 $y = x^2 + 1$ 在点 $(t, t^2 + 1)$ 处的导数值为 $y'\big|_{x=t} = 2t$，所以，点 $(t, t^2 + 1)$ 处的切线方程为 $y - (t^2 + 1) = 2t(x - t)$，即 $y = 2tx - t^2 + 1$，所以，曲线 $y = x^2 + 1$ 与此切线以及直线 $x = 0, x = a$ 所围成图形的面积为

$$A(t) = \int_0^a \left[(x^2 + 1) - (2tx - t^2 + 1)\right]\mathrm{d}x$$

$$= at^2 - a^2 t + \frac{1}{3}a^3;$$

(2) 因为 $A'(t) = 2at - a^2$，所以，令 $A'(t) = 0$，得驻点 $t = \dfrac{a}{2}$，所以，当 $t = \dfrac{a}{2}$ 时，$A(t)$ 最小.

11. $x = \pm 1$ 为极大值点，$x = 0$ 为极小值点；

12. $f(x) = \cos x + \dfrac{2}{1 - \pi}$.

13. $F(x) = \int_0^x (x^2 - t^2)f(t)\,\mathrm{d}t = x^2 \int_0^x f(t)\,\mathrm{d}t - \int_0^x t^2 f(t)\,\mathrm{d}t$，

$$F'(x) = 2x\int_0^x f(t)\,\mathrm{d}t + x^2 f(x) - x^2 f(x) = 2x\int_0^x f(t)\,\mathrm{d}t ,$$

由洛必达法则,得

$$\lim_{x\to 0}\frac{F'(x)}{x^k} = \lim_{x\to 0}\frac{2\int_0^x f(t)\,\mathrm{d}t}{x^{k-1}} = \lim_{x\to 0}\frac{2f(x)}{(k-1)x^{k-2}} = \lim_{x\to 0}\frac{2f'(x)}{(k-1)(k-2)x^{k-3}} \overset{k=3}{=} f'(0) \neq 0 ,$$

故 $k = 3$.

14. $\dfrac{3x^2 - \mathrm{e}^{-x^2}}{-3y^2}$.

15. $a = 4$, $b = 1$.

16. 由题设 $f'(x) = 1 + 2f(x)$,则

$$f(x) = \mathrm{e}^{-\int -2\mathrm{d}x}\left(\int 1 \times \mathrm{e}^{\int -2\mathrm{d}x}\,\mathrm{d}x + c\right) = c\mathrm{e}^{2x} - \frac{1}{2} .$$

又 $f(0) = 0$,所以 $c = \dfrac{1}{2}$,即

$$f(x) = \frac{\mathrm{e}^{2x} - 1}{2} .$$

17. 由于定积分 $\int_0^2 f(x)\,\mathrm{d}x$ 是一确定的实数,设 $\int_0^2 f(x)\,\mathrm{d}x = k$,对 $f(x)$ 的等式两边同时取从 0 到 2 的定积分,得

$$\int_0^2 f(x)\,\mathrm{d}x = \int_0^2 x^2\,\mathrm{d}x - \int_0^2 k\,\mathrm{d}x ,$$

于是

$$k = \int_0^2 f(x)\,\mathrm{d}x = \frac{8}{3} - 2k ,$$

由上式解得 $k = \dfrac{8}{9}$,故 $f(x) = x^2 - \dfrac{8}{9}$.

令 $f'(x) = 2x = 0$ 得驻点 $x = 0$,当 $x \in (0,2)$ 时,恒有 $f'(x) > 0$,表明 $f(x)$ 在区间 $(0,2)$ 内严格增加,所以 $f(0) = -\dfrac{8}{9}$ 是函数 $f(x)$ 在 $[0,2]$ 上的最小值,$f(2) = \dfrac{28}{9}$ 是函数 $f(x)$ 在 $[0,2]$ 上的最大值.

18. $f(x) = x\int_0^x f(t)\,\mathrm{d}t - \int_0^x t f(t)\,\mathrm{d}t + \mathrm{e}^x$.

上式两边关于求导数

$$f'(x) = \int_0^x f(t)\,\mathrm{d}t + x f(x) - x f(x) + \mathrm{e}^x ,$$

即 $f'(x) = \int_0^x f(t)\,\mathrm{d}t + \mathrm{e}^x$,$f''(x) = f(x) + \mathrm{e}^x$.

记 $y = f(x)$,则上式是二阶线性常系数非齐次微分方程,即

$$y'' - y = \mathrm{e}^x . \tag{Ⅰ}$$

$y'' - y = 0$ 的通解是 $y^* = C_1\mathrm{e}^x + C_2\mathrm{e}^{-x}$,C_1, C_2 为任意常数.

由于 $\lambda = 1$ 是 $y'' - y = 0$ 的特征方程 $r^2 - 1 = 0$ 的单根,所以设 $y^* = ax\mathrm{e}^x$ 是方程（Ⅰ）的一个特解,于是有

$$(y^*)' = a\mathrm{e}^x + ax\mathrm{e}^x , \quad (y^*)'' = 2a\mathrm{e}^x + ax\mathrm{e}^x ,$$

将它们代入方程（Ⅰ）得 $a = \dfrac{1}{2}$,于是方程（Ⅰ）得通解为

$$y = C_1 e^x + C_2 e^{-x} + \frac{1}{2} x e^x, \qquad (\text{II})$$

这里 C_1, C_2 为任意常数.

从已知条件可求得, $f(0) = 1, f'(0) = 1$ 并代入方程（II）

得 $\begin{cases} C_1 + C_2 = 1 \\ C_1 - C_2 + \dfrac{1}{2} = 1 \end{cases}$ ，解得 $C_1 = \dfrac{3}{4}, C_2 = \dfrac{1}{4}$ ，所求函数

$$f(x) = \frac{3}{4} e^x + \frac{1}{4} e^{-x} + \frac{1}{2} x e^x.$$

19. $f(x) = \int_1^x (x^2 - t^2) e^{-t} dt = x^2 \int_1^x e^{-t} dt - \int_1^x t^2 e^{-t} dt,$

$f'(x) = 2x \int_1^x e^{-t} dt + x^2 e^{-x} - x^2 e^{-x} = 2x \int_1^x e^{-t} dt = 0.$

得 $x = 0, x = 1$ ，当 $x \in (-\infty, 0)$ 时, $f'(x) > 0$ ，当 $x \in (0, 1)$ 时, $f'(x) < 0$ ；

当 $x \in (1, +\infty)$ 时, $f'(x) > 0$ ，所以增加区间为 $(-\infty, 0), (1, +\infty)$ ，减少区间为 $(0, 1)$.

极大值 $\quad f(0) = \int_0^1 t^2 e^{-t} dt = -\int_0^1 t^2 de^{-t} = -t^2 e^{-t} \Big|_0^1 + \int_0^1 e^{-t} dt^2$

$$= -e^{-1} + 2\int_0^1 t e^{-t} dt = -e^{-1} - 2\int_0^1 t de^{-t} = -e^{-1} - 2\left(-t^2 e^{-t} \Big|_0^1 - \int_0^1 e^{-t} dt^2 \right)$$

$$= -e^{-1} - 2(e^{-1} + e^{-1} - 1) = -5e^{-1} + 2 = 2 - \frac{5}{e},$$

极小值 $f(1) = 0$.

20. $F(x) = \begin{cases} \dfrac{1}{3} x^3, & 0 \le x < 1 \\ \dfrac{1}{2} x^2 - \dfrac{1}{6}, & 1 \le x \le 2 \end{cases}$.

四、证明题

1. 证明：$\forall x \in (0, +\infty)$ ，由于 $f(t) > 0$ ， $(x - t) f(t) > 0$ ， $0 < t < x$ ，而

$$\frac{d}{dx} \int_0^x t f(t) dt = x f(x), \quad \frac{d}{dx} \int_0^x f(t) dt = f(x),$$

于是

$$F'(x) = \frac{x f(x) \int_0^x f(t) dt - f(x) \int_0^x t f(t) dt}{\left(\int_0^x f(t) dt \right)^2} = \frac{f(x) \int_0^x (x - t) f(t) dt}{\left(\int_0^x f(t) dt \right)^2} > 0,$$

所以 $F(x)$ 在 $(0, +\infty)$ 内单调增加.

2. 因为 $F(x) = \int_0^x f(t) dt$ ，所以

$$F(-x) = \int_0^{-x} f(t) dt \xrightarrow{\text{令} t = -u} \int_0^x f(-u)(-1) du = -\int_0^x f(-u) du = -\int_0^x f(-t) dt.$$

因为 $f(-t) = -f(t)$ ，则函数

$$F(-x) = \int_0^x f(t) dt = F(x),$$

所以函数 $F(x)$ 为偶函数.

3. 令函数 $F(x) = 2x - \int_0^x f(t)\mathrm{d}t - 1$.

因为函数 $f(x)$ 在 $[0,1]$ 上连续,且 $f(x) < 1$,所以,函数 $F(x)$ 在 $[0,1]$ 上也连续,且

$$F(0) = -1 < 0 ,\ F(1) = 1 - \int_0^1 f(t)\mathrm{d}t > 0 ;$$

所以,由零点定理知,函数 $F(x)$ 在 $[0,1]$ 上至少有一零点. 即方程 $2x - \int_0^x f(t)\mathrm{d}t = 1$ 在 $(0,1)$ 内至少有一实根.

又 $F'(x) = 2 - f(x) > 0$,则函数 $F(x)$ 在 $[0,1]$ 上只有一零点.

综上所述,方程 $2x - \int_0^x f(t)\mathrm{d}t = 1$ 在 $(0,1)$ 内有且仅有一个实根.

4. 换元法:$\displaystyle\int_0^1 \frac{1}{\arccos x}\mathrm{d}x \xlongequal{\text{令}t=\arccos x} \int_{\frac{\pi}{2}}^0 \frac{1}{t}\cdot(-\sin t)\mathrm{d}t = \int_0^{\frac{\pi}{2}} \frac{\sin t}{t}\mathrm{d}t = \int_0^{\frac{\pi}{2}} \frac{\sin x}{x}\mathrm{d}x$.

5. 因为 $f(x)$ 是增加的,所以对于 $[a,b]$ 中的一切 x,有 $f(x) > f(a)$,所以

$$\int_a^b f(x)\mathrm{d}x > f(a)(b-a).$$

令

$$F(x) = \int_a^x f(t)\mathrm{d}t - (x-a)\frac{f(a)+f(x)}{2}$$

$$F'(x) = f(x) - \frac{f(a)+f(x)}{2} - (x-a)\frac{f'(x)}{2} = \frac{f(x)-f(a)}{2} - (x-a)\frac{f'(x)}{2}$$

$$= \frac{f'(\xi)(x-a)}{2} - \frac{f'(x)}{2}(x-a) \quad (a < \xi < x)$$

$$= \frac{1}{2}(x-a)[f'(\xi)-f'(x)] < 0 \quad (\text{因为}f''(x) > 0),$$

所以 $F(x)$ 单增. 又因为 $F(a) = 0$,所以 $F(b) > F(a) = 0$. 立即可得

$$\int_a^b f(x)\mathrm{d}x > (b-a)\frac{f(a)+f(b)}{2}.$$

第四章　常微分方程

新考纲要点

一、一阶常微分方程

1. 理解常微分方程的概念,理解常微分方程的阶、解、通解、初始条件和特解的概念.

2. 掌握可分离变量微分方程与齐次方程的解法.

3. 会求解一阶线性微分方程.

二、二阶常系数线性微分方程

1. 理解二阶常系数线性微分方程解的结构.

2. 会求解二阶常系数齐次线性微分方程.

3. 会求解二阶常系数非齐次线性微分方程(非齐次项限定为(Ⅰ) $f(x) = P_n(x)\mathrm{e}^{\lambda x}$,其中 $P_n(x)$ 为 x 的 n 次多项式, λ 为实常数;(Ⅱ) $f(x) = \mathrm{e}^{\lambda x}(P_n(x)\cos \omega x + Q_m(x)\sin \omega x)$,其中 λ, ω ,为实常数, $P_n(x)$, $Q_m(x)$ 分别为 x 的 n 次, m 次多项式).

第一节　一阶微分方程

一、常微分方程的基本概念

1. 微分方程

含有未知函数的导数(或微分)的方程,称为**微分方程**.

2. 常微分方程

含有自变量、未知函数及未知函数的导数(或微分)的方程称为**微分方程**. 如果微分方程中的未知函数仅含有一个自变量,这样的微分方程称为**常微分方程**. 否则,称为偏微分方程.

3. 微分方程的阶

在微分方程中,未知函数的导数或微分的最高阶数称为**微分方程的阶**.

4. 微分方程的解

若将一个函数代入方程中,使该微分方程成立,那么这个函数就叫做**微分方程的解**.

5. 通解与特解

如果微分方程的解中包含有任意常数,并且独立的任意常数的个数与微分方程的阶数相同,这样的解称为**微分方程的通解**. 不包含任意常数的解,称为**微分方程的特解**.

6. 微分方程的初始条件

特解也可以看成在通解中给任意常数一组确定的值而得到的解. 通解中用以确定特解的条件称为微分方程的**初始条件**.

7. 线性微分方程

微分方程中所含的未知函数及其各阶导数全是一次幂时,微分方程就称为**线性微分方程**.

二、一阶微分方程

1. 可分离变量的微分方程

可化为 $\dfrac{\mathrm{d}y}{\mathrm{d}x} = f(x)g(y)$ 的一阶微分方程,叫做**可分离变量**的微分方程.

之所以称这个方程为可分离变量的微分方程,是因为它可以化成 $\dfrac{\mathrm{d}y}{g(y)} = f(x)\mathrm{d}x$ 的形式.对分离变量后的方程两端同时积分,便得微分方程的通解.

$$\int \frac{\mathrm{d}y}{g(y)} = \int f(x)\,\mathrm{d}x .$$

【例1】 求微分方程 $\dfrac{\mathrm{d}y}{\mathrm{d}x} = 2x^3 y$ 的通解.

精析: 将所给方程分离变量,再两端积分,有

$$\int \frac{\mathrm{d}y}{y} = \int 2x^3 \mathrm{d}x ,$$

积分后,有

$$\ln |y| = \frac{1}{2}x^4 + C_1 ,$$

从而有

$$|y| = \mathrm{e}^{\frac{1}{2}x^4 + C_1} = \mathrm{e}^{C_1} \mathrm{e}^{\frac{1}{2}x^4} ,$$

即

$$y = \pm \mathrm{e}^{C_1} \mathrm{e}^{\frac{1}{2}x^4} .$$

由于 $\pm \mathrm{e}^{C_1}$ 仍是任意常数,把它记作 C.于是所给方程的通解为 $y = C\mathrm{e}^{\frac{1}{2}x^4}$.

解此类型微分方程的步骤为:分离变量、等式两端同时积分、去绝对值、整理化简.

【例2】 求微分方程 $2x\sin y\,\mathrm{d}x + (x^2 + 3)\cos y\,\mathrm{d}y = 0$ 满足初始条件 $y\big|_{x=1} = \dfrac{\pi}{6}$ 的特解.

精析: 先求方程的通解.

将所给方程分离变量,得

$$\frac{\cos y}{\sin y}\mathrm{d}y = -\frac{2x}{x^2 + 3}\mathrm{d}x ,$$

等式两端分别积分,有

$$\int \frac{\cos y}{\sin y}\mathrm{d}y = -\int \frac{2x}{x^2 + 3}\mathrm{d}x ,$$

积分后,得

$$\ln |\sin y| = -\ln (x^2 + 3) + \ln C ,$$

去绝对值有

$$\mathrm{e}^{\ln |\sin y|} = |\sin y| = \mathrm{e}^{-\ln (x^2+3) + \ln C_1} = \frac{C_1}{x^2 + 3} ,$$

整理有

$$(x^2 + 3)\sin y = C \ (\text{其中 } C = \pm C_1) .$$

再来求满足所给初始条件的特解.

把初始条件 $y\big|_{x=1} = \dfrac{\pi}{6}$ 代入上面的通解中,得 $(1^2 + 3)\sin \dfrac{\pi}{6} = C$,即 $C = 2$.所以,所求特解为

$$(x^2 + 3)\sin y = 2 .$$

【例3】 解方程 $y^2 + x^2 \dfrac{\mathrm{d}y}{\mathrm{d}x} = xy \dfrac{\mathrm{d}y}{\mathrm{d}x}$.

精析: 将方程化为齐次方程标准形式,等式两边同除 x^2,有

$$\left(\frac{y}{x}\right)^2 + \frac{\mathrm{d}y}{\mathrm{d}x} = \frac{y}{x}\frac{\mathrm{d}y}{\mathrm{d}x} ,$$

即
$$\frac{\mathrm{d}y}{\mathrm{d}x} = \frac{\left(\dfrac{y}{x}\right)^2}{\dfrac{y}{x} - 1},$$

令 $u = \dfrac{y}{x}$，即有 $y = ux$，则 $y' = u + xu'$，代入方程有 $u + xu' = \dfrac{u^2}{u-1}$，即有

$$u' = \frac{u}{x(u-1)}$$

分离变量，积分有 $[u - \ln|u|] + C_1 = \ln|x|$，整理化简有

$$\frac{Ce^u}{u} = x\ (其中\ C = \pm e^{C_1}),$$

回代、整理化简有方程的通解

$$y = Ce^{\frac{y}{x}}.$$

2. 一阶线性齐次微分方程

微分方程

$$\frac{\mathrm{d}y}{\mathrm{d}x} + P(x)y = Q(x)$$

称为**一阶线性微分方程**，其中 $P(x)$，$Q(x)$ 都是自变量 x 的已知函数，$Q(x)$ 叫做**自由项**.

如果 $Q(x) = 0$，则方程变成为

$$\frac{\mathrm{d}y}{\mathrm{d}x} + P(x)y = 0.$$

称为**一阶线性齐次微分方程**. 显然是可分离变量类型的微分方程.

一阶线性齐次微分方程可以根据可分离变量的微分方程解法，其求解步骤如下：

（1）分离变量 $\qquad \dfrac{\mathrm{d}y}{\mathrm{d}y} = -P(x)\mathrm{d}x$；

（2）两端积分 $\qquad \displaystyle\int \dfrac{\mathrm{d}y}{y} = -\int P(x)\mathrm{d}x$；

（3）去绝对值 $\qquad e^{\ln|y|} = e^{-\int P(x)\mathrm{d}x + \ln C_1}$

$$y = \pm C_1 e^{-\int P(x)\mathrm{d}x};$$

（4）整理化简 $\quad$ 方程通解为 $y = Ce^{-\int P(x)\mathrm{d}x}$（其中 $C = \pm C_1$）.

3. 一阶线性非齐次微分方程

微分方程 $\dfrac{\mathrm{d}y}{\mathrm{d}x} + P(x)y = Q(x)$ 中如果 $Q(x) \neq 0$，称为**一阶线性非齐次微分方程**.

一阶线性微分方程的通解为

$$y = e^{-\int p(x)\mathrm{d}x}\left(\int Q(x)e^{\int p(x)\mathrm{d}x}\mathrm{d}x + C\right).$$

【例4】 求微分方程 $x\mathrm{d}y + (y - xe^{-x})\mathrm{d}x = 0$ 的通解.

精析：

方法1　常量变易法.

把方程化为标准形式 $\quad \dfrac{\mathrm{d}y}{\mathrm{d}x} + \dfrac{1}{x}y = e^{-x}$.

令 $\quad \dfrac{\mathrm{d}y}{\mathrm{d}x} + \dfrac{1}{x}y = 0$，并求其解

$$\frac{\mathrm{d}y}{y} = -\frac{1}{x}\mathrm{d}x,$$

$$\ln|y| = \ln|x|^{-1} + C_1,$$

$$y = \frac{\pm C_1}{x} = \frac{C_2}{x}\,(\text{其中 } C_2 = \pm C_1),$$

常数变易有 $y = \dfrac{C_2(x)}{x}$, 代入原方程整理得到

$$\frac{C'_2(x)}{x} = \mathrm{e}^{-x} \quad (x \neq 0),$$

解之, 有
$$C_2(x) = \int x\mathrm{e}^{-x}\mathrm{d}x = -x\mathrm{e}^{-x} - \mathrm{e}^{-x} + C.$$

代入所求方程的通解为

$$y = \frac{1}{x}[-(x+1)\mathrm{e}^{-x} + C]\,(x \neq 0).$$

方法2　公式法.

直接利用公式 $y = \mathrm{e}^{-\int P(x)\mathrm{d}x}\left[\int Q(x)\mathrm{e}^{\int P(x)\mathrm{d}x}\mathrm{d}x + C\right]$ 的求解方法.

显然, $P(x) = \dfrac{1}{x}$, $Q(x) = \mathrm{e}^{-x}$, 代入公式, 有

$$y = \mathrm{e}^{-\int \frac{1}{x}\mathrm{d}x}\left[\int \mathrm{e}^{-x}\mathrm{e}^{\int \frac{1}{x}\mathrm{d}x}\mathrm{d}x + C\right]$$

$$= \mathrm{e}^{-\ln x}\left[\int \mathrm{e}^{-x}\mathrm{e}^{\ln x}\mathrm{d}x + C\right]$$

$$= \mathrm{e}^{\ln \frac{1}{x}}\left[\int x\mathrm{e}^{-x}\mathrm{d}x + C\right]$$

$$= \frac{1}{x}[-(x+1)\mathrm{e}^{-x} + C] \quad (x \neq 0).$$

【例5】　求微分方程 $\dfrac{\mathrm{d}y}{\mathrm{d}x} - \dfrac{2}{x+1}y = (x+1)^3$ 满足初始条件: $y|_{x=0} = 1$ 的特解.

精析: 先求通解. 所给方程是一阶线性非齐次方程. 先求对应的线性齐次方程

$$\frac{\mathrm{d}y}{\mathrm{d}x} - \frac{2}{x+1}y = 0$$

的通解. 移项并分离变量, 得
$$\frac{\mathrm{d}y}{y} = \frac{2}{x+1}\mathrm{d}x,$$

两端积分后, 得
$$\ln y = 2\ln(x+1) + \ln C,$$

化简后, 得
$$y = C(x+1)^2.$$

再用常数变易法, 把上式中的 C 换成待定函数 $C(x)$, 即设原线性非齐次方程的解为
$$y = C(x)(x+1)^2,$$

则
$$y' = C'(x)(x+1)^2 + 2C(x)(x+1),$$

把它们代入原方程, 得
$$C'(x)(x+1)^2 + 2C(x)(x+1) - 2C(x)(x+1) = (x+1)^3,$$

化简后, 即得
$$C'(x) = x+1,$$

两端积分, 得
$$C(x) = \frac{1}{2}x^2 + x + C,$$

代入 $y = C(x)(x+1)^2$，即得所求方程的通解为 $y = \left(\dfrac{1}{2}x^2 + x + C\right)(x+1)^2$.

再求满足所给初始条件的特解，将 $y|_{x=0} = 1$ 代入上面的通解中，得 $C = 1$，故得所求特解为

$$y = \left(\dfrac{1}{2}x^2 + x + 1\right)(x+1)^2.$$

第二节　二阶线性微分方程

一、基本概念

1. 二阶线性微分方程

$y'' + P(x)y' + Q(x)y = f(x)$ 形式的微分方程称为二阶线性微分方程.

2. 二阶齐次线性微分方程

当 $f(x) = 0$ 时，$y'' + P(x)y' + Q(x)y = 0$ 称为二阶齐次线性微分方程.

3. 二阶非齐次线性微分方程

当 $f(x) \neq 0$ 时，$y'' + P(x)y' + Q(x)y = f(x)$ 称为二阶非齐次线性微分方程.

4. 二阶常系数线性微分方程

当系数 $P(x)$ 和 $Q(x)$ 分别为常数 p 和 q 时，

$$y'' + py' + qy = f(x) \quad \text{和} \quad y'' + py' + qy = 0$$

分别称为二阶常系数非齐次线性微分方程和二阶常系数齐次线性微分方程.

二、二阶齐次线性微分方程解的结构

定理 1　如果 y_1 与 y_2 是方程 $y'' + P(x)y' + Q(x)y = 0$ 的解，则函数

$$y^* = C_1 y_1 + C_2 y_2$$

也为方程 $y'' + P(x)y' + Q(x)y = 0$ 的解，其中 C_1 与 C_2 为任意常数.

定理 2　如果函数 y_1 与 y_2 是方程 $y'' + P(x)y' + Q(x)y = 0$ 的两个线性无关的特解，则函数

$$y = C_1 y_1 + C_2 y_2 \ (C_1, C_2 \text{为任意常数})$$

是方程 $y'' + P(x)y' + Q(x)y = 0$ 的通解.

三、二阶常系数齐次线性微分方程的解法

由定理 2 可知，如果能求出二阶常系数齐次线性微分方程 $y'' + py' + qy = 0$ 的两个线性无关的特解 y_1 和 y_2，那么 $C_1 y_1 + C_2 y_2$（C_1，C_2 为任意常数）为其通解.

由于方程是常系数的，指数函数 e^{rx} 的导数为本身的倍数，我们设想方程 $y'' + py' + qy = 0$ 有形如 $y = e^{rx}$ 的解，其中 r 为待定的常数.

将 $y = e^{rx}$，$y' = re^{rx}$，$y'' = r^2 e^{rx}$ 代入方程，得 $r^2 e^{rx} + pre^{rx} + qe^{rx} = (r^2 + pr + q)e^{rx} = 0$，由于 $e^{rx} \neq 0$，有 $r^2 + pr + q = 0$.

其中方程 $r^2 + pr + q = 0$ 称为二阶常系数齐次线性微分方程 $y'' + py' + qy = 0$ 的**特征方程**，特征方程的根称为**特征根**.

要根据方程的特征根 r_1 与 r_2 是相异实根、二重根和一组共轭复根三种情况分别讨论.

1. 相异实根

当 $p^2 - 4q > 0$ 时，特征方程有两个不相等的实根 $r_{1,2} = \dfrac{-p \pm \sqrt{p^2 - 4q}}{2}$，微分方程 $y'' + py' + qy = 0$ 的

通解为 $y = C_1 \mathrm{e}^{r_1 x} + C_2 \mathrm{e}^{r_2 x}$.

2. 二重根

当 $p^2 - 4q = 0$ 时,特征方程有两个相等的实根,即 $r_1 = r_2 = -\dfrac{p}{2}$,微分方程 $y'' + py' + qy = 0$ 的通解为 $y = (C_1 + C_2 x)\mathrm{e}^{r_1 x}$.

3. 共轭复根

当 $p^2 - 4q < 0$ 时,特征方程有一对共轭复根,即 $r_1 = \alpha + \mathrm{i}\beta$,$r_2 = \alpha - \mathrm{i}\beta$,利用欧拉公式 $\mathrm{e}^{\mathrm{i}x} = \cos x + \mathrm{i}\sin x$ 得到微分方程 $y'' + py' + qy = 0$ 的通解为

$$y = \mathrm{e}^{\alpha x}(C_1 \cos \beta x + C_2 \sin \beta x).$$

综上所述,求二阶常系数齐次线性微分方程的通解步骤如下:

(1)写出微分方程所对应的特征方程 $r^2 + pr + q = 0$.

(2)求出特征方程的两个根 r_1,r_2.

(3)根据特征根的不同情况,按下表写出微分方程的通解.

特征方程 $r^2 + pr + q = 0$ 的两个根 r_1,r_2	微分方程 $y'' + py' + qy = 0$ 的通解
相异实根 r_1,r_2	$y = C_1 \mathrm{e}^{r_1 x} + C_2 \mathrm{e}^{r_2 x}$
二重根 $r_1 = r_2$	$y = (C_1 + C_2 x)\mathrm{e}^{r_1 x}$
共轭复根 $r_{1,2} = \alpha \pm \mathrm{i}\beta$(一般 $\beta > 0$)	$y = \mathrm{e}^{\alpha x}(C_1 \cos \beta x + C_2 \sin \beta x)$

【例6】　求微分方程 $y'' - 3y' - 4y = 0$ 的通解.

精析:所给微分方程的特征方程为

$$\lambda^2 - 3\lambda - 4 = 0,$$

解方程得两个不相等的实根 $\lambda_1 = 4$,$\lambda_2 = -1$. 故得所给方程的通解为 $y = C_1 \mathrm{e}^{4x} + C_2 \mathrm{e}^{-x}$.

【例7】　求微分方程 $4y'' - 4y' + y = 0$ 满足初始条件 $y\big|_{x=0} = 1$,$y'\big|_{x=0} = 3$ 的特解.

精析:方程标准化为

$$y'' - y' + \frac{1}{4}y = 0,$$

建立特征方程

$$\lambda^2 - \lambda + \frac{1}{4} = 0,$$

解方程得 $\lambda_1 = \lambda_2 = \dfrac{1}{2}$ 是两个相等的实根. 因此所给方程的通解为 $y = (C_1 + C_2 x)\mathrm{e}^{\frac{1}{2}x}$.

为了求满足初始条件的特解,将上式对 x 求导,得

$$y' = \frac{1}{2}(C_1 + C_2 x)\mathrm{e}^{\frac{1}{2}x} + C_2 \mathrm{e}^{\frac{1}{2}x},$$

将初始条件 $y\big|_{x=0} = 1$,$y'\big|_{x=0} = 3$ 分别代入上面两式,得 $C_1 = 1$,$C_2 = \dfrac{5}{2}$,于是所求特解为

$$y = \left(1 + \frac{5}{2}x\right)\mathrm{e}^{\frac{1}{2}x}.$$

【例8】　求微分方程 $y'' + 2y' + 10y = 0$ 的通解.

精析:

$$\lambda^2 + 2\lambda + 10 = 0,$$

$$\lambda_{1,2} = \frac{-2 \pm \sqrt{2^2 - 4 \times 10}}{2} = -1 \pm 3\mathrm{i}.$$

所以,方程的通解为

$$y = \mathrm{e}^{-x}\left(C_1 \cos 3x + C_2 \sin 3x\right).$$

四、二阶常系数非齐次线性微分方程的解法

1. 自由项 $f(x) = \mathrm{e}^{\lambda x} P_m(x)$ 型 $[P_m(x)$ 是 x 的 m 次多项式，$P_m(x) = a_0 x^m + a_1 x^{m-1} + \cdots a_m]$

（1）解应对的齐次方程的特征方程 $r^2 + pr + q = 0$，设求出的通解为 $y = C_1 y_1(x) + C_2 y_2(x)$（$C_1$，$C_2$ 为任意常数）.

（2）求非齐次方程的 $y'' + p(x) y' + Q(x) y = f(x)$ 的一个特解，设特解为 $y^*(x)$，则 $y^*(x) = x^k Q_m(x) \mathrm{e}^{\lambda x}$，其中当 λ 不是特征根时，$k = 0$；当 λ 是方程的特征单根时，$k = 1$；当 λ 是方程的重根时，$k = 2$，其中 $Q_m(x) = b_0 x^m + b_1 x^{m-1} + \cdots + b_{m-1} x + b_m$.

2. 自由项 $f(x) = \mathrm{e}^{\lambda x}\left(P_n(x) \cos \omega x + Q_m(x) \sin \omega x\right)$ 型

（1）解对应的齐次方程的特征方程 $r^2 + pr + q = 0$，求出的通解为 $y = C_1 y_1(x) + C_2 y_2(x)$（$C_1$，$C_2$ 为任意常数）.

（2）求非齐次方程的 $y'' + p(x) y' + Q(x) y = f(x)$ 的一个特解，设特解为 $y^*(x) = x^k \mathrm{e}^{\lambda x}\left[A_s(x) \cos \overline{\omega} x + B_s(x) \sin \overline{\omega} x\right]$，其中 $A_s(x)$ 和 $B_s(x)$ 分别为 x 的 s 次多项式，且 $s = \max(m, n)$，而 k 按 $\lambda + \mathrm{i}\omega$（或 $\lambda - \mathrm{i}\omega$）是不是特征方程的根，依次取 0 或 1.

【例9】 求微分方程 $y'' - 2y' + y = \mathrm{e}^x$ 满足初始条件 $y|_{x=0} = 1$，$y'|_{x=0} = 2$ 的特解.

精析：

（1）齐次微分方程通解.

$\lambda^2 - 2\lambda + 1 = 0$，即 $(\lambda - 1)^2 = 0$，有重根 $\lambda_1 = \lambda_2 = 1$. 所以，对应齐次方程的通解为

$$y = (C_1 + C_2 x) \mathrm{e}^x.$$

（2）求所给非齐次方程的一个特解 y^*.

设所求方程的一个特解

$$y^* = A x^2 \mathrm{e}^x.$$

将 $y^* = A x^2 \mathrm{e}^x$，$y^{*\prime} = (2Ax + Ax^2) \mathrm{e}^x$，$y^{*\prime\prime} = (2A + 4Ax + Ax^2) \mathrm{e}^x$ 代入原方程，化简后得 $A = \dfrac{1}{2}$，故得所求

特解为 $y^* = \dfrac{1}{2} x^2 \mathrm{e}^x$.

得方程的通解
$$y = \left(C_1 + C_2 x + \frac{1}{2} x^2\right) \mathrm{e}^x.$$

（3）求所给方程满足初始条件的特解.

为此，先将上述通解对 x 求导，得

$$y' = C_2 \mathrm{e}^x + (C_1 + C_2 x) \mathrm{e}^x + x \mathrm{e}^x + \frac{1}{2} x^2 \mathrm{e}^x$$

将初始条件代入上面的通解 y 及 y' 中，得 $C_1 = 1$，$C_2 = 1$，于是，所求满足初始条件的特解为

$$y = \left(1 + x + \frac{1}{2} x^2\right) \mathrm{e}^x.$$

【例10】 求微分方程 $y'' - y' - 2y = \sin 2x$ 的一个特解.

精析： $\lambda^2 - \lambda - 2 = 0$，即 $(\lambda + 1)(\lambda - 2) = 0$，解之有 $\lambda_1 = -1$，$\lambda_2 = 2$.

设 $\overline{y} = A \cos 2x + B \sin 2x$.（因为 $f(x) = \sin 2x$ 属于 $a\cos \omega x + b \sin \omega x$ 型，这里 $\omega = 2$（$a = 0, b = 1$），$\pm \mathrm{i}\omega = \pm 2\mathrm{i}$ 不是特征方程的根，取 $k = 0$）

又
$$\overline{y}' = 2B\cos 2x - 2A\sin 2x,$$
$$\overline{y}'' = -4B\sin 2x - 4A\cos 2x,$$

将 $\overline{y},\overline{y}',\overline{y}''$ 代入原方程,整理得

$$(-6A - 2B)\cos 2x + (2A - 6B)\sin 2x = \sin 2x$$

比较上式两端同类项的系数 $\begin{cases} -6A - 2B = 0, \\ -2A - 6B = 1 \end{cases}$,

解得 $A = \dfrac{1}{20}, B = -\dfrac{3}{20}$,故得原方程的一个特解为

$$\overline{y} = \frac{1}{20}\cos 2x - \frac{3}{20}\sin 2x.$$

经 典 题 型

1. 微分方程解的结构

【例1】 若 $y_1 = x\sin x, y_2 = \sin x$,分别为非齐次线性方程 $y'' + py' + qy = f(x)$ 的解,则 $y = (x + 1)\sin x$ 为下列方程中( )的解.

答案:B.

A. $y'' + py' + qy = 0$ 　　　　　　　　　　B. $y'' + py' + qy = 2f(x)$

C. $y'' + py' + qy = f(x)$ 　　　　　　　　D. $y'' + py' + qy = xf(x)$

精析:由题设可知 $y_1'' + py_1' + qy_1 = f(x)$;$y_2'' + py_2' + qy_2 = f(x)$,从而
$(y_1'' + y_2'') + p(y_1' + y_2') + q(y_1 + y_2) = (y_1'' + py_1' + qy_1) + (y_2'' + py_2' + qy_2) = 2f(x)$,故 $y = (x + 1)\sin x = x\sin x + \sin x = y_1 + y_2$ 是方程 $y'' + py' + qy = 2f(x)$ 的解.

2. 一阶可分离变量的微分方程

【例2】 求微分方程 $\dfrac{\mathrm{d}y}{\mathrm{d}x} = \dfrac{y^2 + 1}{y(x^2 - 1)}$ 的通解.

精析:分离变量,得
$$\frac{y}{y^2 + 1}\mathrm{d}y = \frac{1}{x^2 - 1}\mathrm{d}x,$$

故
$$\int \frac{y}{y^2 + 1}\mathrm{d}y = \int \frac{1}{x^2 - 1}\mathrm{d}x,$$

所以
$$\frac{1}{2}\ln(y^2 + 1) = \frac{1}{2}\ln\left|\frac{x - 1}{x + 1}\right| + C',$$

即
$$y^2 + 1 = C\frac{x - 1}{x + 1}.$$

【例3】 求微分方程 $y' = 1 + x + y^2 + xy^2$ 的通解.

精析:整理得
$$y' = (1 + x) + y^2(1 + x) = (1 + x)(1 + y^2),$$

分离变量得
$$\frac{\mathrm{d}y}{1 + y^2} = (1 + x)\mathrm{d}x,$$

两端积分得
$$\arctan y = x + \frac{x^2}{2} + C,$$

即得通解为
$$\arctan y = x + \frac{x^2}{x} + C \quad (C \text{ 为任意常数}).$$

【例4】 求微分方程 $x + \dfrac{\mathrm{d}y}{\mathrm{d}x} = 1 + y^2 - xy^2$ 的通解.

精析:原方程初看起来似乎不能分离变量,但作适当的变形即可分离变量.

$$\frac{\mathrm{d}y}{\mathrm{d}x} = 1 - x + y^2(1 - x),$$

即
$$\frac{\mathrm{d}y}{\mathrm{d}x} = (1 - x)(1 + y^2),$$

故
$$\frac{\mathrm{d}y}{(1 + y^2)} = (1 - x)\mathrm{d}x,$$

两边积分得
$$\arctan y = x - \frac{1}{2}x^2 + C \quad (C \text{ 为任意常数}),$$

这就是所求微分方程的通解.

3. 一阶线性微分方程的解

【例5】 求方程 $x^2 \dfrac{\mathrm{d}y}{\mathrm{d}x} = xy - y^2$ 的通解.

精析:将所给的方程化为 $\dfrac{\mathrm{d}y}{\mathrm{d}x} = \dfrac{y}{x} - \dfrac{y^2}{x^2}$,令 $u = \dfrac{y}{x}$,则 $y = ux$, $\dfrac{\mathrm{d}y}{\mathrm{d}x} = x \cdot \dfrac{\mathrm{d}u}{\mathrm{d}x} + u$,所以

$$x \cdot \frac{\mathrm{d}u}{\mathrm{d}x} + u = u - u^2 \Rightarrow x \cdot \frac{\mathrm{d}u}{\mathrm{d}x} = -u^2,$$

故
$$-\frac{\mathrm{d}u}{u^2} = \frac{\mathrm{d}x}{x} \Rightarrow \int -\frac{1}{u^2}\mathrm{d}u = \int \frac{1}{x}\mathrm{d}x,$$

所以
$$\frac{1}{u} = \ln|x| + C \Rightarrow u = \frac{1}{\ln|x| + C},$$

原方程的通解为
$$y = \frac{x}{\ln|x| + C} \quad (C \text{ 为任意常数}).$$

【例6】 求解微分方程 $y' - \dfrac{2}{x+1}y = (x+1)^3$.

精析:方法1　常数变易法.

先求与原方程对应的齐次微分方程 $y' - \dfrac{2}{x+1}y = 0$ 的通解.分离变量,得 $\dfrac{\mathrm{d}y}{y} = \dfrac{2}{x+1}\mathrm{d}x$,两边积分,得

$\ln y = 2\ln(1 + x) + \ln C$,即 $y = C(1 + x)^2$.

设原方程的解为 $y = C(x)(1 + x)^2$,从而 $y' = C'(x)(1 + x)^2 + 2C(x)(1 + x)$,代入原方程得

$$C'(x)(1 + x)^2 + 2C(x)(1 + x) - \frac{2}{1+x}C(x)(1 + x)^2 = (1 + x)^3,$$

化简得
$$C'(x) = 1 + x,$$

两边积分,得
$$C(x) = \frac{1}{2}(1 + x)^2 + C,$$

代入所设的解,得原方程的通解为
$$y = (1 + x)^2 \left[\frac{1}{2}(1 + x)^2 + C \right] \quad (C \text{ 为任意常数}).$$

方法2　公式法.

$$P(x) = -\frac{2}{1+x}, \quad Q(x) = (x + 1)^3,$$

所以

$$y = \mathrm{e}^{\int \frac{2}{x+1}\mathrm{d}x}\left[\int (x+1)^3 \mathrm{e}^{-\int \frac{2}{x+1}\mathrm{d}x} + C\right]$$

$$= \mathrm{e}^{2\ln(x+1)}\left[\int (x+1)^3 \mathrm{e}^{-2\ln(x+1)}\mathrm{d}x + C\right]$$

$$= (x+1)^2\left[\int \frac{(x+1)^3}{(x+1)^2}\mathrm{d}x + C\right]$$

$$= (x+1)^2\left[\frac{1}{2}(x+1)^2 + C\right] \quad (C\text{ 为任意常数}).$$

【例7】 求微分方程 $x^2\mathrm{d}y + (y - 2xy - x^2)\mathrm{d}x = 0$ 的通解.

精析: 方程可化为 $y' + \dfrac{1-2x}{x^2}y = 1$，这是一阶线性非齐次微分方程，它对应的齐次方程 $y' + \dfrac{1-2x}{x^2}y = 0$ 的通解为 $y = Cx^2\mathrm{e}^{\frac{1}{x}}$.

设原方程有通解 $y = C(x)x^2\mathrm{e}^{\frac{1}{x}}$，代入方程得 $C'(x)x^2\mathrm{e}^{\frac{1}{x}} = 1$，即 $C'(x) = \dfrac{1}{x^2}\mathrm{e}^{-\frac{1}{x}}$，所以

$$C(x) = \int \frac{1}{x^2}\mathrm{e}^{-\frac{1}{x}}\mathrm{d}x = \mathrm{e}^{-\frac{1}{x}} + C,$$

故所求方程的通解为 $\qquad y = Cx^2\mathrm{e}^{\frac{1}{x}} + x^2 \quad (C\text{ 为任意常数}).$

【例8】 求微分方程 $y' + y\cos x = \mathrm{e}^{-\sin x}$ 满足初始条件 $y(0) = -1$ 的特解.

精析: 方法1 $P(x) = \cos x$，$Q(x) = \mathrm{e}^{-\sin x}$，所以

$$y = \mathrm{e}^{\int -\cos x\mathrm{d}x}\left(\int \mathrm{e}^{-\sin x}\mathrm{e}^{\int \cos x\mathrm{d}x}\mathrm{d}x + C\right) = \mathrm{e}^{-\sin x}\left(\int \mathrm{e}^{-\sin x}\mathrm{e}^{\sin x}\mathrm{d}x + C\right) = \mathrm{e}^{-\sin x}(x + C).$$

又 $y(0) = -1$，所以 $C = -1$，因此特解为

$$y = \mathrm{e}^{-\sin x}(x - 1).$$

方法2 原微分方程对应的齐次线性方程为 $y' + y\cos x = 0$，分离变量的通解为 $y = C\mathrm{e}^{-\sin x}$. 令 $y^* = C(x)\mathrm{e}^{-\sin x}$ 为原微分方程的解，其中 $C(x)$ 是待定函数. 将 y^* 代入原方程得

$$C'(x)\mathrm{e}^{-\sin x} - C(x)\mathrm{e}^{-\sin x}\cdot\cos x + C(x)\mathrm{e}^{-\sin x}\cos x = \mathrm{e}^{-\sin x},$$

即 $C'(x) = 1$，积分得 $C(x) = x + C$，所以原微分方程的通解为

$$y = (x + C)\mathrm{e}^{-\sin x}.$$

又 $y(0) = -1$，所以 $C = -1$，因此特解为

$$y = \mathrm{e}^{-\sin x}(x - 1).$$

【例9】 求微分方程 $y' - 2xy = x\mathrm{e}^{-x^2}$ 的通解.

精析: 方法1 对应的齐次线性微分方程 $y' - 2xy = 0$ 的通解为 $y = C\mathrm{e}^{x^2}$. 设 $y = C(x)\mathrm{e}^{x^2}$ 是原方程的通解，代入原方程得 $C'(x) = x\mathrm{e}^{-2x^2}$，则 $C(x) = -\dfrac{1}{4}\mathrm{e}^{-2x^2} + C$，所以原方程的通解为

$$y = -\frac{1}{4}\mathrm{e}^{-x^2} + C\mathrm{e}^{x^2} \quad (C\text{ 为任意常数}).$$

方法2 方程为一阶非齐次线性微分方程，其中 $P(x) = -2x$，$Q(x) = x\mathrm{e}^{-x^2}$，则方程的通解为

$$y = \mathrm{e}^{-\int P(x)\mathrm{d}x}\left[\int Q(x)\mathrm{e}^{\int P(x)\mathrm{d}x}\mathrm{d}x + C\right]$$

$$= \mathrm{e}^{-\int(-2x)\mathrm{d}x}\left[\int x\mathrm{e}^{-x^2}\mathrm{e}^{\int(-2x)\mathrm{d}x}\mathrm{d}x + C\right]$$

$$= -\frac{1}{4}\mathrm{e}^{-x^2} + C\mathrm{e}^{x^2} \quad (C\text{ 为任意常数}).$$

4. 二阶常系数线性微分方程解的结构

【例10】 已知二阶微分方程 $y'' + 2y' + 2y = e^{-x}\sin x$，则其特解为（　　）．

A. $e^{-x}(a\cos x + b\sin x)$
B. $ae^{-x}\cos x + bxe^{-x}\sin x$

C. $xe^{-x}(a\cos x + b\sin x)$
D. $axe^{-x}\cos x + be^{-x}\sin x$

答案：C.

精析：二阶齐次微分方程 $y'' + 2y' + 2y = 0$ 的特征方程为 $r^2 + 2r + 2 = 0$，从而特征根为 $r = -1 \pm i$，所以 $\lambda + \omega i = -1 + i$ 是特征方程的根，故取 $k = 1$，因此二阶微分方程 $y'' + 2' + 2y = e^{-x}\sin x$ 的特解应设为 $y = xe^{-x}(a\cos x + b\sin x)$．

【例11】 微分方程 $4y'' - 12y' + 9y = (3x^2 + 2)e^{3x}$ 的特解 y^* 可设为（　　）．

A. $x^2 e^{3x}(ax + b)$
B. $xe^{3x}(ax^2 + bx + c)$

C. $e^{3x}(ax^2 + bx + c)$
D. $x^2 e^{3x}(ax^2 + bx + c)$

答案：C.

精析：特征方程为 $4r^2 - 12r + 9 = 0$，根 $r_1 = r_2 = \dfrac{3}{2}$，因为 $\lambda = 3$ 不是特征方程的根，故取 $k = 0$，所以特解可设为 $y^* = e^{3x}(ax^2 + bx + c)$，可见选项 C 正确．

5. 二阶常系数线性微分方程的求解

【例12】 微分方程 $y'' - 4y = 0$ 的通解为（　　）．

A. $y = C_1 e^{2x} + C_2 e^{-2x}$
B. $y = (C_1 + C_2 x)e^{2x}$

C. $y = C_1 + C_2 e^{4x}$
D. $y = C_1\cos 2x + C_2\sin 2x$

答案：A.

精析：因其特征方程为 $r^2 - 4 = 0$，特征根为 $r_1 = 2$，$r_2 = -2$，故微分方程的通解为 $y = C_1 e^{2x} + C_2 e^{-2x}$．

【例13】 微分方程 $y'' + 2y' + y = 0$ 的通解为（　　）．

A. $C_1 e^{-x} + C_2 e^{x}$
B. $C_1 + C_2 e^{-x}$

C. $C_1 e^{-x} + C_2 e^{-x}$
D. $(C_1 + C_2 x)e^{-x}$

答案：D.

精析：特征方程为 $r^2 + 2r + 1 = 0$，且 $r = -1$ 为二重根，故原方程的通解为 $y = (C_1 + C_2 x)e^{-x}$．

【例14】 求微分方程 $y'' + 6y' + 13y = 0$ 的通解．

精析：特征方程为 $r^2 + 6r + 13 = 0$，特征根为 $r_{1,2} = -3 \pm 2i$，因此所求方程的通解为 $y = (C_1\cos 2x + C_2\sin 2x)e^{-3x}$（$C_1$，$C_2$ 为任意常数）．

【例15】 求微分方程 $y'' + y' - 2y = 4\sin 2x$ 的通解．

精析：特征方程为 $r^2 + r - 2 = 0 \Rightarrow r_1 = 1$，$r_2 = -2$，从而齐次方程的通解为

$$\bar{y} = C_1 e^{x} + C_2 e^{-2x}.$$

而 $\lambda + i\omega = 2i$ 不是特征根，故可设特解为 $y^* = A\cos 2x + B\sin 2x$．

$$(y^*)' = 2B\cos 2x - 2A\sin 2x, \quad (y^*)'' = -4B\sin 2x - 4A\cos 2x.$$

代入方程 $y'' + y' - 2y = 4\sin 2x$ 中 $\Rightarrow \begin{cases} A + 3B = -2 \\ B - 3A = 0 \end{cases} \Rightarrow \begin{cases} A = -\dfrac{1}{5} \\ B = -\dfrac{3}{5} \end{cases}$，所以原方程的通解为

$$y = C_1 \mathrm{e}^x + C_2 \mathrm{e}^{-2x} - \frac{1}{5}\cos 2x - \frac{3}{5}\sin 2x .$$

【例16】　求方程 $y'' - 2y' + y = 12x\mathrm{e}^x$ 的一个特解.

精析：特征方程为 $r^2 - 2r + 1 = 0$, $(r-1)^2 = 0$, $r_1 = r_2 = 1$. 因为 $\lambda = 1$ 是特征方程的重根,故取 $k = 2$,所以 $y'' - 2y' + y = 12x\mathrm{e}^x$ 的特解可设为

$$y^* = x^2(ax + b)\mathrm{e}^x = (ax^3 + bx^2)\mathrm{e}^x ,$$

所以　　　　　　　　$(y^*)' = [ax^3 + (3a+b)x^2 + 2bx]\mathrm{e}^x ,$

$$(y^*)'' = [ax^3 + (6a+b)x^2 + (6a+4b)x + 2b]\mathrm{e}^x ,$$

把 $y^*, (y^*)', (y^*)''$ 代入原方程,得 $6ax + 2b = 12x$,所以 $\begin{cases} 6a = 12 \\ 2b = 0 \end{cases} \Rightarrow a = 2, b = 0$,故 $y^* = 2x^3 \mathrm{e}^x .$

【例17】　求微分方程 $y'' - y' = (2x + 1)\mathrm{e}^{2x}$ 的通解.

精析：相应的齐次方程的特征方程为 $r^2 - r = 0$,得 $r_1 = 0, r_2 = 1$,所以齐次方程的通解为 $\bar{y} = C_1 + C_2 \mathrm{e}^x$. 因为 $\lambda = 2$ 不是特征方程 $r^2 - r = 0$ 的根,所以可设特解为

$$y^* = (ax + b)\mathrm{e}^{2x} ,$$

$$(y^*)' = a\mathrm{e}^{2x} + 2(ax + b)\mathrm{e}^{2x} = (2ax + a + 2b)\mathrm{e}^{2x} ,$$

$$(y^*)'' = 4a\mathrm{e}^{2x} + 4(ax + b)\mathrm{e}^{2x} .$$

把 $y^*, (y^*)', (y^*)''$ 代入原方程可得 $2ax + 3a + 2b = 2x + 1$,由方程组 $\begin{cases} 3a = 2 \\ 3a + 2b = 1 \end{cases}$ 解得 $\begin{cases} a = 1 \\ b = -1 \end{cases}$,所以特解 $y^* = (x - 1)\mathrm{e}^{2x}$,从而原方程的通解为

$$y = C_1 + C_2 \mathrm{e}^x + (x - 1)\mathrm{e}^{2x} .$$

6. 其他类型问题

【例18】　已知函数 $f(x)$ 满足方程 $f''(x) + f'(x) - 2f(x) = 0$,且 $f'(x) + f(x) = 2\mathrm{e}^x$.

(1)求 $f(x)$ 的表达式;

(2)求曲线 $y = f(x^2)\displaystyle\int_0^x f(-t^2)\mathrm{d}t$ 的拐点.

精析：(1)解微分方程 $f''(x) + f'(x) - 2f(x) = 0$.

特征方程 $r^2 + r - 2 = 0$,解得 $r_1 = -2, r_2 = 1$. 所以微分方程的通解为 $f(x) = C_1 \mathrm{e}^{-2x} + C_2 \mathrm{e}^x$,其中 C_1 , C_2 为任意常数,则 $f'(x) = -2C_1 \mathrm{e}^{-2x} + C_2 \mathrm{e}^x$.

又 $f'(x) + f(x) = 2\mathrm{e}^x$,所以 $-C_1 \mathrm{e}^{-2x} + 2C_2 \mathrm{e}^x = 2\mathrm{e}^x$,得 $C_1 = 0$, $C_2 = 1$,所以 $f(x) = \mathrm{e}^x$.

(2) $y = f(x^2)\displaystyle\int_0^x f(-t^2)\mathrm{d}t = \mathrm{e}^{x^2}\displaystyle\int_0^x \mathrm{e}^{-t^2}\mathrm{d}t ,$

$$y' = 2x\mathrm{e}^{x^2}\int_0^x \mathrm{e}^{-t^2}\mathrm{d}t + 1 ,$$

$$y'' = (2 + 4x^2)\mathrm{e}^{x^2}\int_0^x \mathrm{e}^{-t^2}\mathrm{d}t + 2x .$$

令 $y'' = 0$,得 $x = 0$.

当 $x > 0$ 时, $\displaystyle\int_0^x \mathrm{e}^{-t^2}\mathrm{d}t > 0$, $y'' > 0$;

当 $x < 0$ 时, $\displaystyle\int_0^x \mathrm{e}^{-t^2}\mathrm{d}t < 0$, $y'' < 0$;

当 $x = 0$ 时, $y = 0$.

所以曲线 $y = f(x^2)\displaystyle\int_0^x f(-t^2)\mathrm{d}t$ 的拐点为 $(0,0)$.

【例 19】 设函数 $f(x)$ 在 $[0, +\infty)$ 上二阶可导，$f(0) = 1$，且满足关系式

$$f'(x) + f(x) - \frac{1}{x+1}\int_0^x f(t)\mathrm{d}t = 0.$$

(1) 求 $f'(x)$；

(2) 证明：当 $x \geq 0$ 时，不等式 $\mathrm{e}^{-x} \leq f(x) \leq 1$ 成立.

精析：(1) 据题意，由 $f'(x) + f(x) - \dfrac{1}{x+1}\int_0^x f(t)\mathrm{d}t = 0$ 可得

$$(x+1)f'(x) + (x+1)f(x) - \int_0^x f(t)\mathrm{d}t = 0,$$

上式两边同时求导数并整理化简得

$$(x+1)f''(x) + (x+2)f'(x) = 0.$$

令 $u(x) = f'(x)$，则

$$\frac{\mathrm{d}u}{\mathrm{d}x} = -\frac{x+2}{x+1}\cdot u,$$

变量分离并两端积分

$$\int\frac{1}{u}\mathrm{d}u = -\int\frac{x+2}{x+1}\mathrm{d}x,$$

解得原方程通解为

$$u(x) = C\mathrm{e}^{-x-\ln(x+1)} = \frac{C\mathrm{e}^{-x}}{x+1}(C\text{ 为任意常数}).$$

又因 $f(0) = 1$，且 $f'(0) + f(0) = 0$，所以 $f'(0) = -1$，解得 $C = -1$，故

$$f'(x) = -\frac{\mathrm{e}^{-x}}{x+1}.$$

(2) 证明：当 $x \geq 0$ 时，由(1)可知 $\displaystyle\int_0^x f'(t)\mathrm{d}t = -\int_0^x \frac{\mathrm{e}^{-t}}{t+1}\mathrm{d}t$. 因为

$$\int_0^x f'(t)\mathrm{d}t = f(t)\Big|_0^x = f(x) - f(0) = f(x) - 1,$$

所以

$$f(x) = 1 - \int_0^x \frac{\mathrm{e}^{-t}}{t+1}\mathrm{d}t.$$

当 $x \geq 0$ 时，$0 \leq \displaystyle\int_0^x \frac{\mathrm{e}^{-t}}{t+1}\mathrm{d}t \leq \int_0^x \mathrm{e}^{-t}\mathrm{d}t = (-\mathrm{e}^{-t})\Big|_0^x = 1 - \mathrm{e}^{-x}$，所以

$$0 \leq \int_0^x \frac{\mathrm{e}^{-t}}{t+1}\mathrm{d}t \leq 1 - \mathrm{e}^{-x},$$

故

$$\mathrm{e}^{-x} - 1 \leq -\int_0^x \frac{\mathrm{e}^{-t}}{t+1}\mathrm{d}t \leq 0 \Rightarrow \mathrm{e}^{-x} \leq 1 - \int_0^x \frac{\mathrm{e}^{-t}}{t+1}\mathrm{d}t \leq 1,$$

即

$$\mathrm{e}^{-x} \leq f(x) \leq 1.$$

综合练习四

一、选择题

1. 微分方程 $y'^2 + y'y''^3 + xy^4 = 0$ 的阶数是(　　).

A. 1　　　　　　　　B. 2　　　　　　　　C. 3　　　　　　　　D. 4

2. 下列函数中，可以是微分方程 $y'' + y = 0$ 的解的函数是(　　).

A. $y = \tan x$　　　　　B. $y = x$　　　　　C. $y = \sin x$　　　　D. $y'' + y' - y = 0$

3. 下列方程中是一阶线性方程的是(　　).

A. $(y-3)\ln x\mathrm{d}x - x\mathrm{d}y = 0$　　　　　　　　B. $\dfrac{\mathrm{d}y}{\mathrm{d}x} = \dfrac{y^2}{1-2xy}$

C. $xy' = y^2 + x^2 \sin x$ 　　　　　　　　　　D. $y'' + y' - 2y = 0$

4. 方程 $y'' - 4y' + 3y = 0$ 满足初始条件 $y|_{x=0} = 6, y'|_{x=0} = 10$ 的特解是(　　　).

A. $y = 3e^x + e^{3x}$ 　　　　　　　　　　B. $y = 2e^x + 3e^{3x}$

C. $y = 4e^x + 2e^{3x}$ 　　　　　　　　　　D. $y = C_1 e^x + C_2 e^{3x}$

5. 下列函数组中线性无关的是(　　　).

A. $x^2, \dfrac{2}{3}x^2$ 　　　　　　　　　　B. $\sin 2x, \sin x \cdot \cos x$

C. $1 + \cos x, \cos^2 \dfrac{x}{2}$ 　　　　　　　　D. e^x, e^{-2x}

6. 在下列微分方程中,其通解为 $y = C_1 \cos x + C_2 \sin x$ 的是(　　　).

A. $y'' - y' = 0$ 　　　　　　　　　　B. $y'' + y' = 0$

C. $y'' + y = 0$ 　　　　　　　　　　D. $y'' - y = 0$

7. 用待定系数法求微分方程 $y'' + 3y' + 2y = x^2$ 的一个特解时,应设特解的形式为(　　　).

A. ax^2 　　　　　　　　　　B. $ax^2 + bx + C$

C. $x(ax^2 + bx + C)$ 　　　　　　　　D. $x^2(ax^2 + bx + C)$

8. 用待定系数法求微分方程 $y'' - 3y' + 2y = \sin x$ 的一个特解时,应设特解的形式为(　　　).

A. $b\sin x$ 　　　　　　　　　　B. $a\cos x$

C. $a\cos x + b\sin x$ 　　　　　　　　D. $x(a\cos x + b\sin x)$

9. 二阶微分方程 $y'' + y' - 6y = 3e^{2x} \sin x \cos x$,则其特解的形式为(　　　).

A. $e^{2x}(a\cos x + b\sin x)$ 　　　　　　B. $e^{2x}(a\cos 2x + b\sin 2x)$

C. $xe^{2x}(a\cos x + b\sin x)$ 　　　　　　D. $xe^{2x}(a\cos 2x + b\sin 2x)$

10. 微分方程 $y'' + 2y' + 2y = e^x \sin x$ 的特解的形式为(　　　).

A. $e^x(a\cos x + b\sin x)$ 　　　　　　B. $ae^{-x}(a\cos x + bx\sin x)$

C. $xe^x(a\cos x + b\sin x)$ 　　　　　　D. $e^{-x}(ax\cos x + b\sin x)$

11. 微分方程 $y' + \dfrac{y}{x} = \dfrac{1}{x(1+x^2)}$ 的通解为(　　　).

A. $\arctan \dfrac{1}{x} + C$ 　　　　　　B. $\dfrac{1}{x}(\arctan x + C)$

C. $\dfrac{1}{x}\arctan x + C$ 　　　　　　D. $\dfrac{1}{x} + \arctan x + C$

二、填空题

1. 微分方程 $x\dfrac{\mathrm{d}y}{\mathrm{d}x} = y + x^2 \sin x$ 的通解是_____.

2. 微分方程 $y'' + 3y = 0$ 的通解是_____.

3. 以 $y = C_1 xe^x + C_2 e^x$ 为通解的二阶常系数线性齐次微分方程为_____.

4. 微分方程 $4y'' + 4y' + y = 0$ 满足初始条件 $y|_{x=0} = 2, y'|_{x=0} = 0$ 的特解是_____.

5. 已知 $y_1 = e^{x^2}$ 及 $y_2 = xe^{x^2}$ 都是微分方程 $y'' - 4xy' + (4x^2 - 2)y = 0$ 的解,则此方程的通解为_____.

6. 微分方程 $\dfrac{\mathrm{d}y}{\mathrm{d}x} = (2x + 1)e^{x^2 + x - y}$ 的通解_____.

7. 微分方程 $x\mathrm{d}x + (x^2 y + y^3 + y)\mathrm{d}y = 0$ 的通解_____.

8. 已知微分方程 $y' + ay = e^x$ 的一个特解为 $y = xe^x$,则 $a =$ _____.

9. 微分方程 $(1 + x)y\mathrm{d}y + (1 - y)x\mathrm{d}x = 0$ 的通解为_____.

10. 微分方程 $y' + p(x)y = Q(x)$ 的通解_____.

11. 微分方程 $y' + p(x)y = Q(x)y^2$ 的通解_____.

三、计算题

1. 求下列微分方程的通解：

(1) $y' + y = \cos x$；

(2) $y'' + y = \sin x$；

(3) $\sec^2 x \cdot \tan y\mathrm{d}x + \sec^2 y\tan x\mathrm{d}y = 0$；

(4) $y'' + 5y' + 4y = 3 - 2x$；

(5) $\dfrac{\mathrm{d}^2 y}{\mathrm{d}x^2} - 2\dfrac{\mathrm{d}y}{\mathrm{d}x} + y = x$；

(6) $\dfrac{\mathrm{d}^2 y}{\mathrm{d}x^2} + \dfrac{\mathrm{d}y}{\mathrm{d}x} = \mathrm{e}^x$；

(7) $y' - 2xy = x\mathrm{e}^{-x^2}$.

2. 求下列微分方程满足所给初始条件的特解：

(1) $\cos y\sin x\mathrm{d}x - \cos x\sin y\mathrm{d}y = 0, y|_{x=0} = \dfrac{\pi}{4}$；

(2) $y'' - 5y' + 6y = 0, y|_{x=0} = 1, y'|_{x=0} = 2$；

(3) $4y'' + 16y' + 15y = 4\mathrm{e}^{-\frac{3}{2}x}$, $y|_{x=0} = 3, y'|_{x=0} = -\dfrac{11}{2}$；

(4) $2y'' + 5y' = 29\cos x, y|_{x=0} = 0, y'|_{x=0} = 1$

(5) 求微分方程 $\dfrac{\mathrm{d}^2 y}{\mathrm{d}x^2} - 3\dfrac{\mathrm{d}y}{\mathrm{d}x} + 2y = 2\mathrm{e}^x$ 满足 $y|_{x=0} = 1, \dfrac{\mathrm{d}y}{\mathrm{d}x}\Big|_{x=0} = 0$ 的特解；

(6) 求微分方程 $y'\tan x + y = -3$ 满足初值条件 $y\left(\dfrac{\pi}{2}\right) = 0$ 的特解.

四、综合题

任给有理数 a，函数 $f(x)$ 满足 $f(x) = \displaystyle\int_0^x f(a - t)\mathrm{d}t + 1$，求 $f(x)$.

参考答案四

一、选择题

1. B.　2. C.　3. A.　4. C.　5. D.　6. C.　7. B.　8. C.　9. B.

10. A.　11. B.

二、填空题

1. $y = -x^2\cos x + x\sin x + Cx$.

2. $y = M\cos\sqrt{3}x + N\sin\sqrt{3}x$.

3. $y'' - 2y' + y = 0$.

4. $y = (2 + x)\mathrm{e}^{-\frac{1}{2}x}$.

5. $y = C_1\mathrm{e}^{x^2} + C_2 x\mathrm{e}^{x^2}$.

6. $y = \ln(\mathrm{e}^{x^2+x} + C)$，其中 C 为任意常数.

7. $\ln(x^2 + y^2) + y^2 = C$.

8. -1.

9. $y^2 - 1 = C\mathrm{e}^{x-y}$.

10. $y = \mathrm{e}^{-\int p(x)\mathrm{d}x}\left[\int Q(x)\mathrm{e}^{\int P(x)\mathrm{d}x}\mathrm{d}x + C\right]$.

11. $y = \dfrac{\mathrm{e}^{-\int P(x)\mathrm{d}x}}{-\int Q(x)\mathrm{e}^{-\int P(x)\mathrm{d}x}\mathrm{d}x + C}$.

三、计算题

1. (1) $y = \dfrac{1}{2}(\cos x + \sin x) + C\mathrm{e}^{-x}$.

（2）$y'' + y = \sin x$.

求对应齐次微分方程通解. $\lambda^2 + 1 = 0 \Rightarrow \lambda = \pm i \Rightarrow Y = C_1 \cos x + C_2 \sin x$.

求微分方程的特解. 设 $\bar{y} = x(M\cos x + N\sin x)$，将 $\bar{y}, \bar{y}', \bar{y}''$ 代入原方程有 $M = -\dfrac{1}{2}, N = 0$，$\bar{y} =$

$-\dfrac{1}{2}x\cos x$，所以，满足方程的通解为 $y = C_1 \cos x + C_2 \sin x - \dfrac{1}{2}x\cos x$.

（3）$\tan y \cdot \tan x = C$.

（4）$y = C_1 \mathrm{e}^{-x} + C_2 \mathrm{e}^{-4x} + \dfrac{11}{8} - \dfrac{1}{2}x$.

（5）特征方程为 $\lambda^2 - 2\lambda + 1 = 0$，特征值为 $\lambda = 1$（二重根），齐次方程 $\dfrac{\mathrm{d}^2 y}{\mathrm{d}x^2} - 2\dfrac{\mathrm{d}y}{\mathrm{d}x} + y = 0$ 的通解是 $\hat{y} = (C_1 + C_2 x)\mathrm{e}^x$，其中 C_1, C_2 是任意常数.

$\dfrac{\mathrm{d}^2 y}{\mathrm{d}x^2} - 2\dfrac{\mathrm{d}y}{\mathrm{d}x} + y = x$ 的特解是 $y^* = x + 2$，所以微分方程的通解是 $y = y^* + \hat{y} = x + 2 + (C_1 + C_2 x)\mathrm{e}^x$，其中 C_1, C_2 是任意常数.

（6）特征方程为 $\lambda^2 + \lambda = 0$，得到特征根 $\lambda_1 = 0, \lambda_2 = -1$，故对应的齐次方程的通解为 $\bar{y} = C_1 + C_2 \mathrm{e}^{-x}$，易得，非齐次方程的特解是 $y^* = \dfrac{1}{2}\mathrm{e}^x$，因而，所求方程的通解为 $y = C_1 + C_2 \mathrm{e}^{-x} + \dfrac{1}{2}\mathrm{e}^x$（其中 C_1, C_2 是任意常数）.

（7）$y = -\dfrac{1}{4}\mathrm{e}^{-x^2} + C\mathrm{e}^{x^2}$.（方法1 公式法，方法2 常量变易法，过程略）

2.（1）$\cos x = C\cos y, y|_{x=0} = \dfrac{\pi}{4}$，方程满足初始条件的特解为 $\cos x - \cos y = 0$；

（2）$y = \mathrm{e}^{2x}$；

（3）$y = C_1 \mathrm{e}^{-\frac{3}{2}x} + C_2 \mathrm{e}^{-\frac{5}{2}x} + x\mathrm{e}^{-\frac{3}{2}x}$，又 $y|_{x=0} = 3, y'|_{x=0} = -\dfrac{11}{2}$，代入有 $y = \mathrm{e}^{-\frac{3}{2}x} + 3\mathrm{e}^{-\frac{5}{2}x} + x\mathrm{e}^{-\frac{3}{2}x}$.

（4）$y = C_1 + C_2 \mathrm{e}^{-\frac{5}{2}x} + (-2\cos x + 5\sin x)$；

（5）建立特征根方程 $r^2 - 3r + 2 = 0 \Rightarrow (r-1)(r-2) = 0$. 特征根为 $r_1 = 1, r_2 = 2$. 所对应的齐次方程的通解为 $Y = C_1 \mathrm{e}^x + C_2 \mathrm{e}^{2x}$. 而 $\lambda = 1$，所以 $r_1 = \lambda = 1$ 为单根，非齐次方程的特解设为 $y^* = Cx\mathrm{e}^{\lambda x}$，代入原方程得 $C = -2$，即有非齐次方程的特解设为 $y^* = -2x\mathrm{e}^{\lambda x}$. 有通解 $y = C_1 \mathrm{e}^x + C_2 \mathrm{e}^{2x} - 2x\mathrm{e}^x$.

又 $\dfrac{\mathrm{d}y}{\mathrm{d}x}\Big|_{x=0} = 0, y|_{x=0} = 1 \Rightarrow \begin{cases} C_1 + C_2 = 1 \\ C_1 + 2C_2 - 2 = 0 \end{cases} \Rightarrow C_1 = 0, C_2 = 1$，所以，方程满足初始条件的解为 $y = \mathrm{e}^{2x} - 2x\mathrm{e}^x$.

（6）方法1 $\dfrac{\mathrm{d}y}{3+y} = -\cot x\,\mathrm{d}x$，积分得到 $\ln|3 + y| = -\ln|\sin x| + C$ 或 $y = \dfrac{C}{\sin x} - 3$（$C \in \mathbf{R}$）.

代入初值条件 $y\left(\dfrac{\pi}{2}\right) = 0$，得到 $c = 3$. 于是特解为 $y = \dfrac{3}{\sin x} - 3$.

方法2 由 $y = \mathrm{e}^{-\int p(x)\mathrm{d}x}\left[\int q(x)\mathrm{e}^{\int p(x)\mathrm{d}x}\mathrm{d}x + C\right]$，其中 $p(x) = \dfrac{1}{\tan x}, q(x) = -\dfrac{3}{\tan x}$，得到 $y = \dfrac{C}{\sin x} - 3$（$C \in \mathbf{R}$）. 代入初值条件 $y\left(\dfrac{\pi}{2}\right) = 0$，得到 $c = 3$. 于是特解为 $y = \dfrac{3}{\sin x} - 3$.

四、综合题

原方程两边对 x 求导数得　　　　　　$f'(x) = f(a - x)$，①

$$f''(x) = -f'(a-x) = -f(a-(a-x)) = -f(x),$$

所以
$$f(x)f''(x) + f(x) = 0 \quad ②$$

由原方程令 $x = 0$,得初始条件 $f(0) = 1$ 及 $f'(0) = f(a)$ ($x = 0$ 代入(1)求得).

由原方程令 $x = 0$ 得,由(1) $f'(0) = f(a)$,方程② 对应的特征方程为 $\lambda^2 + 1 = 0$,即 $\lambda = \pm \mathrm{i}$,所以②

有通解 $\quad f(x) = C_1 \cos x + C_2 \sin x$, $f(0) = 1$,得 $C_1 = 1$,即

$$f(x) = \cos x + C_2 \sin x,$$

$$f'(x) = -\sin x + C_2 \cos x,$$

$$f'(0) = C_2 = f(a) = \cos a + C_2 \sin a,$$

所以 $C_2 = \dfrac{\cos a}{1 - \sin a}$,故 $f(x) = \cos x + \dfrac{\cos a}{1 - \sin a} \sin x$.

第五章 无穷级数

新考纲要点

1. 理解级数收敛、级数发散的概念和级数的基本性质,掌握级数收敛的必要条件.

2. 掌握几何级数 $\sum\limits_{n=1}^{\infty} aq^{n-1}$,调和级数 $\sum\limits_{n=1}^{\infty} \dfrac{1}{n}$ 和 p-级数 $\sum\limits_{n=1}^{\infty} \dfrac{1}{n^p}$ 的敛散性.会用正项级数的比较审敛法与比值审敛法判别正项级数的敛散性.

3. 理解任意项级数绝对收敛与条件收敛的概念.会用莱布尼茨判别法判别交错级数的敛散性.

4. 理解幂级数、幂级数收敛及和函数的概念.会求幂级数的收敛半径与收敛区间.

5. 理解幂级数在其收敛区间内的基本性质,会用性质求一些简单幂级数的和函数.

6. 熟记 $e^x, \sin x, \cos x, \ln(1+x), \dfrac{1}{1-x}$ 的麦克劳林级数,会将一些简单的初等函数展开为 $x-x_0$ 的幂级数.

第一节 常数项级数

一、常数项级数的概念及性质

1. 常数项级数的概念

定义1 由无穷数列 $\{u_n\}$($n=1,2,\cdots$)给出的形如 $u_1+u_2+\cdots+u_n+\cdots$ 的式子称为(常数项)无穷级数,简称级数,记作 $\sum\limits_{n=1}^{\infty} u_n$,称 u_n 为级数的**一般项**(或**通项**).

记级数的前 n 项部分和为 $s_n=u_1+u_2+\cdots+u_n$.

定义2 如果级数的部分和数列 $\{s_n\}$ 有极限,即 $\lim\limits_{n\to\infty} s_n=s$,则称无穷级数**收敛**,这时极限 s 叫做这级数的**和**,并写成 $s=u_1+u_{2+}u_3+\cdots+u_n+\cdots$.

若 $\lim\limits_{n\to\infty} s_n$ 不存在,则称无穷级数 $\sum\limits_{n=1}^{\infty} u_n$ **发散**.

定义3 形如 $\sum\limits_{n=1}^{\infty} aq^{n-1}=a+aq+aq^2+\cdots+aq^{n-1}+\cdots$ 的级数称为**等比级数**或**几何级数**,其中 $a\neq 0$,q 称为级数的**公比**.

当 $|q|<1$ 时,$\sum\limits_{n=1}^{\infty} aq^{n-1}$ 收敛,它的和为 $\dfrac{a}{1-q}$;当 $|q|\geq 1$ 时,$\sum\limits_{n=1}^{\infty} aq^{n-1}$ 发散.

2. 收敛级数的基本性质

(1)级数 $\sum\limits_{n=1}^{\infty} u_n$ 与 $\sum\limits_{n=1}^{\infty} ku_n$($k\neq 0$)具有相同敛散的敛散性,且在收敛时,有

$$\sum_{n=1}^{\infty} ku_n = k\sum_{n=1}^{\infty} u_n.$$

（2）若 $\sum\limits_{n=1}^{\infty} u_n$ 和 $\sum\limits_{n=1}^{\infty} v_n$ 都收敛，则 $\sum\limits_{n=1}^{\infty}(u_n \pm v_n) = \sum\limits_{n=1}^{\infty} u_n \pm \sum\limits_{n=1}^{\infty} v_n$.

注：若 $\sum\limits_{n=1}^{\infty} u_n$ 收敛，$\sum\limits_{n=1}^{\infty} v_n$ 发散，则 $\sum\limits_{n=1}^{\infty}(u_n \pm v_n)$ 必发散；若 $\sum\limits_{n=1}^{\infty} u_n$，$\sum\limits_{n=1}^{\infty} v_n$ 都发散，则 $\sum\limits_{n=1}^{\infty}(u_n \pm v_n)$ 的敛散性无法确定.

（3）在级数中改变（去掉、加上或改变）有限项，不会改变级数的敛散性.

（4）收敛级数加括号后所成的级数仍收敛于原级数的和，但加括号所成的级数收敛，去括号后原级数未必收敛.

（5）级数收敛的必要条件：$\sum\limits_{n=1}^{\infty}(u_n)$ 收敛 $\Longrightarrow \lim\limits_{n \to \infty} u_n = 0$.

定义 4　形如 $1 + \dfrac{1}{2} + \dfrac{1}{3} + \cdots + \dfrac{1}{n} + \cdots$ 的级数称为**调和级数**，其一般项 $u_n = \dfrac{1}{n} \to 0 (n \to \infty)$，但调和级数 $\sum\limits_{n=1}^{\infty} \dfrac{1}{n}$ 是发散的.

【例 1】　判定级数 $\dfrac{1}{1 \cdot 2} + \dfrac{1}{2 \cdot 3} + \cdots + \dfrac{1}{n(n+1)} + \cdots$ 的敛散性.

精析：一般项 $u_n = \dfrac{1}{n(n+1)} = \dfrac{1}{n} - \dfrac{1}{n+1}$，前 n 项部分和

$$s_n = \frac{1}{1 \cdot 2} + \frac{1}{2 \cdot 3} + \cdots + \frac{1}{n(n+1)} = \left(1 - \frac{1}{2}\right) + \left(\frac{1}{2} - \frac{1}{3}\right) + \cdots + \left(\frac{1}{n} - \frac{1}{n+1}\right) = 1 - \frac{1}{n+1}.$$

从而 $\lim\limits_{n \to \infty} s_n = \lim\limits_{n \to \infty}\left(1 - \dfrac{1}{n+1}\right) = 1$.所以原级数收敛，和是 1.

【例 2】　判定级数 $\sum\limits_{n=1}^{\infty} \ln \dfrac{n+1}{n+2}$ 的敛散性.

精析：前 n 项部分和

$$S_n = \sum_{k=1}^{n} \ln \frac{k+1}{k+2} = \sum_{k=1}^{n} [\ln(k+1) - \ln(k+2)]$$

$$= [(\ln 2 - \ln 3) + (\ln 3 - \ln 4) + \cdots + (\ln(n+1) - \ln(n+2))] = \ln 2 - \ln(n+1),$$

所以 $\lim\limits_{n \to \infty} S_n = \infty$，故原级数发散.

【例 3】　讨论等比级数 $\sum\limits_{n=1}^{\infty} aq^{n-1} = a + aq + aq^2 + \cdots + aq^{n-1} + \cdots$ 的敛散性，其中 $a \neq 0$.

精析：当 $q \neq 1$ 时，部分和 $s_n = a + aq + aq^2 + \cdots + aq^{n-1} = \dfrac{a - aq^n}{1-q} = \dfrac{a}{1-q} - \dfrac{aq^n}{1-q}$.

当 $|q| < 1$ 时，由于 $\lim\limits_{n \to \infty} q^n = 0$，从而 $\lim\limits_{n \to \infty} s_n = \dfrac{a}{1-q}$，因此这时级数收敛，其和为 $\dfrac{a}{1-q}$.

当 $|q| > 1$ 时，由于 $\lim\limits_{n \to \infty} q^n = \infty$，从而 $\lim\limits_{n \to \infty} s_n = \infty$，这时级数发散.

如果 $q = 1$，则 $s_n = na \to \infty$，因此级数发散.

当 $q = -1$，$s_n = a - a + a \cdots + a(-1)^{n-1}$，显然 s_n 随着 n 为奇数或为偶数而等于 a 或等于零，从而 s_n 的极限不存在，这时级数也发散.

综上所述，当 $|q| < 1$ 时，级数收敛，且和为 $\dfrac{a}{1-q}$；当 $|q| \geq 1$ 时，级数发散.

【例 4】　判定下列级数的敛散性：

$(1) \sin 1 + \sin^2 1 + \sin^3 1 + \cdots;$　　　　　　　　　　$(2) \cos \dfrac{\pi}{3} + \cos \dfrac{\pi}{9} + \cos \dfrac{\pi}{27} + \cdots;$

$(3)\sqrt{a}+\sqrt[3]{a}+\sqrt[4]{a}+\cdots(a>0)$；
$\qquad\qquad\qquad\qquad(4)\sum\limits_{n=1}^{\infty}\left(\dfrac{1}{2^{n}}+\dfrac{1}{n}\right)$.

精析：(1)因为公比绝对值$|\sin 1|<1$,故等比级数$\sum\limits_{n=1}^{\infty}(\sin 1)^{n}$收敛.

(2)因为$\lim\limits_{n\to\infty}\cos\dfrac{\pi}{3^{n}}=1\neq 0$,由级数收敛的必要条件知,级数$\sum\limits_{n=1}^{\infty}\cos\dfrac{\pi}{3^{n}}$发散.

(3)因为$\lim\limits_{n\to\infty}a^{\frac{1}{n}}=1\neq 0\ (a>0)$,由级数收敛的必要条件知,级数$\sum\limits_{n=1}^{\infty}a^{\frac{1}{n}}$发散.

(4)因为级数$\sum\limits_{n=1}^{\infty}\dfrac{1}{2^{n}}$收敛,$\sum\limits_{n=1}^{\infty}\dfrac{1}{n}$发散,于是$\sum\limits_{n=1}^{\infty}\left(\dfrac{1}{2^{n}}+\dfrac{1}{n}\right)$发散.

二、常数项级数的审敛法

1. 正项级数及其审敛法

定义 5　若$u_{n}\geqslant 0$,则$\sum\limits_{n=1}^{\infty}u_{n}$称为**正项级数**.

定理 1　正项级数$\sum\limits_{n=1}^{\infty}u_{n}$收敛$\Leftrightarrow$部分和数列$\{s_{n}\}$有界.

注 1：不难看出,正项级数$\sum\limits_{n=1}^{\infty}u_{n}$发散$\Leftrightarrow\sum\limits_{n=1}^{\infty}u_{n}=+\infty$.

注 2：对于一般级数而言,有$\sum\limits_{n=1}^{\infty}u_{n}$收敛$\Longleftarrow$部分和数列$\{s_{n}\}$有界.

例如：$u_{n}=(-1)^{n-1}$,级数$\sum\limits_{n=1}^{\infty}u_{n}$发散,但$s_{n}=\begin{cases}1,&\text{当}n\text{为奇数时}\\0,&\text{当}n\text{为偶数时}\end{cases}$有界.

定理 2（正项级数的比较判别法）　设$\sum\limits_{n=1}^{\infty}u_{n}$,$\sum\limits_{n=1}^{\infty}v_{n}$是正项级数,且存在常数$k>0$和自然数$N$,使得当$n\geqslant N$时,有$u_{n}\leqslant kv_{n}$,

则有：

(1)若$\sum\limits_{n=1}^{\infty}v_{n}$收敛,则$\sum\limits_{n=1}^{\infty}u_{n}$收敛；

(2)若$\sum\limits_{n=1}^{\infty}v_{n}$发散,则$\sum\limits_{n=1}^{\infty}u_{n}$发散.

定义 6　形如$\sum\limits_{n=1}^{\infty}\dfrac{1}{n^{p}}=1+\dfrac{1}{2^{p}}+\cdots+\dfrac{1}{n^{p}}+\cdots(p>0)$的级数称为$p-$**级数**.

对于$p-$级数$\sum\limits_{n=1}^{\infty}\dfrac{1}{n^{p}}$,当$p>1$时,$\sum\limits_{n=1}^{\infty}\dfrac{1}{n^{p}}$收敛；当$p\leqslant 1$时,$\sum\limits_{n=1}^{\infty}\dfrac{1}{n^{p}}$发散.

定理 3（比较判别法的极限形式）　设$\sum\limits_{n=1}^{\infty}u_{n}$,$\sum\limits_{n=1}^{\infty}v_{n}$是正项级数,若$\lim\limits_{n\to\infty}\dfrac{u_{n}}{v_{n}}=l$,则有：

(1)若$0<l<+\infty$,则$\sum\limits_{n=1}^{\infty}u_{n}$与$\sum\limits_{n=1}^{\infty}v_{n}$具有相同的敛散性；

(2)若$l=0$,则$\sum\limits_{n=1}^{\infty}v_{n}$收敛$\Rightarrow\sum\limits_{n=1}^{\infty}u_{n}$收敛；

(3)若$l=+\infty$,则$\sum\limits_{n=1}^{\infty}v_{n}$发散$\Rightarrow\sum\limits_{n=1}^{\infty}u_{n}$发散.

定理 4（比值判别法）　设 $\sum\limits_{n=1}^{\infty} u_n$ 是正项级数且 $u_n > 0$，若 $\lim\limits_{n \to \infty} \dfrac{u_{n+1}}{u_n} = \rho$，则有：

（1）当 $\rho < 1$ 时，$\sum\limits_{n=1}^{\infty} u_n$ 收敛；

（2）当 $\rho > 1$（或 $\rho = +\infty$）时，$\sum\limits_{n=1}^{\infty} u_n$ 发散；

（3）当 $\rho = 1$ 时，$\sum\limits_{n=1}^{\infty} u_n$ 的敛散性无法判断，需进一步判定.

2. 绝对收敛和条件收敛

对于一般的任意项级数 $u_1 + u_2 + u_3 + \cdots + u_n + \cdots$，如果级数 $\sum\limits_{n=1}^{\infty} u_n$ 各项的绝对值所构成的级数 $\sum\limits_{n=1}^{\infty} |u_n|$ 收敛，则称级数 $\sum\limits_{n=1}^{\infty} u_n$ **绝对收敛**；如果级数 $\sum\limits_{n=1}^{\infty} u_n$ 收敛，而级数 $\sum\limits_{n=1}^{\infty} |u_n|$ 发散，则称级数 $\sum\limits_{n=1}^{\infty} u_n$ **条件收敛**.

定理 5　如果级数 $\sum\limits_{n=1}^{\infty} u_n$ 绝对收敛，则级数 $\sum\limits_{n=1}^{\infty} u_n$ 必定收敛.

3. 交错级数及其审敛法

形如 $u_1 - u_2 + u_3 - u_4 + \cdots + (-1)^{n-1} u_n + \cdots$ 的级数称为交错级数，其中 u_n 都是正数.

定理 6　若交错级数 $\sum\limits_{n=1}^{\infty} (-1)^{n-1} u_n$ 满足：

（1）$u_n \geqslant u_{n+1}(n = 1, 2, \cdots)$；

（2）$\lim\limits_{n \to \infty} u_n = 0.$

则交错级数 $\sum\limits_{n=1}^{\infty} (-1)^{n-1} u_n$ 收敛.

【例 5】　讨论 $p-$**级数** $1 + \dfrac{1}{2^p} + \dfrac{1}{3^p} + \dfrac{1}{4^p} + \cdots + \dfrac{1}{n^p} + \cdots (p > 0)$ 的收敛性.

精析：当 $p \leqslant 1$ 时，有 $\dfrac{1}{n^p} \geqslant \dfrac{1}{n}$，因为调和级数 $\sum\limits_{n=1}^{\infty} \dfrac{1}{n}$ 发散，根据比较判别法，当 $p \leqslant 1$ 时，级数发散.

当 $p > 1$ 时，因为当 $k - 1 \leqslant x \leqslant k$ 时，有 $\dfrac{1}{k^p} \leqslant \dfrac{1}{x^p}$，由定积分的性质得

$$\frac{1}{k^p} = \int_{k-1}^{k} \frac{1}{k^p} \mathrm{d}x < \int_{k-1}^{k} \frac{1}{x^p} \mathrm{d}x, \quad k = 2, 3, \cdots,$$

从而级数的部分和 $s_n = 1 + \sum\limits_{k=2}^{n} \dfrac{1}{k^p} \leqslant 1 + \sum\limits_{k=2}^{n} \int_{k-1}^{k} \dfrac{1}{x^p} \mathrm{d}x = 1 + \int_{1}^{n} \dfrac{1}{x^p} \mathrm{d}x$

$$= 1 + \frac{1}{p-1}\left(1 - \frac{1}{n^{p-1}}\right) < 1 + \frac{1}{p-1}, \quad n = 2, 3, \cdots,$$

这表明数列 $\{S_n\}$ 有界，因此级数收敛.

综上所述，当 $p > 1$ 时，$p-$**级数收敛**；当 $p \leqslant 1$ 时，$p-$**级数发散**.

【例 6】　判定下列级数的敛散性：

（1）$\dfrac{1}{2 \cdot 5} + \dfrac{1}{3 \cdot 6} + \cdots + \dfrac{1}{(n+1)(n+4)} + \cdots$；

（2）$\sin \dfrac{\pi}{2} + \sin \dfrac{\pi}{2^2} + \sin \dfrac{\pi}{2^3} + \cdots + \sin \dfrac{\pi}{2^n} + \cdots.$

精析：(1) 因为 $\lim\limits_{n\to\infty}\left[\dfrac{1}{(n+1)(n+4)}\Big/\dfrac{1}{n^2}\right]=\lim\limits_{n\to\infty}\dfrac{n^2}{(n+1)(n+4)}=1$，而 $p=2$ 级数 $\sum\limits_{n=1}^{\infty}\dfrac{1}{n^2}$ 收敛，故由比较判别法的极限形式可知，$\sum\limits_{n=1}^{\infty}\dfrac{1}{(n+1)(n+4)}$ 收敛.

(2) 因为 $\lim\limits_{n\to\infty}\left[\sin\dfrac{\pi}{2^n}\Big/\dfrac{1}{2^n}\right]=\lim\limits_{n\to\infty}2^n\sin\dfrac{\pi}{2^n}=\pi$，而等比级数 $\sum\limits_{n=1}^{\infty}\dfrac{1}{2^n}$ 收敛，故由比较判别法的极限形式可知，$\sum\limits_{n=1}^{\infty}\sin\dfrac{\pi}{2^n}$ 收敛.

【例7】 判定下列级数的敛散性：

(1) $\dfrac{3}{1\cdot 2}+\dfrac{3^2}{2\cdot 2^2}+\dfrac{3^3}{3\cdot 2^3}+\cdots+\dfrac{3^n}{n\cdot 2^n}+\cdots$；　　　　(2) $\sum\limits_{n=1}^{\infty}\dfrac{2^n\cdot n!}{n^n}$.

精析：(1) 因为 $\lim\limits_{n\to\infty}\dfrac{u_{n+1}}{u_n}=\lim\limits_{n\to\infty}\dfrac{3^{n+1}}{(n+1)2^{n+1}}\cdot\dfrac{n2^n}{3^n}=\dfrac{3}{2}>1$，由比值判别法知，原级数发散.

(2) 因为 $\lim\limits_{n\to\infty}\dfrac{u_{n+1}}{u_n}=\lim\limits_{n\to\infty}\dfrac{2^{n+1}[(n+1)!]}{(n+1)^{n+1}}\cdot\dfrac{n^n}{2^n(n!)}=2\lim\limits_{n\to\infty}\left(\dfrac{n}{n+1}\right)^n=2\lim\limits_{n\to\infty}\left(1-\dfrac{1}{n+1}\right)^n=\dfrac{2}{e}<1$，由比值判别法知，原级数收敛.

如果要判定正项级数 $\sum\limits_{n=1}^{\infty}u_n$ 的敛散性，一般可以按照以下步骤来思考：

(1) 观察 $\lim\limits_{n\to\infty}u_n$，若 $\lim\limits_{n\to\infty}u_n\neq 0$，则 $\sum\limits_{n=1}^{\infty}u_n$ 发散；若 $\lim\limits_{n\to\infty}u_n=0$，则考虑下一步；

(2) 一般来说，当正项级数一般项 u_n 中出现连乘、阶乘、指数函数 a^n 形式时，可优先采用比值判别法；当 u_n 中出现幂函数 n^a 与有理分式时，可考虑用比较判别法；

(3) 运用比较判别法时，优先考虑用比较法的极限形式，若要比较大小，则需要对级数的敛散性作一个估计，然后根据此估计或将 u_n 放大为另一个收敛级数的一般项，或将 u_n 缩小到另一发散级数的一般项，从而使问题得以解决. 一般常以几何级数、$p-$ 级数作为参照的级数；

(4) 当上述判别法都无法判别级数敛散性时，最后考虑利用级数敛散性的定义，即看是否能求部分和 s_n，再考察部分和数列 $\{s_n\}$ 的敛散性.

【例8】 判定下列级数的收敛性. 若收敛，指出是绝对收敛还是条件收敛.

(1) $\sum\limits_{n=1}^{\infty}(-1)^n\dfrac{1}{\sqrt{n}}$；　　　　　　　　(2) $\sum\limits_{n=1}^{\infty}(-1)^{n-1}\dfrac{n}{3^n}$.

精析：

(1) 因为 $\sum\limits_{n=1}^{\infty}\left|(-1)^n\dfrac{1}{\sqrt{n}}\right|=\sum\limits_{n=1}^{\infty}\dfrac{1}{\sqrt{n}}$ 是 $p-$ 级数，且 $p=\dfrac{1}{2}<1$，所以发散.

另一方面，该交错级数满足

$$u_n=\dfrac{1}{\sqrt{n}}\geqslant\dfrac{1}{\sqrt{n+1}}=u_{n+1};\lim\limits_{n\to\infty}u_n=\lim\limits_{n\to\infty}\dfrac{1}{\sqrt{n}}=0,$$

由莱布尼茨判别法知，$\sum\limits_{n=1}^{\infty}(-1)^n\dfrac{1}{\sqrt{n}}$ 收敛，则原级数条件收敛.

(2) 因为 $\lim\limits_{n\to\infty}\dfrac{|u_{n+1}|}{|u_n|}=\lim\limits_{n\to\infty}\left[\dfrac{n+1}{3^{n+1}}\Big/\dfrac{n}{3^n}\right]=\lim\limits_{n\to\infty}\left[\dfrac{n+1}{3^{n+1}}\cdot\dfrac{3^n}{n}\right]=\lim\limits_{n\to\infty}\dfrac{n+1}{3n}=\dfrac{1}{3}<1$，故级数 $\sum\limits_{n=1}^{\infty}\left|(-1)^{n-1}\dfrac{n}{3^n}\right|=\sum\limits_{n=1}^{\infty}\dfrac{n}{3^n}$ 收敛，则原级数绝对收敛.

【例9】 讨论级数 $\sum\limits_{n=1}^{\infty} \dfrac{1}{1+a^n}$（其中 $a>0$）的敛散性.

精析：当 $0<a<1$ 时，$\lim\limits_{n\to\infty}\dfrac{1}{1+a^n}=1\neq0$，故原级数发散；

当 $a=1$ 时，通项 $\dfrac{1}{1+a^n}=\dfrac{1}{2}$，显然级数 $\sum\limits_{n=1}^{\infty}\dfrac{1}{1+a^n}=\sum\limits_{n=1}^{\infty}\dfrac{1}{2}$ 发散；

当 $a>1$ 时，因为 $\dfrac{1}{1+a^n}<\dfrac{1}{a^n}$，而 $\sum\limits_{n=1}^{\infty}\dfrac{1}{a^n}$ 收敛，由比较判别法可知，$\sum\limits_{n=1}^{\infty}\dfrac{1}{1+a^n}$ 收敛.

【例10】 设级数 $\sum\limits_{n=1}^{\infty}a_n^2$ 收敛，则级数 $\sum\limits_{n=1}^{\infty}(-1)^n\dfrac{|a_n|}{\sqrt{n^2+1}}$ （　　）.

A. 发散；　　　　　　B. 条件收敛　　　　　C. 绝对收敛　　　　　D. 收敛性与 λ 有关

答案：C.

精析：$\left|(-1)^n\dfrac{|a_n|}{\sqrt{n^2+1}}\right|\leqslant\dfrac{1}{2}\left(a_n^2+\dfrac{1}{n^2+1}\right)\leqslant\dfrac{1}{2}\left(a_n^2+\dfrac{1}{n^2}\right).$

由题设 $\sum\limits_{n=1}^{\infty}a_n^2$ 收敛及比较判别法可知，级数 $\sum\limits_{n=1}^{\infty}(-1)^n\dfrac{|a_n|}{\sqrt{n^2+1}}$ 绝对收敛.

第二节　幂级数及泰勒展开

一、幂级数

1. 幂级数的概念

形如 $\sum\limits_{n=0}^{\infty}a_n(x-x_0)^n=a_0+a_1(x-x_0)+a_2(x-x_0)^2+\cdots+a_n(x-x_0)^n+\cdots$ 的函数项级数称为 $(x-x_0)$ 的幂级数，其中 $a_n(n=0,1,2,\cdots)$ 为常数，称为幂级数的系数.

若取 $x_0=0$，则称 $\sum\limits_{n=0}^{\infty}a_nx^n=a_0+a_1x+a_2x^2+\cdots+a_nx^n+\cdots$ 为 x 的幂级数.

注：对于幂级数 $\sum\limits_{n=0}^{\infty}a_n(x-x_0)^n$，只要令 $x-x_0=t$，就可以转化为幂级数 $\sum\limits_{n=0}^{\infty}a_nt^n$，故一般只需重点讨论 $\sum\limits_{n=0}^{\infty}a_nx^n$.

定理（阿贝尔定理）　如果级数 $\sum\limits_{n=0}^{\infty}a_nx^n$ 当 $x=x_0(x_0\neq0)$ 时收敛，则适合不等式 $|x|<|x_0|$ 的一切 x 使幂级数绝对收敛. 反之，如果级数 $\sum\limits_{n=0}^{\infty}a_nx^n$ 当 $x=x_0$ 发散，则适合不等式 $|x|>|x_0|$ 的一切 x 使幂级数发散.

2. 收敛半径和收敛区间

在幂级数 $\sum\limits_{n=0}^{\infty}a_nx^n,a_n\neq0$ 中，若 $\lim\limits_{n\to\infty}\left|\dfrac{a_{n+1}}{a_n}\right|=\rho$，则有：

(1) 当 $0<\rho<+\infty$ 时，令收敛半径 $R=\dfrac{1}{\rho}$；

(2) 当 $\rho=0$ 时，令收敛半径 $R=+\infty$；

(3) 当 $\rho=0$ 时，令收敛半径 $R=0$.

求出收敛半径 R 后,称开区间 $(-R, R)$ 为幂级数的收敛区间.

注:对于缺项的幂级数 $\sum\limits_{n=0}^{\infty} u_n(x)$(如 $\sum\limits_{n=0}^{\infty} a_n x^{2n}$,$\sum\limits_{n=0}^{\infty} a_n x^{2n-1}$ 等),不可直接套用上述公式,需利用换元后再套用公式,或使用比值法求极限 $\lim\limits_{n \to \infty} \left| \dfrac{u_{n+1}(x)}{u_n(x)} \right| = \rho(x)$. 当 $\rho(x) < 1$ 时,幂级数收敛;当 $\rho(x) > 1$ 时,幂级数发散,从而求得 R.

3. 和函数的性质

(1)幂级数在其收敛区间 $(-R, R)$ 内的和函数 $s(x)$ 为连续函数.

(2)幂级数 $\sum\limits_{n=0}^{\infty} a_n x^n$ 在收敛区间 $(-R, R)$ 内的和函数 $s(x)$ 为可导函数,且

$$s'(x) = \left(\sum_{n=0}^{\infty} a_n x^n \right)' = \sum_{n=1}^{\infty} (a_n n) x^{n-1},$$

且逐步求导后收敛半径不变.

(3)幂级数 $\sum\limits_{n=0}^{\infty} a_n x^n$ 在收敛区间 $(-R, R)$ 内的和函数 $s(x)$ 为可积函数,且

$$\int_0^x s(t) \, \mathrm{d}t = \sum_{n=0}^{\infty} \int_0^x a_n t^n \, \mathrm{d}t = \sum_{n=0}^{\infty} \frac{a_n}{n+1} x^{n+1},$$

且逐步积分后收敛半径不变.

注:此处积分下限取 $x_0 = 0$,只是因为取 $x_0 = 0$ 时计算最简便,其实 x_0 可取幂级数收敛区间内任何一点.

【例1】 求幂级数 $x - \dfrac{1}{2}x^2 + \dfrac{1}{3}x^3 - \cdots + (-1)^{n-1} \dfrac{1}{n} x^n + \cdots$ 的收敛半径和收敛区间.

精析:因为 $\rho = \lim\limits_{n \to \infty} \left| \dfrac{a_{n+1}}{a_n} \right| = \lim\limits_{n \to \infty} \left| \dfrac{(-1)^n \dfrac{1}{n+1}}{(-1)^{n-1} \dfrac{1}{n}} \right| = 1$,所以收敛半径为 $R = \dfrac{1}{\rho} = 1$. 收敛区间为 $(-1, 1)$.

【例2】 求幂级数 $\sum\limits_{n=1}^{\infty} \dfrac{n}{3^n} (x-2)^n$ 的收敛半径和收敛区间.

精析:因为 $\rho = \lim\limits_{n \to \infty} \left| \dfrac{a_{n+1}}{a_n} \right| = \lim\limits_{n \to \infty} \dfrac{n+1}{3^{n+1}} \Big/ \dfrac{n}{3^n} = \lim\limits_{n \to \infty} \dfrac{n+1}{3n} = \dfrac{1}{3}$,所以原幂级数的收敛半径为 $R = \dfrac{1}{\rho} = 3$,且 $-3 < x-2 < 3 \Rightarrow -1 < x < 5$,从而原级数的收敛区间为 $(-1, 5)$.

【例3】 求幂级数 $\sum\limits_{n=1}^{\infty} (-1)^n \dfrac{x^{2n+1}}{2n+1}$ 的收敛半径和收敛区间.

精析:原级数为缺项幂级数,则由比值判别法,

$$\lim_{n \to \infty} \left| \frac{u_{n+1}(x)}{u_n(x)} \right| = \lim_{n \to \infty} \left| \frac{x^{2n+3}}{2n+3} \cdot \frac{2n+1}{x^{2n+1}} \right| = \lim_{n \to \infty} \frac{2n+1}{2n+3} x^3 = x^2 < 1.$$

所以收敛区间 $x \in (-1, 1)$,收敛半径为 $R = 1$.

【例4】 求幂级数 $\sum\limits_{n=1}^{\infty} \dfrac{x^n}{n}$ 在收敛区间 $(-1, 1)$ 内的和函数.

精析:设幂级数 $\sum\limits_{n=1}^{\infty} \dfrac{x^n}{n}$ 有和函数 $s(x)$,在收敛区间内有

$$s'(x) = \sum_{n=1}^{\infty} \left(\frac{x^n}{n} \right)' = \sum_{n=1}^{\infty} x^{n-1} = \frac{1}{1-x}, \quad x \in (-1, 1)$$

所以
$$s(x) - s(0) = \int_0^x s'(t)\mathrm{d}t = \int_0^x \frac{1}{1-t}\mathrm{d}t = -\ln(1-x),$$

又 $s(0) = 0$,则 $s(x) = -\ln(1-x), x \in (-1,1)$.

【例5】 求幂级数 $\sum\limits_{n=1}^{\infty} nx^{n-1}$ 的和函数.

精析: 计算收敛区间为 $(-1,1)$,设和函数为 $s(x)$,即 $s(x) = \sum\limits_{n=1}^{\infty} nx^{n-1}, x \in (-1,1)$.

两边积分得
$$\int_0^x s(t)\mathrm{d}t = \sum_{n=1}^{\infty} \int_0^x nt^{n-1}\mathrm{d}t = \sum_{n=1}^{\infty} x^n = \frac{x}{1-x}, \quad x \in (-1,1).$$

再两边对 x 求导得
$$s(x) = \sum_{n=1}^{\infty} nx^{n-1} = \left(\frac{x}{1-x}\right)' = \frac{1}{(1-x)^2}, \quad x \in (-1,1).$$

【例6】 求幂级数 $\sum\limits_{n=0}^{\infty} \frac{x^n}{n+1}$ $(x \neq 0)$ 的和函数.

精析: 计算收敛区间为 $(-1,1)$,设和函数 $s(x)$,即
$$s(x) = \sum_{n=0}^{\infty} \frac{x^n}{n+1}, \quad x \in (-1,1).$$

于是 $x \cdot s(x) = \sum\limits_{n=0}^{\infty} \frac{x^{n+1}}{n+1}$,利用性质逐项求导得到

$$[x \cdot s(x)]' = \sum_{n=0}^{\infty} \left(\frac{x^{n+1}}{n+1}\right)' = \sum_{n=0}^{\infty} x^n = \frac{1}{1-x}, \quad x \in (-1,1),$$

对上式两边从 0 到 x 积分,得

$$x \cdot s(x) = \int_0^x \frac{1}{1-t}\mathrm{d}t = -\ln(1-x), \quad x \in (-1,1),$$

于是当 $x \neq 0$ 时,有
$$s(x) = -\frac{1}{x}\ln(1-x).$$

二、函数展开成幂级数

1. 麦克劳林公式

若 $f(x)$ 有任意阶导数,则 $f(x)$ 的麦克劳林级数展开式
$$f(x) = f(0) + f'(0)x + \frac{f''(0)}{2!}x^2 + \cdots + \frac{f^{(n)}(0)}{n!}x^n + \cdots.$$

2. 函数展开成幂级数

利用如下已知函数的展开式,对所求函数直接套用公式或逐项微分、逐项积分间接展开,需要熟记一些常见函数的幂级数的展开式.

(1) $e^x = 1 + \frac{1}{1!}x + \frac{1}{2!}x^2 + \cdots + \frac{1}{n!}x^n + \cdots, \quad x \in (-\infty, +\infty)$;

(2) $\sin x = x - \frac{1}{3!}x^3 + \frac{1}{5!}x^5 - \cdots + (-1)^n \frac{1}{(2n+1)!}x^{2n+1} + \cdots, \quad x \in (-\infty, +\infty)$;

(3) $\cos x = 1 - \frac{1}{2!}x^2 + \frac{1}{4!}x^4 - \cdots + (-1)^n \frac{1}{(2n)!}x^{2n} + \cdots, \quad x \in (-\infty, +\infty)$;

(4) $\ln(1+x) = x - \frac{1}{2}x^2 + \frac{1}{3}x^3 - \cdots + (-1)^n \frac{1}{n+1}x^{n+1} + \cdots, \quad x \in (-1,1]$;

(5) $\dfrac{1}{1-x} = 1 + x + x^2 + \cdots + x^n + \cdots, \quad x \in (-1,1)$;

(6) $\dfrac{1}{1+x} = 1 - x + x^2 - \cdots + (-1)^n x^n + \cdots, \quad x \in (-1,1)$.

【例7】 将下列函数展开成 x 的幂级数,并求展开式成立的区间.

(1) $x^2 e^{x+1}$; (2) $\ln(2+x)$;

(3) $(1-x)\ln(1+x)$.

精析:(1)因为 $e^x = \sum\limits_{n=0}^{\infty} \dfrac{x^n}{n!}, x \in (-\infty, +\infty)$,所以

$$x^2 e^{x+1} = e x^2 e^x = e x^2 \sum_{n=0}^{\infty} \frac{x^n}{n!} = \sum_{n=0}^{\infty} \frac{e x^{n+2}}{n!}, x \in (-\infty, +\infty).$$

(2)因为 $\ln(2+x) = \ln 2 + \ln\left(1 + \dfrac{x}{2}\right), \dfrac{x}{2} \in (-1,1]$,所以

$$\ln(2+x) = \ln 2 + \sum_{n=0}^{\infty} (-1)^n \frac{1}{n+1}\left(\frac{x}{2}\right)^{n+1} = \ln 2 + \sum_{n=0}^{\infty} (-1)^n \frac{x^{n+1}}{(n+1)2^{n+1}}, \quad x \in (-2,2].$$

(3)因为 $\ln(1+x) = \sum\limits_{n=1}^{\infty} \dfrac{(-1)^{n+1}}{n} x^n, -1 < x \leqslant 1$,所以

$$f(x) = (1-x)\sum_{n=1}^{\infty} \frac{(-1)^{n-1}}{n} x^n = \sum_{n=1}^{\infty} \frac{(-1)^{n-1}}{n} x^n - \sum_{n=1}^{\infty} \frac{(-1)^{n-1}}{n} x^{n+1}$$

$$= \sum_{n=1}^{\infty} \frac{(-1)^{n-1}}{n} x^n - \sum_{n=2}^{\infty} \frac{(-1)^n}{n} x^n$$

$$= x + \sum_{n=2}^{\infty} \frac{(-1)^{n-1}(2n-1)}{n(n-1)} x^n, \quad (-1 < x \leqslant 1).$$

【例8】 将函数 $f(x) = \dfrac{1}{x}$ 展开成 $(x-2)$ 的幂级数,并指出其收敛区间.

精析:因为 $\dfrac{1}{1+x} = 1 - x + x^2 - \cdots + (-1)^n x^n + \cdots, x \in (-1,1)$,所以

$$\frac{1}{x} = \frac{1}{2+x-2} = \frac{1}{2} \cdot \frac{1}{1 + \dfrac{x-2}{2}} = \frac{1}{2} \sum_{n=0}^{\infty} (-1)^n \left(\frac{x-2}{2}\right)^n \quad \left(\frac{x-2}{2} \in (-1,1)\right)$$

$$= \sum_{n=0}^{\infty} \frac{(-1)^n}{2^{n+1}} (x-2)^n, \quad x \in (0,4).$$

【例9】 将函数 $\dfrac{1}{(x-1)(x-2)}$ 分别展开成和 $(x+1)$ 的幂级数,并求展开式成立的区间.

精析:因为 $\dfrac{1}{1-x} = 1 + x + x^2 + \cdots + x^n + \cdots, \quad x \in (-1,1)$ 所以

$$\frac{1}{(x-1)(x-2)} = \frac{1}{x-2} - \frac{1}{x-1} = \frac{1}{1-x} - \frac{1}{2} \cdot \frac{1}{1 - \dfrac{x}{2}}$$

$$= \sum_{n=0}^{\infty} x^n - \frac{1}{2} \sum_{n=0}^{\infty} \frac{1}{2^n} x^n = \sum_{n=0}^{\infty} \left(1 - \frac{1}{2^{n+1}}\right) x^n, \quad x \in (-1,1)$$

$$\frac{1}{(x-1)(x-2)} = \frac{1}{x-2} - \frac{1}{x-1} = \frac{1}{(x+1)-3} - \frac{1}{(x+1)-2}$$

$$= \frac{1}{2-(x+1)} - \frac{1}{3-(x+1)} = \frac{1}{2} \frac{1}{1 - \dfrac{x+1}{2}} - \frac{1}{3} \frac{1}{1 - \dfrac{x+1}{3}}$$

$$= \frac{1}{2} \sum_{n=0}^{\infty} \frac{1}{2^n} (x+1)^n - \frac{1}{3} \sum_{n=0}^{\infty} \frac{1}{3^n} (x+1)^n$$

$$= \sum_{n=0}^{\infty} \left(\frac{1}{2^{n+1}} - \frac{1}{3^{n+1}} \right) (x+1)^n.$$

经 典 题 型

1. 级数的概念及性质

【例1】 下列命题错误的是(　　).

A. 若 $\sum_{n=1}^{\infty} u_n$ 与 $\sum_{n=1}^{\infty} v_n$ 都收敛,则级数 $\sum_{n=1}^{\infty} (u_n + v_n)$ 必收敛

B. 若 $\sum_{n=1}^{\infty} u_n$ 收敛, $\sum_{n=1}^{\infty} v_n$ 发散,则级数 $\sum_{n=1}^{\infty} (u_n + v_n)$ 必发散

C. 若 $\sum_{n=1}^{\infty} u_n$ 与 $\sum_{n=1}^{\infty} v_n$ 都发散,则级数 $\sum_{n=1}^{\infty} (u_n + v_n)$ 必发散

D. 若 $\sum_{n=1}^{\infty} u_n$ 收敛,则级数 $\sum_{n=1}^{\infty} 2u_n$ 必收敛

答案:C.

精析:对于选项 C,因为如 $u_n = 1, v_n = (-1)$,则 $\sum_{n=1}^{\infty} (u_n + v_n)$ 收敛.其他选项由级数的性质可判定都是正确的.

【例2】 级数 $\sum_{n=1}^{\infty} u_n$ 收敛的必要条件是_____,由此可知级数 $\sum_{n=1}^{\infty} \frac{n}{\sqrt{n^2 + 3}}$ _____(此处填写"收敛"或者"发散").

答案: $\lim_{n \to \infty} u_n = 0$;发散.

精析: $\sum_{n=1}^{\infty} u_n$ 收敛的必要条件是 $\lim_{n \to \infty} u_n = 0$,因为 $\lim_{n \to \infty} \frac{n}{\sqrt{n^2 + 3}} = 1 \neq 0$,级数所以发散.

【例3】 若级数 $\sum_{n=1}^{\infty} \frac{1}{n^{3\alpha - 1}}$ 收敛,则 α 的取值范围是_____.

答案: $\alpha > \frac{2}{3}$.

精析:当 $p > 1$ 时, p-级数 $\sum_{n=1}^{\infty} \frac{1}{n^p}$ 收敛;故 $3\alpha - 1 > 1 \Rightarrow \alpha > \frac{2}{3}$.

【例4】 级数 $\sum_{n=2}^{\infty} \left(\frac{2}{3} \right)^n$ 的和为_____.

答案: $\frac{4}{3}$.

精析:级数为等比级数,公比为 $q = \frac{2}{3}$,则 $s = \frac{\frac{4}{9}}{1 - \frac{2}{3}} = \frac{4}{3}$.

【例5】 若 $\sum_{n=1}^{\infty} a^n = 1$,且 $a_1 = \frac{1}{2}$,则 $\sum_{n=1}^{\infty} (2a_n - a_{n+1}) = $_____.

答案：$\dfrac{3}{2}$.

精析：记 $S = \sum\limits_{n=1}^{\infty} a_n = 1$，则 $\sum\limits_{n=1}^{\infty} (2a_n - a_{n+1}) = 2S - (S - a_1) = S + a_1 = \dfrac{3}{2}$.

2. 判定级数的敛散性

【例6】 下述各选项正确的是(　　).

A. 若级数 $\sum\limits_{n=1}^{\infty} u_n$ 收敛，且 $u_n \geqslant v_n (n = 1, 2, \cdots)$，则级数 $\sum\limits_{n=1}^{\infty} v_n$ 也收敛

B. 若 $\sum\limits_{n=1}^{\infty} |u_n v_n|$ 收敛，则 $\sum\limits_{n=1}^{\infty} u_n^2$ 与 $\sum\limits_{n=1}^{\infty} v_n^2$ 都收敛

C. 若正项级数 $\sum\limits_{n=1}^{\infty} u_n$ 发散，则 $u_n \geqslant \dfrac{1}{n}$

D. 若 $\sum\limits_{n=1}^{\infty} u_n^2$ 和 $\sum\limits_{n=1}^{\infty} v_n^2$ 都收敛，则 $\sum\limits_{n=1}^{\infty} (u_n + v_n)^2$ 收敛

答案：D.

精析：取 $u_n = \dfrac{1}{n^2}, v_n = -\dfrac{1}{n}$，可知 A 不正确；取 $u_n = 1, v = \dfrac{1}{n^2}$，可知 B 不正确； 取 $u_n = \dfrac{1}{n} - \dfrac{1}{n^2}$，可知 C 不正确；因 $0 \leqslant (u_n + v_n)^2 = u_n^2 + 2u_n v_n + v_n^2 \leqslant 2(u_n^2 + v_n^2)$，由 $\sum\limits_{n=1}^{\infty} (u_n^2 + v_n^2)$ 收敛和比较判别法可知，$\sum\limits_{n=1}^{\infty} (u_n + v_n)^2$ 收敛，则 D 正确.

【例7】 设 $0 \leqslant a_n < \dfrac{1}{n} (n = 1, 2, \cdots)$，则下列级数中肯定收敛的是(　　).

A. $\sum\limits_{n=1}^{\infty} a_n$ 　　　　B. $\sum\limits_{n=1}^{\infty} \sqrt{a_n}$ 　　　　C. $\sum\limits_{n=1}^{\infty} (-1)^n a_n^2$ 　　　　D. $\sum\limits_{n=1}^{\infty} (-1)^n a_n$

答案：C.

精析：取 $a_n = \dfrac{1}{2n}$ 可知 A、B 不正确.

因为 $|(-1)^n a_n^2| = a_n^2 < \dfrac{1}{n^2}$，由比较判别法可知，$\sum\limits_{n=1}^{\infty} a_n^2$ 收敛，即 $\sum\limits_{n=1}^{\infty} (-1)^n a_n^2$ 绝对收敛. 故应选 C.

取 $a_{2n-1} = 0$，$a_{2n} = \dfrac{1}{4n}$，则 $\sum\limits_{n=1}^{\infty} (-1)^n a_n = 0 + \dfrac{1}{4} + 0 + \dfrac{1}{8} + \cdots + 0 + \dfrac{1}{4n} + \cdots = \dfrac{1}{4} \sum\limits_{n=1}^{\infty} \dfrac{1}{n}$ 发散，故 D 不正确.

【例8】 对于级数 $\sum\limits_{n=1}^{\infty} (-1)^n \dfrac{1}{n^p}$，下列说法正确的是(　　).

A. 当 $p < 1$ 时，发散　　　　　　　　B. 当 $p < 1$ 时，条件收敛

C. 当 $p > 1$ 时，条件收敛　　　　　　D. 当 $p > 1$ 时，绝对收敛

答案：D.

精析：由 p - 级数结论可知，当 $p < 0$ 时，级数 $\sum\limits_{n=1}^{\infty} (-1)^n \dfrac{1}{n^p}$ 发散；

当 $0 < p < 1$ 时，级数 $\sum\limits_{n=1}^{\infty} (-1)^n \dfrac{1}{n^p}$ 条件收敛；

当 $p > 1$ 时，因为 $\sum\limits_{n=1}^{\infty} \left| (-1)^n \dfrac{1}{n^p} \right| = \sum\limits_{n=1}^{\infty} \dfrac{1}{n^p}$ 收敛，则原级数 $\sum\limits_{n=1}^{\infty} (-1)^n \dfrac{1}{n^p}$ 绝对收敛. 故选 D.

【例9】　级数 $\sum_{n=0}^{\infty} \dfrac{\cos n\pi}{\sqrt{n}+1}$ 为(　　).

A. 绝对收敛　　　　　　B. 条件收敛　　　　　　C. 发散　　　　　　D. 无法判断

答案:B.

精析:因 $\cos n\pi = (-1)^n$,所以级数 $\sum_{n=0}^{\infty} \dfrac{\cos n\pi}{\sqrt{n}+1}$ 为交错级数,按莱布尼茨判别法知 $\sum_{n=0}^{\infty} \dfrac{\cos n\pi}{\sqrt{n}+1}$ 收敛;另

一方面,$\sum_{n=0}^{\infty} \left| \dfrac{\cos n\pi}{\sqrt{n}+1} \right| = \sum_{n=0}^{\infty} \dfrac{1}{\sqrt{n}+1}$ 发散,所以选 B 条件收敛.

【例10】　判别级数 $\sum_{n=1}^{\infty} \dfrac{\arctan n}{1+n^2}$ 的敛散性.

精析:因为 $0 < \dfrac{\arctan n}{1+n^2} < \dfrac{\pi}{2} \cdot \dfrac{1}{1+n^2} < \dfrac{\pi}{2} \cdot \dfrac{1}{n^2}$,而 p-级数 $\sum_{n=1}^{\infty} \dfrac{1}{n^2}$ 收敛,所以级数 $\sum_{n=1}^{\infty} \dfrac{\pi}{2} \cdot \dfrac{1}{n^2}$ 也收敛,

由比较法知,原级数 $\sum_{n=1}^{\infty} \dfrac{\arctan n}{1+n^2}$ 收敛

【例11】　判断级数 $\sum_{n=0}^{\infty} \dfrac{1}{n\sqrt{n+1}}$ 的敛散性.

精析:因为 $\lim\limits_{n\to\infty} \dfrac{u_n}{v_n} = \lim\limits_{n\to\infty} \dfrac{\frac{1}{n\sqrt{n+1}}}{\frac{1}{n^{\frac{3}{2}}}} = \lim\limits_{n\to\infty} \dfrac{n^{\frac{3}{2}}}{n\sqrt{n+1}} = \lim\limits_{n\to\infty} \sqrt{\dfrac{n}{n+1}} = 1$,而 p-级数 $\sum_{n=1}^{\infty} \dfrac{1}{n^{\frac{3}{2}}}$ 收敛,故由比较判别

法极限形式知级数 $\sum_{n=0}^{\infty} \dfrac{1}{n\sqrt{n+1}}$ 也收敛.

【例12】　判断级数 $\sum_{n=1}^{\infty} \dfrac{(-3)^n \cdot n!}{(2n)^n}$ 的敛散性.

精析:先考虑正项级数 $\sum_{n=1}^{\infty} \dfrac{3^n \cdot n!}{(2n)^n}$ 的敛散性,因为

$$\lim_{n\to\infty} \dfrac{u_{n+1}}{u_n} = \lim_{n\to\infty} \dfrac{3^{n+1} \cdot (n+1)!}{(2n+2)^{n+1}} \cdot \dfrac{(2n)^n}{3^n \cdot n!} = \dfrac{3}{2} \lim_{n\to\infty} \left(\dfrac{n}{n+1} \right)^n = \dfrac{3}{2e} < 1,$$

所以级数 $\sum_{n=1}^{\infty} \dfrac{3^n \cdot n!}{(2n)^n}$ 收敛,则原级数 $\sum_{n=1}^{\infty} \dfrac{(-3)^n \cdot n!}{(2n)^n}$ 绝对收敛.

3. 求幂级数的收敛半径、收敛区间及和函数

【例13】　幂级数 $\sum_{n=1}^{\infty} \dfrac{x^n}{2^n+n}$ 的收敛区间是(　　).

A. $(-1,1)$　　　　　B. $(-2,2)$　　　　　C. $(-4,4)$　　　　　D. $(-\infty,+\infty)$

答案:B.

精析:由于 $\rho = \lim\limits_{n\to\infty} \left| \dfrac{\frac{1}{2^{n+1}+(n+1)}}{\frac{1}{2^n+n}} \right| = \lim\limits_{n\to\infty} \left| \dfrac{2^n+n}{2^{n+1}+(n+1)} \right| = \dfrac{1}{2}$,则 $R=2$. 收敛区间为 $(-2,2)$.

【例14】　设幂级数 $\sum_{n=0}^{\infty} a_n x^n$ 的收敛半径为3,则幂级数 $\sum_{n=1}^{\infty} na_n (x-1)^{n+1}$ 的收敛区间为_____.

答案:$(-2,4)$.

精析：由题意得 $\rho = \lim\limits_{n\to\infty} \left| \dfrac{a_{n+1}}{a_n} \right| = \dfrac{1}{3}$，所以 $\tilde{\rho} = \lim\limits_{n\to\infty} \left| \dfrac{(n+1)a_{n+1}}{na_n} \right| = \lim\limits_{n\to\infty} \dfrac{n+1}{n} \left| \dfrac{a_{n+1}}{a_n} \right| = \dfrac{1}{3}$，所以收敛半径为

$R = \dfrac{1}{\tilde{\rho}} = 3$，故 $-3 < x - 1 < 3 \Rightarrow x \in (-2, 4)$.

【例15】 幂级数 $\sum\limits_{n=0}^{\infty} \dfrac{x^{2n}}{2^n}$ 的收敛半径是_____.

答案： $\sqrt{2}$.

精析：利用比值判别法，$\lim\limits_{n\to\infty} \left| \dfrac{x^{2n+2}}{2^{n+1}} \cdot \dfrac{2^n}{x^n} \right| = \dfrac{1}{2} |x^2| < 1$，所以收敛区间为 $-\sqrt{2} < x < \sqrt{2}$，故收敛半径为 $\sqrt{2}$.

【例16】 求幂级数 $\sum\limits_{n=1}^{\infty} (-1)^n \dfrac{x^n}{n^n}$ 的收敛半径及收敛区间.

精析：由题意得 $\rho = \lim\limits_{n\to\infty} \left| \dfrac{a_{n+1}}{a_n} \right| = \lim\limits_{n\to\infty} \left| \dfrac{n^n}{(n+1)^{n+1}} \right| = \lim\limits_{n\to\infty} \left(\dfrac{n}{n+1} \right)^n \cdot \lim\limits_{n\to\infty} \dfrac{1}{n+1} = 0$，所以 $R = +\infty$，收敛区间为 $(-\infty, +\infty)$.

【例17】 求幂级数 $\sum\limits_{n=0}^{\infty} \dfrac{n}{(n+2)4^n} x^n$ 的收敛半径及收敛区间.

精析：由题意得 $\rho = \lim\limits_{n\to\infty} \left| \dfrac{a_{n+1}}{a_n} \right| = \lim\limits_{n\to\infty} \dfrac{n+1}{(n+3)4^{n+1}} \Big/ \dfrac{n}{(n+2)4^n} = \lim\limits_{n\to\infty} \dfrac{(n+1)(n+2)}{4n(n+3)} = \dfrac{1}{4}$，所以收敛半径为 $R = \dfrac{1}{\rho} = 4$，收敛区间为 $(-4, 4)$.

【例18】 求幂级数 $\sum\limits_{n=1}^{\infty} \dfrac{n}{3^n} (x-2)^n$ 的收敛半径及收敛区间.

精析：题中 $a_n = \dfrac{n}{3^n}$，因为 $\rho = \lim\limits_{n\to\infty} \left| \dfrac{a_{n+1}}{a_n} \right| = \lim\limits_{n\to\infty} \dfrac{n+1}{3^{n+1}} \Big/ \dfrac{n}{3^n} = \lim\limits_{n\to\infty} \dfrac{n+1}{3n} = \dfrac{1}{3}$，所以原幂级数的收敛半径为 $R = \dfrac{1}{\rho} = 3$，故 $-3 < x - 2 < 3 \Rightarrow -1 < x < 5$，从而原级数的收敛区间为 $(-1, 5)$.

【例19】 求幂级数 $\sum\limits_{n=1}^{\infty} (n-1)x^n$ 的收敛区间及和函数.

精析：因为 $\rho = \lim\limits_{n\to\infty} \left| \dfrac{a_{n+1}}{a_n} \right| = \lim\limits_{n\to\infty} \dfrac{n}{n-1} = 1$，所以 $R = \dfrac{1}{\rho} = 1$，收敛区间为 $(-1, 1)$. 则当 $x \in (-1, 1)$ 时，

$$\sum_{n=1}^{\infty} (n-1)x^n = x^2 \sum_{n=2}^{\infty} (n-1)x^{n-2} = x^2 \left(\sum_{n=2}^{\infty} x^{n-1} \right)' = x^2 \left(\dfrac{x}{1-x} \right)' = \dfrac{x^2}{(1-x)^2}.$$

即和函数为
$$\sum_{n=1}^{\infty} (n-1)x^n = \dfrac{x^2}{(1-x)^2}, \quad x \in (-1, 1).$$

【例20】 求幂级数 $\sum\limits_{n=1}^{\infty} \dfrac{1}{n(n+1)} x^{n+1}$ 的收敛区间及和函数.

精析：因为 $\rho = \lim\limits_{n\to\infty} \left| \dfrac{a_{n+1}}{a_n} \right| = 1$，所以 $R = \dfrac{1}{\rho} = 1$，收敛区间为 $(-1, 1)$.

设 $s(x) = \sum\limits_{n=1}^{\infty} \dfrac{1}{n(n+1)} x^{n+1}$，$-1 < x < 1$，则有

$$s'(x) = \sum_{n=1}^{\infty} \dfrac{1}{n} x^n, \quad s''(x) = \sum_{n=1}^{\infty} x^{n-1} = \dfrac{1}{1-x}.$$

于是 $$s'(x) = s'(0) + \int_0^x s''(t)\mathrm{d}t = \int_0^x \frac{1}{1-t}\mathrm{d}t = -\ln(1-x),$$

$$s(x) = s(0) + \int_0^x s'(t)\mathrm{d}t = \int_0^x [-\ln(1-t)]\mathrm{d}t = x + \ln(1-x) - x\ln(1-x), \quad -1 < x < 1.$$

【例21】 求级数 $\displaystyle\sum_{n=0}^{\infty} \frac{1}{n+1} \left(\frac{\sqrt{2}}{2}\right)^{n+1}$ 的和.

精析：令 $s(x) = \displaystyle\sum_{n=0}^{\infty} \frac{1}{n+1} x^{n+1}$，则 $s\left(\dfrac{\sqrt{2}}{2}\right) = \displaystyle\sum_{n=0}^{\infty} \frac{1}{n+1} \left(\frac{\sqrt{2}}{2}\right)^{n+1}$.

因为 $\displaystyle\sum_{n=0}^{\infty} \frac{1}{n+1} x^{n+1}$ 的收敛半径为 1，且 $s(0) = 0$，故在 $(-1,1)$ 内有 $s'(x) = \displaystyle\sum_{n=0}^{\infty} x^n = \frac{1}{1-x}$，于是

$$s(x) = s(0) + \int_0^x \frac{1}{1-t}\mathrm{d}t = -\ln|1-x|.$$

则 $$s\left(\frac{\sqrt{2}}{2}\right) = -\ln\left|1 - \frac{\sqrt{2}}{2}\right| = \ln(2 + \sqrt{2}),$$

即 $$\sum_{n=0}^{\infty} \frac{1}{n+1} \left(\frac{\sqrt{2}}{2}\right)^{n+1} = \ln(2 + \sqrt{2}).$$

4. 幂级数的展开

【例22】 将函数 $\ln(2+x)$ 展开成 x 的幂级数，并指出收敛区间.

精析：因为 $\ln(1+x) = \displaystyle\sum_{n=0}^{\infty} (-1)^n \frac{1}{n+1} x^{n+1}$，$x \in (-1,1]$，所以

$$\ln(2+x) = \ln 2 + \ln\left(1 + \frac{x}{2}\right), \quad \frac{x}{2} \in (-1,1]$$

$$= \ln 2 + \sum_{n=0}^{\infty} (-1)^n \frac{1}{n+1} \left(\frac{x}{2}\right)^{n+1} = \ln 2 + \sum_{n=0}^{\infty} (-1)^n \frac{x^{n+1}}{(n+1)2^{n+1}}, \quad x \in (-2,2].$$

【例23】 将函数 $y = \dfrac{1}{x+1}$ 展开成 $(x-1)$ 的幂级数，并指出收敛区间.

精析：因为 $\dfrac{1}{1+x} = \displaystyle\sum_{n=0}^{\infty} (-1)^n x^n$，$x \in (-1,1)$，所以

$$\frac{1}{x+1} = \frac{1}{2+x-1} = \frac{1}{2}\frac{1}{1+\frac{x-1}{2}} = \frac{1}{2}\sum_{n=0}^{\infty} (-1)^n \left(\frac{x-1}{2}\right)^n = \sum_{n=0}^{\infty} \frac{(-1)^n}{2^{n+1}} (x-1)^n,$$

且 $$\frac{x-1}{2} \in (-1,1) \Rightarrow x \in (-1,3).$$

【例24】 将函数 $f(x) = \ln(3x - x^2)$ 展开为 $(x-1)$ 的幂级数，并指出收敛区间.

精析：$f(x) = \ln(3x - x^2) = \ln x(3-x) = \ln x + \ln(3-x)$. 而

$$\ln x = \ln(1+x-1) = \sum_{n=0}^{\infty} (-1)^n \frac{1}{n+1} (x-1)^{n+1}, \quad x-1 \in (-1,1] \Rightarrow x \in (0,2],$$

$$\ln(3-x) = \ln[2-(x-1)] = \ln 2 + \ln\left(1 + \frac{-(x-1)}{2}\right), \quad \frac{-(x-1)}{2} \in (-1,1]$$

$$= \ln 2 + \sum_{n=0}^{\infty} (-1)^n \frac{1}{n+1} \left(-\frac{x-1}{2}\right)^{n+1} = \ln 2 + \sum_{n=0}^{\infty} \frac{-1}{n+1} \cdot \frac{1}{2^{n+1}} (x-1)^{n+1}, \quad x \in [-1,3).$$

故 $f(x) = \ln x + \ln(3-x) = \displaystyle\sum_{n=0}^{\infty} (-1)^n \frac{1}{n+1} (x-1)^{n+1} + \ln 2 + \sum_{n=0}^{\infty} \frac{-1}{n+1} \cdot \frac{1}{2^{n+1}} (x-1)^{n+1}$

$$= \ln 2 + \sum_{n=0}^{\infty} \left((-1)^n - \frac{1}{2^{n+1}} \right) \frac{1}{n+1} (x-1)^{n+1}, x \in (0,2] \cap [-1,3) \Rightarrow x \in (0,2].$$

【例 25】 将函数 $f(x) = \arctan \dfrac{1-2x}{1+2x}$ 展开成 x 的幂级数，并指出收敛区间.

精析： 因为 $f'(x) = -\dfrac{2}{1+4x^2}$，且 $\dfrac{1}{1-x} = \displaystyle\sum_{n=0}^{\infty} x^n, x \in (-1,1)$，则

$$f'(x) = -\frac{2}{1+4x^2} = -2 \sum_{n=0}^{\infty} (-1)^n 4^n x^{2n}, \quad |4x^2| < 1.$$

两边积分可得

$$f(x) = \int_0^x f'(t) \, dt + f(0) = -2 \int_0^x \sum_{n=0}^{\infty} (-1)^n 4^n t^{2n} dt + \frac{\pi}{4} = -2 \sum_{n=0}^{\infty} \frac{(-1)^n 4^n}{2n+1} x^{2n+1} + \frac{\pi}{4},$$

且 $x \in \left(-\dfrac{1}{2}, \dfrac{1}{2} \right)$.

【例 26】 将积分 $\displaystyle\int_0^x e^{-t^2} dt$ 展开成 x 的幂级数，并指出收敛区间.

精析： 因为 $e^{-t^2} = \displaystyle\sum_{n=0}^{\infty} \frac{(-t^2)^n}{n!} = \sum_{n=0}^{\infty} \frac{(-1)^n t^{2n}}{n!}, t \in (-\infty, +\infty)$，所以

$$\int_0^x e^{-t^2} dt = \sum_{n=0}^{\infty} \int_0^x \frac{(-1)^n t^{2n}}{n!} dt = \sum_{n=0}^{\infty} \frac{(-1)^n x^{2n+1}}{n!(2n+1)}, x \in (-\infty, +\infty).$$

综合练习五

一、选择题

1. 若级数 $\displaystyle\sum_{n=1}^{\infty} u_n$ 级数收敛，则下列级数发散的是（ ）.

A. $\displaystyle\sum_{n=1}^{\infty} (u_n + 10)$ B. $\displaystyle\sum_{n=1}^{\infty} u_{n+10}$ C. $\displaystyle\sum_{n=1}^{\infty} 10 u_n$ D. $10 + \displaystyle\sum_{n=1}^{\infty} u_n$

2. $\displaystyle\lim_{n \to \infty} u_n = 0$ 是级数 $\displaystyle\sum_{n=1}^{\infty} u_n$ 收敛的（ ）.

A. 充分条件   B. 必要条件   C. 充分非必要条件   D. 充要条件

3. 级数收敛的充要条件是（注：S_n 是级数的部分和）（ ）.

A. $\displaystyle\lim_{n \to \infty} S_n = 0$ B. $\displaystyle\lim_{n \to \infty} u_n = 0$

C. $\displaystyle\lim_{n \to \infty} u_n$ 存在且不为零   D. $\displaystyle\lim_{n \to \infty} S_n$ 存在

4. 已知 $\displaystyle\lim_{n \to \infty} u_n = 0$，则数项级数 $\displaystyle\sum_{n=1}^{\infty} u_n$（ ）.

A. 收敛   B. 收敛且和为 0   C. 发散   D. 可能收敛，也可能发散

5. 几何级数 $\displaystyle\sum_{n=0}^{\infty} a q^n (a \neq 0)$ 收敛，则（ ）.

A. $|q| \leqslant 1$ B. $|q| \geqslant 1$ C. $|q| < 1$ D. $|q| > 1$

6. 已知 $\displaystyle\sum_{n=1}^{\infty} u_n$ 收敛，则下列级数（ ）必收敛.

A. $\displaystyle\sum_{n=1}^{\infty} u_n^2$ B. $\displaystyle\sum_{n=1}^{\infty} (-1)^n u_n$ C. $\displaystyle\sum_{n=1}^{\infty} u_{2n+1}$ D. $\displaystyle\sum_{n=1}^{\infty} (u_n + u_{n+1})$

7. 若 $u_n \geq u_{n+1}$ $(n=1,2,3,\cdots)$ 且 $\lim\limits_{n\to\infty} u_n = 0$, 则有(　　).

A. $\sum\limits_{n=1}^{\infty} u_n$ 收敛

B. 当 $u_n \geq 0$ 时, $\sum\limits_{n=1}^{\infty} u_n$ 收敛

C. $\sum\limits_{n=1}^{\infty} u_n$ 发散

D. $\sum\limits_{n=1}^{\infty} u_n$ 可能收敛也可能发散

8. 级数 $\sum\limits_{n=1}^{\infty} \left(\dfrac{1}{2}\right)^n$ 的和是(　　).

A. 1　　　　　　B. 2　　　　　　C. 3　　　　　　D. 4

9. 下列数项级数中收敛的是(　　).

A. $\sum\limits_{n=1}^{\infty} \ln\dfrac{n+1}{n}$　　B. $\sum\limits_{n=1}^{\infty} \dfrac{1}{4^n}$　　C. $\sum\limits_{n=1}^{\infty} \dfrac{1}{n}$　　D. $\sum\limits_{n=1}^{\infty} (-1)^{n-1}$

10. 下列数项级数中发散的是(　　).

A. $\sum\limits_{n=1}^{\infty} \dfrac{1}{1+2+3+\cdots+n}$

B. $\dfrac{1}{3} + \dfrac{1}{3^2} + \dfrac{1}{3^3} + \dfrac{1}{3^4} + \cdots$

C. $\sum\limits_{n=1}^{\infty} \dfrac{n}{n+1}$

D. $\sum\limits_{n=1}^{\infty} \dfrac{1}{n^2}$

11. 正项级数 $\sum\limits_{n=1}^{\infty} a_n$, 下列命题正确的是(　　).

A. 若 $\lim\limits_{n\to\infty} a_n = 0$, 则 $\sum\limits_{n=1}^{\infty} a_n$ 必收敛

B. 若 $\lim\limits_{n\to\infty} \dfrac{a_n}{a_{n+1}} < 1$, 则 $\sum\limits_{n=1}^{\infty} a_n$ 必收敛

C. 若 $\lim\limits_{n\to\infty} \dfrac{a_n}{a_{n+1}} > 1$, 则 $\sum\limits_{n=1}^{\infty} a_n$ 必收敛

D. 若 $\lim\limits_{n\to\infty} \dfrac{a_n}{a_{n+1}} \leq 1$, 则 $\sum\limits_{n=1}^{\infty} a_n$ 必收敛

12. 对于级数 $\sum\limits_{n=1}^{\infty} (-1)^n \dfrac{1}{n^p}$, 下列说法正确的是(　　).

A. 当 $p < 1$ 时, 发散

B. 当 $p < 1$ 时, 条件收敛

C. 当 $p > 1$ 时, 条件收敛

D. 当 $p > 1$ 时, 绝对收敛

13. 下列级数中绝对收敛的级数是(　　).

A. $\sum\limits_{n=1}^{\infty} (-1)^n \dfrac{n}{n+1}$　　B. $\sum\limits_{n=1}^{\infty} (-1)^n \dfrac{1}{n^3}$　　C. $\sum\limits_{n=1}^{\infty} (-1)^n \dfrac{1}{n}$　　D. $\sum\limits_{n=1}^{\infty} (-1)^n \dfrac{n+1}{n}$

14. 级数 $\sum\limits_{n=0}^{\infty} \dfrac{\cos n\pi}{\sqrt{n+1}}$ 为(　　).

A. 绝对收敛　　　　B. 条件收敛　　　　C. 发散　　　　D. 无法判断

15. 设 α 为常数, 则级数 $\sum\limits_{n=1}^{\infty} \left[\dfrac{\sin(n\alpha)}{n^2} - \dfrac{1}{\sqrt{n}}\right]$ 是(　　).

A. 绝对收敛　　　B. 条件收敛　　　C. 发散　　　D. 收敛性与 α 取值有关

16. 级数 $\sum\limits_{n=1}^{\infty} (-1)^n \left(1 - \cos\dfrac{\alpha}{n}\right)$ (常数 $\alpha > 0$)是(　　).

A. 发散　　　　B. 条件收敛　　　　C. 绝对收敛　　　　D. 收敛性与 α 有关

17. 设 $u_n = (-1)^n \ln\left(1 + \dfrac{1}{\sqrt{n}}\right)$, 则级数(　　).

A. $\sum\limits_{n=1}^{\infty} u_n$ 与 $\sum\limits_{n=1}^{\infty} u_n^2$ 都收敛

B. $\sum\limits_{n=1}^{\infty} u_n$ 与 $\sum\limits_{n=1}^{\infty} u_n^2$ 都发散

C. $\sum\limits_{n=1}^{\infty} u_n$ 收敛而 $\sum\limits_{n=0}^{\infty} u_n^2$ 发散

D. $\sum\limits_{n=1}^{\infty} u_n$ 发散而 $\sum\limits_{n=1}^{\infty} u_n^2$ 收敛

18. 幂级数 $\displaystyle\sum_{n=1}^{\infty} \frac{x^n}{2^n}$ 的收敛半径是( ).

A. 1　　　　　　　B. 2　　　　　　　C. $\frac{1}{2}$　　　　　　D. 4

19. 幂级数 $\displaystyle\sum_{n=1}^{\infty} \frac{(x-2)^n}{\sqrt{n}}$ 的收敛半径是( ).

A. 1　　　　　　　B. 2　　　　　　　C. $\frac{1}{2}$　　　　　　D. 3

20. 幂级数 $\displaystyle\sum_{n=1}^{\infty} \frac{1}{[3^n + (-2)^n]n} x^n$ 的收敛半径是( ).

A. 1　　　　　　　B. $\sqrt{3}$　　　　　　C. 2　　　　　　D. 3

21. 若幂级数 $\displaystyle\sum_{n=1}^{\infty} a_n x^n$ 的收敛半径为 $R(R>0)$,则 $\displaystyle\sum_{n=1}^{\infty} a_n (x-1)^{2n}$ 的收敛半径为( ).

A. R　　　　　　B. R^2　　　　　　C. $\sqrt{R}$　　　　　D. $1 + \sqrt{R}$

22. 若 $\displaystyle\sum_{n=1}^{\infty} a_n (x-5)^n$ 在 $x = 3$ 处收敛,则它在 $x = -3$ 处( ).

A. 发散　　　　　B. 条件收敛　　　　C. 绝对收敛　　　D. 不能确定

23. 若级数 $\displaystyle\sum_{n=1}^{\infty} a_n (x-1)^n$ 在 $x = -1$ 处收敛,则此级数在 $x = 2$ 处( ).

A. 条件收敛　　　B. 绝对收敛　　　　C. 发散　　　　　D. 收敛性不能确定

24. 若 $\displaystyle\sum_{n=0}^{\infty} a_n (x-1)^n$ 在 $x = 0$ 处收敛,在 $x = 2$ 处发散,则该幂级数的收敛半径为( ).

A. 0　　　　　　　B. 1　　　　　　　C. 2　　　　　　D. 不确定

25. 关于幂级数 $\displaystyle\sum_{n=1}^{\infty} \frac{x^n}{n}$,下列结论正确的是( ).

A. 当且仅当 $|x| < 1$ 时收敛　　　　　　B. 当 $|x| \leqslant 1$ 时收敛

C. 当 $-1 \leqslant x < 1$ 时收敛　　　　　D. 当 $-1 < x \leqslant 1$ 时收敛

26. 幂级数 $\displaystyle\sum_{n=0}^{\infty} \frac{(-1)^n x^n}{2n+1}$ 的收敛区间是( ).

A. $(-1,1)$　　　　B. $[-1,1]$　　　　C. $(-2,2)$　　　　D. $[-2,2]$

27. 幂级数 $\displaystyle\sum_{n=1}^{\infty} (-1)^{n-1} \frac{(x-1)^n}{n}$ 的收敛区间是( ).

A $[0,2]$　　　　　B. $(-1,1)$　　　　C. $[-1,1]$　　　　D. $(0,2)$

28. 设幂级数 $\displaystyle\sum_{n=0}^{\infty} a_n x^n$ 与 $\displaystyle\sum_{n=1}^{\infty} b_n x^n$ 的收敛半径分别为 $\frac{\sqrt{5}}{3}$ 与 $\frac{1}{3}$,则幂级数 $\displaystyle\sum_{n=1}^{\infty} \frac{a_n^2}{b_n^2} x^n$ 的收敛半径为( ).

A. 5　　　　　　　B. $\frac{\sqrt{5}}{3}$　　　　　C. $\frac{1}{3}$　　　　　D. $\frac{1}{5}$

29. 幂级数 $\displaystyle\sum_{n=0}^{\infty} \frac{x^n}{n!}$ 的和函数为( ).

A. $\ln(1+x)$　　　B. e^x　　　　　　C. $\ln(1-x)$　　　　D. e^{-x}

30. 下列等式正确的是( ).

A. $\dfrac{1}{1+x} = \displaystyle\sum_{n=0}^{\infty} x^n$,　$x \in (-1,1)$　　　　B. $\dfrac{1}{1+x} = \displaystyle\sum_{n=0}^{\infty} (-1)^n x^n$,　$x \in (-\infty, +\infty)$

C. $\dfrac{1}{1+x} = \displaystyle\sum_{n=0}^{\infty} (-1)^n x^n$,　$x \in (-1,1)$　　　D. $\dfrac{1}{1+x} = \displaystyle\sum_{n=0}^{\infty} x^n$,　$x \in (-\infty, +\infty)$

二、填空题

1. 级数 $\sum\limits_{n=1}^{\infty}\left(\dfrac{2}{3}\right)^n$ 的前 n 项部分和为_____,该级数的和为_____.

2. 无穷级数 $\sum\limits_{n=1}^{\infty}u_n$ 收敛的必要条件是_____,由此可知级数 $\sum\limits_{n=1}^{\infty}\dfrac{n}{\sqrt{n^2+3}}$ _____(此处填写"收敛"或者"发散").

3. 已知无穷级数 $\sum\limits_{n=1}^{\infty}u_n=8$,则 $\lim\limits_{n\to\infty}u_n=$ _____; $\lim\limits_{n\to\infty}S_n=$ _____(S_n 表示级数的前 n 项部分和).

4. 已知级数 $\sum\limits_{n=1}^{\infty}u_n$ 的部分和 $S_n=\dfrac{n}{2n+1}$,则 $\sum\limits_{n=1}^{\infty}u_n=$ _____.

5. 若级数 $\sum\limits_{n=1}^{\infty}\dfrac{1}{n^{3\alpha-1}}$ 收敛,则 α 的取值范围是_____.

6. 级数 $\sum\limits_{n=1}^{\infty}\dfrac{(-1)^{n-1}}{n^p}$ 当 p _____时,级数发散;当 p _____时,级数条件收敛;当 p _____时,级数绝对收敛.

7. 若交错级数 $\sum\limits_{n=1}^{\infty}(-1)^n u_n(u_n\geq 0)$ 收敛,则 $\lim\limits_{n\to\infty}u_n=$ _____.

8. 级数 $\sum\limits_{n=1}^{\infty}(-1)^{n-1}\dfrac{x^n}{n}$ 的收敛半径为_____,收敛区间为_____.

9. 幂级数 $\sum\limits_{n=1}^{\infty}n!x^n$ 的收敛半径为_____.

10. 设 $\sum\limits_{n=0}^{\infty}a_n x^n$ 的收敛半径为 R,则 $\sum\limits_{n=0}^{\infty}a_n x^{2n}$ 的收敛半径为_____.

11. 幂级数 $\sum\limits_{n=0}^{\infty}\dfrac{(x-2)^n}{n^2}$ 的收敛半径 $R=$ _____.

12. 设幂级数 $\sum\limits_{n=0}^{\infty}a_n x^n$ 的收敛半径为 3,则幂级数 $\sum\limits_{n=1}^{\infty}na_n(x-1)^{n+1}$ 的收敛区间为_____.

13. 幂级数 $\sum\limits_{n=0}^{\infty}(2n+1)x^n$ 的收敛区间为_____.

14. 幂级数 $\sum\limits_{n=1}^{\infty}\dfrac{n}{(-3)^n+2^n}x^{2n-1}$ 的收敛半径 $R=$ _____.

15. 幂级数 $\sum\limits_{n=1}^{\infty}\dfrac{(x-2)^{2n}}{n\cdot 4^n}$ 的收敛区间为_____.

三、计算题

1. 判定下列级数的敛散性:

(1) $\sum\limits_{n=1}^{\infty}(-1)^{n-1}\dfrac{1}{3^n}$;

(2) $\sum\limits_{n=1}^{\infty}(\sqrt{n+1}-\sqrt{n})$;

(3) $\sum\limits_{n=1}^{\infty}\dfrac{1+n}{1+n^2}$;

(4) $\sum\limits_{n=1}^{\infty}\ln\left(1+\dfrac{1}{n}\right)$;

(5) $\sum\limits_{n=1}^{\infty}\dfrac{n+2}{n^2(n+1)}$;

(6) $\sum\limits_{n=1}^{\infty}\dfrac{1}{\ln(n+1)}$;

$(7)\ \displaystyle\sum_{n=1}^{\infty}\frac{1}{\sqrt{n^3+1}}$;

$(8)\ \displaystyle\sum_{n=1}^{\infty}\frac{n}{1+n^3}$;

$(9)\ \displaystyle\sum_{n=1}^{\infty}\frac{2^n}{n(n+1)}$;

$(10)\ \displaystyle\sum_{n=1}^{\infty}\frac{1}{2^n+3}$;

$(11)\ \displaystyle\sum_{n=1}^{\infty}\frac{n^5}{5^n}$;

$(12)\ \displaystyle\sum_{n=0}^{\infty}\frac{n^{10}}{(n+3)2^n}$;

$(13)\ \displaystyle\sum_{n=1}^{\infty}\frac{5^n}{6^n-5^n}$;

$(14)\ \displaystyle\sum_{n=1}^{\infty}\frac{n^n}{n!}$;

$(15)\ \dfrac{1}{3}+\dfrac{1}{\sqrt{3}}+\dfrac{1}{\sqrt[3]{3}}+\dfrac{1}{\sqrt[4]{3}}+\cdots$;

$(16)\ \displaystyle\sum_{n=1}^{\infty}n\sin\frac{\pi}{2n}$;

$(17)\ \displaystyle\sum_{n=1}^{\infty}\left(\frac{n+1}{n}\right)^n$;

$(18)\ \displaystyle\sum_{n=1}^{\infty}\left(1-\cos\frac{2}{n}\right)$;

$(19)\ \displaystyle\sum_{n=1}^{\infty}2^{2n}\sin^2\frac{\pi}{3^n}$;

$(20)\ \displaystyle\sum_{n=1}^{\infty}\frac{\sin n\theta}{n^2}$.

2. 判别下列任意项级数的敛散性，如果是收敛的，指出是条件收敛还是绝对收敛.

$(1)\ \displaystyle\sum_{n=1}^{\infty}(-1)^n\frac{1}{\sqrt{n}}$;

$(2)\ \displaystyle\sum_{n=1}^{\infty}(-1)^n\frac{1}{n^2+1}$;

$(3)\ \displaystyle\sum_{n=0}^{\infty}(-1)^n\frac{2^n-1}{3^n-1}$;

$(4)\ \displaystyle\sum_{n=0}^{\infty}(-1)^n\frac{n+3}{(n+2)\sqrt{n+4}}$;

$(5)\ \displaystyle\sum_{n=1}^{\infty}(-1)^{n-1}\frac{n}{\sqrt{n^2+1}}$;

$(6)\ \displaystyle\sum_{n=1}^{\infty}(-1)^n\ln\frac{n+1}{n}$;

$(7)\ \displaystyle\sum_{n=1}^{\infty}(-1)^n\sqrt{n}\ln\left(1+\frac{1}{n^2}\right)$;

$(8)\ \displaystyle\sum_{n=1}^{\infty}(-1)^{n-1}\frac{1}{\ln(n+1)}$;

$(9)\ \displaystyle\sum_{n=1}^{\infty}(-1)^n\frac{2^n\cdot n!}{n^n}$;

$(10)\ \displaystyle\sum_{n=1}^{\infty}(-1)^{n-1}\frac{3n}{2^n}$.

3. 确定下列幂级数的收敛半径及收敛区间：

$(1)\ \displaystyle\sum_{n=1}^{\infty}nx^{n-1}$;

$(2)\ \displaystyle\sum_{n=1}^{\infty}n!x^n$;

$(3)\ \displaystyle\sum_{n=1}^{\infty}\frac{x^n}{2^n}$;

$(4)\ \displaystyle\sum_{n=1}^{\infty}\frac{x^n}{n!}$;

$(5)\ \displaystyle\sum_{n=0}^{\infty}\frac{n}{(n+2)4^n}x^n$;

$(6)\ \displaystyle\sum_{n=0}^{\infty}\frac{x^n}{a^n+b^n}\quad(a>b>0)$;

$(7)\ \displaystyle\sum_{n=1}^{\infty}\frac{n}{3^n}(x-2)^n$;

$(8)\ \displaystyle\sum_{n=1}^{\infty}\frac{2n-1}{2^n}x^{2n-2}$.

4. 求幂级数 $\displaystyle\sum_{n=1}^{\infty}(-1)^n\frac{x^n}{n^2}$ 的收敛半径和收敛域.

5. 求幂级数 $\displaystyle\sum_{n=1}^{\infty}\frac{(x-5)^n}{\sqrt{n}}$ 的收敛半径和收敛域.

6. 求下列幂级数的和函数：

$(1)\ \displaystyle\sum_{n=0}^{\infty}\frac{1}{2^{n-1}}x^n$;

$(2)\ \displaystyle\sum_{n=1}^{\infty}nx^{n-1}$;

(3) $\sum_{n=0}^{\infty} \dfrac{x^n}{n+1}$;

(4) $\sum_{n=0}^{\infty} n(n+1)x^n$.

7. 把下列函数展成 x 的幂级数:

(1) $x^2 e^{x+1}$;

(2) $\cos \dfrac{x}{2}$;

(3) $\ln(2+x)$;

(4) $\dfrac{1}{3-x}$;

(5) $\dfrac{x}{9+x^2}$;

(6) $\displaystyle\int_0^x \dfrac{\sin t}{t}\mathrm{d}t$.

8. 将函数 $y=\dfrac{1}{x+1}$ 展成 $(x-1)$ 的幂级数,并指出收敛区间.

9. 将函数 $f(x)=\ln(3x-x^2)$ 展开为 $(x-1)$ 的幂级数,并指出收敛区间.

10. 将函数 $f(x)=\dfrac{1}{x^2+3x+2}$ 展开成 x 和 $(x+4)$ 的幂级数,并指出其收敛区间.

11. 将函数 $f(x)=\dfrac{2}{(1-x)^2}$ 展成 x 的幂级数,并指出其收敛区间.

12. 将函数 $f(x)=\arctan \dfrac{1+x}{1-x}$ 展为 x 的幂级数,并指出其收敛区间.

四、证明题

1. 设正项级数 $\sum\limits_{n=1}^{\infty} a_n$ 与 $\sum\limits_{n=1}^{\infty} b_n$ 都收敛,试证明 $\sum\limits_{n=1}^{\infty} a_n \cdot b_n$ 也收敛.

2. 已知级数 $\sum\limits_{n=1}^{\infty} a_n^2$ 和 $\sum\limits_{n=1}^{\infty} b_n^2$ 都收敛,试证明级数 $\sum\limits_{n=1}^{\infty} a_n b_n$ 绝对收敛.

3. 设有方程 $x^n+nx-1=0$,其中 n 为正整数,证明此方程存在唯一的正实根 x_n,并证明当 $\alpha>1$ 时,级数 $\sum\limits_{n=1}^{\infty} x n_n^2$ 收敛.

参考答案五

一、选择题

1. A.　2. B.　3. D.　4. D.　5. C.　6. D.　7. D.　8. A.　9. B.　10. C.

11. C.　12. D.　13. B.　14. B.　15. C.　16. C.　17. C.　18. B.　19. A.　20. D.

21. C.　22. D.　23. B.　24. B.　25. C.　26. A.　27. D.　28. A.　29. B.　30. C.

二、填空题

1. $2\left[1-\left(\dfrac{2}{3}\right)^n\right]$; 2.　　　　2. $\lim\limits_{n\to\infty}u_n=0$;发散.　　　　3. 0;8.

4. $\dfrac{1}{2}$.　　　　5. $\alpha>\dfrac{2}{3}$.　　　　6. $\leqslant 0$;>0 且 $\leqslant 1$;>1.

7. 0.　　　　8. 1;$(-1,1)$.　　　　9. 0.

10. $\sqrt{R}$.　　　　11. 1.　　　　12. $(-2,4)$.

13. $(-1,1)$.　　　　14. $\sqrt{3}$.　　　　15. $(0,4)$.

三、计算题

1. (1)收敛；　　(2)发散；　　(3)发散；　　(4)发散；　　(5)收敛；

　(6)发散；　　(7)收敛；　　(8)收敛；　　(9)发散；　　(10)收敛；

　(11)收敛；　　(12)收敛；　　(13)收敛；　　(14)发散；　　(15)发散；

　(16)发散；　　(17)发散；　　(18)收敛；　　(19)收敛；　　(20)收敛.

2. (1)条件收敛；　　(2)绝对收敛；　　(3)绝对收敛；　　(4)条件收敛；　　(5)发散；

　(6)条件收敛；　　(7)绝对收敛；　　(8)条件收敛；　　(9)绝对收敛；　　(10)绝对收敛.

3. $(1)R=1,x\in(-1,1)$；　　　　　　　　　　$(2)R=0,$ 仅在 $x=0$ 处收敛；

　$(3)R=2,x\in(-2,2)$；　　　　　　　　　$(4)R=+\infty,x\in(-\infty,+\infty)$；

　$(5)R=4,x\in(-4,4)$；　　　　　　　　　$(6)R=a,x\in(-a,a)$；

　$(7)R=3,x\in(-1,5)$；　　　　　　　　　$(8)R=\sqrt{2},x\in(-\sqrt{2},\sqrt{2})$.

4. 因为 $\rho=\lim\limits_{n\to\infty}\left|\dfrac{a_{n+1}}{a_n}\right|=\lim\limits_{n\to\infty}\dfrac{n^2}{(n+1)^2}=1$，所以原幂级数的收敛半径为 $R=\dfrac{1}{\rho}=1$. 当 $x=1$ 时，

$\sum\limits_{n=1}^{\infty}(-1)^n\dfrac{1}{n^2}$ 收敛；当 $x=-1$ 时，$\sum\limits_{n=1}^{\infty}\dfrac{1}{n^2}$ 收敛，故原幂级数的收敛域为 $[-1,1]$.

5. 因为 $\rho=\lim\limits_{n\to\infty}\left|\dfrac{a_{n+1}}{a_n}\right|=\lim\limits_{n\to\infty}\dfrac{\sqrt{n}}{\sqrt{n+1}}=1$，故幂级数收敛半径 $R=\dfrac{1}{\rho}=1$，又因为当 $t=-1$ 时，

$\sum\limits_{n=1}^{\infty}\dfrac{(-1)^n}{\sqrt{n}}$ 收敛；当 $t=1$ 时，$\sum\limits_{n=1}^{\infty}\dfrac{1}{\sqrt{n}}$ 发散，故级数 $\sum\limits_{n=1}^{\infty}\dfrac{1}{\sqrt{n}}t^n$ 的收敛域为 $-1\leqslant t<1$，即 $-1\leqslant x-5<1\Rightarrow4\leqslant x<6$，

从而原级数 $\sum\limits_{n=1}^{\infty}\dfrac{(x-5)^n}{\sqrt{n}}$ 的收敛域为 $[4,6)$.

6. $(1)\ \sum\limits_{n=0}^{\infty}\dfrac{1}{2^{n-1}}x^n=2\sum\limits_{n=0}^{\infty}\left(\dfrac{x}{2}\right)^n=\dfrac{2}{1-\dfrac{x}{2}}=\dfrac{4}{2-x},\ -2<x<2.$

(2)显然其收敛区间为 $(-1,1)$，设和函数为 $s(x)$，即

$$s(x)=\sum_{n=1}^{\infty}nx^{n-1},x\in(-1,1);$$

两边积分得　　　　　$\displaystyle\int_0^x s(t)\mathrm{d}t=\sum_{n=1}^{\infty}\int_0^x nt^{n-1}\mathrm{d}t=\sum_{n=1}^{\infty}x^n=\dfrac{x}{1-x},x\in(-1,1).$

两边对 x 求导得　　　$\displaystyle s(x)=\sum_{n=1}^{\infty}nx^{n-1}=\left(\dfrac{x}{1-x}\right)'=\dfrac{1}{(1-x)^2},x\in(-1,1).$

(3)不难求得，收敛域为 $[-1,1)$，设和函数 $s(x)$，即

$$s(x)=\sum_{n=0}^{\infty}\dfrac{x^n}{n+1},x\in[-1,1).$$

于是 $x\cdot s(x)=\sum\limits_{n=0}^{\infty}\dfrac{x^{n+1}}{n+1}$，利用性质逐项求导得到

$$[x\cdot s(x)]'=\sum_{n=0}^{\infty}\left(\dfrac{x^{n+1}}{n+1}\right)'=\sum_{n=0}^{\infty}x^n=\dfrac{1}{1-x},\quad x\in(-1,1),$$

对上式两边从 0 到 x 积分，得

$$x\cdot s(x)=\int_0^x\dfrac{1}{1-x}\mathrm{d}x=-\ln(1-x),\quad x\in[-1,1),$$

于是当 $x \neq 0$ 时,有 $s(x) = -\dfrac{1}{x}\ln(1-x)$.

而 $x = 0$ 时,显然有 $s(0) = a_0 = 1$,故

$$s(x) = \begin{cases} -\dfrac{1}{x}\ln(1-x), & x \in [-1,0) \cup (0,1) \\ 1, & x = 0 \end{cases}.$$

(4) 幂级数 $\displaystyle\sum_{n=0}^{\infty} n(n+1)x^n$ 的收敛区间为 $(-1,1)$,设

$$s(x) = \sum_{n=0}^{\infty} n(n+1)x^n, x \in (-1,1),$$

两边积分得

$$\int_0^x s(x)\mathrm{d}x = \int_0^x \sum_{n=0}^{\infty} n(n+1)x^n \mathrm{d}x = \sum_{n=0}^{\infty}\int_0^x n(n+1)x^n \mathrm{d}x = \sum_{n=0}^{\infty} nx^{n+1},$$

由第(2)小题,有

$$\sum_{n=1}^{\infty} nx^{n+1} = x^2 \cdot \sum_{n=1}^{\infty} nx^{n-1} = x^2 \cdot \frac{1}{(1-x)^2} = \left(\frac{x}{1-x}\right)^2,$$

故

$$\int_0^x s(x)\mathrm{d}x = \sum_{n=0}^{\infty} nx^{n+1} = \sum_{n=1}^{\infty} nx^{n+1} = \left(\frac{x}{1-x}\right)^2,$$

两边求导得 $s(x) = 2 \cdot \dfrac{x}{1-x} \cdot \left(\dfrac{x}{1-x}\right)' = 2 \cdot \dfrac{x}{1-x} \cdot \dfrac{1}{(1-x)^2} = \dfrac{2x}{(1-x)^3}, x \in (-1,1)$.

7.(1) 因为 $\mathrm{e}^x = \displaystyle\sum_{n=0}^{\infty} \dfrac{x^n}{n!}, x \in (-\infty, +\infty)$ 所以

$$x^2\mathrm{e}^{x+1} = \mathrm{e}x^2\mathrm{e}^x = \mathrm{e}x^2\sum_{n=0}^{\infty} \frac{x^n}{n!} = \sum_{n=0}^{\infty} \frac{\mathrm{e}x^{n+2}}{n!}, x \in (-\infty, +\infty).$$

(2) $\displaystyle\sum_{n=0}^{\infty} (-1)^n \dfrac{1}{2^{2n}} \dfrac{x^{2n}}{(2n)!}$　$(-\infty < x < +\infty)$.

(3) $\ln(2+x) = \ln 2 + \ln\left(1+\dfrac{x}{2}\right)$,　$\dfrac{x}{2} \in (-1,1]$

$$= \ln 2 + \sum_{n=0}^{\infty} (-1)^n \frac{1}{n+1}\left(\frac{x}{2}\right)^{n+1} = \ln 2 + \sum_{n=0}^{\infty} (-1)^n \frac{x^{n+1}}{(n+1)2^{n+1}}, x \in (-2,2].$$

(4) $\displaystyle\sum_{n=0}^{\infty} \dfrac{x^n}{3^{n+1}}$　$(-3 < x < 3)$.

(5) $\displaystyle\sum_{n=0}^{\infty} (-1)^n \dfrac{x^{2n+1}}{9^{n+1}}$　$(-3 < x < 3)$.

(6) $\sin t = \displaystyle\sum_{n=0}^{\infty} (-1)^n \dfrac{t^{2n+1}}{(2n+1)!}$,所以 $\dfrac{\sin t}{t} = \displaystyle\sum_{n=0}^{\infty} (-1)^n \dfrac{t^{2n}}{(2n+1)!}$,故

$$\int_0^x \frac{\sin t}{t}\mathrm{d}t = \sum_{n=0}^{\infty} (-1)^n \int_0^x \frac{t^{2n}}{(2n+1)!}\mathrm{d}t = \sum_{n=0}^{\infty} (-1)^n \frac{x^{2n+1}}{(2n+1)(2n+1)!}, x \in (-\infty, +\infty).$$

8. $\displaystyle\sum_{n=0}^{\infty} \dfrac{(-1)^n}{2^{n+1}} \cdot (x-1)^n$.　$\dfrac{x-1}{2} \in (-1,1) \Rightarrow x \in (-1,3)$.

9. $\ln 2 + \displaystyle\sum_{n=0}^{\infty} \left[(-1)^n - \dfrac{1}{2^{n+1}}\right] \cdot \dfrac{(x-1)^{n+1}}{n+1}$.　$x \in (0,2] \cap [-1,3) \Rightarrow x \in (0,2]$.

10. 因为 $f(x) = \dfrac{1}{x^2+3x+2} = \dfrac{1}{x+1} - \dfrac{1}{x+2}$ 而

$$\frac{1}{1+x} = 1 - x + x^2 - \cdots + (-1)^n x^n + \cdots = \sum_{n=0}^{\infty} (-1)^n x^n, x \in (-1,1),$$

所以 $\quad \dfrac{1}{x+2} = \dfrac{1}{2}\dfrac{1}{1+\dfrac{x}{2}} = \dfrac{1}{2}\sum_{n=0}^{\infty} (-1)^n \left(\dfrac{x}{2}\right)^n = \sum_{n=0}^{\infty} \dfrac{(-1)^n}{2^{n+1}} x^n, \dfrac{x}{2} \in (-1,1) \Rightarrow x \in (-2,2),$

从而 $\qquad f(x) = \dfrac{1}{x^2+3x+2} = \dfrac{1}{x+1} - \dfrac{1}{x+2} = \sum_{n=0}^{\infty} (-1)^n x^n - \sum_{n=0}^{\infty} \dfrac{(-1)^n}{2^{n+1}} x^n$

$$= \sum_{n=0}^{\infty} (-1)^n \left(1 - \frac{1}{2^{n+1}}\right) \cdot x^n, x \in (-1,1).$$

同理，$\dfrac{1}{1+x} = \dfrac{1}{x+4-3} = -\dfrac{1}{3}\dfrac{1}{1-\dfrac{x+4}{3}} = -\dfrac{1}{3}\sum_{n=0}^{\infty} \left(\dfrac{x+4}{3}\right)^n, \quad \dfrac{x+4}{3} \in (-1,1)$

$$= \sum_{n=0}^{\infty} \frac{-1}{3^{n+1}} (x+4)^n, \quad x \in (-7,-1),$$

$$\frac{1}{2+x} = \frac{1}{x+4-2} = -\frac{1}{2}\frac{1}{1-\frac{x+4}{2}} = -\frac{1}{2}\sum_{n=0}^{\infty} \left(\frac{x+4}{2}\right)^n, \quad \frac{x+4}{2} \in (-1,1)$$

$$= \sum_{n=0}^{\infty} \frac{-1}{2^{n+1}} (x+4)^n, \quad x \in (-6,-2),$$

所以 $\qquad f(x) = \dfrac{1}{x^2+3x+2} = \dfrac{1}{x+1} - \dfrac{1}{x+2} = \sum_{n=0}^{\infty} \dfrac{-1}{3^{n+1}} (x+4)^n - \sum_{n=0}^{\infty} \dfrac{-1}{2^{n+1}} (x+4)^n$

$$= \sum_{n=0}^{\infty} \left(\frac{1}{2^{n+1}} - \frac{1}{3^{n+1}}\right)(x+4)^n, x \in (-7,-1) \cap (-6,-2) = (-6,-2).$$

11. $\dfrac{2}{(1-x)^2} = \dfrac{\mathrm{d}}{\mathrm{d}x}\left(\dfrac{2}{1-x}\right) = 2\sum_{n=0}^{\infty} (x^n)' = 2\sum_{n=1}^{\infty} nx^{n-1}, \ |x| < 1.$

12. $f'(x) = \dfrac{1}{1+\left(\dfrac{1+x}{1-x}\right)^2} \dfrac{(1-x) - (1+x) \cdot (-1)}{(1-x)^2} = \dfrac{2}{(1-x)^2 + (1+x)^2} = \dfrac{1}{1+x^2}$，由

$$\frac{1}{1+t} = 1 - t + t^2 - \cdots + (-1)^n t^n + \cdots = \sum_{n=0}^{\infty} (-1)^n t^n \quad (|t| < 1),$$

得 $\qquad f'(x) = \dfrac{1}{1+x^2} = \sum_{n=0}^{\infty} (-1)^n x^{2n} \quad (|x| < 1).$

在幂级数的收敛区间内可逐项积分得

$$\int_0^x f'(t)\,\mathrm{d}t = \sum_{n=0}^{\infty} (-1)^n \int_0^x t^{2n}\mathrm{d}t,$$

$$f(x) = f(0) + \sum_{n=0}^{\infty} \frac{(-1)^n}{2n+1}x^{2n+1} = \frac{\pi}{4} + \sum_{n=0}^{\infty} \frac{(-1)^n}{2n+1}x^{2n+1}, \quad |x| < 1.$$

四、证明题

1. 因为正项级数 $\sum\limits_{n=1}^{\infty} a_n$ 与 $\sum\limits_{n=1}^{\infty} b_n$ 都收敛，所以 $\lim\limits_{n\to\infty} \dfrac{a_n \cdot b_n}{a_n} = \lim\limits_{n\to\infty} b_n = 0$，由比较判别法的极限形式知，

$\sum\limits_{n=1}^{\infty} a_n \cdot b_n$ 收敛.

2. $\sum\limits_{n=1}^{\infty} a_n^2$ 与 $\sum\limits_{n=1}^{\infty} b_n^2$ 都收敛 $\Rightarrow \sum\limits_{n=1}^{\infty} 2|a_n b_n|$ 收敛 $\Rightarrow \sum\limits_{n=1}^{\infty} |a_n b_n|$ 收敛，则 $\sum\limits_{n=1}^{\infty} a_n b_n$ 绝对收敛.

3. 取 $f_n(x) = x^n + nx - 1 = 0$，则 $f_n(x)$ 在 $[0,1]$ 上连续，且 $f_n(0) = -1 < 0$，$f(1) = n > 0 \Rightarrow \exists n_n \in (0,1)$，使 $f(x_n) = 0$.

又 $f'_n(x) = nx^{n-1} + n > 0$，$x \in [0, +\infty] \Rightarrow f_n(x)$ 在 $[0, +\infty]$ 上严格增加.

则方程 $x^n + nx - 1 = 0$ 存在唯一正实根 $x_n \in (0,1)$.

由 $x_n^n + nx_n - 1 = 0$ 且 $x_n \in (0,1)$，有 $0 < x_n = \dfrac{1 - x_n^n}{n} < \dfrac{1}{n} \Rightarrow 0 < x_n^n < \dfrac{1}{n^\alpha}$ $(\alpha > 1)$.

又 $\displaystyle\sum_{n=1}^\infty \frac{1}{n^\alpha}$ 收敛 $\Rightarrow \displaystyle\sum_{n=1}^\infty n_n^\alpha$ 收敛.

第六章　向量代数与空间解析几何

新考纲要点

一、向量代数

1. 理解向量的概念,掌握向量的表示法,会求向量的模、非零向量的方向余弦和非零向量在轴上的投影.

2. 掌握向量的线性运算(加法运算与数量乘法运算),会求向量的数量积与向量积.

3. 会求两个非零向量的夹角,掌握两个非零向量平行、垂直的充分必要条件.

二、平面与直线

1. 会求平面的点法式方程与一般式方程.会判定两个平面的位置关系.

2. 会求点到平面的距离.

3. 会求直线的点向式方程、一般式方程和参数式方程,会判定两条直线的位置关系.

4. 会求点到直线的距离,两条异面直线之间的距离.

5. 会判定直线与平面的位置关系.

第一节　向量代数基础

一、向量的基本概念

定义 1　既有大小又有方向的量称为**向量**.向量也被称为**矢量**.向量表示为 $\overrightarrow{AB}$ 或 $\boldsymbol{a}$,如图 6-1 所示.有向线段的长度表示向量的大小,称为向量的模,记作 $|\overrightarrow{AB}|$ 或 $|\boldsymbol{a}|$,有向线段的方向表示向量的方向.

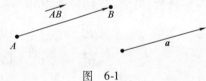

图 6-1

如果向量只取决于大小和方向,与起点位置无关,则称为**自由向量**.

当两个自由向量的大小相等,方向相同时,称为两个**向量相等**.

向量的模等于 1 的向量称为**单位向量**.

向量的模等于 0 的向量称为**零向量**,记作 **0**.零向量的方向任意.

与向量大小相等,方向相反的向量,称为向量 $\boldsymbol{a}$ 的**负向量**,记作 $-\boldsymbol{a}$.

如果两个非零向量 $\boldsymbol{a},\boldsymbol{b}$ 方向相同或相反,则称向量 $\boldsymbol{a}$ 与 $\boldsymbol{b}$ 平行(或共线),记作 $\boldsymbol{a}/\!/\boldsymbol{b}$.特别地,**0** 可看作与任意向量 $\boldsymbol{a}$ 平行.

二、向量的坐标表示及运算

1. 向量的坐标表示式

设空间直角坐标系 $Oxyz$ 中,分别在 x 轴、y 轴、z 轴上有一个与坐标轴同向的单位向量(一般用 i,j,k 表示),称它们为**基本单位向量**,如图 6-2 所示.

设向量 $\overrightarrow{OM}$ 的终点 M 的坐标为 (x,y,z),过点 M 分别作垂直于坐标轴的平面,在 x 轴、y 轴、z 轴上的交

点分别为点 P,Q,R ,其坐标为 x,y,z .由向量的数乘运算知向量

$$\overrightarrow{OP} = x\boldsymbol{i},\quad \overrightarrow{OQ} = y\boldsymbol{j},\quad \overrightarrow{OR} = z\boldsymbol{k}.$$

又由向量的加法知,向量 $\overrightarrow{OM} = \overrightarrow{ON} + \overrightarrow{NM} = \overrightarrow{OP} + \overrightarrow{OQ} + \overrightarrow{OR}$,从而

$$\overrightarrow{OM} = x\boldsymbol{i} + y\boldsymbol{j} + z\boldsymbol{k},$$

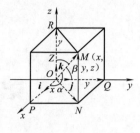

定义 2　设由向量 $\boldsymbol{a}$ 与 x 轴、 y 轴、 z 轴正向的夹角分别为 α,β,γ ,则 α,β,γ 叫做向量 $\boldsymbol{a}$ 的方向角,并规定 $0 \leqslant \alpha,\beta,\gamma \leqslant \pi$ (见图6-3).方向角的余角 $\cos\alpha,\cos\beta,\cos\gamma$ 称为向量 $\boldsymbol{a}$ 的方向余弦.

图　6-2

如果 $P(x,y,z)$,那么 $\overrightarrow{OP} = (x,y,z)$,即

$$x = |\overrightarrow{OP}|\cos\alpha,\quad y = |\overrightarrow{OP}|\cos\beta,\quad z = |\overrightarrow{OP}|\cos\gamma,$$

则

$$\cos\alpha = \frac{x}{|\overrightarrow{OP}|} = \frac{x}{\sqrt{x^2 + y^2 + z^2}},$$

$$\cos\beta = \frac{y}{|\overrightarrow{OP}|} = \frac{y}{\sqrt{x^2 + y^2 + z^2}},$$

$$\cos\gamma = \frac{z}{|\overrightarrow{OP}|} = \frac{z}{\sqrt{x^2 + y^2 + z^2}}.$$

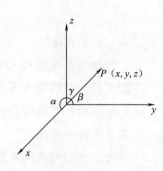

图　6-3

上面三个式子两边平方后相加得 $\cos^2\alpha + \cos^2\beta + \cos^2\gamma = 1$.

【例1】　设点 $M_1(4,\sqrt{2},1)$, $M_2(3,0,2)$,求向量 $\overrightarrow{M_1M_2}$ 的模和方向角.

精析:向量 $\overrightarrow{M_1M_2}$ 的坐标表示式为 $\overrightarrow{M_1M_2} = (-1,-\sqrt{2},1)$.

从而

$$|\overrightarrow{M_1M_2}| = \sqrt{(-1)^2 + (-\sqrt{2})^2 + 1^2} = 2,$$

$$\cos\alpha = \frac{-1}{2},\quad \cos\beta = \frac{-\sqrt{2}}{2},\quad \cos\gamma = \frac{1}{2},$$

所以 $\alpha = \frac{2}{3}\pi, \beta = \frac{3}{4}\pi, \gamma = \frac{\pi}{3}$.

【例2】　证明以 $A(4,1,9)$, $B(10,-1,6)$, $C(2,4,3)$ 为顶点的三角形是等腰直角三角形.

精析:由于 $|\overrightarrow{AB}| = \sqrt{(10-4)^2 + (-1-1)^2 + (6-9)^2} = 7$,

$$|\overrightarrow{BC}| = \sqrt{(2-10)^2 + (4+1)^2 + (3-6)^2} = 7\sqrt{2},$$

$$|\overrightarrow{AC}| = \sqrt{(2-4)^2 + (4-1)^2 + (3-9)^2} = 7,$$

从而,有 $|\overrightarrow{AB}| = |\overrightarrow{AC}|$,且 $|\overrightarrow{AB}|^2 + |\overrightarrow{AC}|^2 = |\overrightarrow{BC}|^2$.故三角形 ABC 为等腰直角三角形.

2. 向量的加减法及数乘运算

每一种运算都可以有三种表现形式:图形、符号、坐标语言,见表6-1.

表　6-1

运　算	图形语言	符号语言	坐标语言
加法与减法	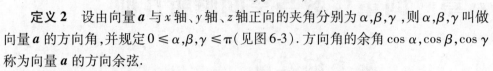	$\overrightarrow{OA} + \overrightarrow{OB} = \overrightarrow{OC}$ $\overrightarrow{OB} - \overrightarrow{OA} = \overrightarrow{AB}$ $\overrightarrow{OA} + \overrightarrow{AB} = \overrightarrow{OB}$	$\overrightarrow{OA} = (x_1,y_1,z_1), \overrightarrow{OB} = (x_2,y_2,z_2)$ 则 $\overrightarrow{OA} + \overrightarrow{OB} = (x_1+x_2,y_1+y_2,z_1+z_2)$ $\overrightarrow{AB} = \overrightarrow{OB} - \overrightarrow{OA} = (x_2-x_1,y_2-y_1,z_2-z_1)$
实数与向量的乘积		$\overrightarrow{AB} = \lambda\boldsymbol{a}$ $\lambda \in \mathbf{R}$	记 $\boldsymbol{a} = (x,y,z)$ 则 $\lambda\boldsymbol{a} = (\lambda x,\lambda y,\lambda z)$

3. 重要定理、公式

（1）向量共线定理：如果有一个实数 λ 使 $b = \lambda a (a \neq 0)$，那么 b 与 a 是共线向量；反之，如果 b 与 $a(a \neq 0)$ 是共线向量，那么有且只有一个实数 λ，使 $b = \lambda a$.

（2）两个向量平行：$a = (x_1, y_1, z_1)$，$b = (x_2, y_2, z_2)$，则 $a /\!/ b \Leftrightarrow b = \lambda a$.

（3）两个向量垂直：$a = (x_1, y_1, z_1)$，$b = (x_2, y_2, z_2)$，则 $a \perp b \Leftrightarrow a \cdot b = 0 \Leftrightarrow x_1 x_2 + y_1 y_2 + z_1 z_2 = 0$.

【例3】　已知 $a = (4, 3, -1)$，$b = (5, 1, 3)$，$c = (4, -1, -3)$，求 $2a - 3b + 4c$.

精析：$2a - 3b + 4c = 2(4, 3, -1) - 3(5, 1, 3) + 4(4, -1, -3)$

$$= (8, 6, -2) - (15, 3, 9) + (16, -4, -12) = (9, -1, -23).$$

注意：向量的坐标与向量坐标表示式的区别．向量的坐标是一组有序数，向量的坐标表示式是一个向量．例如：$\overrightarrow{M_1 M_2} = (x_2 - x_1)i + (y_2 + y_1)j + (z_2 + z_1)k$ 是向量坐标表示式．

【例4】　设向量 $a = 2i - j + 2k$，$b = 2i - 3j + k$，求与向量 $c = 2a - b$ 同向的单位向量．

精析：由于 $a = (2, -1, 2)$，$b = (2, -3, 1)$，所以 $c = 2a - b = (2, 1, 3)$．又 $|c| = \sqrt{2^2 + 1^2 + 3^2} = \sqrt{14}$，于是

$$c^\circ = \frac{1}{|c|} c = \left(\frac{2}{\sqrt{14}}, \frac{1}{\sqrt{14}}, \frac{3}{\sqrt{14}} \right).$$

4. 向量的数量积

定义3　设 a, b 是两个给定的向量，它们的数量积定义为 $a \cdot b = |a| \cdot |b| \cdot \cos \theta$.（它们的夹角为 θ）

向量的数量有如下两个重要结论：

（1）$a \cdot a = |a|^2$．特别地，对于基本单位向量 i, j, k，有 $i \cdot i = j \cdot j = k \cdot k = 1$.

（2）向量 a 与 b 垂直的充要条件是 $a \cdot b = 0$．特别地，$i \cdot j = j \cdot k = k \cdot i = 0$.

向量的数量积有如下的运算规律：

（1）交换律：$a \cdot b = b \cdot a$；

（2）结合律：$(\lambda a) \cdot b = \lambda (a \cdot b)$；

（3）分配律：$(a + b) \cdot c = a \cdot c + b \cdot c$.

向量的数量积的坐标表示式：

设向量 $a = \{a_x, a_y, a_z\}$，$b = \{b_x, b_y, b_z\}$，则有 $a \cdot b = a_x b_x + a_y b_y + a_z b_z$.

设向量 $a = (a_x, a_y, a_z)$，$b = (b_x, b_y, b_z)$，a 与 b 的夹角为 θ，则有

$$\cos \theta = \frac{a \cdot b}{|a| \cdot |b|} = \frac{a_x b_x + a_y b_y + a_z b_z}{\sqrt{a_x^2 + a_y^2 + a_z^2} \sqrt{b_x^2 + b_y^2 + b_z^2}}.$$

可得 a 与 b 垂直的充要条件为　$a_x b_x + a_y b_y + a_z b_z = 0$.

【例5】　设 $|a| = 3$，$|b| = 2\sqrt{2}$，a 与 b 的夹角为 $\dfrac{3\pi}{4}$，求 $(3a - 2b) \cdot (a + 2b)$.

精析：$(3a - 2b) \cdot (a + 2b) = 3|a|^2 + 4a \cdot b - 4|b|^2$

$$= 3 \times 3^2 + 4 \times 3 \times 2\sqrt{2} \times \cos \frac{3\pi}{4} - 4 \times 8 = -29.$$

【例6】　设点 $A(2, 2\sqrt{2}, 1)$，$B(1, \sqrt{2}, 2)$，$C(0, \sqrt{2}, 3)$，求 $\angle ABC$.

精析：先计算向量 $\overrightarrow{BA}$，$\overrightarrow{BC}$，由向量的数量积，有

$$\cos \angle ABC = \frac{\overrightarrow{BA} \cdot \overrightarrow{BC}}{|\overrightarrow{BA}| \cdot |\overrightarrow{BC}|} = \frac{1 \times (-1) + \sqrt{2} \times 0 + (-1) \times 1}{\sqrt{1^2 + (\sqrt{2})^2 + (-1)^2} \sqrt{(-1)^2 + 0^2 + 1^2}} = -\frac{\sqrt{2}}{2}.$$

于是，$\angle ABC = \dfrac{3\pi}{4}$.

【例7】 设向量 $a = (1, -2, 2)$，求在 yOz 坐标面上与 a 垂直的单位向量.

精析：由于所求的向量在 yOz 坐标面上，可设该向量为 $b = (0, b_y, b_z)$. 又由已知条件知，向量 b 满足 $a \cdot b = -2b_y + 2b_z = 0$，$|b| = \sqrt{b_y{}^2 + b_z{}^2} = 1$. 解得 $b_y = b_z = \pm \dfrac{\sqrt{2}}{2}$，即所求的向量为 $b = \left(0, \dfrac{\sqrt{2}}{2}, \dfrac{\sqrt{2}}{2}\right)$ 或 $\left(0, -\dfrac{\sqrt{2}}{2}, -\dfrac{\sqrt{2}}{2}\right)$.

5. 向量在轴上的投影

设向量 a 与数轴 u 轴的夹角为 φ，则 $|a|\cos\varphi$ 称为向量 a 在 u 轴上的投影，记为 $\mathrm{Prj}_u a$ 或 $(a)_u$，$\mathrm{Prj}_u a = |a|\cos\varphi$，$\mathrm{Prj}_u(a_1 + a_2) = \mathrm{Prj}_u a_1 + \mathrm{Prj}_u a_2$，$\mathrm{Prj}_u \lambda a = \lambda \mathrm{Prj}_u a$.

向量在与其方向相同的轴上的投影为向量的模 $|a|$.

在空间直角坐标系上，向量 a 的坐标 (x, y, z) 是 a 向各坐标轴的投影. 向量 a 可以表示成分量形式 $a = xi + yj + zk$.

6. 向量的向量积

定义4 设两个向量为 a, b，它们的夹角为 θ，由向量 a, b 可确定一个向量，记作 c，其大小为 $|c| = |a| \cdot |b| \cdot \sin\theta$，其方向为向量 c 垂直于向量 a 与 b 所确定的平面，指向符合右手规则，即右手四指从 a 绕 θ 角转向 b，大拇指的指向为 c 的方向，称这样所确定的向量 c 为向量 a 与 b 的向量积或叉积，记作 $c = a \times b$，如图 6-4 所示.

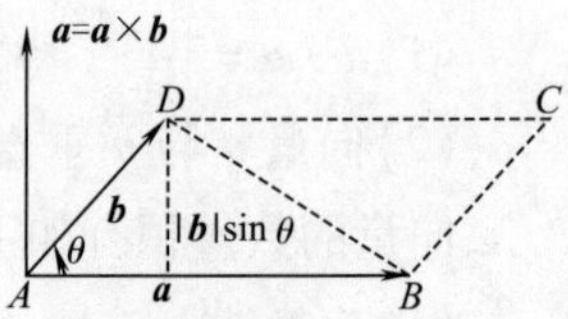

设向量 $a = (a_x, a_y, a_z)$，$b = (b_x, b_y, b_z)$，则有

$$a \times b = \begin{vmatrix} i & j & k \\ a_x & a_y & a_z \\ b_x & b_y & b_z \end{vmatrix} = (a_y b_z - a_z b_y)i + (a_z b_x - a_x b_z)j + (a_x b_y - a_y b_x)k.$$

图 6-4

向量积有下列重要结论：

(1) 平行充要条件：$a \parallel b \Leftrightarrow a \times b = 0$.

(2) 运算规律：$b \times a = -a \times b$；

　　　　　　分配律 $(a + b) \times c = a \times c + b \times c$；

　　　　　　结合律 $(\lambda a) \times b = a \times (\lambda b) = \lambda(a \times b)$.

(3) $|a \times b|$ 的几何意义：表示以 a, b 为邻边的平行四边形 $ABCD$ 的面积. 即

$$S_{\square ABCD} = |a \times b| \quad \text{从而} \quad S_{\triangle ABD} = \frac{1}{2}|a \times b|.$$

【例8】 设 $|a| = 4$，$|b| = 6$，$a \cdot b = -12$，求 $|a \times b|$.

精析：由数量积定义知 a 与 b 的夹角 θ 的余弦

$$\cos\theta = \frac{a \cdot b}{|a| \cdot |b|} = \frac{-12}{4 \times 6} = -\frac{1}{2}, \quad \sin\theta = \sqrt{1 - \cos^2\theta} = \frac{\sqrt{3}}{2}.$$

其中 $0 \leqslant \theta \leqslant \pi$，也可由 $\cos\theta = -\dfrac{1}{2}$，求出 $\theta = \dfrac{2\pi}{3}$. 从而

$$|a \times b| = |a||b|\sin\theta = 4 \times 6 \times \frac{\sqrt{3}}{2} = 12\sqrt{3}.$$

【例9】 已知 $\overrightarrow{OA} = i + 3k$，$\overrightarrow{OB} = j + 3k$，求 $\triangle OAB$ 的面积.

精析：$\overrightarrow{OA} \times \overrightarrow{OB} = \begin{vmatrix} i & j & k \\ 1 & 0 & 3 \\ 0 & 1 & 3 \end{vmatrix} = -3i - 3j + k$,

$$|\overrightarrow{OA} \times \overrightarrow{OB}| = \sqrt{(-3)^2 + (-3)^2 + 1} = \sqrt{19},$$

所以, $\triangle OAB$ 的面积是 $\dfrac{\sqrt{19}}{2}$.

第二节　空间解析几何初步

一、平面方程

平面 π 过点 $M_0(x_0, y_0, z_0)$, 法向量为 $\boldsymbol{n} = (A, B, C)$ 那么平面方程为

$$\boldsymbol{n} \cdot \overrightarrow{MM_0} = 0 \Leftrightarrow A(x - x_0) + B(y - y_0) + C(z - z_0) = 0 (点法式)$$

或

$$Ax + By + Cz + D = 0 (其中 D = -Ax_0 - By_0 - Cz_0) (一般式).$$

(1) 点法式有两个基本要素: 点 M_0 和法向量 $\boldsymbol{n}$.

(2) 如果一平面方程写为 $Ax + By + Cz + D = 0$, 那么 $\boldsymbol{n} = (A, B, C)$.

(3) 两平面之间的位置关系由各自的法向量 $\boldsymbol{n}_1, \boldsymbol{n}_2$ 来决定.

(4) 点 $M(x_1, y_1, z_1)$ 到平面 $Ax + By + Cz + D = 0$ 的距离

$$d = \frac{|Ax_1 + By_1 + Cz_1 + D|}{\sqrt{A^2 + B^2 + C^2}}.$$

(5) 两平面 $A_1x + B_1y + C_1z + D_1 = 0$ 与 $A_2x + B_2y + C_2z + D_2 = 0$ 的夹角(两平面法向量的夹角)θ, 由下式求得

$$\cos \theta = |\cos \theta| = \frac{|A_1A_2 + B_1B_2 + C_1C_2|}{\sqrt{A_1^2 + B_1^2 + C_1^2}\sqrt{A_2^2 + B_2^2 + C_2^2}}.$$

(6) 两平面垂直的充要条件是 $A_1A_2 + B_1B_2 + C_1C_2 = 0$(即法向量垂直).

(7) 两平面平行的充要条件是 $\dfrac{A_1}{A_2} = \dfrac{B_1}{B_2} = \dfrac{C_1}{C_2}$(即法向量平行).

(8) 过原点的平面方程为 $Ax + By + Cz = 0$(或 $x + By + Cz = 0$).

过 x 轴平面方程为 $By + Cz = 0$(或 $y + Cz = 0$), 平行 x 轴的平面方程为 $y + Cz = D$, 可以类推, 过 y, z 轴及与 y, z 轴平行的平面方程.

【例10】 已知平面过三点 $M_1(1, -1, 1), M_2(-1, 0, 2), M_3(2, -1, -1)$, 求平面方程.

精析: $\boldsymbol{a} = \overrightarrow{M_1M_2} = (-2, 1, 1), \boldsymbol{b} = \overrightarrow{M_1M_3} = (1, 0, -2)$.

$$\boldsymbol{n} = \boldsymbol{a} \times \boldsymbol{b} = \begin{vmatrix} \boldsymbol{i} & \boldsymbol{j} & \boldsymbol{k} \\ -2 & 1 & 1 \\ 1 & 0 & -2 \end{vmatrix} = -2\boldsymbol{i} - 3\boldsymbol{j} - \boldsymbol{k} = (-2, -3, -1),$$

平面方程为 $-2(x - 1) - 3(y + 1) - 1(z - 1) = 0$ 或 $2x + 3y + z = 0$.

【例11】 求经过点 $A(3, 2, 1)$ 和 $B(-1, 2, -3)$ 且与坐标平面 xOz 垂直的平面的方程.

精析: 与 xOz 平面垂直的平面平行于 y 轴, 方程为

$$Ax + Cz + D = 0, \tag{1}$$

把点 $A(3, 2, 1)$ 和 $B(-1, 2, -3)$ 代入式(1)得

$$3A + C + D = 0, \tag{2}$$

$$-A - 3C + D = 0. \tag{3}$$

由式(2), 式(3)得

$$A = -\frac{D}{2}, \quad C = \frac{D}{2}.$$

代入式(1)得
$$-\frac{D}{2}x + \frac{D}{2}z + D = 0.$$

消去 D 得所求的平面方程为 $x - 2 - z = 0$.

【例12】 设平面 π 过原点以及 $(6, -3, 2)$,且与平面 $4x - y + 2z = 8$ 垂直,求平面 π 的方程.

精析:方法 1 由于平面 π 过原点,所以可设平面 π 的方程为
$$Ax + By + Cz = 0.$$

则
$$\begin{cases} 6A - 3B + 2C = 0 \\ 4A - B + 2C = 0 \end{cases},$$

上面两式相减得
$$A = B, \quad C = -\frac{3}{2}B,$$

任取 $B = 2, A = B = 2, C = -3$.所以平面 π 的方程为
$$2x + 2y - 3z = 0$$

方法 2 设平面 π 的法向量为 $\boldsymbol{n}$,直线方向向量 $\boldsymbol{s}_1 = (6, -3, 2)$,平面法向量 $\boldsymbol{n}_1 = (4, -1, 2)$,所以
$$\boldsymbol{n} = \boldsymbol{s}_1 \times \boldsymbol{n}_1 = \begin{vmatrix} \boldsymbol{i} & \boldsymbol{j} & \boldsymbol{k} \\ 6 & -3 & 2 \\ 4 & -1 & 2 \end{vmatrix} = -4\boldsymbol{i} - 4\boldsymbol{j} + 6\boldsymbol{k},$$

即平面的方程为
$$2(x - 0) + 2(y - 0) - 3(z - 0) = 0,$$
即
$$2x + 2y - 3z = 0.$$

【例13】 已知点 A 在 z 轴上且到平面 $\alpha: 3x - 5y - 2z + 6 = 0$ 的距离为 7,求点 A 的坐标.

精析: A 在 z 轴上,故设 A 的坐标为 $(0, 0, z)$,由点到平面的距离公式,得
$$\frac{|-2z + 6|}{\sqrt{3^2 + (-5)^2 + (-2)^2}} = 7,$$

所以 A 点的坐标为 $A\left(0, 0, 3 \pm \frac{7\sqrt{38}}{2}\right)$.

二、直线方程

直线过 $M_0(x_0, y_0, z_0)$ 且方向向量为 $\boldsymbol{l} = (m, n, l)$,则直线方程的基本形式为
$$\frac{x - x_0}{m} = \frac{y - y_0}{n} = \frac{z - z_0}{l} \text{(点斜式)}.$$

直线点斜式两基本要素为 M_0 及方向向量 $\boldsymbol{l}$.

由点向式可以直接推出直线的参数式方程
$$\begin{cases} x = x_0 + mt \\ y = y_0 + nt \quad (t \text{ 为参数}). \\ z = z_0 + lt \end{cases}$$

另外一种常见的直线方程由两平面相交形式给出
$$\begin{cases} A_1 x + B_1 y + C_1 z + D_1 = 0 \\ A_2 x + B_2 y + C_2 z + D_2 = 0 \end{cases} \text{(一般式)}.$$

由向量的垂直、平行可以得到,两条直线垂直、平行的结论:

已知两直线方程为 $l_1 : \dfrac{x - x_1}{m_1} = \dfrac{y - y_1}{n_1} = \dfrac{z - z_1}{l_1}$ 和 $l_2 : \dfrac{x - x_2}{m_2} = \dfrac{y - y_2}{n_2} = \dfrac{z - z_2}{l_2}$,则有

$$l_1 \perp l_2 \Leftrightarrow m_1 m_2 + n_1 n_2 + l_1 l_2 = 0 ;$$

$$l_1 \cdot l_2 \Leftrightarrow \frac{m_1}{m_2} = \frac{n_1}{n_2} = \frac{l_1}{l_2} .$$

【例 14】 求直线 $l : \begin{cases} 2x - 3y + z = 7 \\ 3x + 2y - z = -1 \end{cases}$ 的标准式方程.

精析： 令 $x = 1$,得到 $l : \begin{cases} -3y + z = 5 \\ 2y - z = -4 \end{cases}$,则 $y = -1 , z = 2$.所以 $P_0(1, -1, 2)$ 在所求直线 l 上.

又因为直线 l 要经过两个平面,所以假设两平面的法向量依次记作 $\boldsymbol{n}_1 , \boldsymbol{n}_2$,而直线 l 的方向向量为 $\boldsymbol{s}$,则

$$\boldsymbol{s} = \boldsymbol{n}_1 \times \boldsymbol{n}_2 = \boldsymbol{i} + 5\boldsymbol{j} + 13\boldsymbol{k}.$$

所以直线 l 的标准式方程为 $\dfrac{x - 1}{1} = \dfrac{y + 1}{5} = \dfrac{z - 2}{13}$.

【例 15】 求直线 $l : \dfrac{x - 1}{1} = \dfrac{y - 1}{2} = \dfrac{z}{1}$ 在平面 $x + y - z = 4$ 的投影直线的方程.

精析： 取 $M = (1, 1, 0) \in l$ (方法:在已知直线上任取一点,如令 $x = 1 , y = 1 \Rightarrow z = 0$).

不妨设过直线 l 且与已知平面垂直平面为 β ,则 $\beta \perp \alpha$,由已知, β 的法向量

$$\boldsymbol{n}_\beta = \boldsymbol{l} \times \boldsymbol{n}_\alpha = \begin{vmatrix} \boldsymbol{i} & \boldsymbol{j} & \boldsymbol{k} \\ 1 & 2 & 1 \\ 1 & 1 & -1 \end{vmatrix} = -3\boldsymbol{i} + 2\boldsymbol{j} - \boldsymbol{k} = (-3, 2, -1),$$

所以,平面 β 方程为 $-3(x - 1) + 2(y - 1) - z = 0$,即 $-3x + 2y - z + 1 = 0$.

故直线的方程为 $\begin{cases} -3x + 2y - z + 1 = 0 \\ x + y - z = 4 \end{cases}$ (两平面交线).

【例 16】 求直线 $l : \begin{cases} 2x - 3y + z = 7 \\ 3x + 2y - z = -1 \end{cases}$ 的参数式方程.

精析： 令 $x = 1$,得到 $l : \begin{cases} -3y + z = 5 \\ 2y - z = -4 \end{cases}$,则 $y = -1 , z = 2$.所以 $P_0(1, -1, 2)$ 在所求直线 l 上.

又因为直线 l 要经过两个平面,所以假设两平面的法向量依次记作 $\boldsymbol{n}_1 、 \boldsymbol{n}_2$,而直线 l 的方向向量为 $\boldsymbol{s}$,则

$$\boldsymbol{s} = \boldsymbol{n}_1 \times \boldsymbol{n}_2 = \boldsymbol{i} + 5\boldsymbol{j} + 13\boldsymbol{k}.$$

所以直线 l 的参数式方程为: $\begin{cases} x = 1 + t \\ y = -1 + 5t \\ z = 2 + 13t \end{cases}$.

【例 17】 求过直线 $\begin{cases} x - y + z = 1 \\ x + y + 2z = 2 \end{cases}$,且与平面 $\beta : 3x - y + z = 1$ 垂直的平面 α 方程.

精析： 设平面方程为 $x - y + z - 1 + \lambda(x + y + 2z - 2) = 0$,

即有 α 方程 $(1 + \lambda)x + (\lambda - 1)y + (2\lambda + 1)z - (2\lambda + 1) = 0$,

显然 $\boldsymbol{n}_\alpha = (1 + \lambda, \lambda - 1, 2\lambda + 1)$.

由于 $\alpha \perp \beta \Rightarrow \boldsymbol{n}_\alpha \perp \boldsymbol{n}_\beta \Rightarrow \boldsymbol{n}_\alpha \cdot \boldsymbol{n}_\beta = 0$,

有 $3(1 + \lambda) - (\lambda - 1) + (2\lambda + 1) = 0$,

解之,有 $4\lambda + 5 = 0$, $\lambda = -\dfrac{5}{4}$.

即平面 α 的方程为 $\quad -\dfrac{1}{4}x - \dfrac{9}{4}y - \dfrac{9}{4}z - \dfrac{9}{4} = 0 \quad$ 或 $\quad x + 9y + 9z = 9$.

【例18】 求过点 $P(2, -1, 3)$ 且与直线 $l_1: \dfrac{x}{3} = \dfrac{y+7}{5} = \dfrac{z-2}{2}$ 垂直相交的直线 l 的方程.

精析: 不妨设两直线交点为 $M(x_0, y_0, z_0)$.

由于 M 在 l_1 上,故 $\begin{cases} x_0 = 3t \\ y_0 = 5t - 7 \\ z_0 = 2t + 2 \end{cases}$,其中 t 为参变量.

直线 l 与直线 l_1 垂直,其中直线 l_1 的方向向量 $s_1 = (3, 5, 2)$,而直线 l 的方向向量为
$$s = (x_0 - 2, y_0 + 1, z_0 - 3) = (3t - 2, 5t - 6, 2t - 1),$$
所以 $\qquad\qquad s \cdot s_1 = 3 \cdot (3t - 2) + 5 \cdot (5t - 6) + 2 \cdot (2t - 1) = 0,$
故 $\qquad\qquad\qquad\qquad\qquad\qquad t = 1.$

从而 M 点坐标为 $(3, -2, 4)$,则 $s = (1, -1, 1)$,直线 l 的方程为
$$\dfrac{x-2}{1} = \dfrac{y+1}{-1} = \dfrac{z-3}{1}.$$

【例19】 求异面直线 $l_1: \dfrac{x-1}{1} = \dfrac{y}{-2} = \dfrac{z+1}{-1}, l_2: \dfrac{x+2}{-2} = \dfrac{y-1}{1} = \dfrac{z}{1}$ 之间的距离.

精析: $l_1 = (1, -2, -1), l_2 = (-2, 1, 1),$
$$n = l_1 \times l_2 = \begin{vmatrix} i & j & k \\ 1 & -2 & -1 \\ -2 & 1 & 1 \end{vmatrix} = -i + j - 3k.$$

以 n 为法向量分别作包含 l_1, l_2 的两平行平面 α, β,
$$\alpha: \quad -(x-1) + y - 3(z+1) = 0, \quad 即 -x + y - 3z - 2 = 0;$$
$$\beta: \quad -(x+2) + (y-1) - 3z = 0, \quad 即 -x + y - 3z - 3 = 0.$$
两平面间的距离就是异面直线之间的距离
$$d = \dfrac{|-1 + 0 - 3 \times (-1) - 3|}{\sqrt{(-1)^2 + 1^2 + (-3)^2}} = \dfrac{1}{\sqrt{11}}.$$

三、直线与平面的夹角

当直线与平面不垂直时,直线与它在平面上的投影直线的夹角 φ 称为直线与平面的夹角,当直线与平面垂直时,直线与平面的夹角为 $\dfrac{\pi}{2}$.

设直线的方向向量 $s = (m, n, p)$,平面的法向量为 $n = (A, B, C)$,直线与平面的夹角为
$$\sin \varphi = |\cos (s, n)| = \dfrac{|Am + Bn + Cp|}{\sqrt{A^2 + B^2 + C^2}\sqrt{m^2 + n^2 + p^2}}.$$

因为直线与平面垂直相当于直线的方向向量与平面的法向量平行,所以,直线与平面垂直相当于
$$\dfrac{A}{m} = \dfrac{B}{n} = \dfrac{C}{p}.$$

因为直线与平面平行或直线在平面上相当于直线的方向向量与平面的法向量垂直,所以,直线与平面平行或直线在平面上相当于
$$Am + Bn + Cp = 0.$$

设直线的方向向量为 (m,n,p)，平面 π 的法向量为 (A,B,C)，则

$$l \perp \pi \Leftrightarrow \frac{A}{m} = \frac{B}{n} = \frac{C}{p};$$

$$l \cdot \pi \Leftrightarrow Am + Bn + Cp = 0.$$

【例20】 设有直线 $l : \begin{cases} x + 3y + 2z + 1 = 0 \\ 2x - y - 10z + 3 = 0 \end{cases}$，且有平面 $\pi : 4x - 2y + z = 0$. 则直线 l（　　）.

A. 平行于平面 π 　　　B. 在平面 π 上 　　　C. 垂直平面 π 　　　D. 与平面 π 斜交

精析: 直线 l 的方向向量 $s = \begin{vmatrix} i & j & k \\ 1 & 3 & 2 \\ 2 & -1 & -10 \end{vmatrix} = -28i + 14j - 7k = (-28, 14, -7)$. 所以 $s = (4, -2, 1)$.

又因为平面 π 的法向量为 $\{4, -2, 1\}$.

所以直线 l 与平面 π 垂直，故选 C.

【例21】 求直线 $L_1 : \dfrac{x-1}{1} = \dfrac{y}{-4} = \dfrac{z+3}{1}$ 和 $L_2 : \dfrac{x}{2} = \dfrac{y+2}{-2} = \dfrac{z}{-1}$ 的夹角.

精析: 两直线的方向向量分别为 $s_1 = (1, -4, 1)$，$s_2 = n_1 \times n_2 = (-1, -1, 2)$，其中 n_1, n_2 分别为 l_2 所对

应的两平面的法向量. 所以两直线的夹角 $\cos\theta = \dfrac{|s_1 \cdot s_2|}{|s_1| \cdot |s_2|} = 0$，即 $\theta = \arccos 0 = \dfrac{\pi}{2}$. 故两直线垂直.

【例22】 求与平面 $x - 4z = 0$ 和 $2x - y - 5z = 1$ 的交线平行且过点 $(-3, 2, 5)$ 的直线方程.

精析: 设 $M(x,y,z)$ 为所求直线上任一点，由已知所求直线的方向向量为

$$S = n_1 \times n_2 = \begin{vmatrix} i & j & k \\ 1 & 0 & -4 \\ 2 & -1 & -5 \end{vmatrix} = (-4, -3, -1),$$

则所求直线方程为 　　　$\dfrac{x+3}{4} = \dfrac{y-2}{3} = \dfrac{z-5}{1}$.

【例23】 求过点 $(2, 0, -3)$ 且与直线 $\begin{cases} x - 2y + 4z - 7 = 0 \\ 3x + 5y - 2z + 1 = 0 \end{cases}$ 垂直的平面的方程.

精析: 取 $n = s = n_1 \times n_2 = \begin{vmatrix} i & j & k \\ 1 & -2 & 4 \\ 3 & 5 & -2 \end{vmatrix} = -16i + 14j + 11k$，

则所求平面方程为　　　　$-16(x - 2) + 14y + 11(z + 3) = 0$，

即　　　　　　　　　　　$16x - 14y - 11z + 65 = 0$.

经典题型

1. 向量的基本运算

【例1】 已知 $|a| = 1$，$|b| = \sqrt{2}$，且向量 a, b 的夹角为 $\dfrac{\pi}{4}$，则 $|a + b| = $（　　）.

A. 1 　　　　　　　　B. 1 　　　　　　　　C. 2 　　　　　　　　D. $\sqrt{5}$

答案: D.

精析: $|a + b| = \sqrt{(a + b) \cdot (a + b)} = \sqrt{1 + 2 + 2\sqrt{2}\cos\dfrac{\pi}{4}} = \sqrt{5}$.

【例2】 设空间三点坐标分别为 $M(1,-3,4),N(-2,1,-1),P(-3,-1,1)$,那么 $\angle MNP = ($　　$)$.

A. π　　　　　　　B. $\dfrac{3}{4}\pi$　　　　　　　C. $\dfrac{\pi}{2}$　　　　　　　D. $\dfrac{\pi}{4}$

答案:D.

精析: $\overrightarrow{NM}=(3,-4,5),\overrightarrow{NP}=(-1,-2,2)$,所以 $\cos\angle MNP=\dfrac{\overrightarrow{NM}\cdot\overrightarrow{NP}}{|\overrightarrow{NM}||\overrightarrow{NP}|}=\dfrac{\sqrt{2}}{2}$,故 $\angle MNP=\dfrac{\pi}{4}$,可见选项 D 正确.

2. 向量的平行与垂直

【例3】 设 $\boldsymbol{a}=x\boldsymbol{i}+3\boldsymbol{j}+2\boldsymbol{k},\boldsymbol{b}=-\boldsymbol{i}+y\boldsymbol{j}+4\boldsymbol{k}$,如果 $\boldsymbol{a}/\!/\boldsymbol{b}$,那么($\quad$).

A. $x=-1,y=-3$　　B. $x=1,y=-\dfrac{7}{3}$　　C. $x=-\dfrac{1}{2},y=-6$　　D. $x=-\dfrac{1}{2},y=6$

答案:D.

精析:由题意,$\boldsymbol{a}=(x,3,2),\boldsymbol{b}=(-1,y,4),\boldsymbol{a}/\!/\boldsymbol{b}$,所以 $\dfrac{x}{-1}=\dfrac{3}{y}=\dfrac{2}{4}$,因此 $x=-\dfrac{1}{2},y=6$,可见选项 D 正确.

【例4】 若向量 $\boldsymbol{a}=(1,-1,k)$ 与 $\boldsymbol{b}=(2,-2,-1)$ 相互垂直,则 $k=$ _____.

答案:4.

精析:因为 $\boldsymbol{a}$ 与 $\boldsymbol{b}$ 相互垂直,所以 $\boldsymbol{a}\cdot\boldsymbol{b}=0$,于是 $1\times 2+(-1)\times(-2)+k\times(-1)=0$,所以 $k=4$.

3. 单位向量

【例5】 设 $\boldsymbol{a}=(2,2,1),\boldsymbol{b}=(8,-4,1)$,则同时垂直于向量 $\boldsymbol{a}$ 与向量 $\boldsymbol{b}$ 的单位向量为_____.

答案:$\left(-\dfrac{\sqrt{2}}{6},-\dfrac{\sqrt{2}}{6},\dfrac{2\sqrt{2}}{3}\right)$ 或 $\left(\dfrac{\sqrt{2}}{6},\dfrac{\sqrt{2}}{6},-\dfrac{2\sqrt{2}}{3}\right)$.

精析:$\boldsymbol{a}\times\boldsymbol{b}=\begin{vmatrix}\boldsymbol{i}&\boldsymbol{j}&\boldsymbol{k}\\2&2&1\\8&-4&1\end{vmatrix}=\begin{vmatrix}2&1\\-4&1\end{vmatrix}\boldsymbol{i}-\begin{vmatrix}2&1\\8&1\end{vmatrix}\boldsymbol{j}+\begin{vmatrix}2&2\\8&-4\end{vmatrix}\boldsymbol{k}=6\boldsymbol{i}+6\boldsymbol{j}-24\boldsymbol{k}$.

4. 直线与平面的位置关系

【例6】 直线 $\dfrac{x}{-1}=\dfrac{y-1}{2}=\dfrac{z+2}{3}$ 与平面 $2x+y=0$ 的位置关系为($\quad$).

A. 直线与平面斜交　　B. 直线与平面垂直　　C. 直线在平面内　　D. 直线平面平行

答案:D.

精析:由题设可知直线的方向向量为 $\boldsymbol{s}=(-1,2,3)$,且过点 $(0,1,-2)$;平面的法向量为 $\boldsymbol{n}=(2,1,0)$,从而 $\boldsymbol{s}\cdot\boldsymbol{n}=-2+2+0=0$,且点 $(0,1,-2)$ 不满足平面 $2x+y=0$ 方程,故直线与平面平行.

5. 距离公式

【例7】 求两异面直线 $l_1:\dfrac{x-3}{2}=\dfrac{y+1}{1}=\dfrac{z-1}{1}$ 与 $l_2:\dfrac{x+1}{1}=\dfrac{y-2}{0}=\dfrac{z}{1}$ 之间的距离.

精析:已知直线 l_1 的方向向量为 $\boldsymbol{s}_1=(2,1,1)$,过定点 $A(3,-1,1)$,直线 l_2 的方向向量为 $\boldsymbol{s}_2=(1,0,1)$,

过定点 $B(-1,2,0)$,所以 $\overrightarrow{AB}=(-4,-3,-1)$,且 $\boldsymbol{s}_1\times\boldsymbol{s}_2=\begin{vmatrix}\boldsymbol{i}&\boldsymbol{j}&\boldsymbol{k}\\2&1&1\\1&0&1\end{vmatrix}=\boldsymbol{i}-\boldsymbol{j}-\boldsymbol{k}$,两异面直线之间的距离

为 $d=\dfrac{|\overrightarrow{AB}\cdot(\boldsymbol{s}_1\times\boldsymbol{s}_2)|}{|\boldsymbol{s}_1\times\boldsymbol{s}_2|}=\dfrac{6}{\sqrt{3}}=2\sqrt{3}$.

【例8】　求点 $A(3,1,1)$ 到直线 $\begin{cases} x+y+z+2=0 \\ 2x-y+z+1=0 \end{cases}$ 的距离.

精析： 已知直线的方向向量为 $s = n_1 \times n_2 = \begin{vmatrix} i & j & k \\ 1 & 1 & 1 \\ 2 & -1 & 1 \end{vmatrix} = 2i-j-3k$，即 $s = (2,1,-3)$.

令 $y=0$，那么可得 $x=1, z=-3$，则点 $B(1,0,-3)$ 在已知直线上，所以 $\overrightarrow{AB} = (-2,-1,-4)$，

$$\overrightarrow{AB} \times s = \begin{vmatrix} i & j & k \\ -2 & -1 & -4 \\ 2 & 1 & -3 \end{vmatrix} = 7i-14j,$$

所以点 $A(3,1,1)$ 到已知直线的距离 $d = \dfrac{|\overrightarrow{AB} \times s|}{|s|} = \dfrac{7\sqrt{5}}{\sqrt{14}} = \dfrac{\sqrt{70}}{2}$.

6. 求直线的方程

【例9】　求过点 $P_0(4,2,-3)$ 与平面 $\pi: x+y+z-10=0$ 平行且与直线 $l: \begin{cases} x+2y-z-5=0 \\ z-10=0 \end{cases}$ 垂直的

直线方程.

精析： 由题意可知已知平面的法向量 $n = (1,1,1)$.

已知直线的方向向量为 $s_l = n_1 \times n_2 = \begin{vmatrix} i & j & k \\ 1 & 2 & -1 \\ 0 & 0 & 1 \end{vmatrix} = 2i-j+0k$，即 $s_l = (2,-1,0)$，那么可得所求直线的

方向向量 $s = n \times s_l = \begin{vmatrix} i & j & k \\ 1 & 1 & 1 \\ 2 & -1 & 0 \end{vmatrix} = i+2j-3k$，即 $s = (1,2,-3)$，故由点向式可知，所求直线方程为

$\dfrac{x-4}{1} = \dfrac{y-2}{2} = \dfrac{z+3}{-3}$.

【例10】　过点 $A(1,-2,5)$ 且垂直于直线 $l_1: \dfrac{x-2}{3} = \dfrac{y+1}{1} = \dfrac{z-1}{1}$，又与直线 $l_2: \dfrac{x+1}{1} = \dfrac{y-3}{1} = \dfrac{z}{2}$

相交的直线方程.

精析： 因为所求直线与直线 l_2 相交，那么设交点 $B(t-1,t+3,2t)$，所以所求直线的方向向量 $s = \overrightarrow{AB} = (t-2,t+5,2t-5)$，那么根据题意得 $s \cdot s_1 = 0$，即 $3(t-2)+t+5+2t-5 = 0$，得 $t=1$，所以方向向量 $s = (-1,6,-3)$，故由点向式知所求直线方程为 $\dfrac{x-1}{-1} = \dfrac{y+2}{6} = \dfrac{z-5}{-3}$.

【例11】　将空间直线的一般式 $\begin{cases} 2x+3y=1 \\ x-y+2z=3 \end{cases}$ 化成对称式方程.

精析： 方程组 $\begin{cases} 2x+3y=1 & (1) \\ x-y+2z=3 & (2) \end{cases}$，

将变量 x 消去得 $5y-4z=-5$ 　(3).

由式（1）解出 $y = \dfrac{-2x+1}{3}$，式由（3）解出 $y = \dfrac{4z-5}{5}$，因而 $y = \dfrac{-2x+1}{3} = \dfrac{4z-5}{5}$，即

$$\dfrac{x-\dfrac{1}{2}}{-\dfrac{3}{2}} = \dfrac{y}{1} = \dfrac{z-\dfrac{5}{4}}{\dfrac{5}{4}}.$$

7. 求平面的方程

【例12】 求通过直线 l_1：$\begin{cases} x = 1 \\ y = t - 1 \\ z = t + 2 \end{cases}$ 且与直线 l_2：$\dfrac{x-1}{1} = \dfrac{y+1}{2} = \dfrac{z+1}{1}$ 平行的平面方程.

精析：由题意可知直线 l_1 的方向向量 $s_1 = (0,1,1)$，直线 l_2 的方向向量 $s_2 = (1,2,1)$，那么所求平面的法

向量为 $n = s_1 \times s_2 = \begin{vmatrix} i & j & k \\ 0 & 1 & 1 \\ 1 & 2 & 1 \end{vmatrix} = -i + j - k$. 而且已知直线 l_1 上的点 $A(1,-1,2)$ 在所求平面内，故由点法式

可知，所求平面的方程为 $-(x-1) + (y+1) - (z-2) = 0$.

【例13】 求通过 Oz 轴，且与已知平面 π：$2x + y - \sqrt{5}z - 7 = 0$ 垂直的平面方程.

精析：过 Oz 轴的平面方程可设为 $Ax + By = 0$（A,B 不全为零），则法向量 $n = (A,B,0)$，因为所求平面与

已知平面垂直，故可知 $2A + B = 0$，即 $B = -2A$，因此所求平面方程为 $x - 2y = 0$.

【例14】 设平面的法向量与直线 $\begin{cases} x + z = 1 \\ 2x + y = 3 \end{cases}$ 的方向向量平行，并且该平面经过点 $P(2,6,-1)$，求该

平面的方程.

精析：由题意知平面 $x + z = 1$ 的法向量为 $n_1 = \{1,0,1\}$，平面 $2x + y = 3$ 的法向量为 $n_2 = \{2,1,0\}$，则直

线 $\begin{cases} x + z = 1 \\ 2x + y = 3 \end{cases}$ 的方向向量为 $s = \begin{vmatrix} i & j & k \\ 1 & 0 & 1 \\ 2 & 1 & 0 \end{vmatrix} = -i + 2j + k$，故所求平面的法向量为 $n = \{-1,2,1\}$，又平

面过 $P(2,6,-1)$，所以所求平面方程为 $-(x-2) + 2(y-6) + (z+1) = 0$，整理得所求平面方程为

$x - 2y - z + 9 = 0$.

【例15】 通过点 $A(2,-1,3)$ 作平面 $x - 2y - 2z + 11 = 0$ 的垂线，求垂线方程并求垂足的坐标.

精析：取已知平面的法向量 $n = (1,-2,-2)$ 作垂线的方向向量，由点向式可知垂线方程为 $\dfrac{x-2}{1} =$

$\dfrac{y+1}{-2} = \dfrac{z-3}{-2}$. 设垂足为 $Q(t+2, -2t-1, -2t+3)$，则 $Q \in$ 平面 π，所以 $t + 2 - 2(-2t-1) - 2(-2t+3) +$

$11 = 0$，解得 $t = -1$，故垂足的坐标为 $(1,1,5)$.

综合练习六

一、选择题

1. 设 a,b 为两个非零矢量，λ 为非零常数，若向量 $a + \lambda b$ 垂直于向量 b，则 λ 等于（　　）.

A. $\dfrac{a \cdot b}{|b|^2}$　　　　B. $-\dfrac{a \cdot b}{|b|^2}$　　　　C. 1　　　　D. $a \cdot b$

2. 设 $a = -i + j + 2k$，$b = 3i + 4k$，用 b° 表示 b 方向上单位向量，则向量 a 在 b 上的投影为（　　）.

A. $\dfrac{5}{\sqrt{6}}b^\circ$　　　　B. b°　　　　C. $\dfrac{-5}{\sqrt{6}}b^\circ$　　　　D. $-b^\circ$

3. 与平面 $x + y + z = 1$ 垂直的直线方程为（　　）.

A. $\begin{cases} x + y + z = 1 \\ x + 2y + z = 0 \end{cases}$　　　　　　　B. $\dfrac{x+2}{2} = \dfrac{y+4}{1} = \dfrac{z}{-3}$

C. $2x + 2y + 2z = 5$　　　　　　　D. $x - 1 = y - 2 = z - 3$

4. 通过点 $M(-5,2,-1)$，且平行于 yOz 平面方程为（　　）.

A. $x + 5 = 0$　　　　B. $y - 2 = 0$　　　　C. $z + 1 = 0$　　　　D. $x - 1 = 0$

5. 下列平面方程中，过 y 轴的是（　　）.

A. $x + y + z = 1$　　B. $x + y + z = 0$　　C. $x + z = 0$　　　D. $x + z = 1$

6. 直线 $l_1 : \dfrac{x-4}{2} = \dfrac{y+2}{-1} = \dfrac{z+7}{2}$ 与 $l_2 : \dfrac{x-1}{-2} = \dfrac{y-5}{-1} = \dfrac{z+8}{1}$ 的夹角（　　）.

A. $\dfrac{\pi}{6}$　　　　　B. $\dfrac{\pi}{4}$　　　　　C. $\dfrac{\pi}{3}$　　　　　D. $\dfrac{\pi}{2}$

7. 直线 $\dfrac{x+4}{2} = \dfrac{y+4}{7} = \dfrac{z}{-3}$ 与平面 $4x - 2y - 3z = 3$ 的位置关系是（　　）.

A. 平行，但直线不在平面上　　　　　　B. 直线在平面上

C. 相交但不垂直　　　　　　　　　　　D. 垂直相交

8. 过点 $M(1,-2,1)$ 与直线 $x = y - 1 = z - 1$ 垂直的平面方程是（　　）.

A. $x - y + z = 0$　　B. $x + y - z = 0$　　C. $x - y - z = 0$　　D. $x + y + z = 0$

9. 平面与三个坐标平面所围的四面体体积为（　　）.

A. 1　　　　　　　B. 2　　　　　　　C. 3　　　　　　　D. 6

10. 设有直线 $l_1 : \dfrac{x-1}{1} = \dfrac{y-5}{-2} = \dfrac{z+8}{1}$ 与 $l_2 : \begin{cases} x - y = 6 \\ 2y + z = 3 \end{cases}$，则 l_1 与 l_2 的夹角为（　　）.

A. $\dfrac{\pi}{3}$　　　　　B. $\dfrac{\pi}{2}$　　　　　C. $\dfrac{\pi}{6}$　　　　　D. $\dfrac{\pi}{4}$

11. 方程 $x^2 + y^2 = 0$ 在空间直角坐标系下表示（　　）.

A. 坐标原点 $(0,0,0)$　　　　　　　　　B. xOy 坐标面的原点 $(0,0)$

C. z 轴　　　　　　　　　　　　　　　D. xOy 坐标面

12. 设空间直线的对称式方程为 $\dfrac{x}{0} = \dfrac{y}{1} = \dfrac{z}{2}$ 则该直线必（　　）.

A. 过原点且垂直于 x 轴　　　　　　　B. 过原点且垂直于 y 轴

C. 过原点且垂直于 z 轴　　　　　　　D. 过原点且平行于 x 轴

13. 设空间三直线的方程分别为 $l_1 : \dfrac{x+3}{-2} = \dfrac{y+4}{-5} = \dfrac{z}{3}$；$l_2 : \begin{cases} x = 3t \\ y = -1 + 3t \\ z = 2 + 7t \end{cases}$；$l_3 : \begin{cases} x + 2y - z + 1 = 0 \\ 2x + y - z = 0 \end{cases}$，则

必有（　　）.

A. $l_1 /\!/ l_2$　　　　B. $l_1 /\!/ l_3$　　　　C. $l_2 \perp l_3$　　　　D. $l_1 \perp l_2$

14. 点 $M(2,-1,10)$ 到直线 $l : \dfrac{x}{3} = \dfrac{y-1}{2} = \dfrac{z+2}{1}$ 的距离是（　　）.

A. $\sqrt{138}$　　　　B. $\sqrt{118}$　　　　C. $\sqrt{158}$　　　　D. 1

15. 设平面方程 $Bx + Cz + D = 0$ 且 $B, C, D \neq 0$，则平面（　　）.

A. 平行于 x 轴　　B. 平行于 y 轴　　C. 经过 y 轴　　　D. 垂直于 y 轴

16. 直线 $\dfrac{x+3}{-2} = \dfrac{y+4}{-7} = \dfrac{z}{3}$ 与平面 $4x - 2y - 2z = 3$ 的关系是（　　）.

A. 平行但直线不在平面上　　　　　　　B. 直线在平面上

C. 相交但不垂直　　　　　　　　　　　D. 垂直相交

二、填空题

1. 点 $M(2, -3, 4)$ 到平面 $3x + 2y + z + 3 = 0$ 的距离 $d = $ _____.

2. 过原点且与直线 $l : \dfrac{x-1}{2} = \dfrac{y+1}{-1} = \dfrac{z+3}{3}$ 垂直的平面方程为 _____.

3. 过点 $M_0(2, 0, -1)$ 且平行于平面 $\pi_1 : x + y - 2z - 1 = 0$ 和 $\pi_2 : x + 2y - z + 1 = 0$ 的直线方程为 _____.

4. 设平面 Π 过点 $(1, 0, -1)$ 且与平面 $4x - y + 2z - 8 = 0$ 平行, 则平面 Π 的方程为 _____.

5. 过点 $M(2, -3, 2)$ 及 y 轴的平面方程为 _____.

6. 过点 $M(1, 2, -1)$ 与直线 $\begin{cases} x = -t + 2 \\ y = 3t - 4 \\ z = t - 1 \end{cases}$ 垂直的平面方程为 _____.

7. 法向量是 $\boldsymbol{n} = (1, -3, 2)$ 且过点 $(1, 0, 1)$ 的平面方程是 _____.

8. 在 xOy 平面上与 $\boldsymbol{a} = (4, -3, 7)$ 垂直的单位向量是 _____.

9. 两平行平面 $2x + y + z + 3 = 0$ 与 $2x + y + z - 1 = 0$ 的距离是 _____.

10. 平行于 x 轴且过两点 $(4, 0, -2)$ 和 $(5, 1, 7)$ 的平面方程为 _____.

11. 平面 $x - y + 2z - 1 = 0$ 与平面 $2x + y + z - 3 = 0$ 的夹角为 _____.

12. 通过 z 轴和点 $(-3, 1, -2)$ 的平面方程为 _____.

13. 垂直于 x 轴且垂直于向量 $\boldsymbol{a} = (3, 6, 8)$ 的单位向量为 _____.

14. 平行于 xOy 平面且垂直于向量 $(3, -4, 7)$ 的单位向量为 _____.

15. 通过直线 $\dfrac{x-1}{2} = \dfrac{y+2}{3} = \dfrac{z+3}{4}$, 且平行于直线 $x = y = \dfrac{z}{2}$ 的平面方程为 _____.

16. 若为 $\boldsymbol{a}, \boldsymbol{b}$ 非零向量, 且 $|\boldsymbol{a}| = 1$, $|\boldsymbol{b}| = \sqrt{2}$, $\boldsymbol{a}$ 与 $\boldsymbol{b}$ 的夹角为 $\dfrac{\pi}{4}$, 则 $\lim\limits_{x \to \infty} \dfrac{|\boldsymbol{a} + x\boldsymbol{b}| - |\boldsymbol{a}|}{x} = $ _____.

17. 过点 $P(2, -3, 4)$ 且与 y 轴垂直相交的直线方程为 _____.

18. 已知直线 $\dfrac{x-1}{1} = \dfrac{y}{-2} = \dfrac{z+1}{3}$ 与平面 $4x - y + my - 5 = 0$ 平行, 则 $m = $ _____.

19. 过点 $M(2, -3, 4)$ 且在 x 轴和 y 轴上截距分别为 -2 和 -3 的平面方程为 _____.

20. 与平面 $5x + y - 2z + 3 = 0$ 垂直且通过 x 轴的平面方程为 _____.

三、计算题

1. 判断直线 $l_1 : \dfrac{x-2}{3} = \dfrac{y+2}{1} = \dfrac{z+3}{-4}$ 与平面 $\pi : x + y + z = 3$ 的关系.

2. 已知向量 $\boldsymbol{a} = \boldsymbol{i} + \boldsymbol{j} + 5\boldsymbol{k}$, $\boldsymbol{b} = 2\boldsymbol{i} - 3\boldsymbol{j} + 5\boldsymbol{k}$, 求与 $\boldsymbol{a} - 3\boldsymbol{b}$ 同向的单位向量.

3. 求通过原点且垂直于直线 $l : \begin{cases} x - y + z - 7 = 0 \\ 4x - 3y + z - 6 = 0 \end{cases}$ 的平面方程.

4. 把直线 $l : \begin{cases} x - 3y + 5 = 0 \\ y - 2z + 8 = 0 \end{cases}$ 方程化为标准式(点斜式)与参数形式.

5. 平面 α 通过直线 $\begin{cases} x + y - 2z = 1 \\ x - y - z = 1 \end{cases}$ 且与直线 $\dfrac{x-1}{1} = \dfrac{y-1}{2} = \dfrac{z}{1}$ 平行, 求平面 α 的方程.

6. 求过点 $P(-1, -2, 3)$ 且与直线 $l_1 : \dfrac{x-2}{3} = \dfrac{y}{-4} = \dfrac{z-5}{6}$ 和 $l_2 : \dfrac{x}{1} = \dfrac{y+2}{2} = \dfrac{z-3}{-8}$ 平行的平面方程.

7. 确定 $l_1 : \begin{cases} x + 2y - z = 7 \\ -2x + y + z = 7 \end{cases}$ 与 $l_2 : \begin{cases} 3x + 6y - 3z = 8 \\ 2x - y - z = 0 \end{cases}$ 平行或垂直的位置关系.

8. 确定 $l: \dfrac{x+3}{2} = \dfrac{y+4}{7} = \dfrac{z}{-3}$ 与平面 $\pi: 4x - 2y - 2z - 3 = 0$ 平行或垂直的位置关系.

9. 求过点 $A(1,2,1)$ 且垂直于直线 $l_1: \dfrac{x-1}{3} = \dfrac{y}{2} = \dfrac{z+1}{1}$,又和直线 $l_2: \dfrac{x}{2} = y = \dfrac{z}{-1}$ 相交的直线方程.

10. 求过点 $(1,1,1)$,且与两平面 $3x + 2y - 12z + 5 = 0$ 和 $x - y + z = 7$ 垂直的平面方程.

11. 一平面平行于已知直线 $\begin{cases} 2x - z = 0 \\ x + y - z + 5 = 0 \end{cases}$ 且垂直于已知平面 $7x - y + 4z - 3 = 0$,求该平面法线的的方向余弦.

12. 一平面过点 $M(1,1,0)$ 且与平面 $x - y - z + 2 = 0$ 和 $2x - y + z + 5 = 0$ 都垂直,求其方程.

13. 求平行于 x 轴且经过两点 $A(4,0,-2)$ 和 $B(5,1,7)$ 的平面方程.

14. 求通过点 $M(-1,3,-2)$ 且垂直于平面 $3x - 2y + 5z = 5$ 的直线方程.

15. 求过点 $(2,-1,0)$ 且与两条直线 $\dfrac{x-1}{3} = \dfrac{y}{-4} = \dfrac{z+5}{1}$ 及 $\dfrac{x}{-1} = \dfrac{y-2}{2} = \dfrac{z-2}{3}$ 平行的平面方程.

16. 求过直线 $\begin{cases} x - 2y + z = 1 \\ 2x - y + 2z = 1 \end{cases}$ 且垂直于平面 $x + 2y + 3z = 1$ 的平面 π 的方程.

17. 求过点 $M(-3,2,5)$ 且与两个平面 $2x - y - 5z + 6$ 与 $x - 4z + 5 = 0$ 的交线平行的直线方程.

18. 求过直线 $\begin{cases} 3x + 2y - z - 1 = 0 \\ 2x - 3y + 2z + 2 = 0 \end{cases}$,且垂直于已知平面 $x + 2y + 3z - 5 = 0$ 的平面方程.

19. 求经过点 $(1,1,1)$ 且平行于直线 $\begin{cases} 2x - y - 3z = 0 \\ x - 2y - 5z = 1 \end{cases}$ 的直线方程.

20. 求过点 $(1,1,1)$ 且与直线 $\begin{cases} x = 2z - 1 \\ y = 3z - 2 \end{cases}$ 垂直的平面方程.

21. 求过直线 $l: \dfrac{x-2}{5} = \dfrac{y+1}{2} = \dfrac{z-2}{4}$ 且垂直于平面 $x + 4y - 3z + 7 = 0$ 的平面方程.

22. 求在平面 $\pi: x + y + z = 1$ 上且与直线 $l: \begin{cases} y = 1 \\ z = -1 \end{cases}$ 垂直相交的直线方程.

23. 求两平行直线 $l_1: \dfrac{x-1}{4} = \dfrac{y-2}{-2} = \dfrac{z+1}{6}$ 与 $l_2: \dfrac{x-1}{2} = \dfrac{y+1}{-1} = \dfrac{z-2}{3}$ 之间的距离.

24. 求过点 $A(-1,0,1)$,且垂直与直线 $l_1: \dfrac{x-2}{3} = \dfrac{y+1}{-4} = \dfrac{z}{1}$,又与直线 $l_2: \dfrac{x+1}{1} = \dfrac{y-3}{1} = \dfrac{z}{2}$ 相交的直线方程.

25. 过点 $A(1,-2,3)$ 作直线 l,使其与 z 轴相交,且与直线 $l_1: \dfrac{x}{4} = \dfrac{y-3}{3} = \dfrac{z-2}{-2}$ 垂直,求此直线方程.

26. 设一平面垂直于平面 $z = 0$,并通过从点 $(1,-1,1)$ 到直线 $\begin{cases} y - z + 1 = 0 \\ x = 0 \end{cases}$ 的垂线,求平面的方程.

参考答案六

一、选择题

1. B.　　2. B.　　3. A.　　4. A.　　5. C.　　6. D.　　7. C.　　8. D.　　9. D.　　10. A.

11. C.　　12. A.　　13. D.　　14. A.　　15. B.　　16. A.

二、填空题

1. $\dfrac{\sqrt{14}}{2}$.

2. $2x - y + 3z = 0$.

3. $\dfrac{x-2}{3} = \dfrac{y}{-1} = \dfrac{z+1}{1}$.

4. $4x - y + 2z = 2$.

5. $x - y = 0$.

6. $-x + 3y + z - 4 = 0$.

7. $x - 3y + 2z - 3 = 0$.

8. $\left(\dfrac{3}{5}, \dfrac{4}{5}, 0\right)$ 或 $\left(-\dfrac{3}{5}, -\dfrac{4}{5}, 0\right)$.

9. $\dfrac{2\sqrt{6}}{3}$.

10. $9y - z - 2 = 0$.

11. $\dfrac{\pi}{3}$.

12. $x + 3y = 0$.

13. $\dfrac{4}{5}\boldsymbol{j} - \dfrac{3}{5}\boldsymbol{k}$.

14. $\dfrac{4}{5}\boldsymbol{i} + \dfrac{3}{5}\boldsymbol{j}$.

15. $2x - z - 5 = 0$.

16. 1.

17. $\dfrac{x-2}{2} = \dfrac{y+3}{0} = \dfrac{z-4}{4}$.

18. -2 .

19. $12 + 8y + 19z + 24 = 0$.

20. $2y + z = 0$.

三、计算题

1. $\boldsymbol{l}_1 = (3, 1, -4)$,平面 π 法向量 $\boldsymbol{n} = (1, 1, 1)$,由于 $\boldsymbol{n} \cdot \boldsymbol{l}_1 = 0$,故 $\boldsymbol{n} \perp \boldsymbol{l}_1$,所以 $\boldsymbol{l}_1 /\!/ \pi$.

2. $|\boldsymbol{a} - 3\boldsymbol{b}| = \sqrt{5^2 + 10^2 + 10^2} = 15, \boldsymbol{c}^0 = \dfrac{\boldsymbol{a} - 3\boldsymbol{b}}{|\boldsymbol{a} - 3\boldsymbol{b}|} = \left(-\dfrac{1}{3}, \dfrac{2}{3}, -\dfrac{2}{3}\right)$.

3. l 的方向向量 $\boldsymbol{l} = \begin{vmatrix} \boldsymbol{i} & \boldsymbol{j} & \boldsymbol{k} \\ 1 & -1 & 1 \\ 4 & -3 & 1 \end{vmatrix} = 2\boldsymbol{i} + 3\boldsymbol{j} + \boldsymbol{k}$,所求平面的法向量: $\boldsymbol{n} /\!/ \boldsymbol{l}$,可取 $\boldsymbol{n} = (2, 3, 1)$,所以所求平

面方程为 $2x + 3y + z = 0$.

4. 取 $z = 0$,由 $\begin{cases} x - 3z + 5 = 0 \\ y - 2z + 8 = 0 \end{cases}$,解得 $x = -5, y = -8$,故直线通过点 $M_0(-5, -8, 0)$.

$$\boldsymbol{l} = \begin{vmatrix} \boldsymbol{i} & \boldsymbol{j} & \boldsymbol{k} \\ 1 & 0 & -3 \\ 0 & 1 & -2 \end{vmatrix} = 3\boldsymbol{i} + 2\boldsymbol{j} + \boldsymbol{k},$$

标准式(点斜式)方程为

$$\dfrac{x+5}{3} = \dfrac{y+8}{2} = \dfrac{z}{1},$$

参数形式方程为

$$\begin{cases} x = 3t - 5 \\ y = 2t - 8 \\ z = t \end{cases}.$$

5. 设平面 α 方程为 $x + y - 2z - 1 + \lambda(x - y - z - 1) = 0$,

即 $(1 + \lambda)x + (1 - \lambda)y - (\lambda + 2)z - (\lambda + 1) = 0, \boldsymbol{n} = \{1 + \lambda, 1 - \lambda, -(\lambda + 2)\}$.

由于 $\alpha /\!/ l$,因此 $\boldsymbol{n} \cdot \boldsymbol{l} = 0$,即 $(1 + \lambda) + 2(1 - \lambda) - (\lambda + 2) = 0$,解得 $\lambda = \dfrac{1}{2}$,所以平面 α 的方程为

$3x + y - 5z = 3$.

6. 因为 $\boldsymbol{n} = \begin{vmatrix} \boldsymbol{i} & \boldsymbol{j} & \boldsymbol{k} \\ 3 & -4 & 6 \\ 1 & 2 & -8 \end{vmatrix} = (20, 30, 10)$,所以,所求平面方程为

$$20(x + 1) + 30(y + 2) + 10(z - 3) = 0,$$

即 $$2(x + 1) + 3(y + 2) + (z - 3) = 0.$$

7. $l_1 = (3,1,-5)$, $l_2 = (-9,-3,-15)$, 由于 $-\dfrac{3}{9} = -\dfrac{1}{3} = -\dfrac{5}{15}$, 故直线 l_1 与 l_2 平行.

8. $l_1 = (2,7,-3)$, $n = (4,-2,-2)$, $n \cdot l_1 = 8 - 14 + 6 = 0$, 所以 $n \perp l_1$.

9. 设直线 l_i 的方向向量为 $s_i (i=1,2)$, 过点 $A(1,2,1)$ 及 l_2 的平面法向量为 n, 则所求直线的方向向量 $s = s_1 \times n$, 因原点在 l_2 上, 所以

$$n = s_2 \times \overrightarrow{OA} = \begin{vmatrix} i & j & k \\ 2 & 1 & -1 \\ 1 & 2 & 1 \end{vmatrix} = (3,-3,3).$$

待求直线的方向向量

$$s = s_1 \times n = \begin{vmatrix} i & j & k \\ 3 & 2 & 1 \\ 3 & -3 & 3 \end{vmatrix} = 3(3,-2,-5).$$

故所求直线方程为

$$\frac{x-1}{3} = \frac{y-2}{-2} = \frac{z-1}{-5}.$$

10. 设已知两平面的法向量分别为 n_1, n_2.

因为 $n_1 = (1,-1,1)$, $n_2 = (3,2,-12)$, 取所求平面的法向量 $n = n_1 \times n_2 = (10,15,5)$, 则所求平面方程为 $10(x-1) + 15(y-1) + 5(z-1) = 0$, 化简得 $2x + 3y + z - 6 = 0$.

11. 已知平面的法向量 $n_1 = (7,-1,4)$, 求出已知直线的方向向量 $s = (1,1,2)$, 取所求平面的法向量

$$n = s \times n_1 = \begin{vmatrix} i & j & k \\ 1 & 1 & 2 \\ 7 & -1 & 4 \end{vmatrix} = 2(3,5,-4),$$

所求为 $\cos\alpha = \dfrac{3}{\sqrt{50}}$, $\cos\beta = \dfrac{5}{\sqrt{50}}$, $\cos\gamma = \dfrac{-4}{\sqrt{50}}$.

12. 取所求平面的法向量为已知平面的法向量的向量积, 即

$$n = n_1 \times n_2 = \begin{vmatrix} i & j & k \\ 1 & -1 & -1 \\ 2 & -1 & 1 \end{vmatrix} = (-2,-3,1).$$

由平面过点 $M(1,1,0)$, 故所求平面的方程为

$$-2(x-1) - 3(y-1) + 1(z-0) = 0,$$

即

$$2x + 3y - z - 5 = 0.$$

13. 因为 $\overrightarrow{AB} = (1,1,9)$, x 轴的方向向量为 $(1,0,0)$, 则所求平面的法向量为

$$n = \begin{vmatrix} i & j & k \\ 1 & 1 & 9 \\ 1 & 0 & 0 \end{vmatrix} = (0,9,-1),$$

所以平面方程为

$$9(y-0) - (z+2) = 0,$$

即

$$9y - z - 2 = 0.$$

14. 因为所求直线垂直于平面 $3x - 2y + 5z = 5$, 所以直线的方向向量与平面的法向量 $n = (3,-2,5)$, 即直线的方向向量为 $l = (3,-2,5)$, 或 $l = (-3,2,-5)$. 故直线方程为

$$\frac{x+1}{3} = \frac{y-3}{-2} = \frac{z+2}{5}.$$

15. 设所求平面的法向量为 n, 则

$$n = (3,-4,1) \times (-1,2,3) = (-14,-10,2),$$

且平面过点 $(2,-1,0)$, 故平面的法式方程是

$$7(x-2)+5(y+1)-z=0.$$

16. 设 π 的方程为 $(x-2y+z-1)+\lambda(2x-y+2z-1)=0$，即

$$(1+2\lambda)x+(-2-\lambda)y+(1+2\lambda)z+(-1-\lambda)=0，\quad \boldsymbol{n}=(1+2\lambda,-2-\lambda,1+2\lambda)，$$

由于 π 垂直于 $x+2y+3z=1$，故

$$(1+2\lambda)+2(-2-\lambda)+3(1+2\lambda)=0，$$

解得 $\lambda=0$，即平面 π 的方程为 $x-2y+z=1$．

17. $\dfrac{x+3}{4}=\dfrac{y-2}{3}=\dfrac{z-5}{1}.$

18. 通过直线 $\begin{cases}3x+2y-z-1=0\\2x-3y+2z+2=0\end{cases}$ 的平面方程为

$$3x+2y-z-1+\lambda(2x-3y+2z+2)=0，$$

即

$$(3+2\lambda)x+(2-3\lambda)y+(-1+2\lambda)z+(-1+2\lambda)=0，$$

要求与平面 $x+2y+3z-5=0$ 垂直，则必须

$$1\cdot(3+2\lambda)+2\cdot(2-3\lambda)+3\cdot(-1+2\lambda)=0，$$

$$4+2\lambda=0\Rightarrow\lambda=-2$$

所求平面方程为

$$x-8y+5z+5=0.$$

19. 平行于直线 $\begin{cases}2x-y-3z=0\\x-2y-5z=1\end{cases}$ 的直线的方向向量是

$$\boldsymbol{s}=\begin{vmatrix}\boldsymbol{i}&\boldsymbol{j}&\boldsymbol{k}\\2&-1&-3\\1&-2&-5\end{vmatrix}=-\boldsymbol{i}+7\boldsymbol{j}-3\boldsymbol{k}，$$

所求直线方程为

$$\frac{x-1}{-1}=\frac{y-1}{7}=\frac{z-1}{-3}.$$

20. 由题意可取法向量

$$\boldsymbol{n}=(1,0,-2)\times(0,1,-3)=\begin{vmatrix}\boldsymbol{i}&\boldsymbol{j}&\boldsymbol{k}\\1&0&-2\\0&1&-3\end{vmatrix}=(2,3,1)，$$

故所求平面点法式方程为 $2(x-1)+3(y-1)+1(z-1)=0$，即 $2x+3y+z-6=0$．

21. 据题意设所求平面的法向量为 $\boldsymbol{n}$，则

$$\boldsymbol{n}=\begin{vmatrix}\boldsymbol{i}&\boldsymbol{j}&\boldsymbol{k}\\5&2&4\\1&4&-3\end{vmatrix}=\begin{vmatrix}2&4\\4&-3\end{vmatrix}\boldsymbol{i}-\begin{vmatrix}5&4\\1&-3\end{vmatrix}\boldsymbol{j}+\begin{vmatrix}5&2\\1&4\end{vmatrix}\boldsymbol{k}=-22\boldsymbol{i}+19\boldsymbol{j}+18\boldsymbol{k}.$$

又因为所求平面过点 $(2,-1,2)$，所以由点法式知，所求平面方程为 $-22(x-2)+19(y+1)+18(z-2)=0$，即 $22x-19y-18z-27=0$．

22. 设所求直线的方向向量为 $\boldsymbol{s}$，因为已知直线的方向向量

$$\boldsymbol{s}_1=\boldsymbol{j}\times\boldsymbol{k}\begin{vmatrix}\boldsymbol{i}&\boldsymbol{j}&\boldsymbol{k}\\0&1&0\\0&0&1\end{vmatrix}=\begin{vmatrix}1&0\\0&1\end{vmatrix}\boldsymbol{i}-\begin{vmatrix}0&0\\0&1\end{vmatrix}\boldsymbol{j}+\begin{vmatrix}0&1\\0&0\end{vmatrix}\boldsymbol{k}=\boldsymbol{i}，$$

所以 $\boldsymbol{s}_1=(1,0,0)$．所以所求直线的方向向量 $\boldsymbol{s}$ 可取为

$$n \times s_1 = \begin{vmatrix} i & j & k \\ 1 & 0 & 0 \\ 1 & 1 & 1 \end{vmatrix} = \begin{vmatrix} 0 & 0 \\ 1 & 1 \end{vmatrix} i - \begin{vmatrix} 1 & 0 \\ 1 & 1 \end{vmatrix} j + \begin{vmatrix} 1 & 0 \\ 1 & 1 \end{vmatrix} k = -j + k.$$

设所求直线与已知直线 l 的交点为 $Q(a, 1, -1)$. 则点 Q 在平面 $\pi: x + y + z = 1$ 上. 所以求得 $a = 1$, 故点 $Q(1, 1, -1)$. 由点向式知, 所求直线方程为 $\dfrac{x-1}{0} = \dfrac{y-1}{-1} = \dfrac{z+1}{1}$.

23. 求两平行直线 l_1 与 l_2 之间的距离等价于求直线 l_1 上任一点到直线 l_2 的距离, 即可求点 $M_1(1, 2, -1)$ 到直线 l_2 的距离. 而直线 l_2 过定点 $M_2(1, -1, 2)$. 所以

$$\overrightarrow{M_1 M_2} = (0, -3, 3),$$

即

$$\overrightarrow{M_1 M_2} \times s_2 = \begin{vmatrix} i & j & k \\ 0 & -3 & 3 \\ 2 & -1 & 3 \end{vmatrix} = \begin{vmatrix} -3 & 3 \\ -1 & 3 \end{vmatrix} i - \begin{vmatrix} 0 & 3 \\ 2 & 3 \end{vmatrix} j + \begin{vmatrix} 0 & -3 \\ 2 & -1 \end{vmatrix} k = -6i + 6j + 6k,$$

而直线 l_2 的距离

$$d = \frac{|\overrightarrow{M_1 M_2} \times s_2|}{|s_2|} = \frac{\sqrt{(-6)^2 + 6^2 + 6^2}}{\sqrt{2^2 + (-1)^2 + 3^2}} = \sqrt{\frac{54}{7}} = \frac{3\sqrt{42}}{7},$$

所以两平行直线 l_1 与 l_2 之间的距离为 $\dfrac{3\sqrt{42}}{7}$.

24. 因为所求直线与 l_2 相交, 所以设交点 Q 为 $(t-1, t+3, 2t)$.

又因为所求直线过点 $A(-1, 0, 1)$. 所以 $\overrightarrow{AQ}$ 为所求直线的一个方向向量且 $\overrightarrow{AQ} = (t, t+3, 2t-1)$. 所以 $\overrightarrow{AQ} \perp s_1$, 即 $\overrightarrow{AQ} \cdot s_1 = 0$, 由 $3t - 4(t+3) + (2t-1) = 0$, 解得 $t = 13$. 所以 $\overrightarrow{AQ} = (13, 16, 25)$. 故由点向式知, 所求直线 l 的方程为 $\dfrac{x+1}{13} = \dfrac{y}{16} = \dfrac{z-1}{25}$.

25. 据题意, 设所求直线 l 与 z 轴交点为 $Q(0, 0, c)$.

又因为所求直线 l 与已知直线 l_1 垂直, 且 l_1 的方向向量 $s_1 = (4, 3, -2)$.

所以 $\overrightarrow{AQ} \perp s_1$, 即 $\overrightarrow{AQ} \cdot s_1 = 0$, 即 $-4 + 6 - 2(c-3) = 0$, 解得 $c = 4$. 所以 $\overrightarrow{AQ} = (-1, 2, 1)$.

故由点向式知, 所求直线 l 的方程为 $\dfrac{x-1}{-1} = \dfrac{y+2}{2} = \dfrac{z-3}{1}$.

26. 设所求平面的法向量为 $n = (A, B, C)$, 则 $n \perp k$, 从而 $C = 0$, 于是可设平面方程为 $Ax + By + D = 0$.

过点 $(1, -1, 1)$ 垂直于直线 $l: \begin{cases} y - z + 1 = 0 \\ x = 0 \end{cases}$ 的平面方程为 $\pi: y + z = 0$. 直线 l 与平面 π 的交点(垂足)为 $\left(0, -\dfrac{1}{2}, \dfrac{1}{2}\right)$. 于是点 $(1, -1, 1)$ 和点 $\left(0, -\dfrac{1}{2}, \dfrac{1}{2}\right)$ 均在 $Ax + By + D = 0$ 上, 即 $\begin{cases} A - B + D = 0 \\ -\dfrac{1}{2}B + D = 0 \end{cases}$, 从而 $\begin{cases} B = 2D \\ A = D \end{cases}$, 故所求平面方程为 $x + 2y + 1 = 0$.

附录 A　基本初等函数的图形及其主要性质

函数	图形	定义域　值域	主要性质
幂函数 $y = x^\mu$（μ 是常数）		定义域：随 μ 不同而不同，但不论 μ 取什么值在 $(0, +\infty)$ 内总有定义 值域：随 μ 不同而不同	若 $\mu > 0$，x^μ 在 $[0, +\infty)$ 内单调增加 若 $\mu < 0$，x^μ 在 $(0, +\infty)$ 内单调减少
指数函数 $y = a^x$（a 是常数，$a > 0$，$a \neq 1$）		定义域：$(-\infty, +\infty)$ 值域：$(0, +\infty)$	若 $a > 1$，a^x 单调增加 若 $0 < a < 1$，a^x 单调减少 直线 $y = 0$ 为函数图像的水平渐近线
对称函数 $y = \log_a x$（a 是常数，$a > 0$，$a \neq 1$）		定义域：$(0, +\infty)$ 值域：$(-\infty, +\infty)$	若 $a > 1$，$\log_a x$ 单调增加 若 $0 < a < 1$，$\log_a x$ 单调减少 直线 $x = 0$ 为函数图像的垂直渐近线
正弦函数 $y = \sin x$		定义域：$(-\infty, +\infty)$ 值域：$[-1, 1]$	周期为 $T = 2\pi$ 在 $\left[-\dfrac{\pi}{2}, \dfrac{\pi}{2}\right]$ 上单调增加 奇函数
余弦函数 $y = \cos x$		定义域：$(-\infty, +\infty)$ 值域：$[-1, 1]$	周期为 $T = 2\pi$ 在 $[0, \pi]$ 上单调增加 偶函数
正切函数 $y = \tan x$		定义域：$(2n-1)\dfrac{\pi}{2} < x < (2n+1)\dfrac{\pi}{2}$（$n = 0, \pm 1, \cdots$） 值域：$(-\infty, +\infty)$	周期为 $T = 2\pi$ 在 $\left(-\dfrac{\pi}{2}, \dfrac{\pi}{2}\right)$ 上单调增加 奇函数 直线 $x = (2n-1)\dfrac{\pi}{2}$（$n = 0, \pm 1, \cdots$）为其垂直渐近线

函数	图形	定义域　值域	主要性质
余弦函数 $y = \cot x$		定义域：$n\pi < x < (n+a)\pi$ $(n = 0, \pm 1, \cdots)$ 值域：$(-\infty, +\infty)$	周期为 $T = \pi$ 在 $(0, \pi)$ 上单调减少 奇函数 直线 $x = n\pi$ $(n = 0, \pm 1, \cdots)$ 为其垂直渐近线
反正弦函数 $y = \arcsin x$		定义域：$[-1, 1]$ 值域：$\left[-\dfrac{\pi}{2}, \dfrac{\pi}{2}\right]$	单调增加 奇函数
反余弦函数 $y = \arccos x$		定义域：$[-1, 1]$ 值域：$[0, \pi]$	单调减少
反正切函数 $y = \arctan x$		定义域：$(-\infty, +\infty)$ 值域：$\left(-\dfrac{\pi}{2}, \dfrac{\pi}{2}\right)$	单调增加 奇函数 直线 $y = -\dfrac{\pi}{2}$ 及 $y = \dfrac{\pi}{2}$ 为函数图像的水平渐近线
反余切函数 $y = \operatorname{arccot} x$		定义域：$(-\infty, +\infty)$ 值域：$[0, \pi]$	单调减少 直线 $y = 0$ 及 $y = \pi$ 为函数图像的水平渐近线

附录 B　高等数学常用基本三角公式

<table>
<tr><td colspan="3" align="center">同角基本关系式</td></tr>
<tr><td align="center">倒数关系</td><td align="center">商的关系</td><td align="center">平方的关系</td></tr>
<tr>
<td>

$\tan a \cdot \cot a = 1$

$\sin a \cdot \csc a = 1$

$\cos a \cdot \sec a = 1$

</td>
<td>

$\dfrac{\sin a}{\cos a} = \tan a$

$\dfrac{\cos a}{\sin a} = \cot a$

</td>
<td>

$\sin^2 a + \cos^2 a = 1$

$1 + \tan^2 a = \sec^2 a$

$1 + \cot^2 a = \csc^2 a$

</td>
</tr>
</table>

<table>
<tr><td colspan="4" align="center">诱导公式</td></tr>
<tr>
<td align="center">$\sin(-a) = -\sin a$</td>
<td align="center">$\cos(-a) = \cos a$</td>
<td align="center">$\tan(-a) = -\tan a$</td>
<td align="center">$\cot(-a) = -\cot a$</td>
</tr>
</table>

<table>
<tr><td align="center">倍角公式</td><td align="center">三角降幂公式</td></tr>
<tr>
<td>

$\sin 2\alpha = 2\sin\alpha\cos\alpha$

$\cos 2\alpha = \cos^2\alpha - \sin^2\alpha = 2\cos^2\alpha - 1 = 1 - 2\sin^2\alpha$

$\tan 2\alpha = \dfrac{2\tan\alpha}{1 - \tan^2\alpha}$

</td>
<td>

$\sin^2\alpha = (1 - \cos 2\alpha)/2$

$\cos^2\alpha = (1 + \cos 2\alpha)/2$

</td>
</tr>
</table>

<table>
<tr><td align="center">两角和与差的三角函数公式</td><td align="center">万能公式</td></tr>
<tr>
<td>

$\sin(\alpha + \beta) = \sin\alpha\cos\beta + \cos\alpha\sin\beta$

$\sin(\alpha - \beta) = \sin\alpha\cos\beta - \cos\alpha\sin\beta$

$\cos(\alpha + \beta) = \cos\alpha\cos\beta - \sin\alpha\sin\beta$

$\cos(\alpha - \beta) = \cos\alpha\cos\beta + \sin\alpha\sin\beta$

$\tan(\alpha + \beta) = \dfrac{\tan\alpha + \tan\beta}{1 - \tan\alpha \cdot \tan\beta}$

$\tan(\alpha - \beta) = \dfrac{\tan\alpha - \tan\beta}{1 + \tan\alpha \cdot \tan\beta}$

</td>
<td>

$\sin\alpha = \dfrac{2\tan(\alpha/2)}{1 + \tan^2(\alpha/2)}$

$\cos\alpha = \dfrac{1 - \tan^2(\alpha/2)}{1 + \tan^2(\alpha/2)}$

$\tan\alpha = \dfrac{2\tan(\alpha/2)}{1 - \tan^2(\alpha/2)}$

</td>
</tr>
</table>

<table>
<tr><td align="center">三角函数的和差化积公式</td><td align="center">三角函数的积化和差公式</td></tr>
<tr>
<td>

$\sin\alpha + \sin\beta = 2\sin\dfrac{\alpha + \beta}{2} \cdot \cos\dfrac{\alpha - \beta}{2}$

$\sin\alpha - \sin\beta = 2\cos\dfrac{\alpha + \beta}{2} \cdot \sin\dfrac{\alpha - \beta}{2}$

$\cos\alpha + \cos\beta = 2\cos\dfrac{\alpha + \beta}{2} \cdot \cos\dfrac{\alpha - \beta}{2}$

$\cos\alpha - \cos\beta = -2\sin\dfrac{\alpha + \beta}{2} \cdot \sin\dfrac{\alpha - \beta}{2}$

</td>
<td>

$\sin\alpha \cdot \cos\beta = \dfrac{1}{2}[\sin(\alpha + \beta) + \cos(\alpha - \beta)]$

$\cos\alpha \cdot \sin\beta = \dfrac{1}{2}[\sin(\alpha + \beta) - \sin(\alpha - \beta)]$

$\cos\alpha \cdot \cos\beta = \dfrac{1}{2}[\cos(\alpha + \beta) + \cos(\alpha - \beta)]$

$\sin\alpha \cdot \sin\beta = -\dfrac{1}{2}[\cos(\alpha + \beta) - \cos(\alpha - \beta)]$

</td>
</tr>
</table>

附录 C 高等数学常用公式

导数公式		
$(C)' = 0$ $(x^m)' = mx^{m-1}$ $(a^x)' = a^x \ln a$ $(e^x)' = e^x$ $(\log_a x)' = \dfrac{1}{x \ln a}$ $(\ln x)' = \dfrac{1}{x}$	$(\sin x)' = \cos x$ $(\cos x)' = -\sin x$ $(\tan x)' = \sec^2 x$ $(\cot x)' = -\csc^2 x$ $(\sec x)' = \sec x \cdot \tan x$ $(\csc x)' = -\csc x \cdot \cot x$	$(\arcsin x)' = \dfrac{1}{\sqrt{1-x^2}}$ $(\arccos x)' = -\dfrac{1}{\sqrt{1-x^2}}$ $(\arctan x)' = \dfrac{1}{1+x^2}$ $(\operatorname{arccot} x)' = -\dfrac{1}{1+x^2}$

导数计算法则	常用高阶导数
$(u \pm v)' = u' \pm v'$ $(Cu)' = Cu'$ $(uv)' = u'v + uv'$ $\left(\dfrac{u}{v}\right)' = \dfrac{u'v - uv'}{v^2}$ $(u \pm v)^{(n)} = u^{(n)} \pm v^{(n)}$ $(ku)^{(n)} = ku^{(n)}$ $(uv)^{(n)} = \displaystyle\sum_{k=0}^{n} C_n^k u^{(n-k)} v^{(k)}$	$(e^{ax})^{(n)} = a^n e^{ax}$ $(\sin x)^{(n)} = \sin\left(x + n \cdot \dfrac{\pi}{2}\right)$ $(\cos x)^{(n)} = \cos\left(x + n \cdot \dfrac{\pi}{2}\right)$ $[\ln(1+x)]^{(n)} = (-1)^{n-1} \dfrac{(n-1)!}{(1+x)^n}$ $\left(\dfrac{1}{x+a}\right)^{(n)} = (-1)^{n-1} \dfrac{n!}{(x+a)^{n+1}}$

常用级数展开公式

$$\frac{1}{1-x} = 1 + x + x^2 + \cdots + x^n + \cdots \quad (-1 < x < 1)$$

$$e^x = 1 + x + \frac{1}{2!}x^2 + \cdots + \frac{1}{n!}x^n + \cdots \quad (-\infty < x < +\infty)$$

$$\sin x = x - \frac{x^3}{3!} + \frac{x^5}{5!} - \cdots + (-1)^{n-1} \frac{x^{2n-1}}{(2n-1)!} + \cdots \quad (-\infty < x < +\infty)$$

$$\cos x = 1 - \frac{x^2}{2!} + \frac{x^4}{4!} - \cdots + (-1)^n \frac{x^{2n}}{(2n)!} + \cdots \quad (-\infty < x < +\infty)$$

$$\ln(1+x) = x - \frac{x^2}{2} + \cdots + (-1)^{n-1} \frac{x^n}{n} + \cdots \quad (-1 < x \leqslant 1)$$

$$(1+x)^m = 1 + mx + \frac{m(m-1)}{2!}x^2 + \cdots + \frac{m(m-1)\cdots(m-n+1)}{n!}x^n + \cdots \quad (-1 < x < 1)$$

常用积分公式

$\displaystyle\int k\mathrm{d}x = kx + C$ （k 是常数） $\displaystyle\int x^n \mathrm{d}x = \dfrac{1}{\mu+1}x^{\mu+1} + C$ $\displaystyle\int \dfrac{1}{x}\mathrm{d}x = \ln|x| + C$	$\displaystyle\int \sec x \tan x \mathrm{d}x = \sec x + C$ $\displaystyle\int \csc x \cot x \mathrm{d}x = -\csc x + C$ $\displaystyle\int \tan x \mathrm{d}x = -\ln|\cos x| + C$

常用积分公式

$$\int e^x dx = e^x + C$$

$$\int a^x dx = \frac{a^x}{\ln a} + C$$

$$\int \cos x dx = \sin x + C$$

$$\int \sin x dx = -\cos x + C$$

$$\int \frac{1}{\cos^2 x} dx = \int \sec^2 x dx = \tan x + C$$

$$\int \frac{1}{\sin^2 x} dx = \int \csc^2 x dx = -\cot x + C$$

$$\int \frac{1}{1+x^2} dx = \arctan x + C$$

$$\int \frac{1}{\sqrt{1-x^2}} dx = \arcsin x + C$$

$$\int \cot x dx = \ln |\sin x| + C$$

$$\int \sec x dx = \ln |\sec x + \tan x| + C$$

$$\int \csc x dx = \ln |\csc x - \cot x| + C$$

$$\int \frac{1}{a^2 + x^2} dx = \frac{1}{a} \arctan \frac{x}{a} + C$$

$$\int \frac{1}{x^2 - a^2} dx = \frac{1}{2a} \ln \left| \frac{x-a}{x+a} \right| + C$$

$$\int \frac{1}{\sqrt{a^2 - x^2}} dx = \arcsin \frac{x}{a} + C$$

$$\int \frac{dx}{\sqrt{a^2 + x^2}} = \ln (x + \sqrt{a^2 + x^2}) + C$$

$$\int \frac{dx}{\sqrt{x^2 - a^2}} = \ln \left| x + \sqrt{x^2 - a^2} \right| + C$$

$$I_n = \int_0^{\frac{\pi}{2}} \sin^n x dx = \int_0^{\frac{\pi}{2}} \cos^n x dx$$

$$I_{2m} = \frac{2m-1}{2m} \cdot \frac{2m-3}{2m-2} \cdot \frac{2m-5}{2m-4} \cdots \frac{3}{4} \cdot \frac{1}{2} \cdot \frac{\pi}{2}$$

$$I_{2m+1} = \frac{2m}{2m+1} \cdot \frac{2m-2}{2m-1} \cdot \frac{2m-4}{2m-3} \cdots \frac{4}{5} \cdot \frac{2}{3}$$